高等教育土建类专业综合实训系列教材
GAODENG JIAOYU TUJIANLEI ZHUANYE
ZONGHE SHIXUN XILIE JIAOCAI

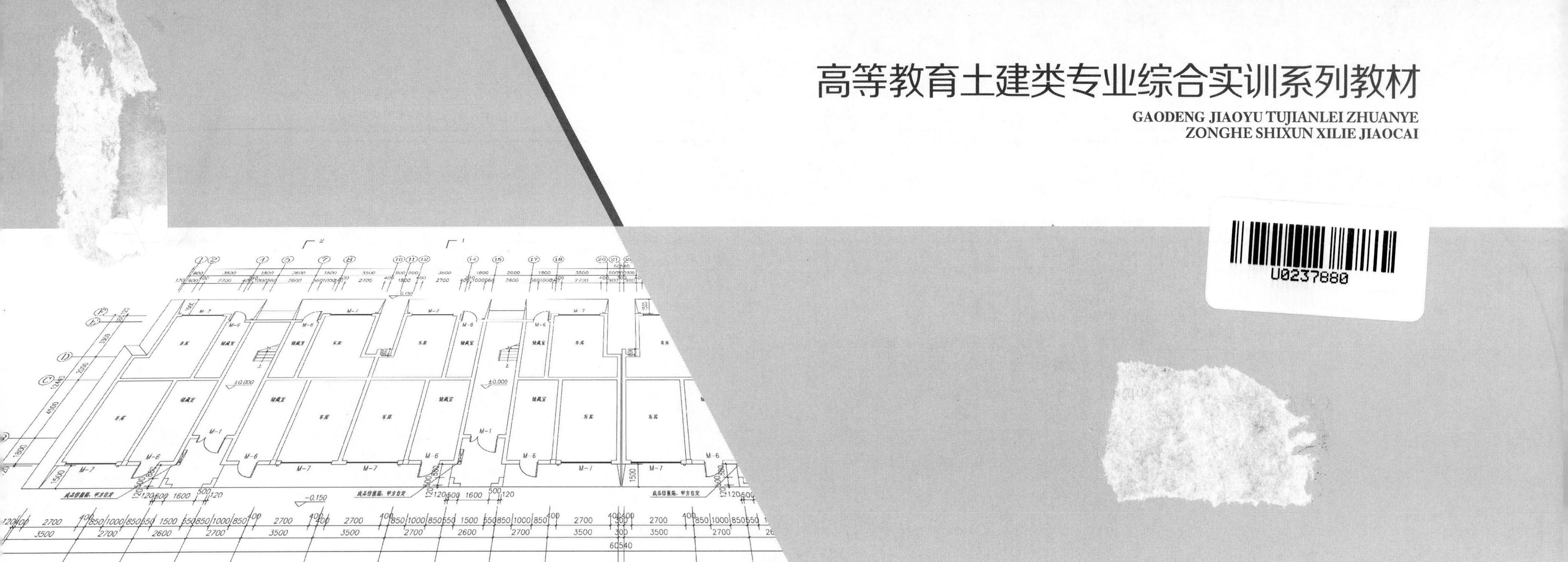

建筑工程识图综合实训（第3版）

JIANZHU GONGCHENG SHITU ZONGHE SHIXUN

主　编　李诗红　孙　凯　徐伟玲
副主编　王继仙　孙长胜　赵晶晶　叶晓燕　刘保玲
参　编　孙尚慈　朱晓丽

重庆大学出版社

内容提要

本书是高等教育土建类专业综合实训系列教材之一。全书分为三部分,第一部分为概述;第二部分为识图训练,其中包括砖混结构、框架结构、剪力墙结构和钢结构;第三部分为常用图例与符号。本书通过引导学生阅读选用的施工图纸,用实际工程语言训练学生的识图能力。本书既可作为土建类专业学生完成理论学习之后的工程实践指导用书,也可作为相关工程技术人员的参考学习用书。

图书在版编目(CIP)数据

建筑工程识图综合实训 / 李诗红, 孙凯, 徐伟玲主编. -- 3版. -- 重庆: 重庆大学出版社, 2022.7 (2024.7重印)
高等教育土建类专业综合实训系列教材
ISBN 978-7-5624-9915-2

Ⅰ. ①建… Ⅱ. ①李… ②孙… ③徐… Ⅲ. ①建筑制图—识别—高等学校—教材 Ⅳ. ①TU204

中国版本图书馆 CIP 数据核字(2022)第128319号

高等教育土建类专业综合实训系列教材
建筑工程识图综合实训
(第3版)
李诗红 孙 凯 徐伟玲 主编
策划编辑:林青山 肖乾泉
责任编辑:肖乾泉 版式设计:肖乾泉
责任校对:谢 芳 责任印制:赵 晟
*
重庆大学出版社出版发行
出版人:陈晓阳
社址:重庆市沙坪坝区大学城西路21号
邮编:401331
电话:(023)88617190 88617185(中小学)
传真:(023)88617186 88617166
网址:http://www.cqup.com.cn
邮箱:fxk@cqup.com.cn(营销中心)
全国新华书店经销
重庆升光电力印务有限公司印刷
*
开本:787mm×1092mm 1/8 印张:25.5 字数:636千
2013年8月第1版 2022年7月第3版 2024年7月第8次印刷
印数:21 001—24 000
ISBN 978-7-5624-9915-2 定价:59.00元

前　言

（第3版）

本教材第2版自2016年8月修订出版以来，又经过多次重印，得到了广大读者的肯定。

近年来，我国建筑行业持续快速发展，新技术、新材料、新工艺不断涌现，各种规范、规程和技术标准也发生了较大变化，为适应建筑业的发展，紧跟时代步伐，给教学提供优质的教学辅助材料，对本教材进行了两次修订。

本次修订工作主要由许昌职业技术学院李诗红组织完成，针对以下方面进行了调整：

(1)结合现行规范、标准、规程，对附录中常用图例与符号进行了修改完善。

(2)结合现行规范、标准、规程，对教材中不符合现行规范要求的设计进行了修正。

(3)订正图纸中出现的设计错误。

(4)删除了一些过时的节点构造做法详图，增加了符合国家现行技术政策，并大力推广的新构造做法。

由于编者水平所限及对信息掌握不够全面，难免会存在一些错误与缺陷，希望使用本教材的院校及广大读者及时指出，以便适时再做修订。

编　者

2022年6月

前　言

（第1版）

《建筑工程识图综合实训》主要是使学生在学习了相关专业课程的基础上，通过引导学生阅读本教材选用的施工图纸，用实际的工程语言训练学生的识图能力，为建筑工程技术专业的相关课程及教学训练项目提供工程实例载体，同时也可以作为其他相近专业实践教学的辅助教材。

我国高等教育土建类专业培养的主要是在建筑生产一线从事土建工程施工的基层技术与管理岗位工作的专门人才，他们的主要职责是在准确领会建筑工程施工图设计意图的基础上，根据建筑工程的实际，编制施工组织设计与施工方案，并把设计意图转化为操作层人员能够理解的行动命令，同时用严密的管理手段保证这些命令得以有效地实施。由此可见，具备识图能力既是高职建筑工程技术专业人才学习其他课程、掌握专业能力的要求，也是今后在技术与管理岗位上从事业务工作的必备条件。编著本教材的目的是使学生通过阅读工程实例图纸，进一步提高识图的能力，争取在校期间就能够掌握今后从事技术及管理工作所必需的工程语言。

本教材在编写过程中注意了与相应课程在教学内容、教学深度与教育手段、教学重心方面的配合与衔接，把通过阅读实际工程的施工图来实现掌握识图方法与能力作为本教材的核心目的。因此，在选择工程实例时注意了大型与小型、功能与结构等方面的多样性，功能方面有：居住建筑、办公建筑、工业建筑；在结构形式方面有：砖混结构、框架结构、剪力墙结构。根据本教材的定位及使用对象的实际要求，保留了全部的土建专业图纸，而对有关工程中的设备专业施工图进行了合理的取舍。为了便于学生的使用，本教材在附录中列出了土建及设备专业设计中常用的图例与符号。

本教材由许昌职业技术学院李诗红和徐伟玲、许昌市建筑勘察设计院孙凯主编，许昌职业技术学院王继仙和张晓霞参与编写了项目1、项目2；许昌市建筑勘察设计院谢庆宏、叶晓燕、刘保玲参与编写了项目2、项目3、项目4；许昌市建筑勘察设计院孙尚慈、赵晶晶参与编写了项目3及附录；济源职业技术学院朱晓丽参与编写了项目1及附录。

本教材的编者有些是来自设计一线，从事建筑设计工作多年，并且有着丰富设计经验的设计师，有些是在建筑技术专业从教多年，有着丰富教学经验的教师。但由于工程图纸量大，图中难免会出现一些错误，希望各位读者能够及时指出，以便以后进行更正。

编　者

2013年6月

目 录

第1篇 概 述

1 建筑工程设计的基本要求和依据

1.1 建筑工程设计的基本要求

1)满足建筑的功能

功能、技术、艺术是构成建筑的三要素,其中功能是最重要的要素。建筑功能是人们建造房屋的目的所在,而技术是保证这种目的得以实现的物质基础,艺术则是建筑作为工业产品所必须具备的基本标志。例如:住宅建筑的设计,为使用者提供一个舒适、方便、私密的家居空间是设计者要完成的基本任务;而一幢工业厂房的设计,就要把满足生产工艺和生产环境的要求放在首位。

随着社会的进步,建筑功能也在不断地变革和更替,不同功能组合为一体的建筑形式的不断出现,为建筑工程设计与施工人员提出了新的课题。

2)保证建筑的使用安全

建筑与人们的家居生活、社会交往及生产活动的关系极为密切,而且投资金额巨大,因此对安全性的要求极高,要做到万无一失。合理的、符合国家及地方有关法规的设计是保证建筑使用安全的前提。其中,建筑施工单位、材料和构件供应商也发挥了十分重要的作用。

3)采用先进的结构方案和建筑材料

建筑作为一种工业品,具有消耗材料多、施工任务量大的特点。根据建筑工程的实际情况,选择先进合理的结构方案和大宗建筑材料,是保证建筑使用安全和综合效益的关键。新材料、新结构、新工艺的发展和应用往往需要经历漫长的过程,要经受实际工程和时间的考验,要用科学的态度和开拓进取的精神来对待新兴事物。

4)适应节能与环保的要求

在过去相当长的时间内,我国对建筑节能与环保的问题重视得不够,导致大量的建筑能耗高,在施工与使用期间存在严重的环保问题。近年来,随着创建和谐社会与科学发展观的理念逐渐深入人心,建筑节能与环保问题已经被提升到一个前所未有的高度,越来越被人们所重视。建筑节能主要通过设计过程来控制,建筑的体型系数、维护结构的选材与能耗指标、可再生资源的重复利用是实现建筑节能的有效途径。建筑环保问题涉及较广,如建筑在施工及使用过程中对环境的影响、建筑与周围环境的融合与协调等。

5)创造美好的建筑形象

建筑形象是构成建筑的要素之一,美观的建筑是构成城市景观的重要元素,也是人们智慧与文化财富的结晶。建筑形象体现了一个国家、一个民族的文化传统和历史文脉,也留下了不同时代的文明烙印。由于建筑的使用年限较长,所以其艺术形象和效果要经得起时间的考验。

6)符合规划与环境要求

城市建设是随着时间的推移逐步实现的,单体建筑作为城市总体规划的组成部分,应当符合规划的要求。大多数城市的建筑是各个历史时期的产物,反映了不同时代建筑的特色、文化和技术水平。新设计的建筑应与周边的原有建筑、道路及环境有机结合、互相衬托和传承。

7)具有良好的投资效益

建造房屋需要耗费大量的人力、财力与物力,同时建筑在使用过程中还要耗费能源和维修费用,因此建筑的整体投资效益是衡量建筑整体水平的重要指标。建筑设计要在严格遵守国家有关法规并满足建设单位要求的基础上,结合建筑的功能、地区、建筑材料与构件、施工水平等情况采取相应的技术措施,做到精心设计、精心施工。

8)体现对特殊人群的关怀

建筑设计要充分体现对老、弱、病、残、孕等特殊人群及社会弱势群体的关怀,为他们能平等地参与社会活动创造条件。所以,住宅建筑、与社会活动关系密切的公共建筑和市政设施还要进行无障碍设计。

1.2 建筑工程设计的依据

1)人体尺度及人们从事生活(生产)活动所需的空间尺度

从某种意义上说,建筑是一种容器,但比常见的放置液体或固体的容器要复杂得多,这主要是由于人们在建筑内部的活动是动态的,而且往往还要加入精神感受的因素。建筑设计一般是以国家提供的成年男子的标准人体尺度为依据,根据人们的行为心理和从事各种动作所需的基本空间尺寸来开展建筑内外空间的经营工作。

虽然不同建筑的体量可能差异极大,但一些直接与人体接触的构件尺寸却不会由于建筑体量而变化,这些构件主要有栏杆、踏步、窗台高度、门窗拉手距离地面的高度等。它们也是判断建筑真实尺寸的有效参照物。

2)家具、设备尺寸及所需要的使用空间

根据使用功能的不同,家具和设备是建筑内部必不可少的组成之一。通常情况下,各类家具均有可供参考的基本尺寸,而设备的尺寸则要根据生产厂家提供的数据来确定。在一定的建筑空间内,家具与设备的摆放方案的差异会对建筑的使用产生一定的影响,某些大型家具或设备还要与建筑的结构布置、空间尺度和出入口的尺寸相互呼应和配合。除了库房等少数房间之外,家具、设备之间,家具、设备与建筑界面之间还要留有必要的使用空间。

3)地形与地质条件

基地的地质构造和地基承载力的差异对建筑的整体布局、结构形式、构造特点会产生直接的影响,是建筑设计要参考的主要环境因素之一。建筑的基地地形也是影响建筑整体布局的因素之一:地形平缓时,一般把建筑的首层地面设置在同一标高上;当地形起伏较大时,就要结合地形与建筑空间的要求来确定建筑的平面与剖面的组合。

4)气候的条件

温度、湿度、风向、雨雪等自然现象对建筑会产生极大影响,不同地域的建筑要根据当地的实际情况，合理选择建筑的坐落、间距、朝向、平面与空间布局、构造措施等，因此在设计和施工过程中往往会得到相当的重视，使用效果也容易检验和观察。而日照、通风等"软指标"则容易被忽视，我国对部分建筑的日照和通风换气指标也有具体的规定，在实际工程中应当遵照执行。

2 建筑工程设计的基本过程和施工图的构成

2.1 设计的基本过程

房屋建筑的设计过程一般可分成两个阶段，即设计之前的准备工作和设计工作。

1）设计之前的准备工作

（1）熟悉设计任务书和有关技术文件

设计任务书是由建设单位（也称甲方或业主单位）提出的，是设计时要参考的重要文件之一，一般包括以下内容：

①建筑的目的和意图；

②建筑功能、面积指标、房间的布局计划；

③建筑设备及装修标准、水暖电气等外网工程的基础条件和技术要求；

④建筑的艺术形象和风格要求、总投资的限额；

⑤设计进程和时限的具体要求等。

工程设计人员应仔细研究设计任务书的内容，准确地领会其内涵，并根据国家有关政策、规范和标准的规定，结合工程的具体情况，对设计任务书提出合理的修改意见及补充方案。

建设工程一般需要得到有关管理部门的批准后方可着手开展各项工作。建设单位应提供的相关文件主要有：工程项目批文、土地使用许可证、建设资金证明、用地规划文件，以及市政、卫生、环保、交通、绿化、供电等管理部门的批准文件。

（2）收集设计所需的资料和数据

由于建筑与自然环境的关系极为密切，在进行设计之前要充分了解建筑周边的有关自然与技术条件，需要收集的资料和数据主要包括：

①地形和地质资料，主要有地形地貌、地基情况、地下水位、地震设防标准等；

②气象资料，主要有温度、湿度、雨雪、主导风向和风速、日照等；

③市政管线，主要有供电、供热、供水、排水、煤气、通信、有线电视等基础设施的容量、分布、走向的具体情况等；

④建造场地区域内原有隐蔽工程及相邻建筑的基础情况、工程所在地主要建筑材料和构件的生产及供应情况；

⑤与设计有关的指标、数据、标准和技术规定。

（3）进行调查研究

由于建筑的类别较多、功能繁杂，当设计人员遇到自己较为生疏的大型或特殊的建筑工程设计任务时，为了能够更多地吸取前人的经验教训，避免走弯路，同时为了掌握工程现场自然环境的具体情况，应在工程设计之前，进行脚踏实地的调查研究，收集第一手资料。

2）设计工作

对大多数建筑工程而言，设计均应分阶段进行，以保证设计的合理性。设计一般分为三个阶段，即初步设计（方案设计）阶段、技术设计（扩大初步设计）阶段、施工图设计阶段。对一些规模较小、技术要求简单的建筑工程，也可以把初步设计和技术设计阶段合并为一个阶段。

（1）初步设计阶段

初步设计阶段是建筑设计的开始阶段，其中心任务是构建房屋的整体平面空间布局和建筑的立面风格。建筑设计方案是建筑工程设计的第一阶段，对建筑的各个方面均有重要的控制作用，也是展示设计单位与设计者水平的有效途径。初步设计要得到建设单位的认可，同时要经过有关部门的批准。初步设计阶段应完成的设计文件主要有：

①总平面图；

②建筑的各层平面图；

③主要剖面图和立面图；

④建筑的外观效果图或模型；

⑤工程概算书、技术经济分析和相关的文字说明。

（2）技术设计阶段

技术设计阶段是把经建设单位与有关管理部门批准的初步设计进行细化的阶段。这个阶段的中心任务是在设计项目负责人的主持下，协调建筑、结构、设备等专业之间的技术关系，及时发现各专业之间的矛盾并妥善处理。

（3）施工图设计阶段

施工图设计阶段是设计工作的最后阶段，也是设计工作的中心环节。这个阶段的中心任务是为施工单位提供施工图纸，就整个建筑工程的所有技术问题做出明确、具体的规定。施工图是施工单位进行建筑施工的技术依据，也是监理单位和建筑质量监督部门进行工程监理和监督的依据。施工图阶段应完成的设计文件主要有：

①总平面图；

②建筑专业施工图；

③结构专业施工图；

④设备专业施工图（一般包括暖通、给排水、电气等专业）；

⑤图纸目录和工程预算书。

2.2 建筑工程施工图的构成

建造房屋是一个复杂的工程过程，通常要经过建设项目可行性论证、用地选址、建设单位编制设计任务书、工程地质勘察、工程设计、工程施工、竣工验收和交付使用之后的回访评估等多个阶段。在整个建造过程当中，需要建设单位、设计单位、施工单位、监理单位及材料、构件和设备生产厂家的通力合作，还要接受建设管理部门的管理与协调。

建设工程设计是指建造单体或群体建筑所需的全部设计文件，它主要包括以下几个部分：建筑专业施工图、结构专业施工图、设备专业设计图纸、其他设计文件等。

2.2.1 建筑专业施工图

建筑施工图是其他专业进行工程设计的基础，同时是施工定位放线、抄平与高程控制、砌筑墙体、楼板与屋顶施工、安装门窗、室内外装修和编制施工概算及施工组织计划的主要依据。建筑施工图主要包括设计说明、总平面图、建筑平面图、建筑立面图、建筑剖面图以及建筑详图等。为了统计图纸及使用方便，图纸要按专业分类，如建筑专业施工图用"建施"进行分类。

1）设计说明

设计说明又称为建筑首页，是建筑专业施工图的主要文字部分。设计说明主要是对建筑施工图上未能详细表达或不易用图形表示的内容（如设计依据、技术经济指标、工程概述、构造做法、用料选择、门窗选择和数量统计等）用文字或图表加以描述。设计说明一般放在一套施工图的首页。

2）总平面图

（1）总平面图的用途

总平面图主要反映新建工程的位置、平面形状、场地及建筑入口、朝向、地形与标高、道路等布置及与周边环境的关系。总平面图是新建房屋定位、布置施工总平面图的依据，也是室外水、暖、电管线等外网线路布置的依据。

除了要对本工程的总体布置作出规定之外，总平面图还应当符合规划、交通、环保、市政、绿化等部门对工程的具体要求，并应经过相应部门的审批。

（2）总平面图的内容

①基地的规划布局。基地的规划布局是总平面图的重要内容，总平面图常用1：500～1：2 000比例绘制。由于比例较小，各种有关物体均不能按照投影关系如实反映出来，通常用图例的形式进行绘制，总平面图的图例比较直观。总平面图的规划布局中，还要对规划范围内的道路、硬地、绿化、小品、停车场地等作出布置。

②新建房屋的定位。为新建筑定位是总平面图的核心内容，定位的方式主要有两种：一种是利用新建房屋周围的其他建筑物或构筑物为参照物进行定位；另一种是利用坐标为新建房屋定位。

③新建工程的高程和方位。总平面图中一般用绝对标高来标注高程。如果标注的是相对标高，则应注明相对标高与绝对标高的换算关系。当场地的高程变化较复杂时，应当在总平面图中加注等高线。

在总平面图中要加注指北针，以明确建筑物的朝向。有些建设项目还要画上风向玫瑰图来表示该地区的常年风向频率。

3）平面图

（1）平面图的用途

建筑平面图主要表示建筑水平方向的平面形状、格局布置及坐标朝向。它是进行其他设计的基础，也是施工过程中定位放线、砌筑墙体、安装门窗、室内装修的重要依据，所包含的设计信息极为丰富，是建筑专业施工图中最重要的组成部分，需要认真地阅读和研究。

（2）平面图的内容

一般来说，平面图的数量应当与建筑的层数相当，即有几层建筑就应当画几层平面图，如首层平面图、二层平面图、三层平面图……顶层平面图等。但在实际建筑工程中，多层建筑许多楼层的平面布局是相同的，因此，常用一个通用的平面图来表达这些相同楼层的平面信息，可以有效地减少图纸张数，这样的平面图统称为“标准层平面图”或“×—×层平面图”。

①首层平面图：首层平面图又称一层平面图，是室内标高为±0.000地坪所在楼层的平面图。它与其他层平面的不同之处在于，除了表示该层的平面信息外，还要表示室外的台阶（坡道）、花池、散水的形状、尺寸和位置，以及剖面的剖切位置方向和编号。为了准确地表示建筑的朝向，应加注指北针，而其他层平面图上可以不再标出。

②中间层平面图：如建筑的二层平面与其他楼层的平面不同，则二层平面应单独绘制，并要表示出本层室外的雨篷等构件，附属及首层平面的其他室外构件则不必再画。其他层平面如有特殊平面时，需要单独绘制，其余可按标准层平面处理，但雨篷不必再画。

③顶层平面图：由于顶层平面楼梯的投影特殊，一般情况下顶层平面图需要单独画出，其图示内容与中间层平面图的内容基本相同。

④屋顶平面图：屋顶平面图是屋顶的外观俯视图（相当于建筑立面的一部分），主要包括屋顶的形式和坡度、排水组织形式、通风道出屋面、上人孔、变形缝、出屋面构造及其他设施的图样。屋顶平面一般还要附加一些必要的文字说明，如天沟坡度，雨水管间距、位置、材料及断面尺寸，变形缝，上人孔，通风道出屋面的构造做法等。

4）立面图

（1）立面图的用途

立面图主要用于表示建筑物的体形和外观，并提供立面装饰做法及有关控制尺寸。立面图是建筑图中最形象的图形，对施工也有重要的指导意义。

（2）建筑立面图的内容

一般情况下，建筑至少有4个立面，要绘制建筑的每一个立面的立面图。有一些体形简单的建筑，山墙的立面可能是相同的，此时可以用一个通用的立面来替代。为便于与平面图对照阅读，每一个立面图下都应标注立面图的名称。标注方法主要有：根据建筑起止两端的定位轴线编注立面图名称，如①～⑨轴立面图、⑨～①轴立面图等；坐落方位比较端正的建筑，也可按建筑的朝向确定名称，如南立面图、北立面图等；临街的建筑还可以按照与街道的关系确定名称，如××街立面图。

立面图要标注建筑立面的装饰做法，如外墙材料、铺贴方法和色彩等，同时还要在立面图上标注出建筑的檐口、室外地面、主要门窗洞口的标高，以便与平面图和剖面图对应阅读。

5）剖面图

（1）剖面图的用途

剖面图主要表示房屋的内部结构、分层情况、竖向交通系统、各层高度、建筑总高度及室内外高差以及各配件在垂直方向上的相互关系等内容。在施工中，可作为进行高程控制、砌筑内墙、铺设楼板、屋盖系统和内装修等工作的依据，是与平、立面图相互配合的不可缺少的重要图样之一。

（2）剖面图的内容

合理地选择剖切位置和剖视方向，对剖面图的应用价值具有极大的影响。应当选择建筑剖面变化较复杂的部位进行剖切，如楼梯间、门厅、入口、同层楼地面高差有变化的部位。一般情况下，只要剖切位置选择得当，剖视方向并不影响剖面图的使用效果。但如果剖面位置经过楼梯间时，要使剖切位置与剖视方向相配合，以免出现投影上的矛盾。应当“剖左侧的楼梯段，应当向右看；剖右侧的楼梯段，应当向左看。”

（3）剖面图的数量

剖面图的数量应满足设计和施工的需要，要完整准确地反映建筑竖向的变化。在规模不大的工程中，建筑的剖面图通常只有一个。当工程规模较大、平面形状及空间变化复杂时，则要根据实际需要确定剖面图的数量，也可能是两个或多个。

6）建筑详图

由于建筑的实际尺度较大，因此建筑的平、立、剖面图一般采用较小比例绘制，许多细部构造、尺寸、材料和做法等内容在这些图中很难表达清楚。为了满足施工的需要，常把需要详细描述的局部构造用较大比例绘制成详细的图样，这种图样称为建筑详图，也称为大样图或节点图。详图的比例应当根据实物的大小及内容的繁杂程度合理地选择，常用的比例有1∶1，1∶2，1∶5，1∶10，1∶20，1∶50几种。对于某些建筑构造或构件的通用做法，可采用国家或地方制定的标准图集或通用图集中的图样，再附以结合本工程实际的说明和控制尺寸，通过索引符号加以注明，不必另画详图。

建筑详图包括外墙剖面详图（外墙大样图）和楼梯、阳台、雨篷、台阶、门窗、卫生间、厨房、内外装修节点等。

2.2.2 结构专业施工图

结构专业施工图是建筑工程图的重要组成部分，是在建筑专业施工图给出的框架之内，对建筑的结构体系、结构构件设计和结构构件选型等进行详细规划和设计的专业图纸；是主体结构施工放线、基槽开挖、绑扎钢筋、支设模板、浇筑混凝土、安装结构构件，以及计算工程造价、编制施工组织设计的依据。结构施工图用“结施”进行分类。

结构施工图的基本内容包括图纸和文字资料两部分内容。第一部分是图纸，包括结构布置图和构件详图；第二部分是文字资料，包括结构设计说明和结构计算书（只作为设计单位内部审核资料，不提供给施工单位）。

1）结构设计说明

结构设计说明是结构施工图的综合性文件，它结合现行规范的要求，针对建筑工程结构的通用性与特殊性，将结构设计的依据、选用的结构材料、选用的标准图和对施工的特殊要求等，用文字及表格的表达方式形成的设计文件。它一般包括以下内容：

①工程概况：建设地点、抗震设防烈度、结构抗震等级、荷载等级、结构形式等。

②材料的情况：混凝土的强度等级、钢筋的级别、砌体结构中块材和砌筑砂浆的强度等级、钢结构中所选用的结构用钢材情况及对焊条或螺栓的要求等。

③结构的构造要求：混凝土保护层厚度、钢筋的锚固、钢筋的接头、钢结构焊缝的要求等。

④地基基础的情况：地质情况（包括土质类别、地下水位、土壤冻深等）、不良地基的处理方法和要求、对地基持力层的要求、基础的形式、地基承载力特征值或桩基的单桩承载力特征值、试桩要求、沉降观测要求、地基基础的施工要求等。

⑤施工要求：对施工顺序、方法、质量标准的要求，与其他工种配合施工方面的要求等。

⑥选用的标准图集。

2）结构平面布置图

结构平面布置图主要包括以下内容：

①基础平面图，主要表示基础平面布置及定位关系。如果采用桩基础，还应标明桩位；当建筑内部设有大型设备时，还应有设备基础布置图。

②楼层结构平面布置图，主要表示各楼层的结构平面布置情况，包括柱、梁、板、楼梯、雨篷等构件的计算尺寸和编号等。

③屋顶结构平面布置图，主要表示屋盖系统的结构平面布置情况。

3）结构详图

结构详图包括梁、板、柱及基础详图，楼梯详图，屋架详图，模板、支撑、预埋件详图以及构件标准图等。

2.2.3 设备专业施工图

1）水暖专业施工图

水暖专业施工图是房屋设备施工图的一个重要组成部分，它主要用于解决室内采暖、通风、空调、制冷、给水、排水、消防、热水供应等工程的施工方式、所用材料及设备的规格型号、安装方式及安装要求，也包括水暖设施在房屋中的位置以及与建筑结构的关系、与建筑中其他设施的关系、施工操作要求等一系列内容，是重要的技术文件。水暖专业施工图一般用“水施”“暖施”进行分类。本书着重介绍民用建筑中常见的给排水专业工程图。

水暖专业施工图包括图纸和文字资料两个部分。第一部分是文字资料，主要是设计说明；第二部分是图纸，主要包括平面图、系统图、大样图等。

（1）设计说明

设计说明是水暖专业施工图的主要文字部分。设计说明主要是对水暖施工图上未能表达或不易用图形表示的内容用文字或图表加以说明，如设计依据、技术经济指标、管材及安装方式、设备的安装标准、图例的含义、保温及防腐的做法、压力实验标准及采用的标准图集等。设计说明一般放在水暖施工图的首页。

（2）平面图

①平面图的用途。水暖平面图是在建筑平面图的基础上，根据水暖工程图的制图标准绘制出的用于反映水暖设备、管线的平面布置状况的图样。首先，用假想水平剖切平面把建筑在门、窗洞口高度范围内水平切开，移出剖切平面以上的部分，把剖切平面以下的物体投影到水平面上，这种剖切后的投影不仅反映了建筑中的墙、柱、门窗洞口等内容，同时也能反映水暖设备、管道等内容。由于水暖平面图的重点是反映水暖管道、设备等，因此建筑的平面轮廓线用细实线绘出，而有关管线、设备则以较粗的图线绘出，以示突出。水暖平面图是施工过程中安装水暖设备、连接水暖管道的重要依据，是水暖施工图中最重要的部分。

②平面图的内容。首先把建筑平面图进行必要的简化，然后标明采暖设备、散热器、卫生设备和立管等的平面布置位置、尺寸关系。平面图要表现水暖设备、立管等前后、左右关系，相距尺寸；还要表示出水暖管道的平面走向，管材的名称、规格、型号、尺寸，管道支架的平面位置；同时，采暖、给水及排水立管的编号及管道的敷设方式、连接方式、坡度及走向也是平面图的重要内容之一；最后，还要表示清楚室内采暖工程相关的室外热源位置、热媒参数、入口装置等平面位置，与室内给水工程相关的室外引入管、水表节点、加压设备等平面位置，与室内排水工程相关的室外检查井、化粪池、排出管等平面位置。

一般来说，平面图的数量应与建筑的层数相当，但在实际建筑工程中，多层建筑许多楼层的平面布局是相同的，因此，常用一个标准层平面图来示意。即使它们的标高不同，或者立管的管径不同，或者管件位置有所不同，这些差异也只需要在水暖平面图或者系统图中加以标注即可。

（3）系统图

①系统图的用途。室内采暖系统图、室内给水系统图和室内排水系统图通常分开绘制，分

别表示采暖系统、给水系统和排水系统的空间关系。图形的绘制基础是各层水暖平面图。在绘制水暖系统图时,可把平面图中标出的不同的采暖、给排水系统拿出来单独绘制系统图。通常一个系统图能反映该系统从下至上全方位的关系。

用单线表示管道,用图例表示暖卫设备,用轴测投影(一般采用45°正面斜轴测)绘制出反映采暖、给水、排水系统空间的图样,称为水暖系统图。

室内水暖系统图是反映室内采暖、给水和排水管道与设备的空间关系的图样。从系统图中能清楚地知道管道及设备的空间位置、安装高度、连接方式、管道的坡度及走向等,是水暖施工的重要依据,也是水暖施工图的重要组成部分。

②系统图的内容。水暖平面图与水暖系统图相辅相成,互相说明又互相补充,反映的内容是一致的。水暖系统图侧重于反映以下内容:

a. 系统编号:系统图中的系统编号与水暖平面图中的编号一致,两者结合才能反映该系统的整体形象。

b. 管径:在水暖平面图中,水平投影不具有积聚性的管道可以表示出其管径的变化,而就立管而言,因其投影具有积聚性,故不便于在平面图中表示出管径的变化。系统图中要标注出管道的管径。

c. 标高:这里所说的标高包括建筑标高、水暖管道的标高、暖卫设备的标高、管件的标高、管径变化处的标高、管道的埋深等内容。管道埋地深度可以用负标高加以标注。

d. 管道及设备与建筑的关系:如管道穿墙、穿地下室、穿基础的位置,设备与管道接口的位置等。

e. 管道的坡向及坡度:管道的坡度值在无特殊要求时参见说明中的有关规定,若有特殊要求则应在图中用箭头注明。管道的坡向应在系统图中注明。

f. 重要管件的位置:在平面图中无法示意的重要管件,如在水暖管道中的阀门、污水管道中的检查口等,应在系统图中明确标注,以防遗漏。

g. 与管道相关的有关水暖设施的空间位置:如热交换站、屋顶水箱、室外储水池、水泵、加压设备、室外阀门井等与采暖、给水相关设施的空间位置,以及室外排水检查井、管道等与排水相关设施的空间位置等内容。

(4)大样图

限于比例和图纸的篇幅,一套水暖施工图不可能画出全部需要表达的内容,同时随着设计和施工的标准化,也没有必要每一项内容都在图纸上表达出来。由于比例的原因不能表达清楚的内容,可以通过画大样图的方法来解决;未能在图上表达出来又属于标准化范畴的内容,可以通过索引有关标准图册的方法来解决。除了有特殊要求,设计人员一般不专门绘制大样图,更多的是引用标准图册上的有关做法。有关标准图册的代号,可参见说明中的有关内容或图纸上的索引。由此可见,绘制和识读一套水暖工程图,仅仅只有图纸还不够,同时要查阅有关标准图册及施工验收规范。

2)电气专业施工图

现代建筑为了实现其使用功能,需要安装相应的电气设备,主要包括各种照明灯具、电源插座、电视、电话、互联网线、消防及保安控制装置以及避雷装置等,工业建筑及营业性建筑还要设置动力电系统。所有的电气工程及设施都要经过专门的设计,并用图纸表达。这些用来表达建筑电气设施配置状况的图纸就是电气施工图,在工程上电气施工图用“电施”来分类。

电气专业施工图主要包括两个内容:一是供、配电线路的规格与辐射方式;二是各类电器设备及配件的选型、规格和安装方法。

电气专业施工图包括图纸和文字资料两个部分。第一部分是文字资料,主要是设计说明;第二部分是图纸,主要包括平面图、系统图。

(1)设计说明

设计说明是电气专业施工图的主要文字部分。设计说明主要是对施工图上未能表达或不易用图形表示的内容用文字或图表加以说明,如设计依据、设计范围、供电电源的情况、设备安装及电缆敷设、电话或弱电系统、防雷接地系统及采用的标准图集等。设计说明一般放在电气专业施工图的首页。

(2)平面图

①平面图的用途。电气平面图是在建筑平面图(总平面图)的基础上,根据电气专业工程图的制图标准绘制的。室内电气平面图是利用一个假想水平剖切平面把建筑在门、窗洞口高度范围内水平切开,移出剖切平面以上的部分,把剖切平面以下的物体投影到水平面上。这种剖切后的投影不仅反映了建筑中的墙、柱、门窗洞口等内容,同时也能反映电气设备、管道等内容。由于电气平面图的重点是反映电气设备、管线等布置情况,因此要把建筑的平面轮廓线用细实线绘出,而把有关的电气管线、设备以较粗的图线绘出,以达到突出重点的目的。避雷平面图是在建筑屋顶平面图的基础上绘制的。平面图是建筑施工过程中安装电气设备、敷设线路的重要依据,是电气施工图的重要组成部分。

②平面图的内容。供电总平面图是重要的外网平面图,主要在建筑总平面图中绘制和说明变电所、配电所的容量、位置以及通往所有用电建筑的供电线路的走向、线型、数量、敷设方法、路灯、电线杆、有关接地的位置及做法等;变(配)电室平面图与室内电气平面图的绘制方式相同,但在内容上有所区别,主要绘制出高低压开关柜、变电器、控制盘等设备的平面布置情况;室内电气平面图是电气平面图最重要的组成部分,主要绘制室内全部电气工程(如照明、动力用电、弱电系统等)的线路敷设情况,设备和线路的型号、数量、位置及敷设方法,还要标明配电箱、弱电分线盒、开关等设备的位置;避雷平面图也是电气平面图的组成部分,主要是在建筑屋顶平面图上绘制出避雷带(避雷网)的敷设平面。

(3)系统图

①系统图的形成和用途。电气系统图主要是用来表示建筑供电系统或分系统的一种框图,是电气工程图的重要组成部分。系统图主要通过各种文字符号和图例来表达整个电气系统或分系统的网络构成。系统图不是正规的投影图,而是用各种文字和符号示意性地概括说明整个建筑供电系统的整体状况。

②系统图的内容。主要包括配电箱系统图、配电系统图、弱电系统图等。

3 施工图在建筑施工过程中的地位和作用

3.1 施工图的地位和作用

施工图是建筑生产过程中最重要、最基本的技术文件,所有的施工过程都是在设计图纸的框架之内展开的。图纸是借助线条、图形、数字、文字等载体对建筑的全部技术信息进行描述的工程语言,并对建筑的整体具有权威的控制作用。一般情况下,一套完整的建筑工程设计图由建筑专业、结构专业、设备专业的图纸构成。这些图纸是施工企业制订施工方案，制订材料、构件、相关设备购置计划，编制施工图预算，进行施工组织设计的依据。

由于施工图是由建筑设计单位的专业人员设计完成的，其知识和技术含量较高，而且大量的技术信息是用相对抽象的线条、图例和符号传递的，专业化程度较高，往往不能被基层的技能与劳务人员所认知。建筑施工企业的技术及管理人员应根据图纸的要求合理地制订施工组织设计和施工方案，同时把图纸传递的工程语言转化为操作人员能够理解的行动命令，并且在施工过程中对所有的操作程序和过程进行有效的控制。因此，熟练掌握识读图纸的能力，是从事建筑工程技术与管理工作最基本的业务素质，也是与参与建筑生产工作的其他技术人员交流的基本“语言能力”。

3.2　设计单位应当提供的技术服务

顾名思义，设计单位在建筑生产过程中承担的是设计任务，一般不参与建筑施工的具体过程。但作为建筑生产的重要参与者，设计单位在施工开始前和施工过程中还要为工程建设提供技术服务工作，这些技术服务工作主要有以下3项：

1)图纸交底

图纸交底也称图纸会审，是施工开始之前必须要进行的一项业务工作。图纸交底在建设单位的主持下进行，施工企业和监理单位参加。在图纸交底之前，设计单位应向建设单位提供该项工程的8套完整的施工图纸，这些图纸是施工、验收、存档所需要的工程技术文件。如果建设单位或施工单位需要的图纸多于8套，一般要向设计单位另外支付费用。

图纸交底在有关单位认真阅读施工图之后进行，其主要任务是：

①由设计单位的各专业负责人向施工企业的技术人员介绍设计的思路、技术要求、需要特别注意的问题。

②由施工企业的技术人员向设计者咨询在阅读图纸过程中发现的问题、误差和疑问，并由设计者给出答复。

③施工企业在不改变建筑的使用效果、设计意图和安全性的基础上，就施工图当中的一些具体做法提出修改意见，并征得建设、设计、监理单位的同意。

在图纸交底过程中讨论的全部问题及结论，均应用正式文本记录在案，并由参与图纸交底的各方代表签字，作为该工程的正式归档文件保存。

2)设计变更与技术洽商

由于建筑工程的施工周期较长，受环境因素变化的影响较大，因此往往会出现一些在设计阶段没有考虑到的问题。处理施工中出现的建筑自身或技术方面的变化，一般通过设计变更和技术洽商的方式来完成。

(1)设计变更

施工过程中发生设计变更的原因主要有以下几点：

①建设单位对建筑的使用功能、装饰等方面的要求发生了局部变化，因此需要设计进行相应的修改；

②在交付图纸之后设计单位或施工企业发现了施工图纸中存在错误或偏差，需要对设计进行修改；

③有时，因设备、材料、构件的供应情况发生变化，设计也需要随之变更。

(2)技术洽商

技术洽商通常由施工企业提出，主要通过这种形式与设计单位协商解决材料更替、构件更替和构造做法变化的有关问题。施工单位提出技术洽商主要是为施工创造便利，但要保证建筑的使用效果、安全和经济符合设计意图。

设计变更和技术洽商具有与施工图同等的地位和效力，需要层层审批，并作为施工过程、施工验收和决算的正式文件。施工期间出现的设计变更或技术洽商较多时，工程竣工之后一般还要根据新建建筑的实际情况绘制竣工图，作为该工程的正式存档文件。

3)现场服务

由于设计单位是参与建筑工程生产过程重要的组成部门之一，因此在建筑施工的各个阶段均要积极参与，并提供相应的现场服务。现场服务的内容主要有基础施工之前的验线工作、施工过程中到现场解决与设计有关的技术问题。

对于某些大型或技术复杂的建筑工程，还有可能要求设计单位在现场派驻施工代表，以便随时处理施工中与设计有关的技术问题。

第2篇　识图训练

项目1　某小区住宅楼（砖混结构）

1. 图纸目录

图纸目录

序　号	图　别	图纸内容	图　幅
1	建施 -1	建筑设计总说明	2#
2	建施 -2	设计说明　建筑节能设计表　装修表　外墙外保温及屋面工程做法	2#
3	建施 -3	门窗表　门窗大样图　经济技术指标	2#
4	建施 -4	半地下室平面图　一层平面图	2#
5	建施 -5	二层平面图　三、四层平面图	2#
6	建施 -6	五层平面图　屋顶平面图	2#
7	建施 -7	南立面图　北立面图	2#
8	建施 -8	侧立面图　1—1 剖面图	2#
9	建施 -9	2—2 剖面图　楼梯平面详图	2#
10	建施 -10	节点详图　飘窗平面详图　入口造型大样图　地下室防水做法详图	2#
11	结施 -1	结构设计总说明	2#
12	结施 -2	结构设计总说明（续）　楼梯间详图	2#
13	结施 -3	楼梯、构造柱详图	
14	结施 -4	筏板平面布置图　底层梁平法施工图	2#
15	结施 -5	底层结构平面布置图　一层梁平法施工图	2#
16	结施 -6	一层结构平面布置图　二～四层梁平法施工图　空调板　飘窗板	2#
17	结施 -7	二、三层结构平面布置图　四层结构平面布置图	2#
18	结施 -8	坡屋面结构平面布置图　坡屋面梁平法施工图	2#

图纸目录

序　号	图　别	图纸内容	图　幅
19	水施 -1	给排水设计总说明　选用图集一览表　图例、材料表	2#
20	水施 -2	厨房、卫生间、洗衣间详图　冷热水系统图　排水系统图	2#
21	水施 -3	半地下室、一层给排水平面图　水表井大样图	2#
22	水施 -4	二～五层给排水平面图	2#
23	电施 -1	电气设计总说明	2#
24	电施 -2	配电系统图　设备材料表　弱电配线箱示意图　门控单元对讲系统	2#
25	电施 -3	半地下室层照明　半地下室弱电平面图	2#
26	电施 -4	一层照明平面图　一层弱电平面图	2#
27	电施 -5	二层照明平面图　二层弱电平面图	2#
28	电施 -6	三、四层照明平面图　三、四层弱电平面图	2#
29	电施 -7	五层照明平面图　五层弱电平面图	2#
30	电施 -8	接地、等电位联结平面图　屋面防雷平面图	2#

建筑设计总说明

一、设计依据

1.1 经批准的本工程方案设计文件、建设方的意见。
1.2 现行的国家有关建筑设计规范、规程和规定。
1.3 遵循主要设计规范:
《民用建筑设计通则》(GB 50352—2019)
《住宅建筑规范》(GB 50368—2019)
《住宅设计规范》(GB 50096—2021)
《建筑设计防火规范》(GB 50016—2014)
《05 系列工程建设标准设计图集—05YJ》
《河南省居住建筑节能设计标准(寒冷地区)》(DBJ 41/062—2012)

二、项目概况

2.1 本工程为 ×× 市 ×× 小区住宅楼。
本工程半地下室建筑面积为213.57m^2,住宅面积为999.2m^2(阳台面积按一半计入),其中底部为储藏室。
以上为住宅,储藏室内严禁布置、存放和使用火灾危险为甲乙丙类的物品。
本建筑住宅部分层高:一层 3.3m,以上 3.0m,储藏室高为 2.4m。总建筑高度为 16.8m。
本次设计包括建筑、结构、给排水、暖通、电气等专业的施工图设计。
2.2 本建筑合理使用年限为 50 年,建筑抗震设防烈度为 6 度。
2.3 本工程建筑耐火等级为二级。
2.4 本工程结构形式为砖混结构。

三、设计标高及定位

3.1 ±0.000 标高依施工现场实际情况确定。
3.2 各层标注标高均为建筑完成面标高。
3.3 本工程除标高以 m 为单位外,其他尺寸均以 mm 为单位。

四、墙体及墙体工程

4.1 所有未注明的墙均为 240mm 厚砖墙且轴线居中,门垛尺寸未注明者均为 120mm。
4.2 住宅卫生间、厨房、阳台、用水房间的墙体下做 150 高、同墙厚 C20 的素混凝土止水带。
4.3 构造柱及过梁均见结施-3,钢筋混凝土柱和填充墙交接处的预留钢筋见结构设计总说明。
墙体上除建筑注明较大留洞外,其他设备留洞均参见设备图纸配合施工,洞口依结构设计总说明设置过梁。
4.4 所有混凝土做表面粉刷前,均应先刷含胶水泥砂浆一道处理,油渍严重者应用碱液清洗。
4.5 预埋木砖(包括与砌块砖或混凝土接触面)及铁件均应做防腐防锈处理,排水管套管(包括暗管均应做防锈处理)。
4.6 预留洞的封堵:混凝土墙留洞的封堵见结施,其余砌筑墙留洞待管道设备安装完毕后,用 C20 细石混凝土填实或防火材料封堵。

五、屋面工程

5.1 本工程的屋面防水等级为二级,防水层设计使用年限为 15 年。
5.2 屋面做法及屋面节点索引见“建施-6屋顶平面图”。
5.3 屋面排水组织见屋顶平面图。外排雨水斗、雨水管采用 UPVC 管材。
除图中另有注明者外,雨水管的公称直径均为 DN100;凡有高差的屋面在低屋面水落管落水处设水簸箕,做法见 05YJ5-1 $\frac{4}{23}$。
5.4 屋面工程所采用的防水、保温材料应有产品合格证书和性能检测报告,材料的品种、规格、性能等应符合现行国家产品标准和设计要求。
5.5 伸出屋面的管道、设备或预埋件等,应在防水层施工前安设完毕。

六、门窗工程

6.1 建筑外门窗抗风压性能分级为 3 级,气密性能分级为 4 级,水密性能分级为 3 级,保温性能分级为 7 级,隔声性能分级为 4 级。
6.2 门窗玻璃的选用应遵照《建筑玻璃应用技术规程》(JGJ 113—2015)和《建筑安全玻璃管理规定》(发改运[2003]2116)。
6.3 门窗立面均表示洞口尺寸,门窗加工尺寸要按照装修面厚度由承包商予以调整。
6.4 门窗立樘:外门窗立樘详见墙身节点图,内门窗立樘除图中另有注明者外,双向平开门立樘墙中,单向平开门立樘开启方向墙面平开启扇均加纱扇,五金零件按要求配齐。
6.5 所有外门窗均为 85 系列白色塑钢框,中空玻璃厚度为 20mm(5+10+5),整体性能应符合有关标准和规范。
6.6 所有门窗上部过梁、圈梁或连系梁,均需按门窗安装要求埋设预埋件。
6.7 本工程门窗须经有资质的制作厂家现场复核尺寸后,方可制作安装。

七、外装修工程

7.1 外墙采用抗裂弹性涂料和面砖。外墙采用外墙外保温方式。外装修设计和做法索引见“立面图”。
7.2 外装修选用的各项材料的材质、规格、颜色等,均由施工单位提供样板,经建设和设计单位确认后进行封样,并据此验收。

八、内装修工程

8.1 内装修工程执行《建筑内部装修设计防火规范》(GB 50222—2015),楼地面部分执行《建筑地面设计规范》(GB 50037—2013)。
8.2 楼地面构造交接处和地坪高度变化处,除图中另有注明者外均位于齐平门扇开启方向墙面处。
8.3 凡设有地漏的房间应做防水层,图中未注明整个房间做坡度者,均在地漏周围 1m 范围内做 1% 度坡向地漏;有水房间的楼地面应低于相邻房间 20mm 或做挡水门槛。
8.4 内装修选用的各项材料均由施工单位制作样板和选样,经确认后进行封样,并据此进行验收。
8.5 本次设计范围及深度:室内装修表中所设内容仅为控制装修材料荷载及面层厚度,本次施工室内仅做至毛墙毛地面。

九、油漆涂料工程

9.1 外木门窗油漆选用所处墙面同色调和漆,内木门油漆选用乳白色调和漆,详二次装修设计。
9.2 楼梯、平台、护窗钢栏杆选用浅灰色漆;外露铁件除不锈钢外,所有外露铁件均作防锈漆两遍,刷一底二度调和漆,罩面颜色同所在部位墙体颜色。
9.3 各项油漆均由施工单位制作样板,经确认后进行封样,并据此进行验收。

十、厨房和卫生间

××××设计院有限公司				工程名称	××××小区住宅楼		
审 定		方 案		建筑设计总说明		设 计 号	
审 核		设 计				图 别	建 施
总工程师		制 图				图 号	1
注 册 师		校 对				专业张数	10
项目负责人		专业负责人		第 张	共 张	日 期	

10.1 厨房排气道选用 05YJ11-3(2/4)。

十一、室外工程

11.1 散水:05YJ1 散 1;滴水线:05YJ6(B/27)(C/27)。

11.2 所有栏杆的垂直净距均小于 110,楼梯水平段的长度大于 500 的做 1100mm,同时加设 100 高、120 宽的翻台。

十二、其他施工注意事项

12.1 图中所选用标准图中有对结构工种的预埋件、预留洞,如楼梯、平台钢栏杆、门窗、建筑配件等,本图所标注的各种留洞与预埋件应与各工种密切配合,确认无误方可施工。

12.2 两种材料的墙体交接处,应根据饰面材质在做饰面前加钉金属网或在施工中加贴玻璃丝网格布,防止裂缝;加气混凝土墙体抹灰中,应添加抗裂纤维掺料。

12.3 空调机均设 ϕ50UPVC 冷凝水排水立管,并加三通或四通与冷凝水管连接,单空调位立管位于空调板一侧,设三通,双空调位立管居中,设四通,位于楼层中间的空调板应设 ϕ80 预留洞与空调孔对应。

12.4 低于 900mm 的外窗台均加防护栏杆,从可踏面算起有效防护高度为 900mm。

12.5 住宅的卧室和起居厅内的允许噪声级(A 声级),昼间应不大于 50dB,夜间应不大于 40dB;分户墙与楼板的空气声的计权隔声量应不小于 40dB,楼板的计权标准化撞击声压级宜不大于 75dB。

12.6 请密切配合各工种图纸施工,为保证工程质量,未经设计人员书面同意不得随意更改。
对设计失误或主要材料必须更换等情况,应提前征得设计人的书面同意后方可更正。
施工中应严格执行国家各项施工质量验收规范。

建筑节能设计表

节能部位	采取节能措施	平均传热系数	备 注
屋 面	采用保温屋面,见建筑工程做法说明	0. 486<0.60	上人屋面
	采用保温屋面,见建筑工程做法说明	0.495<0.60	不上人屋面
	采用保温屋面,见建筑工程做法说明	0.569<0.60	坡屋面
外 墙	外墙外保温,见建筑工程做法说明	0.59<0.75	
窗 户	80 系列塑钢门中空玻璃	2.4<2.8	
阳台门	80 系列塑钢门中空玻璃	2.4<2.8	
户 门	乙级防火门,防盗、保温,隔声复合门	2.7<2.7	由甲方按要求订购
架空层顶板	见节能做法说明	0.498<0.5	
阳台门下部芯板	见节能做法说明	0.939<1.72	
窗墙比	北向:0.24<0.25;东西向:0.17<0.30;南向:0.27<0.35		
建筑节能指标:建筑体型系数 S = 0.42			
建筑物耗热量指标:qH = 12.54<14.2W/m^2			

结论:本工程满足《河南省居住建筑节能设计标准(寒冷地区)》(DBJ 41/062—2005),符合节能要求。

装修表

分项工程	选用图集	备 注	分项工程	选用图集	备 注
屋 面	05YJ1 屋 1 B1	用于不上人平屋面 防水选用 F2 ▽15.300 保温层选 50 厚挤塑聚苯乙烯泡沫塑料板	泛 水	05YJ5-1(D/10)	—
	05YJ1 屋 31 B1	用于坡屋面 防水选用 F14 ▽16.500 保温层选 50 厚挤塑聚苯乙烯泡沫塑料板	屋面水落口	05YJ5-1(3/18)(2/19)	—
	05YJ1 屋 4 B1	用于上人平屋面 防水选用 F2 ▽12.300 保温层选 50 厚挤塑聚苯乙烯泡沫塑料板用于标高	油 漆	05YJ1 涂 1	用于木构件,门内外均为米黄色,扶手为棕红色
地 面	参照 05YJ1 楼 30	用于地下室地面		05YJ1 涂 13	用于金属构件,栏杆墨绿色
	05YJ1 地 1	用于住宅,毛面	雨水管	05YJ5-1(2/21)(4/21)	PVC 管,防攀阻燃落水管
	0 5YJ1 地 25	用于楼梯间花岗岩	滴水线	05YJ6(B/27)(C/27)	—
地下室防水	参照05YJ 1 地 防 4	具体做法见建施 -10 地下室防水做法详图	水簸箕	05YJ5-1(4/23)	用于高低屋面
楼 面	05YJ1 楼 1	用于住宅 厨卫外所有房间 毛面	平顶角线	05YJ7(3/14)	—
	05YJ1 楼 28	50 厚 C20 细石混凝土层取消,15 厚(最薄处)1 : 2 水泥砂浆找坡找平,总厚度50mm / 用于厨卫及阳台	内墙护角	05YJ7(1/14)	—
内 墙	05YJ1 内墙 4	厨卫外的所有内墙,罩白,楼梯间外罩仿瓷涂料	楼梯扶手 栏杆	05YJ8(7/25)(9/74)	扶手高 900,竖杆间距 110,水平段高 1100
	05YJ1 内墙 6	用于地下室内墙,外罩仿瓷涂料	楼梯防滑踏步	05YJ8(17/81)	楼梯间
	05YJ1 内墙 6	用于卫厨墙面,罩白	护窗栏杆	05YJ6(1/34)	不锈钢护栏,立杆间距 110
外 墙	Q5YJ1 外墙 12	咖啡色文化砖,详立面	空调搁板护栏	05YJ6(2/34)	不锈钢护栏,立杆间距 110
	05YJ1 外墙 23	白色,米黄色,浅灰色,详立面	厨房排气道	05YJ11 -3(2/4)	—
	05YJ1 外墙 14	浅灰色蘑菇石,详立面	空调排冷凝水管	参照 05YJ6(—/40)	—
踢 脚	05YJ1 踢 6	除卫生间外所有房间,用于住宅	台 阶	05YJ1 台 1	用于地下室
散 水	05YJ1 散 1	散宽 W=900	坡 道	05YJ1 坡 1	用于地下室
顶 棚	05YJ1 顶 3	罩白,除卫生间外所有房间	晒衣架	市售成品,用户自理	—
	05YJ1 顶 4	罩白,用于卫生间			
女儿墙压顶及防水收头	05YJ5-1(C/9)				

外墙外保温工程做法:

施工中,通过相应的构造处理使完成后的"外墙"墙面保持平整。

外墙工程做法:05YJ3-7(5/07)(挤塑聚苯板外墙外保温构造),保温层厚度为40mm,传热系数为0.59W/(m^2·K)。

屋面工程做法:

上人平屋面:05YJ1 屋4 B1 保温层选50厚挤塑聚苯乙烯泡沫塑料板 防水选用F2。

不上人平屋面:05YJ1 屋1 B1 保温层选50厚挤塑聚苯乙烯泡沫塑料板 防水选用F2。

坡屋面:05YJ1 屋31 B1 保温层选50厚挤塑聚苯乙烯泡沫塑料板 防水选用F14。

储藏室顶板粘贴:50mm厚挤塑聚苯乙烯泡沫塑料板,传热系数为0.498W/(m^2·K),小于0.50W/(m^2·K)。

阳台门下部芯板:粘贴30mm厚挤塑聚苯乙烯泡沫塑料板,传热系数为0.939W/(m^2·K),小于1.72W/(m^2·K)。

××××设计院有限公司				工程名称	××××小区住宅楼		
审 定		方 案		建筑设计总说明 建筑节能设计表 装修表 外墙外保温及屋面工程做法		设 计 号	
审 核		设 计				图 别	建 施
总工程师		制 图				图 号	2
注 册 师		校 对				专业张数	10
项目负责人		专业负责人		第 张	共 张	日 期	

门窗表

类 型	设计编号	洞口尺寸（mm）	数 量	图集名称	页 次	选用型号	备 注
门	FM-1	1000×2100	10	乙防火防盗保温隔声复合门			住宅分户门,半地下室楼梯疏散
	M-1	1000×2100	10	成品钢板门			储藏室门
	M-2	900×2100	28	05YJ4-1	89	1PM-0921	卧室门
	M-3	1500×2400	1	可视对讲防盗门			单元门
	M-4	800×2100	2	05YJ4-1	89	1PM1-0821	洗衣房门
	TLM-1	2000×2700	10	详建施本张			—
门联窗	MLC-1	1620×2700	10	详建施本张			—
	MLC-2	2120×2700	8	详建施本张			—
窗	C-1	900×1800	10	05YJ4-1	28	2TC-0918	座窗,0.9m 白色塑钢窗
	C-1a	420×1500	2	参 05YJ4-1	12	GC-0615	座窗,0.9m 白色塑钢窗
	C-2	1200×1800	10	05YJ4-1	28	2TC-1218	座窗,0.9m 白色塑钢窗
	C-2a	1200×1200	4	05YJ4-1	25	1TC-1212	楼梯间窗,白色塑钢窗
	C-3	1500×1800	8	05YJ4-1	28	2TC-1518	座窗,0.9m 白色塑钢窗
	C-4	900×700	2	详建施本张			座窗,1.4m 向外开启百页窗
	C-5	1200×700	2	参 05YJ4-1	25	1TC-1209	座窗,1.4m 白色塑钢窗,5 厚浮法玻璃
	C-6	1500×700	2	参 05YJ4-1	25	1TC-1509	座窗,1.4m 白色塑钢窗,5 厚浮法玻璃
	C-7	1800×700	4	参 05YJ4-1	26	1TC-1809	座窗,1.4m 白色塑钢窗,5 厚浮法玻璃
凸 窗	PC-1	2000×2100	10	详建施本张			
	PC-2	1800×2100	10	详建施本张			
墙 洞	DK-1	1000×2100	10				
	DK-2	1200×2100	2				

注:所有外窗均加纱扇。

经济技术指标

A 型:五室两厅两卫		户 数	B 型:三室两厅一卫		户 数
套内使用面积	154.95m²	2	套内使用面积	76.35m²	4
套型建筑面积	197.68m²		套型建筑面积	98.13m²	
套内使用面积系数	78.3%		套内使用面积系数	77.8%	
套型阳台面积	7.35m²		套型阳台面积	7.35m²	
C 型:两室两厅一卫		户 数			
套内使用面积	66.99m²	2			
套型建筑面积	87.24m²				
套内使用面积系数	76.7%				
套型阳台面积	7.35m²				

说明:本面积不作为售房依据。

【读图指导】
1.对照平面、立面、剖面图,确定各种门窗的尺寸、开启方式、用料和数量。
2.查阅有关资料,掌握门窗开启方式在立面上的表示方法。
3.认真阅读设计说明,注意制作门窗的要求。

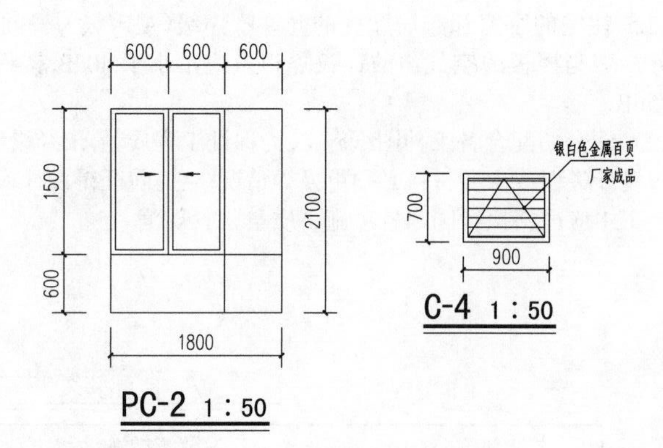

说明:
1.所有门窗玻璃均采用无色透明玻璃,窗框采用白色塑钢型材,除特别注明外,所有外窗均采用20厚(5+10+5)中空玻璃。
2.所有门窗的设计、制作、安装均由有资质的专业公司承担。
3.所有门窗的强度、抗风抗压性、水密性、气密性、平整度等技术要求均应达到国家有关规定。
4.门窗立面图仅表示分樘,门及开启窗的位置与形式及相关尺寸应现场放样。现场放样无误后再行制作,与设计单位协商后可作局部调整。
5.组合门窗按规范有关要求用拼樘料组装制作。

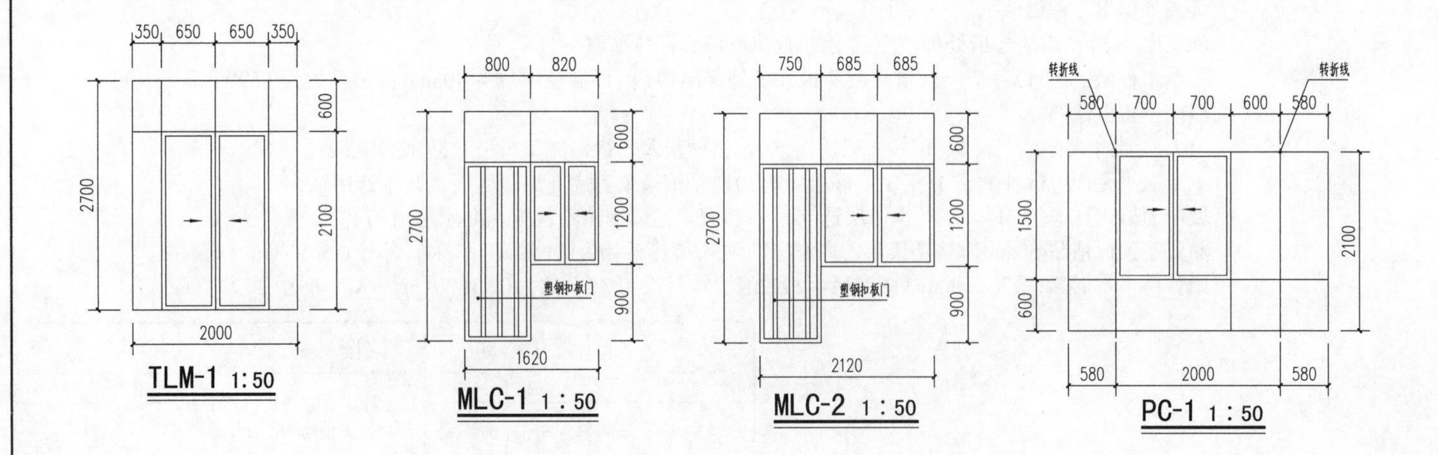

××××设计院有限公司				工程名称	××××小区住宅楼		
审 定		方 案		门窗表 门窗大样图 经济技术指标		设 计 号	
审 核		设 计				图 别	建 施
总工程师		制 图				图 号	3
注 册 师		校 对				专业张数	10
项目负责人		专业负责人		第 张	共 张	日 期	

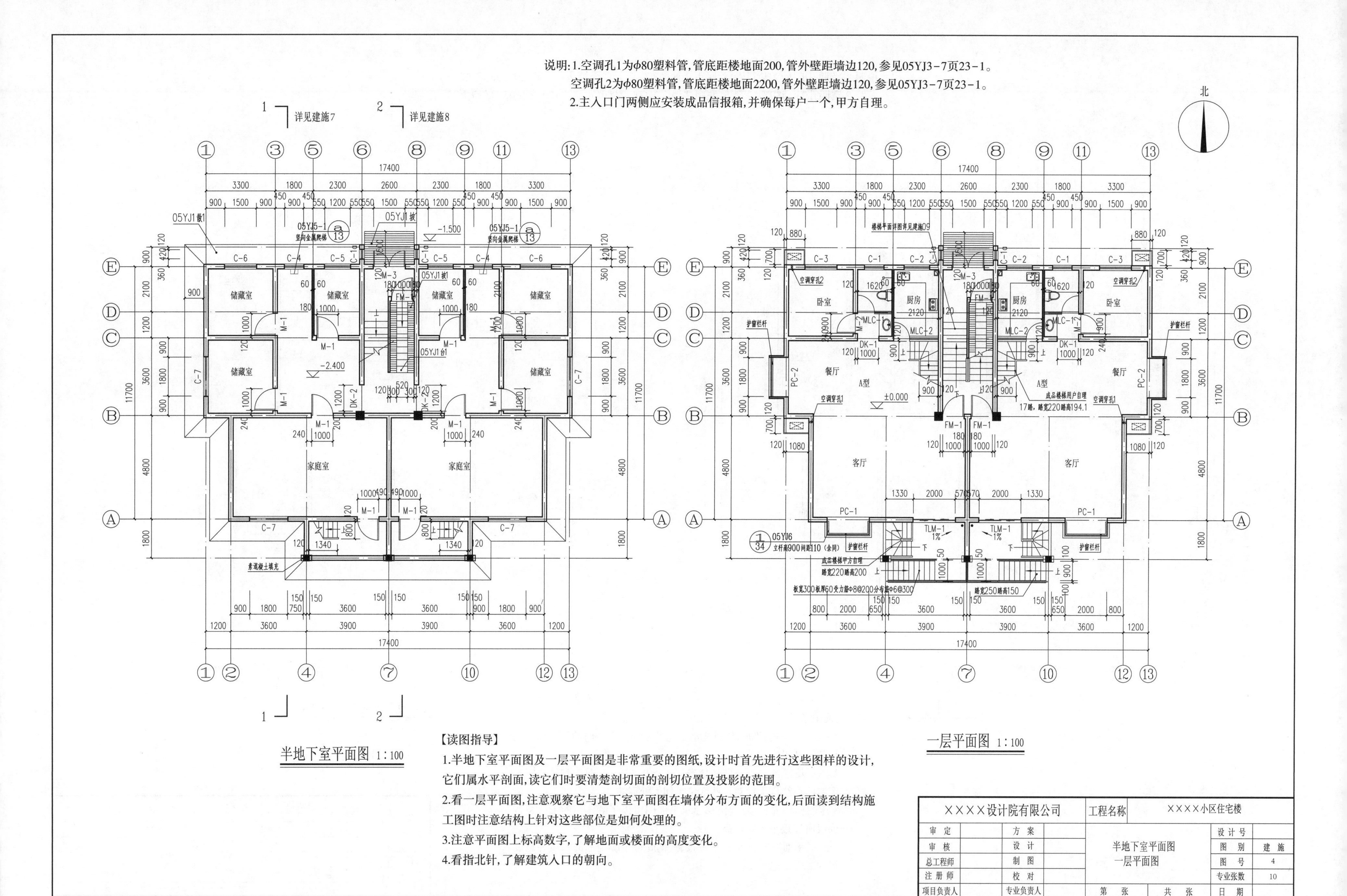
说明:1.空调孔1为φ80塑料管,管底距楼地面200,管外壁距墙边120,参见05YJ3-7页23-1。
空调孔2为φ80塑料管,管底距楼地面2200,管外壁距墙边120,参见05YJ3-7页23-1。
2.主入口门两侧应安装成品信报箱,并确保每户一个,甲方自理。
北
1 详见建施7
2 详见建施8
储藏室
家庭室
卧室
厨房
餐厅
客厅
A型
±0.000
-1.500
-2.400
17400
11700
半地下室平面图 1∶100
一层平面图 1∶100
【读图指导】
1.半地下室平面图及一层平面图是非常重要的图纸,设计时首先进行这些图样的设计,它们属水平剖面,读它们时要清楚剖切面的剖切位置及投影的范围。
2.看一层平面图,注意观察它与地下室平面图在墙体分布方面的变化,后面读到结构施工图时注意结构上针对这些部位是如何处理的。
3.注意平面图上标高数字,了解地面或楼面的高度变化。
4.看指北针,了解建筑入口的朝向。
XXXX设计院有限公司
工程名称
XXXX小区住宅楼
审 定
方 案
审 核
设 计
总工程师
制 图
注 册 师
校 对
项目负责人
专业负责人
半地下室平面图
一层平面图
设 计 号
图 别
建 施
图 号
4
专业张数
10
第 张
共 张
日 期

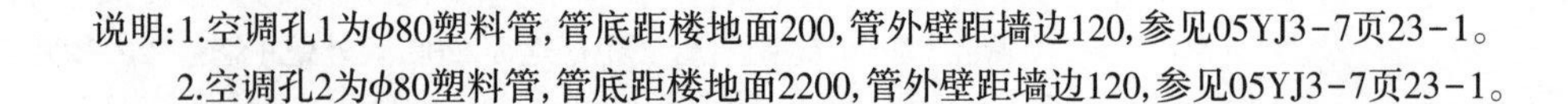
说明:1.空调孔1为ϕ80塑料管,管底距楼地面200,管外壁距墙边120,参见05YJ3-7页23-1。
2.空调孔2为ϕ80塑料管,管底距楼地面2200,管外壁距墙边120,参见05YJ3-7页23-1。

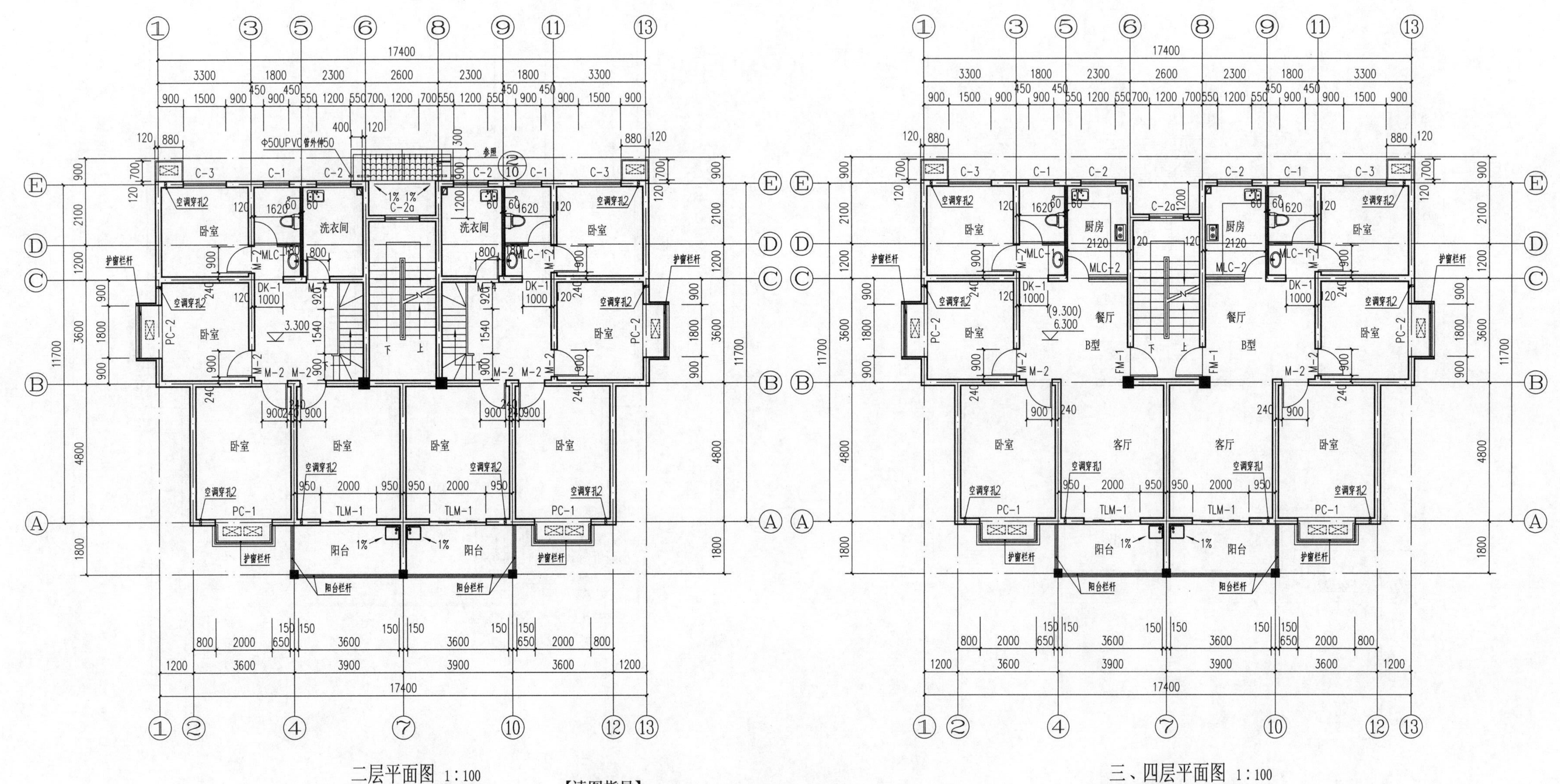

【读图指导】

1.看二、三、四层平面图,首先清楚这些平面图形成时的剖切面的剖切位置及投影的范围。

2.注意观察各层平面图墙体布局方面的变化,后面读到结构施工图时注意结构上针对这些部位是如何处理的。

3.该图样楼梯较多,读楼梯建筑平面图可以了解楼梯的形式及各梯段所连接平面的标高。

4.二层平面图有雨篷的水平投影,据此可了解雨篷的长度和宽度尺寸。

XXXX设计院有限公司				工程名称	XXXX小区住宅楼		
审 定		方 案		二层平面图 三、四层平面图		设计号	
审 核		设 计				图 别	建 施
总工程师		制 图				图 号	5
注 册 师		校 对				专业张数	10
项目负责人		专业负责人		第 张	共 张	日 期	

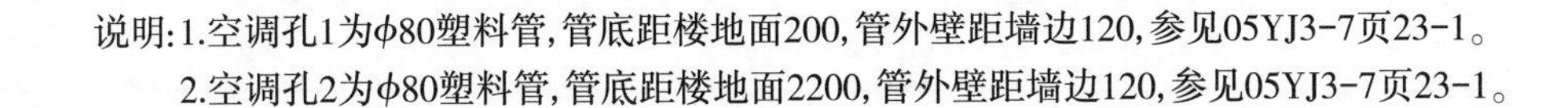

说明:1.空调孔1为ϕ80塑料管,管底距楼地面200,管外壁距墙边120,参见05YJ3-7页23-1。

2.空调孔2为ϕ80塑料管,管底距楼地面2200,管外壁距墙边120,参见05YJ3-7页23-1。

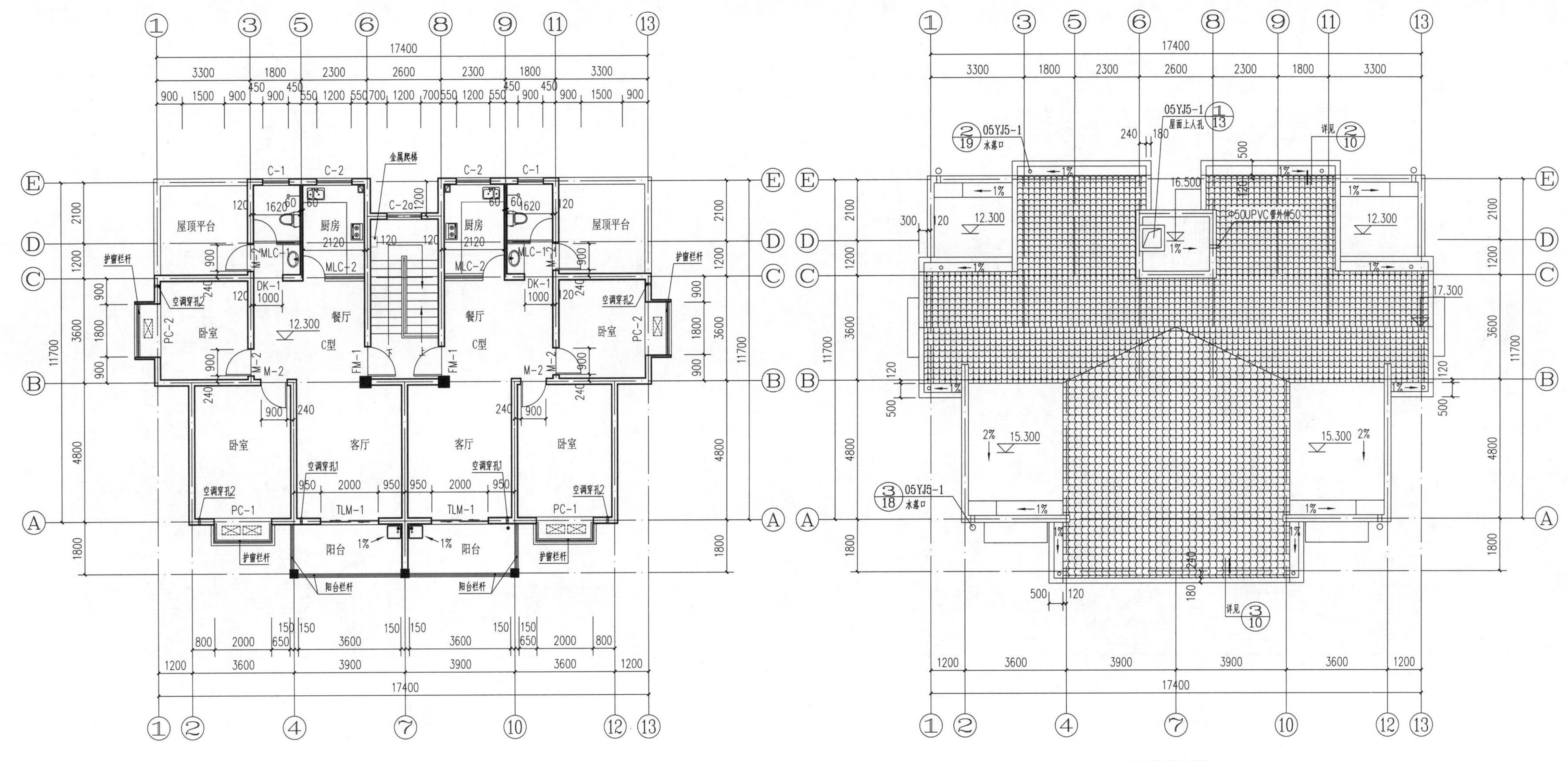

五层平面图 1:100

屋顶平面图 1:100

【读图指导】

1.五层平面图与下面几层房间布局略有不同,观察它们的不同之处。

2.屋顶平台部位与室内楼面要有高差,防止雨水倒灌,注意它们相接处的构造做法。

3.认真观察坡屋顶的排水坡向,与剖面图、立面图相结合,建立屋顶的整体轮廓概念,同时能够确每个坡屋面的坡度大小。

4.了解平屋顶与坡屋顶上天沟的排水方向、坡度、排水口位置。

5.对照标准图集掌握雨水口、通风道出屋面的构造做法。

××××设计院有限公司				工程名称	××××小区住宅楼	
审 定		方 案		五层平面图 屋顶平面图	设 计 号	
审 核		设 计			图 别	建 施
总工程师		制 图			图 号	6
注 册 师		校 对			专业张数	10
项目负责人		专业负责人		第 张 共 张	日 期	

【读图指导】

1.首先从图名可知所看立面图的朝向。相应方向房屋的整个外貌形状、造型及其相互间的联系情况。该方向房屋的屋面、门窗、雨篷、阳台、台阶、花池、勒脚等细部的形式和位置。

2.阅读立面标高、立面尺寸。应注意室外地坪标高,出入口地面标高,门窗顶部、底部标高,檐口标高及雨篷、勒脚等处的标高。立面尺寸主要有标明建筑物外形高度方向的三道尺寸,即建筑物总高度、分层高度和细部高度。

3.看立面装修颜色、装修材料做法,建筑装饰饰物的形状、大小、位置及其做法。

4.识读立面图时要与剖面图及平面图结合,在不同图样中都能找到同一构配件的对应部分。了解这些构配件的形状和尺寸等信息。

××××设计院有限公司				工程名称	××××小区住宅楼		
审 定		方 案		南立面图 北立面图		设 计 号	
审 核		设 计				图 别	建 施
总工程师		制 图				图 号	7
注 册 师		校 对				专业张数	10
项目负责人		专业负责人		第 张	共 张	日 期	

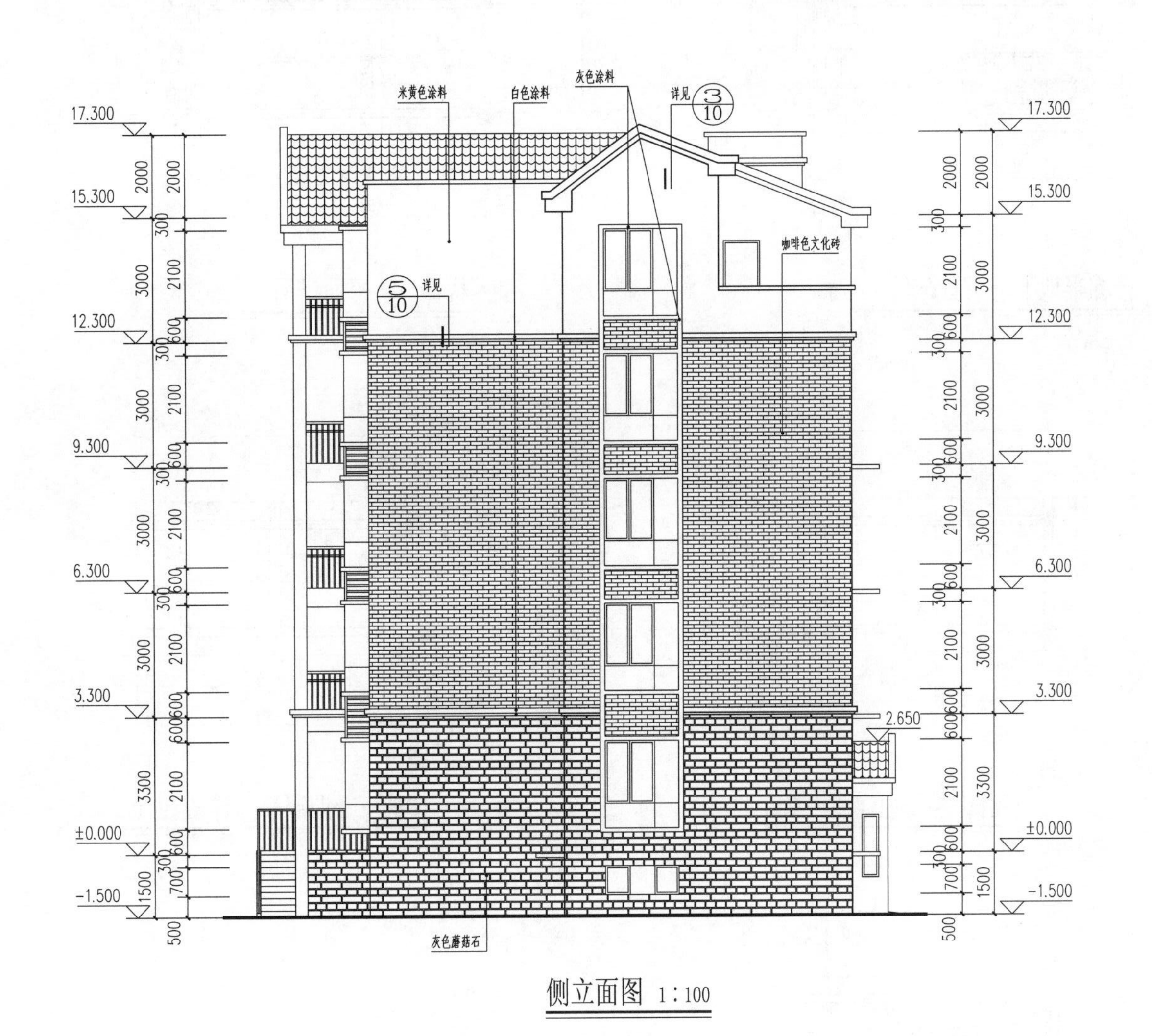

侧立面图 1∶100

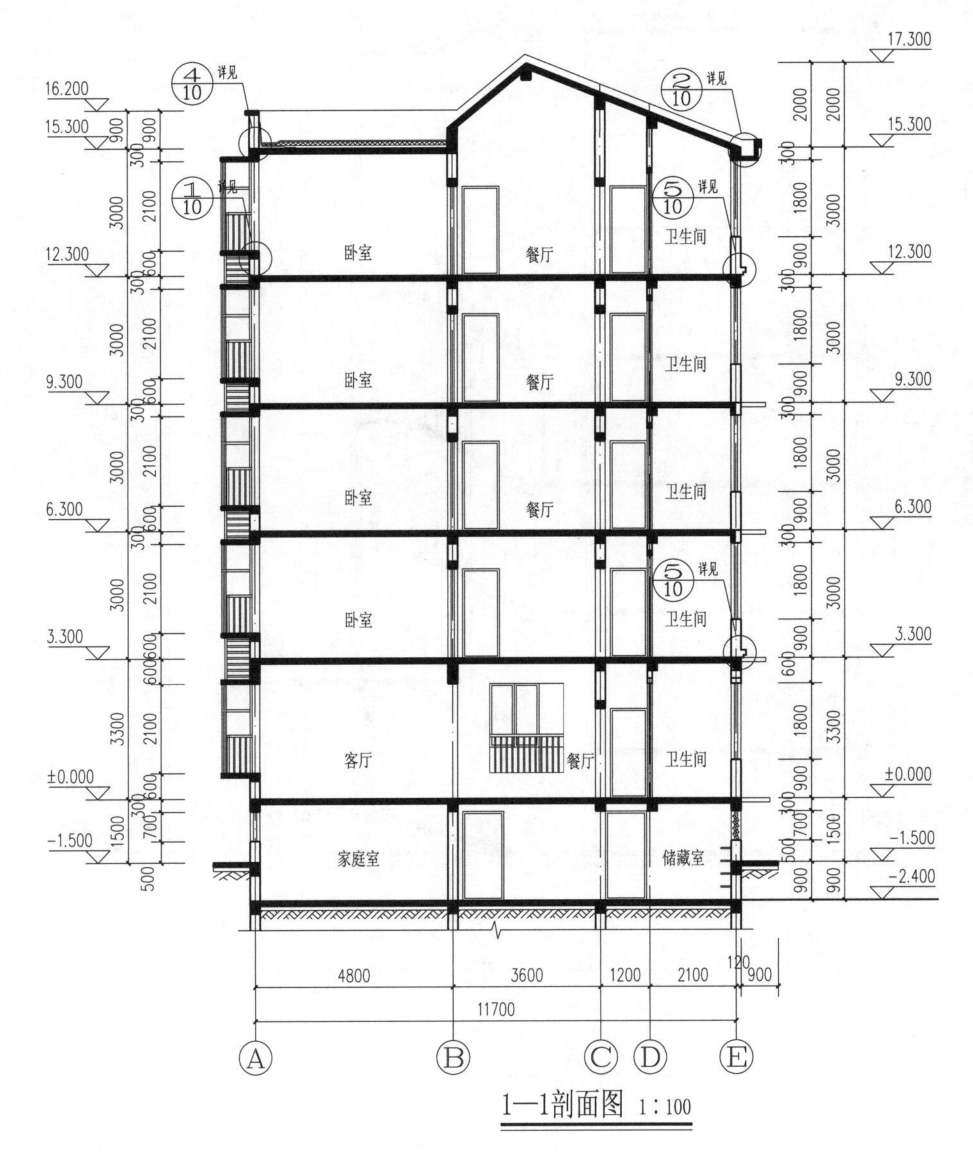

1—1剖面图 1∶100

【读图指导】

1.立面图的读图方法可以参照前面的图纸。

2.注意顶层及屋顶平台的变化,并与平面图、剖面图相互对照。

3.观察主入口雨篷的外伸尺寸,并与二层平面图中所示雨篷尺寸相互对照。

4.识读剖面图时首先看图名,在地下室平面图中找到相应的剖切符号,了解该剖面图的剖切位置及投影方向。

5.观察该剖面图的屋顶部分,结合屋顶平面图,理解改坡屋顶的形状和高度方向尺寸。

××××设计院有限公司				工程名称	××××小区住宅楼		
审 定		方 案		侧立面图 1—1剖面图		设计号	
审 核		设 计				图 别	建 施
总工程师		制 图				图 号	8
注 册 师		校 对				专业张数	10
项目负责人		专业负责人		第 张	共 张	日 期	

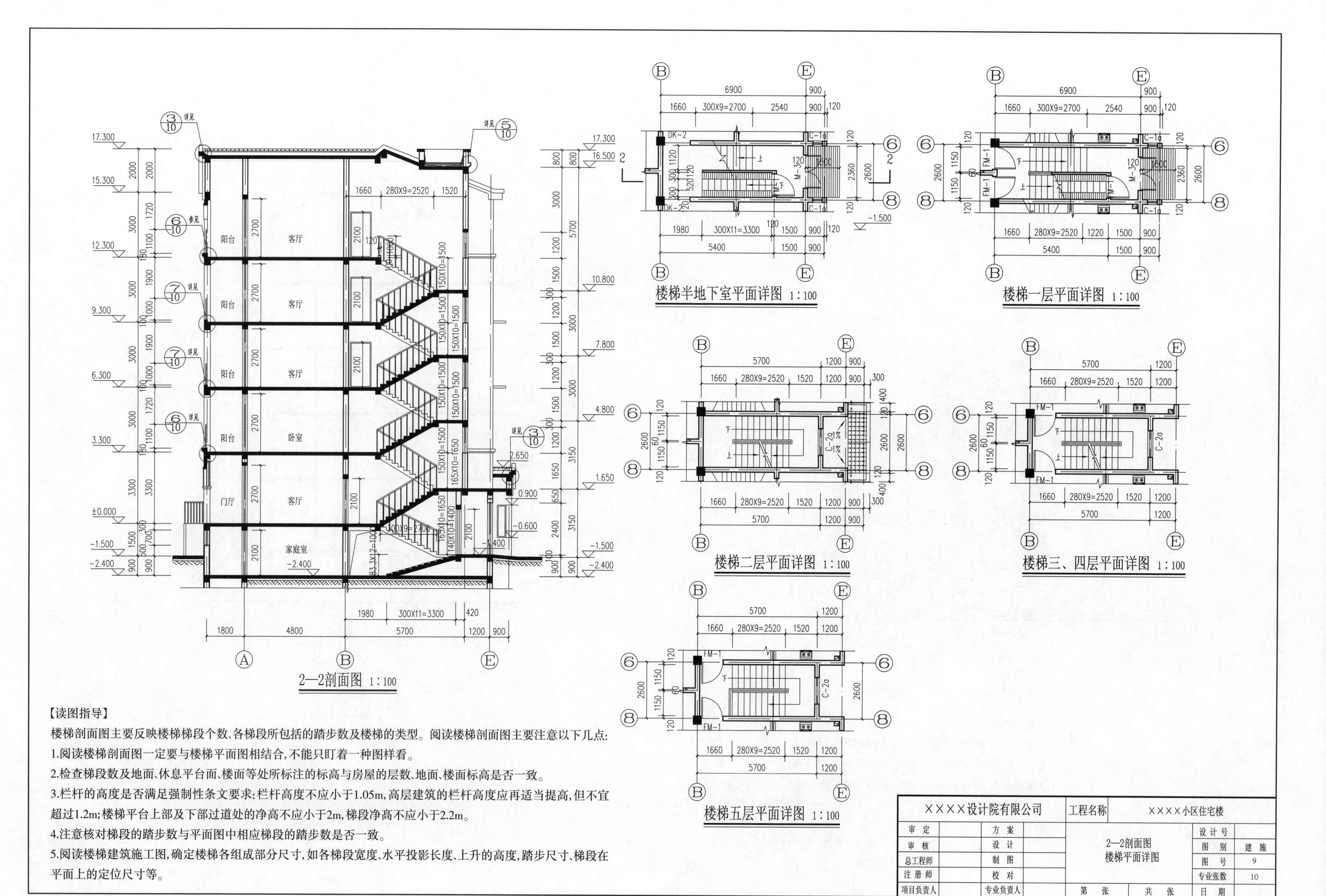

【读图指导】

楼梯剖面图主要反映楼梯梯段个数、各梯段所包括的踏步数及楼梯的类型。阅读楼梯剖面图主要注意以下几点：

1.阅读楼梯剖面图一定要与楼梯平面图相结合，不能只盯着一种图样看。

2.检查梯段数及地面、休息平台面、楼面等处所标注的标高与房屋的层数、地面、楼面标高是否一致。

3.栏杆的高度是否满足强制性条文要求：栏杆高度不应小于1.05m，高层建筑的栏杆高度应再适当提高，但不宜超过1.2m；楼梯平台上部及下部过道处的净高不应小于2m，梯段净高不应小于2.2m。

4.注意核对梯段的踏步数与平面图中相应梯段的踏步数是否一致。

5.阅读楼梯建筑施工图，确定楼梯各组成部分尺寸，如各梯段宽度、水平投影长度、上升的高度，踏步尺寸、梯段在平面上的定位尺寸等。

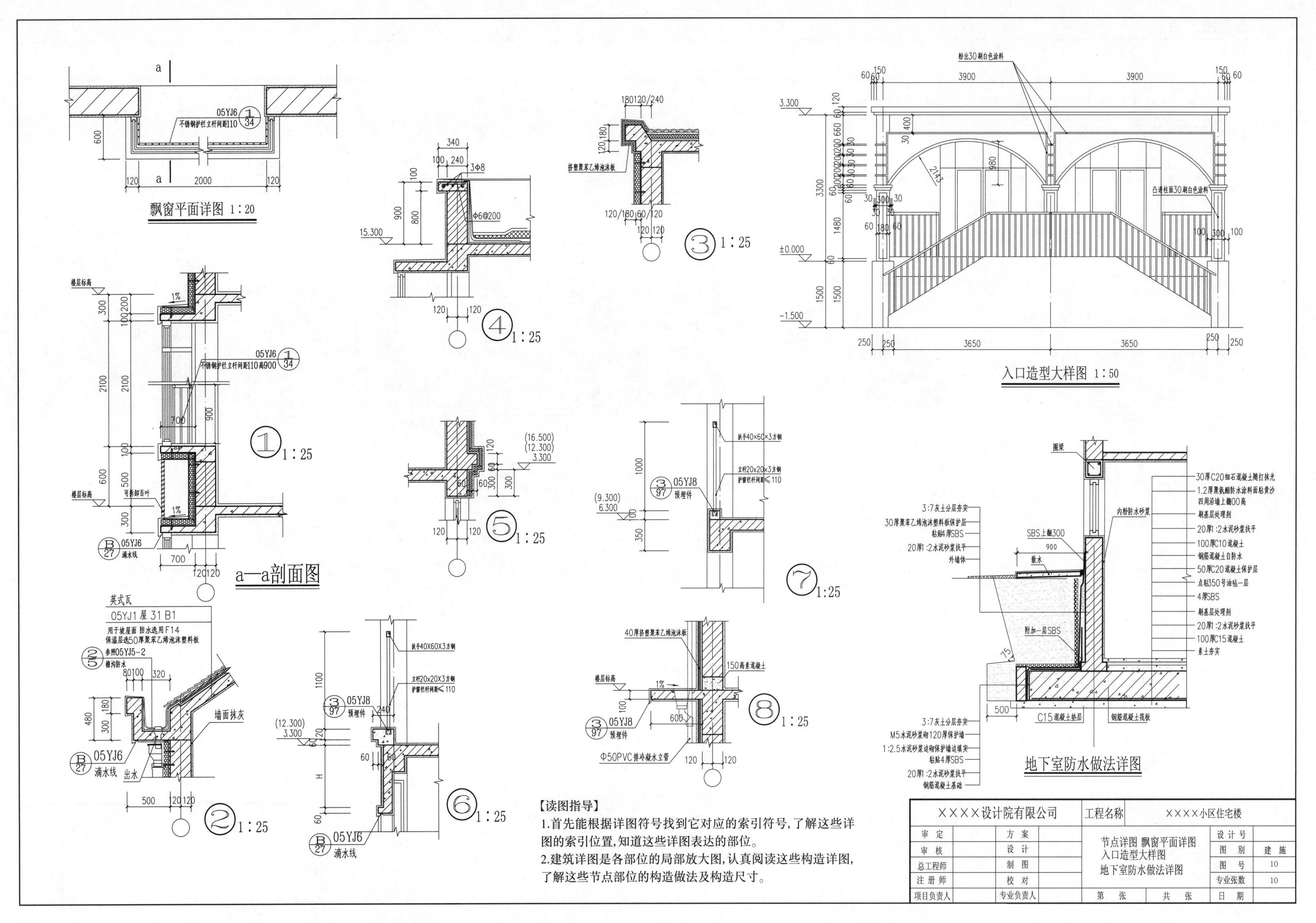
飘窗平面详图 1：20
05YJ6 ① 34
不锈钢护栏立杆间距110
a—a剖面图
楼层标高
不锈钢护栏立杆间距110高900
可拆卸百叶
05YJ6 B 27 滴水线
① 1：25
④ 1：25
3Φ8
Φ6@200
15.300
③ 1：25
挤塑聚苯乙烯泡沫板
⑤ 1：25
(16.500)
(12.300)
3.300
⑦ 1：25
扶手40×60×3方钢
立杆20×20×3方钢
护窗栏杆间距≤110
05YJ8 ③ 97 预埋件
(9.300)
6.300
入口造型大样图 1：50
粉出30刷白色涂料
凸进柱面30刷白色涂料
3.300
±0.000
-1.500
英式瓦
05YJ1 屋 31 B1
用于坡屋面 防水选用F14
保温层选50厚聚苯乙烯泡沫塑料板
参照05YJ5-2 ② 5
檐沟防水
墙面抹灰
05YJ6 B 27 滴水线
出水
② 1：25
扶手40X60X3方钢
立杆20X20X3方钢
护窗栏杆间距≤110
05YJ8 ③ 97 预埋件
(12.300)
3.300
05YJ6 B 27 滴水线
⑥ 1：25
40厚挤塑聚苯乙烯泡沫板
150高素混凝土
楼层标高
05YJ8 ③ 97 预埋件
Φ50PVC排冷凝水立管
⑧ 1：25
圈梁
30厚C20细石混凝土随打抹光
1.2厚聚氨酯防水涂料面粘黄沙
四周沿墙上翻300高
刷基层处理剂
20厚1:2水泥砂浆找平
100厚C10混凝土
钢筋混凝土自防水
50厚C20混凝土保护层
点粘350号油毡一层
4厚SBS
刷基层处理剂
20厚1:2水泥砂浆找平
100厚C15混凝土
素土夯实
3:7灰土分层夯实
30厚聚苯乙烯泡沫塑料板保护层
粘贴4厚SBS
20厚1:2水泥砂浆找平
外墙体
内掺防水砂浆
SBS上翻300
散水
附加一层SBS
C15混凝土垫层
钢筋混凝土筏板
3:7灰土分层夯实
M5水泥砂浆砌120厚保护墙
1:2.5水泥砂浆边砌保护墙边填实
粘贴4厚SBS
20厚1:2水泥砂浆找平
钢筋混凝土基础
地下室防水做法详图
【读图指导】
1.首先能根据详图符号找到它对应的索引符号，了解这些详图的索引位置，知道这些详图表达的部位。
2.建筑详图是各部位的局部放大图，认真阅读这些构造详图，了解这些节点部位的构造做法及构造尺寸。
××××设计院有限公司
工程名称
××××小区住宅楼
审定
方案
审核
设计
总工程师
制图
注册师
校对
项目负责人
专业负责人
节点详图 飘窗平面详图
入口造型大样图
地下室防水做法详图
设计号
图别 建施
图号 10
专业张数 10
第 张 共 张
日期

结构设计总说明

一、工程概况

本工程为 ×× 小区住宅楼，五层砖混结构房屋，基础设计等级丙级，采用筏形基础。

二、本工程主要依据的设计、施工规范和标准图集

《建筑结构荷载规范》（GB 50009—2019）

《建筑抗震设计规范》（GB 50011—2019）

《砌体结构设计规范》（GB 5003—2019）

《混凝土结构设计规范》（GB 50010—2021）

《建筑抗震设防分类标准》（GB 50223—2008）

《建筑地基基础设计规范》（GB 50007—2021）

《砌体结构工程施工质量验收规范》（GB 50203—2019）

《混凝土结构工程施工质量验收规范》（GB 50204—2021）

《混凝土多孔砖建筑技术规程》（DBJ/T 063—2005）

《蒸压粉煤灰砖建筑技术规程》（DBJ 141/077—2007）

《多孔砖砌体结构技术规程》（JGJ 137—2001.J129—2001）（2002 年版）

《河南省工程建筑标准设计 2011 系列结构标准设计图集》（DBJT 19—01—2012）

本工程按现行国家设计标准进行设计，施工时除应遵守本说明及各设计图纸说明外，尚应严格执行现行国家及工程所在地的有关规定和规程。

三、一般说明

1. 本建筑物 ±0.000 相对于绝对标高及平面位置详现场定。
2. 本图中所注尺寸除标高以 m 为单位外，其余均以 mm 为单位。
3. 本建筑物抗震烈度为 6 度，设计基本地震加速度为 0.05g，设计地震分组第一组；钢筋混凝土抗震等级为 4 级；抗震设防类别为丙类建筑。
当采取构造措施及执行相关规程时均按此要求执行相应条文。
4. 本工程建筑场地为Ⅱ类，设计基准期为 50 年，设计使用年限为 50 年，结构的安全等级为二级，结构重要性系数为 1.0。
5. 混凝土结构的使用环境类别：卫生间、阳台为二 a 类，雨篷、基础、挑檐为二 b 类，其余均为一类。
6. 砌体结构施工质量控制等级为 B 级。

四、基础设计

依据甲方提供的地质勘察报告，采用第 2 层土为地基持力层，地基承载力特征值为 105kPa；基坑开挖时应将第 1 层杂填土全部清除掉，基础施工完毕后必须及时用非膨胀黏土回填（每层 200），并分层夯实，夯实系数不小于 0.95，基础开挖后应请质量监督站、地质勘察等部门共同验槽，遇异常情况通知设计人员协商解决。

五、设计使用活荷载标准值

楼面：2.0kN/m²，楼梯：2.0kN/m²，阳台：2.5kN/m²，上人屋面：2.0kN/m²，不上人屋面：0.5kN/m²，基本风压值：0.45kN/m²，基本雪压值：0.45kN/m²。

六、建筑材料

本工程所使用的建筑材料均应符合现行国家或建设部颁发的标准以及规范、规程中的规定。

1. 混凝土等级：基础垫层为 C15，雨篷、基础、挑檐为 C30，未注明现浇梁、板采用 C25，其余未注明者如构造柱、圈梁等均为 C20。
2. 砌体：±0.000 以下为实心混凝土砖砌体，以上均为黏土多孔砖砌体，除注明外均为 240 厚，所有砖强度等级均为 Mu10。
砂浆：±0.000 以下为 M10 水泥砂浆，±0.000 至 3.270m 为 M10 混合砂浆，3.270 至 12.270m 为 M7.5 混合砂浆，12.270m 以上为 M10 混合砂浆。
3. 钢筋：ϕ表示 HPB300 级热轧光钢筋，ⴲ表示 HRB335 级热轧带肋钢筋。图中未注明的纵向受拉钢筋抗震锚固长度及最小搭接长度详见图集 02YG002 页 5。

七、结构要求

1. 混凝土保护层应符合下表规定。

混凝土环境类别	板、墙	梁、柱
一类	15	20
二 a 类	20	25
二 b 类	25	35

注：①表中混凝土保护层厚度是指最外层钢筋外边缘至混凝土表面的距离，适用于设计年限为 50 年的混凝土结构。
②构件中受力钢筋的保护层厚度不应小于钢筋的公称直径。
③混凝土强度等级不大于 C25 时，表中保护层数值应增加 5。
④基础底面钢筋的保护层厚度，有混凝土垫层时应从垫层顶面算起，且不应小于 40mm。

2. 箍筋、拉筋及预埋件等不应与梁、柱的纵向受力钢筋焊接；所有箍筋应做成封闭式，箍筋与拉筋构造如图（a）。
3. 现浇板中未注明的分布筋为ϕ 6@200，受力筋伸入支座长度 >5d，短跨钢筋在下，长跨钢筋在上。在现浇板上直接砌隔墙时，墙下板中应设 2 ⴲ 14 的加强筋。卫生间现浇板及有防水要求部位遇墙周边翻起 150mm 厚的止水带（门口除外），并与板同时浇筑。
4. 在纵向受力钢筋搭接长度范围内应配箍筋，其直径不小于搭接钢筋较小直径的 1/4。
a. 当钢筋受拉时，箍筋间距应小于搭接直径的 5 倍，且小于 100mm；
b. 当钢筋受压时，箍筋间距应小于搭接直径的 10 倍，且小于 200mm。
5. 施工参见结构标准图集。

图集号	图集名称	备注
11YG002	《钢筋混凝土结构抗震构造详图》	
11YG001-1	《砌体结构构造详图》	构造柱及板底圈梁、女儿墙构造柱
11YG301	《钢筋混凝土过梁》	荷载等级为三级
16G101-1	《混凝土结构施工图平面整体表示方法制图规则和构造详图》	本套图中未注明的构造均按此图集执行

6. 受拉钢筋基本锚固长度 l_{ab}、l_{abE}，可按下表采用，l_{aE}= 系数 ×l_{abE}。

钢筋种类	抗震等级	混凝土强度等级								
		C20	C25	C30	C35	C40	C45	C50	C55	≥ C60
HPB300	一、二级（l_{abE}）	45d	39d	35d	32d	29d	28d	26d	25d	24d
	三级（l_{abE}）	41d	36d	32d	29d	29d	25d	24d	23d	22d
	四级（l_{abE}）非抗震（l_{ab}）	39d	34d	30d	28d	25d	24d	23d	22d	21d
HRB335 HRBF335	一、二级（l_{abE}）	44d	38d	33d	31d	29d	26d	25d	24d	24d
	三级（l_{abE}）	40d	35d	31d	28d	26d	24d	23d	22d	22d
	四级（l_{abE}）非抗震（l_{ab}）	38d	33d	29d	27d	25d	23d	22d	21d	21d
HRB400 HRBF400 RRB400	一、二级（l_{abE}）	—	46d	40d	37d	33d	32d	31d	30d	29d
	三级（l_{abE}）	—	42d	37d	34d	30d	29d	28d	27d	26d
	四级（l_{abE}）非抗震（l_{ab}）	—	40d	35d	32d	29d	28d	27d	26d	25d
HRB500 HRBF500	一、二级（l_{abE}）	—	55d	49d	45d	41d	39d	37d	36d	35d
	三级（l_{abE}）	—	50d	45d	41d	38d	36d	34d	33d	32d
	四级（l_{abE}）非抗震（l_{ab}）	—	48d	43d	39d	36d	34d	32d	31d	30d

注：①钢筋直径 d>25 时，l_a 乘以 1.1，搭接长度 l_{lE}=1.4l_{aE}，且范围内钢筋搭接接头面积百分率小于 50%。
②在任何情况下，纵向受拉钢筋绑扎搭接接头的搭接长度均不小于 300mm。

7. 构造柱生根于混凝土基础内，生根方式详见 02YG001-1，第 14 页（1）（2），与墙体连接详见页 8、9、10、11，抗震构造严格按 02YG001-1 执行；未注明的构造柱均伸至女儿墙顶或屋顶，与现浇混凝土压顶整浇；女儿墙加强柱，压顶配筋及构造详见 02YG001-1 页 23，女儿墙加强柱截面为 240×240，主筋为 4 ϕ 10，箍筋为ϕ6@200，间距≤ 4.0m。
构造柱与圈梁连接处，构造柱纵筋应穿过圈梁，保证构造柱纵筋上下贯通。当构造柱不能上下贯通时，构造柱纵筋锚入上下圈梁，锚入长度 40d。
8. 沿纵横墙层设置板底圈梁，圈梁标高部位无梁者均设置，有梁者圈梁主筋须伸入 40d；圈梁代替过梁处在梁底增设钢筋，洞口尺寸不大于 1.5m 时加 2 ϕ 10 钢筋，洞口尺寸大于 1.5m 时加 2 ϕ 14 钢筋，两端锚固长度均为 240mm，跨中箍筋ϕ 6@150。圈梁不能兼过梁时，洞口过梁选用 02YG301，荷载等级为 3 级；同一开间内两个及两个以上洞口与洞口之间墙体长度不大于 370mm 时，按一个洞口选过梁。圈梁被门、窗、消防栓、配电箱等截断而不能拉通时，按施工规范要求进行搭接，搭接长度不小于圈梁高差的 2 倍且不小于 1m，所有圈梁应满设（包括壁柱），遇挑梁时，纵筋锚入挑梁内 40d。
9. 图中未注明的墙体均为 240mm；在底层、顶层窗台处应设一道水平系梁：240×120，4 ϕ 10，ϕ 6@200 通长设置（遇门断开）；其余各层的窗台处设一道水平系梁：240×60，3 ϕ 6，ϕ 6@300，长度为开间加 250（370 墙时混凝土带宽度改为 370）。
10. 水、电、暖各专业设备及管道预留孔洞或预埋管件，必须按有关专业要求的位置、大小预留或预埋，密切配合施工，不得后凿。现浇板内钢筋遇边长或直径不大于 300mm 时应绕过，板内钢筋不得截断，卫生间拔气道每边加设 2 ϕ 14 钢筋，长为洞口宽 +550mm，短向通长。
11. 框架梁、柱钢筋连接采用闪光接触对焊或机械连接，其类型及质量应符合《钢筋焊接及验收规程》（JGJ 18—2012）及《钢筋机械连接通用技术规程》（JGJ 107—2010）的规定，接头性能等级Ⅱ级。其他钢筋可采用绑扎搭接接头，接头面积百分率为 50%。梁与柱边相齐时，应使梁的主筋位于柱的主筋内侧。
12. 混凝土柱与墙体连接处，沿墙高每隔 500mm 设 2 ϕ 6 拉接钢筋每边伸入墙体内不小于 1m。在未设构造柱的纵横墙交接处沿竖向每隔 500mm 设置 2 ϕ 6 拉结钢筋，埋入长度从墙转角或交接处算起，伸入两边墙体内 1000mm。
13. 现浇板当预留孔洞直径 D 或宽度 b（b 为矩形孔洞的垂直与板短跨方向的孔洞宽度）小于 300mm 时，将钢筋绕过洞边，不得切断。当预留孔洞直径 D 或宽度 b 大于 300mm，但小于 1000mm，且孔洞周边无集中荷载时，应在孔洞边每侧配置附加钢筋，其每侧钢筋面积应不小于孔洞宽度内被切断的受力钢筋总面积的一半，且不小于 2 ϕ 12。圆形洞口附加钢筋可平行布置，也可 45° 斜向布置，并增设 2ϕ12 附加环形钢筋，其搭接长度为 1.2L_a，见图（b），矩形孔洞见图（c）。

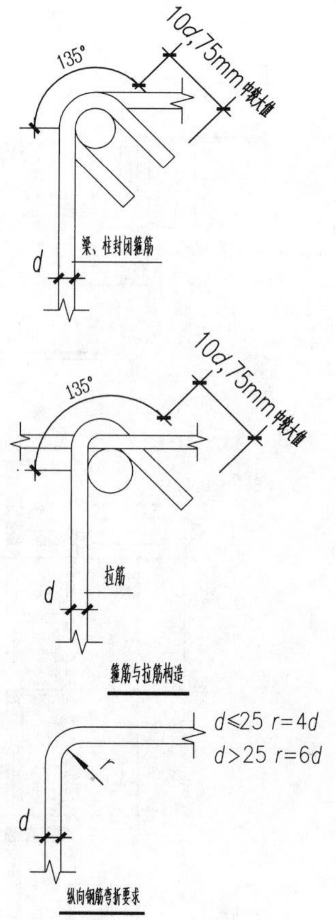

135°
10d,75mm 中较大值
梁、柱封闭箍筋
135°
10d,75mm 中较大值
拉筋
箍筋与拉筋构造
d≤25 r=4d
d>25 r=6d
纵向钢筋弯折要求
(a)

300<D<1000
环筋2ϕ12 搭接1.2La
上下各一根
(b)

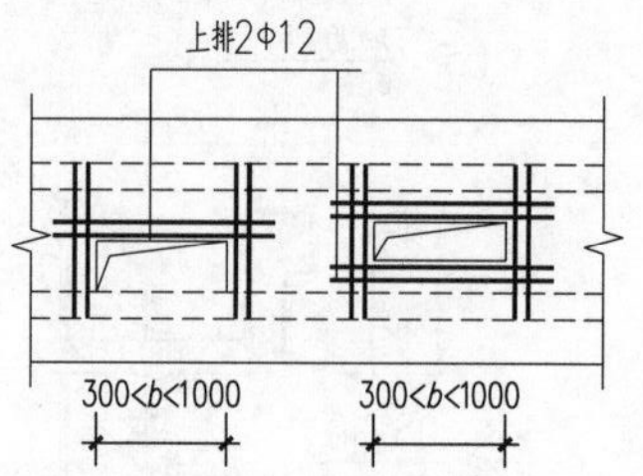

上排2ϕ12
300<b<1000
300<b<1000
(c)

××××设计院有限公司			工程名称	××××小区住宅楼	
审 定		方 案	结构设计总说明	设 计 号	
审 核		设 计		图 别	结 施
总工程师		制 图		图 号	1
注 册 师		校 对		专业张数	8
项目负责人		专业负责人	第 张 共 张	日 期	

14. 现浇梁、板跨度大于 4m 者按《混凝土结构工程施工质量验收规范》(GB 50204—2015)要求起拱。

15. 梁的纵向钢筋需要设置接头时,底部钢筋应在距支座 1/3 跨度范围内接头,上部钢筋应在跨中 1/3 跨度范围内接头。同一接头范围内的接头数量不应超过总钢筋数量的 50%。

16. 顶层挑梁末端下墙体灰缝内设置 3 道 2 ϕ 6 钢筋,竖向间距不大于两皮砖,钢筋应自挑梁末端伸入两边墙体不应小于 1m。

17. 顶层所有墙体内宜设置通长双向水平钢筋网片 ϕ^b4@60,竖向间距 500mm;顶层内外墙接槎处以及外墙转角处应沿墙高每 500mm 设置 2 根ϕ 6 拉结钢筋,且伸入每侧墙内 1000mm。

18. 在各层门、窗洞口过梁上方的水平灰缝内设置 3 ϕ 6 钢筋,当墙长大于或等于 5m 时,应在每层墙半高处设置 3 道通长 3ϕ6 钢筋(沿高间距 300mm)。

19. 门窗洞口两侧的墙体(至少一砖长)宜用同等级、同规格的混凝土实心砖砌筑。

八、其他

1. 本工程设计采用中建院结构所的 PKPM 系列软件及静力计算手册进行计算。
2. 未经技术鉴定或设计许可,不得改变结构的用途和使用环境。
3. 施工前进行图纸会审,图中未尽事项应严格按照国家现行规范、规程、图集要求进行施工。如遇问题,请及时与设计人员协商处理。施工过程中,施工单位应有严格的施工安全措施。

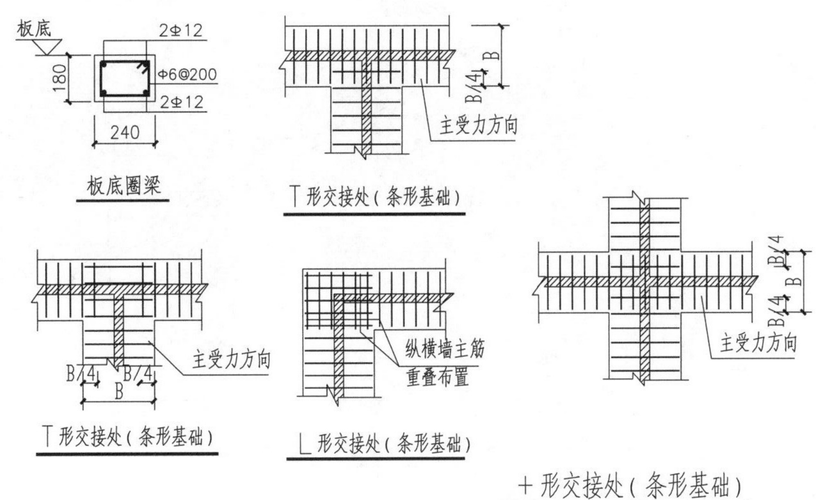

+形交接处(条形基础)

注:主受力方向为基础宽度大的方向,基础宽度相同时为横墙方向。

说明:

在圈梁节点上下500mm或上下1/6层高范围内箍筋加密。

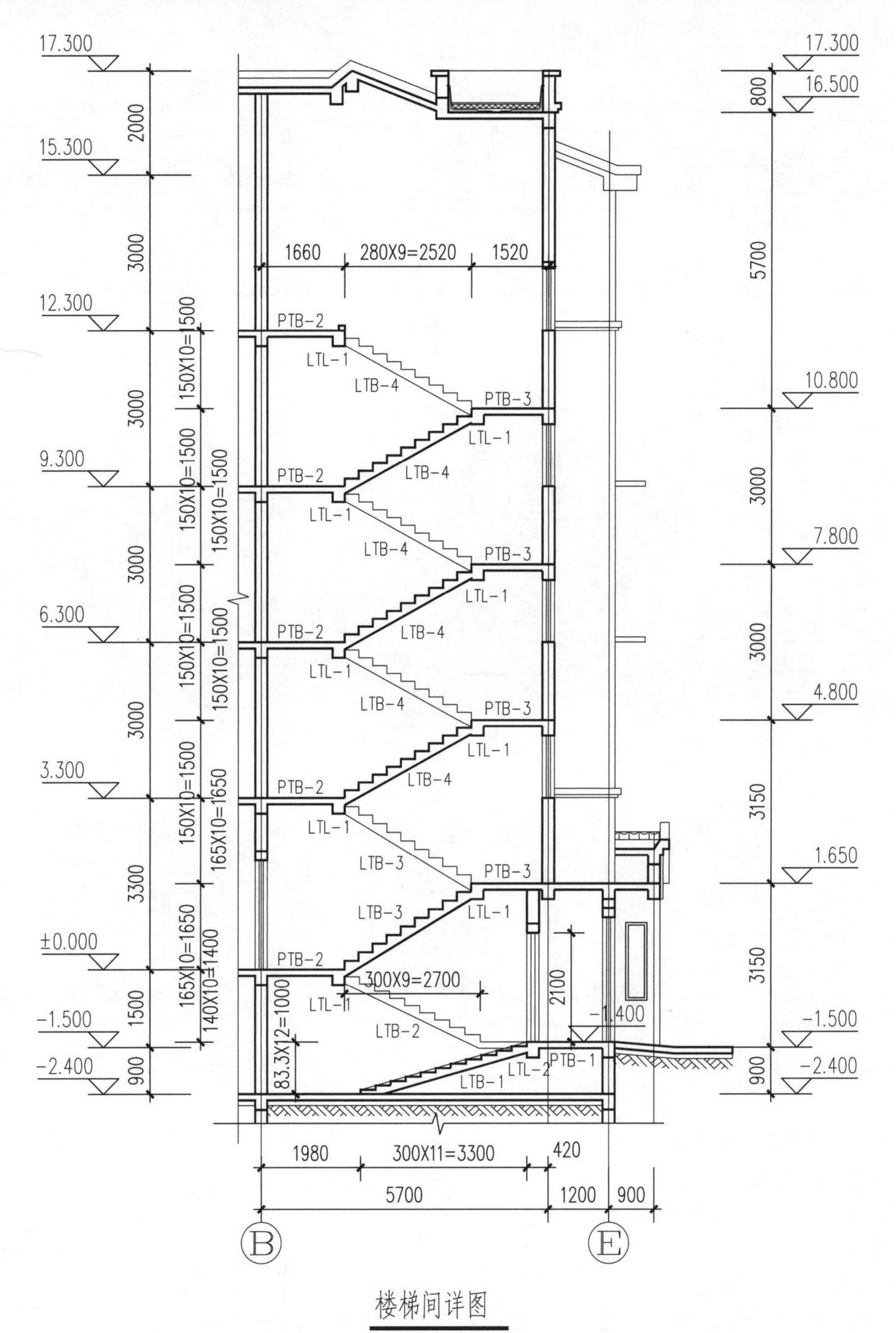

楼梯间详图

注:楼梯标高均为建筑标高,施工时请自行扣除建筑面层厚度。LTB-1、2、3、4见结施-3。

【读图指导】

1.通过识读楼梯结构施工图了解组成楼梯各构件的形状、尺寸及材料用料等信息。

2.阅读楼梯结构施工图一定要与楼梯建筑施工图结合,检查楼梯结构施工图上所标注尺寸是否与建筑施工图上的尺寸一致。

3.梯段的钢筋需现场放样下料,注意梯段的分布钢筋不要漏放。

4.楼梯平台、踏步段上的栏杆和扶手的埋件应按建筑施工图上的预留。

××××设计院有限公司				工程名称	××××小区住宅楼		
审　定		方　案		结构设计总说明(续) 楼梯间详图		设 计 号	
审　核		设　计				图　别	结施
总工程师		制　图				图　号	2
注 册 师		校　对				专业张数	8
项目负责人		专业负责人		第　张	共　张	日　期	

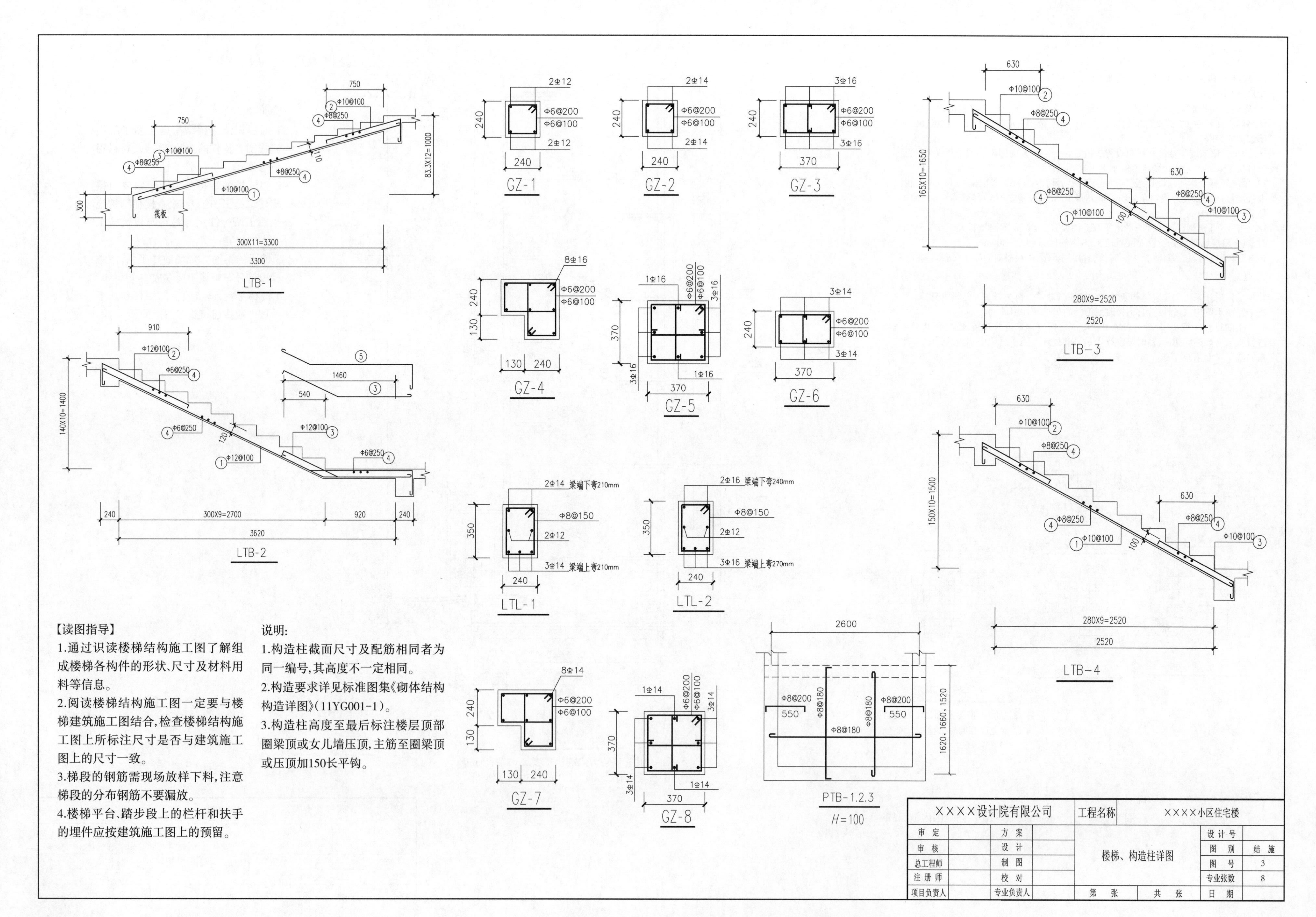

750
Φ10@100 ②
④ Φ8@250
750
Φ10@100
④ Φ8@250 ③
Φ8@250 ④
Φ10@100 ①
110
83.3X12=1000
300
筏板
300X11=3300
3300
LTB-1
910
Φ12@100 ②
Φ6@250 ④
⑤
1460
③
540
140X10=1400
④ Φ6@250
120
Φ12@100 ③
Φ6@250 ④
① Φ12@100
240
300X9=2700
920
240
3620
LTB-2
2Φ12
240
Φ6@200
Φ6@100
2Φ12
240
GZ-1
2Φ14
240
Φ6@200
Φ6@100
2Φ14
240
GZ-2
3Φ16
240
Φ6@200
Φ6@100
3Φ16
370
GZ-3
8Φ16
240
Φ6@200
Φ6@100
130
130 240
GZ-4
1Φ16
Φ6@200
Φ6@100
3Φ16
370
3Φ16
1Φ16
370
GZ-5
3Φ14
240
Φ6@200
Φ6@100
3Φ14
370
GZ-6
2Φ14 梁端下弯210mm
350
Φ8@150
2Φ12
3Φ14 梁端上弯210mm
240
LTL-1
2Φ16 梁端下弯240mm
350
Φ8@150
2Φ12
3Φ16 梁端上弯270mm
240
LTL-2
630
Φ10@100 ②
Φ8@250 ④
165X10=1650
630
④ Φ8@250
Φ8@250 ④
① Φ10@100
Φ10@100 ③
100
280X9=2520
2520
LTB-3
630
Φ10@100 ②
Φ8@250 ④
150X10=1500
630
Φ8@250 ④
④ Φ8@250
① Φ10@100
Φ10@100 ③
100
280X9=2520
2520
LTB-4
【读图指导】
1.通过识读楼梯结构施工图了解组成楼梯各构件的形状、尺寸及材料用料等信息。
2.阅读楼梯结构施工图一定要与楼梯建筑施工图结合，检查楼梯结构施工图上所标注尺寸是否与建筑施工图上的尺寸一致。
3.梯段的钢筋需现场放样下料，注意梯段的分布钢筋不要漏放。
4.楼梯平台、踏步段上的栏杆和扶手的埋件应按建筑施工图上的预留。
说明：
1.构造柱截面尺寸及配筋相同者为同一编号，其高度不一定相同。
2.构造要求详见标准图集《砌体结构构造详图》（11YG001-1）。
3.构造柱高度至最后标注楼层顶部圈梁顶或女儿墙压顶，主筋至圈梁顶或压顶加150长平钩。
8Φ14
240
Φ6@200
Φ6@100
130
130 240
GZ-7
1Φ14
Φ6@200
Φ6@100
3Φ14
370
3Φ14
1Φ14
370
GZ-8
2600
Φ8@200
550
Φ8@180
Φ8@180
Φ8@200
550
Φ8@180
1620、1660、1520
PTB-1.2.3
H=100
XXXX设计院有限公司
工程名称
XXXX小区住宅楼
审 定
方 案
审 核
设 计
总工程师
制 图
注 册 师
校 对
项目负责人
专业负责人
楼梯、构造柱详图
设计号
图 别 结施
图 号 3
专业张数 8
第 张 共 张
日 期

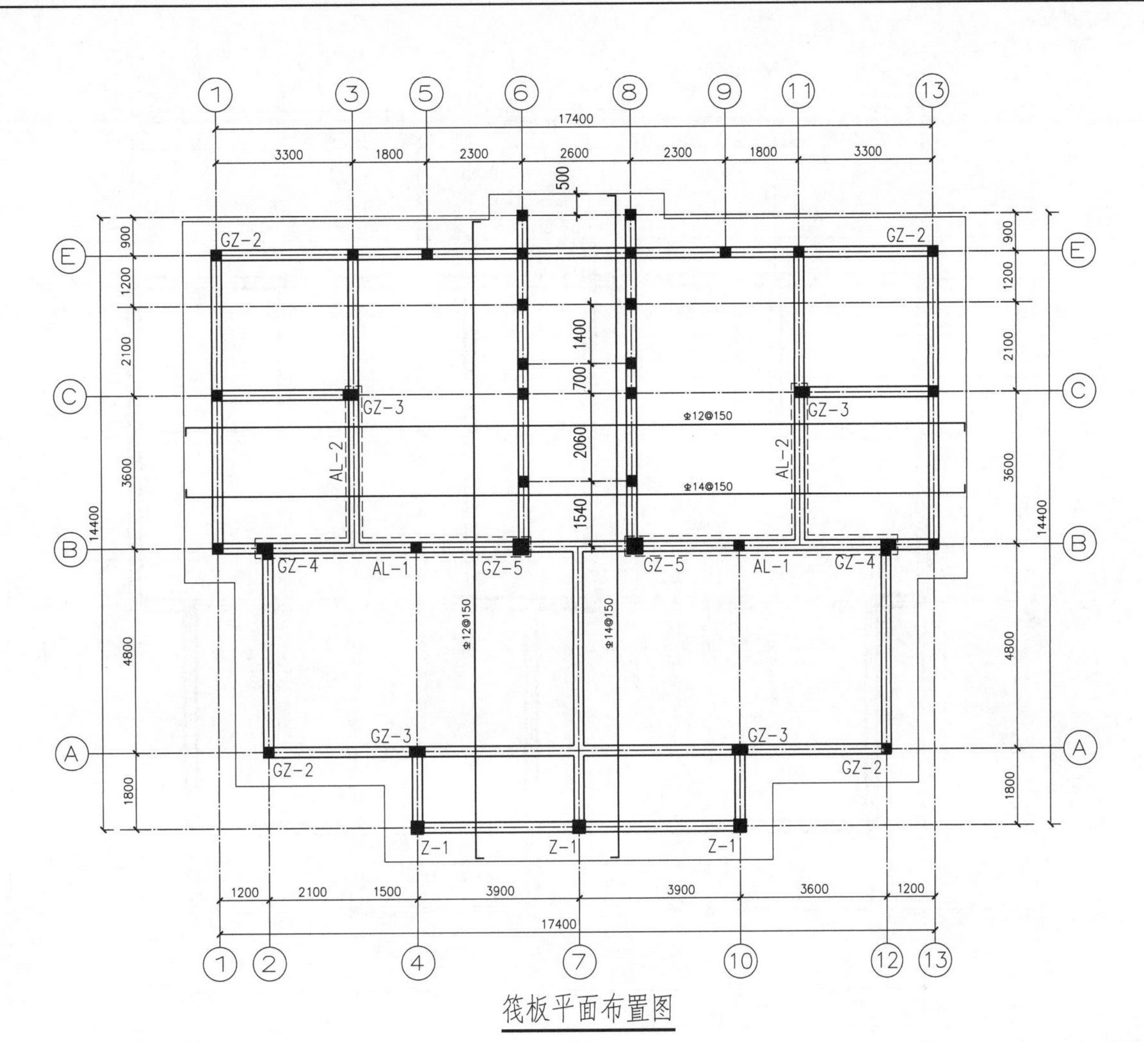

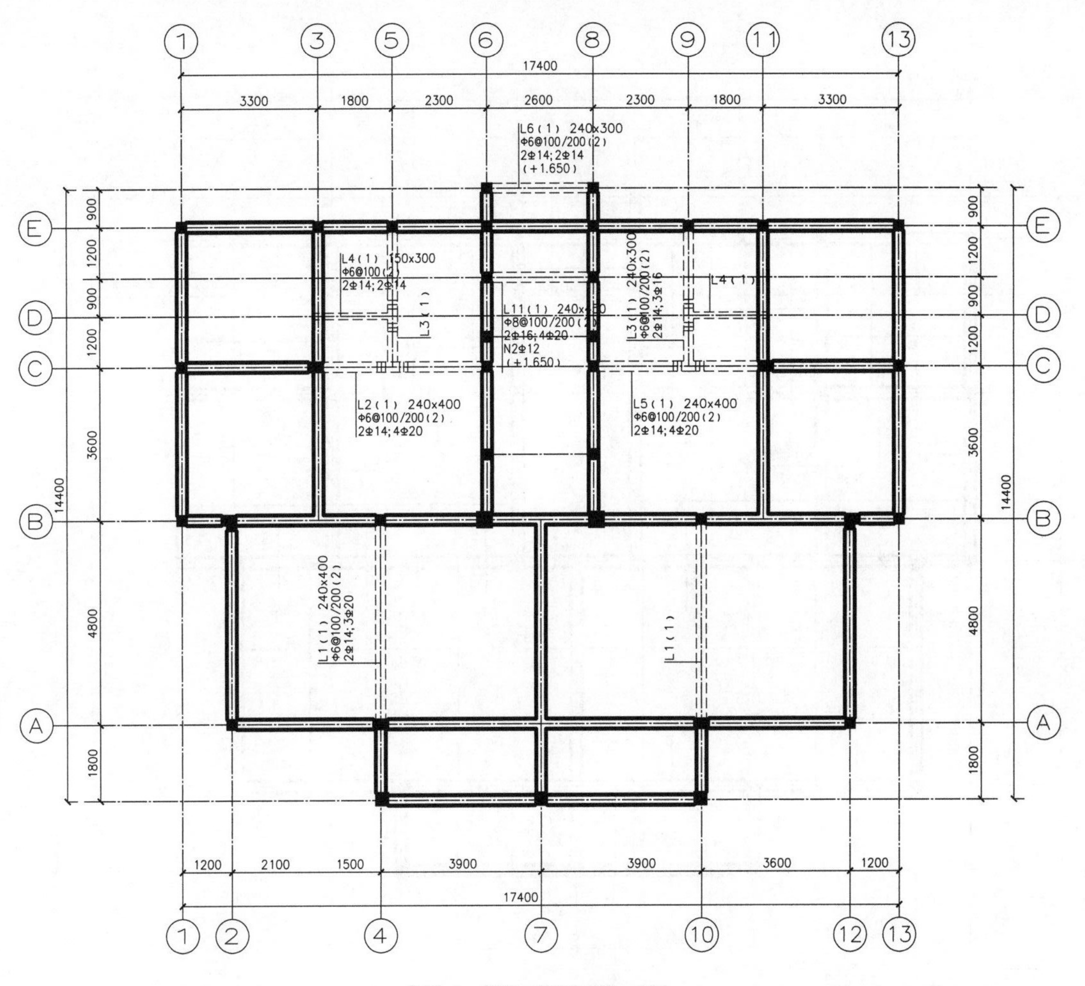

注:施工时应与图集《混凝土结构施工图平面整体表示方法制图规则和构造详图》(16G101—1)相结合共同使用,构造节点应严格按该图集施工。

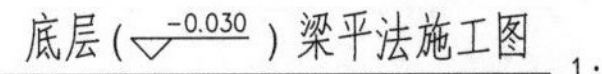

说明:

1.材料:垫层混凝土为C15,筏板混凝土为C30。
钢筋:HPB300(φ),HRB335(φ),HRB400(φ)。混凝土保护层厚度:50mm。底板混凝土抗渗等级为P6,基础内掺JB-HMEA高效混凝土膨胀剂,掺入量由实验确定。垫层在整个地下室底板均设置,垫层厚度为100mm,垫层每边出基础200mm,未注明筏板每边出轴线800mm。垫层上注意配合建筑专业做好防水做法。

2.地基基础的设计等级为丙级,基础构件环境类别为二b。基础施工时请配合框架柱平法施工图预留墙及柱插筋。

3. 筏板构造参见《混凝土结构施工图平面整体表示方法制图规则和构造详图(筏形基础)》(16G101—3)。
基础平板变截面部位底部与顶部钢筋构造做法见图集16G101—3第83页。

4.未注明的基础底板厚均为400mm,底标高为-2.950m。

5.避雷措施及基础留洞详见相关专业。其余未尽部分详见结构总说明。

6.构造柱基础基底设计标高以下地基土若受扰动时,应采用二八灰土分层回填夯实。

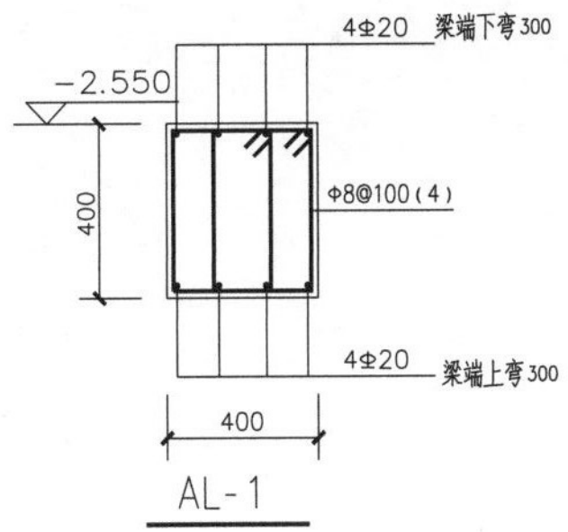

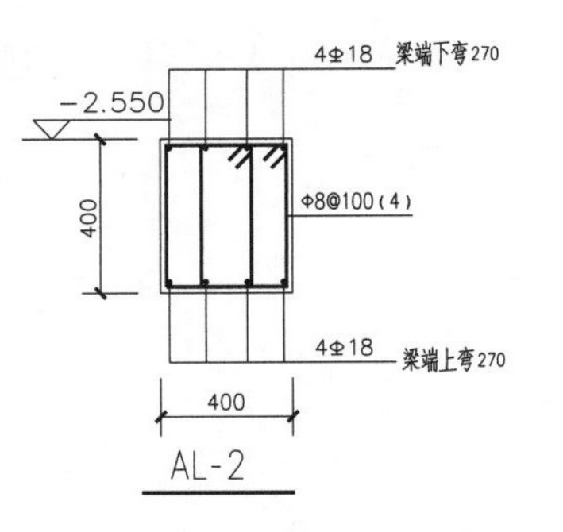

【读图指导】

1.阅读筏板基础平面图,了解筏板基础的范围及筏板边界线与轴线的距离。

2.将筏板基础平面图与一层地下室平面布置图对照,核对墙的布置。

3.看设计说明了解筏板基础的厚度及设计所使用的构造详图。

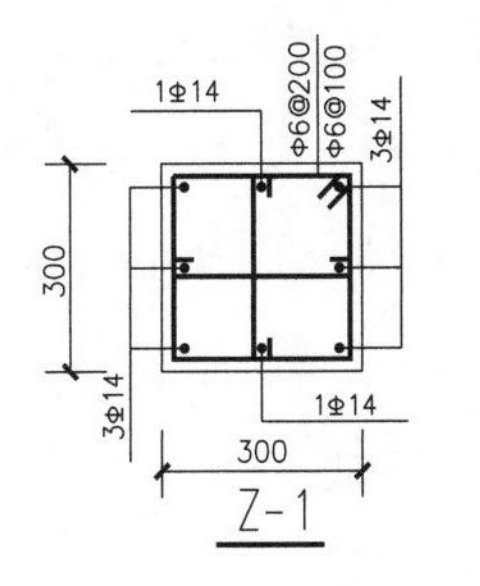

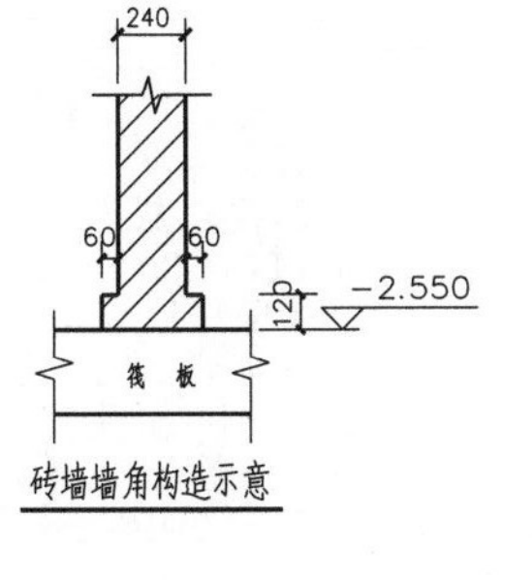

注:①柱箍筋加密长度,±0.000至基础顶全长加密,底层柱根加密区不小于H_n/3,其他加密区长度取柱长边尺寸、H_n/6、500的最大值。H_n为所在楼层的柱净高。
②施工时应与图集《混凝土结构施工图平面整体表示方法 制图规则和构造详图》(16G101—1)相结合共同使用,不详构造节点应严格按该图集施工。

XXXX设计院有限公司				工程名称	XXXX小区住宅楼		
审定		方案		筏板平面布置图 底层梁平法施工图		设计号	
审核		设计				图别	结施
总工程师		制图				图号	4
注册师		校对				专业张数	8
项目负责人		专业负责人		第 张	共 张	日期	

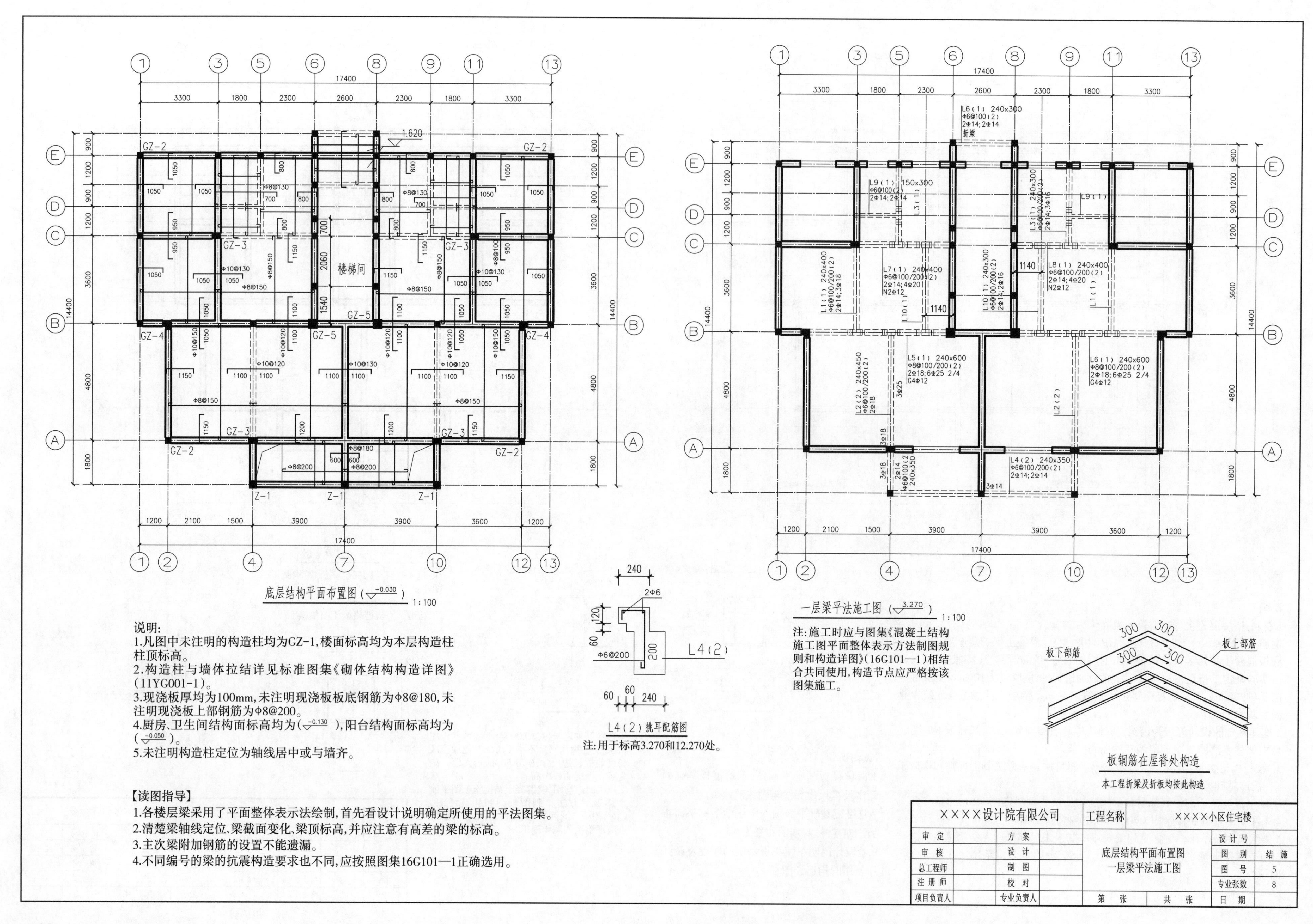
底层结构平面布置图（-0.030） 1:100
一层梁平法施工图（3.270） 1:100
楼梯间
注:施工时应与图集《混凝土结构施工图平面整体表示方法制图规则和构造详图》(16G101—1)相结合共同使用,构造节点应严格按该图集施工。
L4(2)挑耳配筋图
注:用于标高3.270和12.270处。
板下部筋
板上部筋
板钢筋在屋脊处构造
本工程折梁及折板均按此构造
说明:
1.凡图中未注明的构造柱均为GZ-1,楼面标高均为本层构造柱柱顶标高。
2.构造柱与墙体拉结详见标准图集《砌体结构构造详图》(11YG001-1)。
3.现浇板厚均为100mm,未注明现浇板板底钢筋为Φ8@180,未注明现浇板上部钢筋为Φ8@200。
4.厨房、卫生间结构面标高均为(-0.130),阳台结构面标高均为(-0.050)。
5.未注明构造柱定位为轴线居中或与墙齐。
【读图指导】
1.各楼层梁采用了平面整体表示法绘制,首先看设计说明确定所使用的平法图集。
2.清楚梁轴线定位、梁截面变化、梁顶标高,并应注意有高差的梁的标高。
3.主次梁附加钢筋的设置不能遗漏。
4.不同编号的梁的抗震构造要求也不同,应按照图集16G101—1正确选用。
XXXX设计院有限公司
工程名称
XXXX小区住宅楼
审定
审核
总工程师
注册师
项目负责人
方案
设计
制图
校对
专业负责人
底层结构平面布置图
一层梁平法施工图
设计号
图别 结施
图号 5
专业张数 8
第 张 共 张
日期

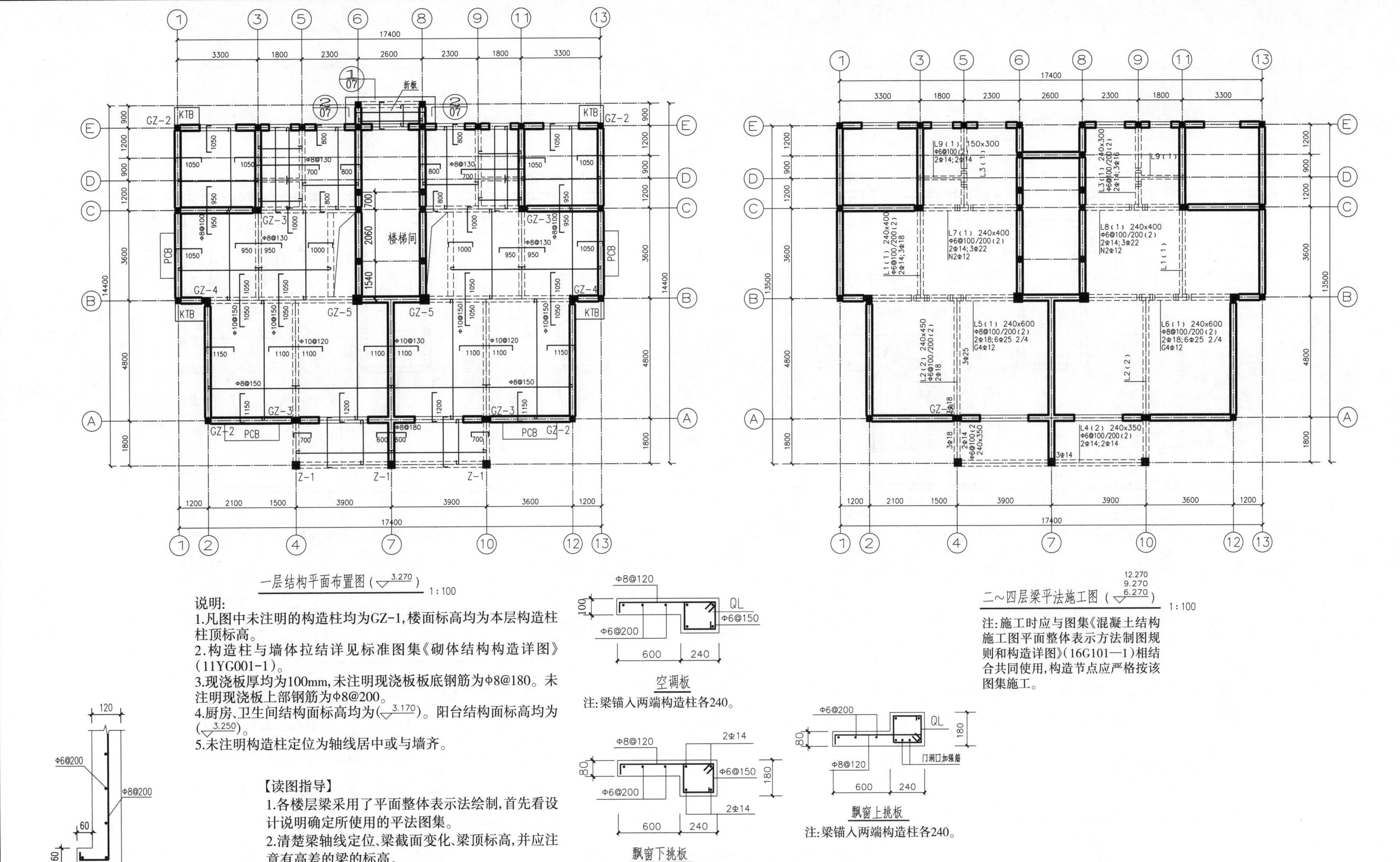

说明：

1.凡图中未注明的构造柱均为GZ-1，楼面标高均为本层构造柱柱顶标高。

2.构造柱与墙体拉结详见标准图集《砌体结构构造详图》（11YG001-1）。

3.现浇板厚均为100mm，未注明现浇板板底钢筋为φ8@180。未注明现浇板上部钢筋为φ8@200。

4.厨房、卫生间结构面标高均为（3.170）。阳台结构面标高均为（3.250）。

5.未注明构造柱定位为轴线居中或与墙齐。

注：施工时应与图集《混凝土结构施工图平面整体表示方法制图规则和构造详图》（16G101—1）相结合共同使用，构造节点应严格按该图集施工。

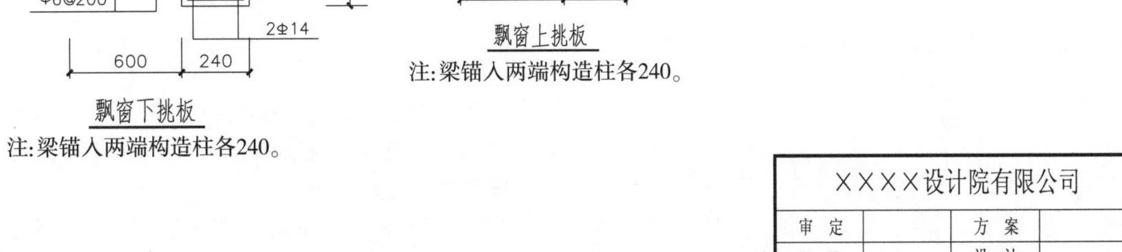

注：1.板厚为120mm，板与梁外平，外形尺寸见建施。

2.分布筋锚入构造柱内200mm，并与梁纵筋有可靠连接。

【读图指导】

1.各楼层梁采用了平面整体表示法绘制，首先看设计说明确定所使用的平法图集。

2.清楚梁轴线定位、梁截面变化、梁顶标高，并应注意有高差的梁的标高。

3.主次梁附加钢筋的设置不能遗漏。

4.不同编号的梁的抗震构造要求也不同，应按照图集16G101—1正确选用。

5.板采用的是现浇板，看板配筋图之前先要对板内钢筋的分布状况有所了解，同时还要对板内钢筋的表达方式进行复习。

XXXX设计院有限公司			工程名称	XXXX小区住宅楼	
审 定		方 案	一层结构平面布置图 二～四层梁平法施工图 空调板 飘窗板	设 计 号	
审 核		设 计		图 别	结 施
总工程师		制 图		图 号	6
注 册 师		校 对		专业张数	8
项目负责人		专业负责人	第 张 共 张	日 期	

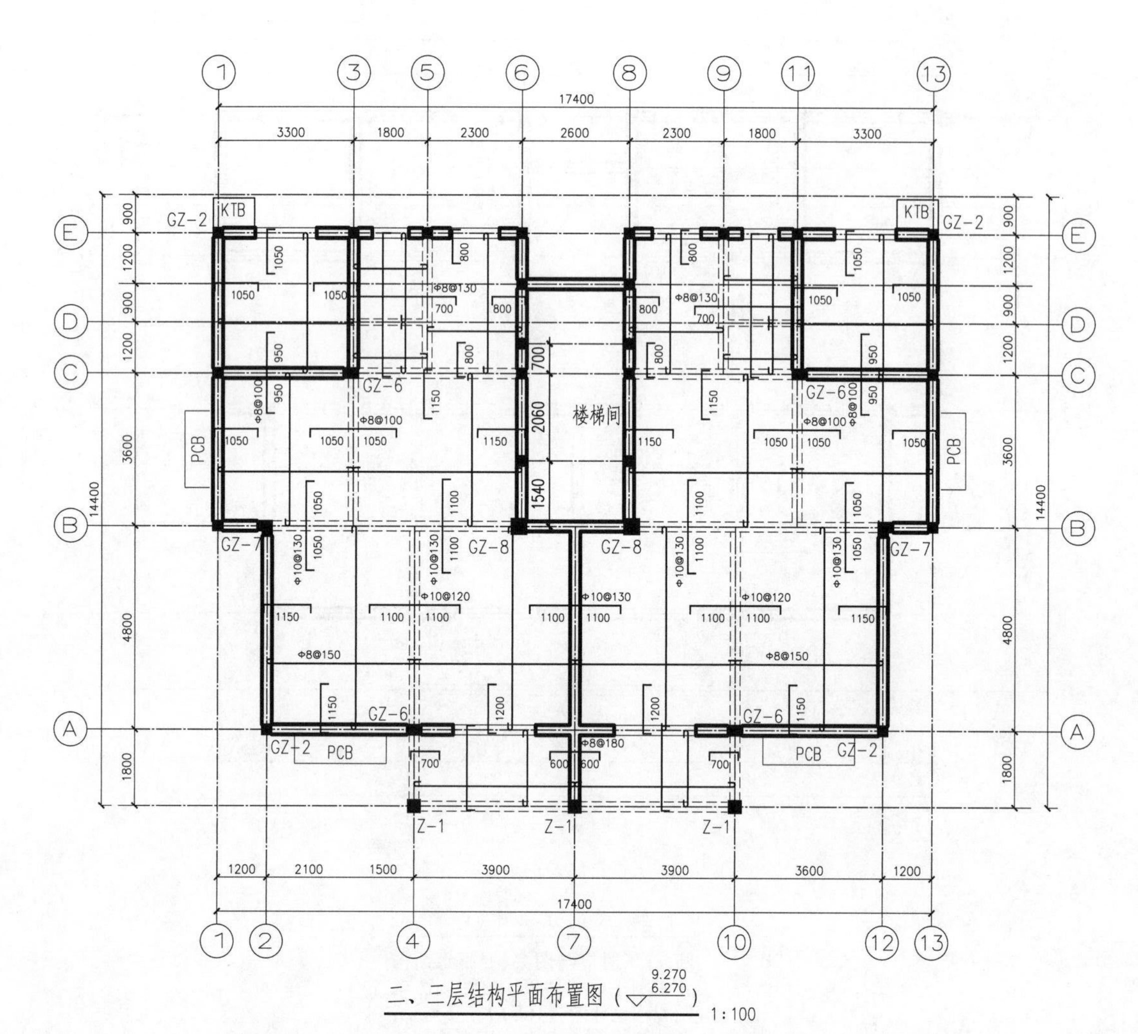

二、三层结构平面布置图（▽9.270 6.270） 1:100

说明：
1.凡图中未注明的构造柱均为GZ-1，楼面标高均为本层构造柱柱顶标高。
2.构造柱与墙体拉结详见标准图集《砌体结构构造详图》（11YG001—1）。
3.现浇板厚均为100mm，未注明现浇板板底钢筋为ф8@180。未注明现浇板上部钢筋为ф8@200。
4.厨房、卫生间结构面标高均为（▽6.170、▽9.170），阳台结构面标高均为（▽6.250、▽9.250）。
5.未注明构造柱定位为轴线居中或与墙齐。

四层结构平面布置图（▽12.270） 1:100

说明：
1.凡图中未注明的构造柱均为GZ-1，楼面标高均为本层构造柱柱顶标高。
2.构造柱与墙体拉结详见标准图集《砌体结构构造详图》（11YG001—1）。
3.现浇板厚均为100mm，未注明现浇板板底钢筋为ф8@180。未注明现浇板上部钢筋为ф8@200。
4.厨房、卫生间结构面标高均为（▽12.170），阳台结构面标高均为（▽12.250）。
5.未注明构造柱定位为轴线居中或与墙齐。

【读图指导】
1.板采用的是现浇板，看板配筋图之前先要对板内钢筋的分布状况有所了解，同时还要对板内钢筋的表达方式进行复习。
2.看板的配筋图了解板内钢筋的分布状况，同时对板内未标注的钢筋也不要有遗漏。

XXXX设计院有限公司				工程名称	XXXX小区住宅楼	
审 定		方 案		二、三层结构平面布置图 四层结构平面布置图	设计号	
审 核		设 计			图 别	结 施
总工程师		制 图			图 号	7
注 册 师		校 对			专业张数	8
项目负责人		专业负责人		第 张 共 张	日 期	

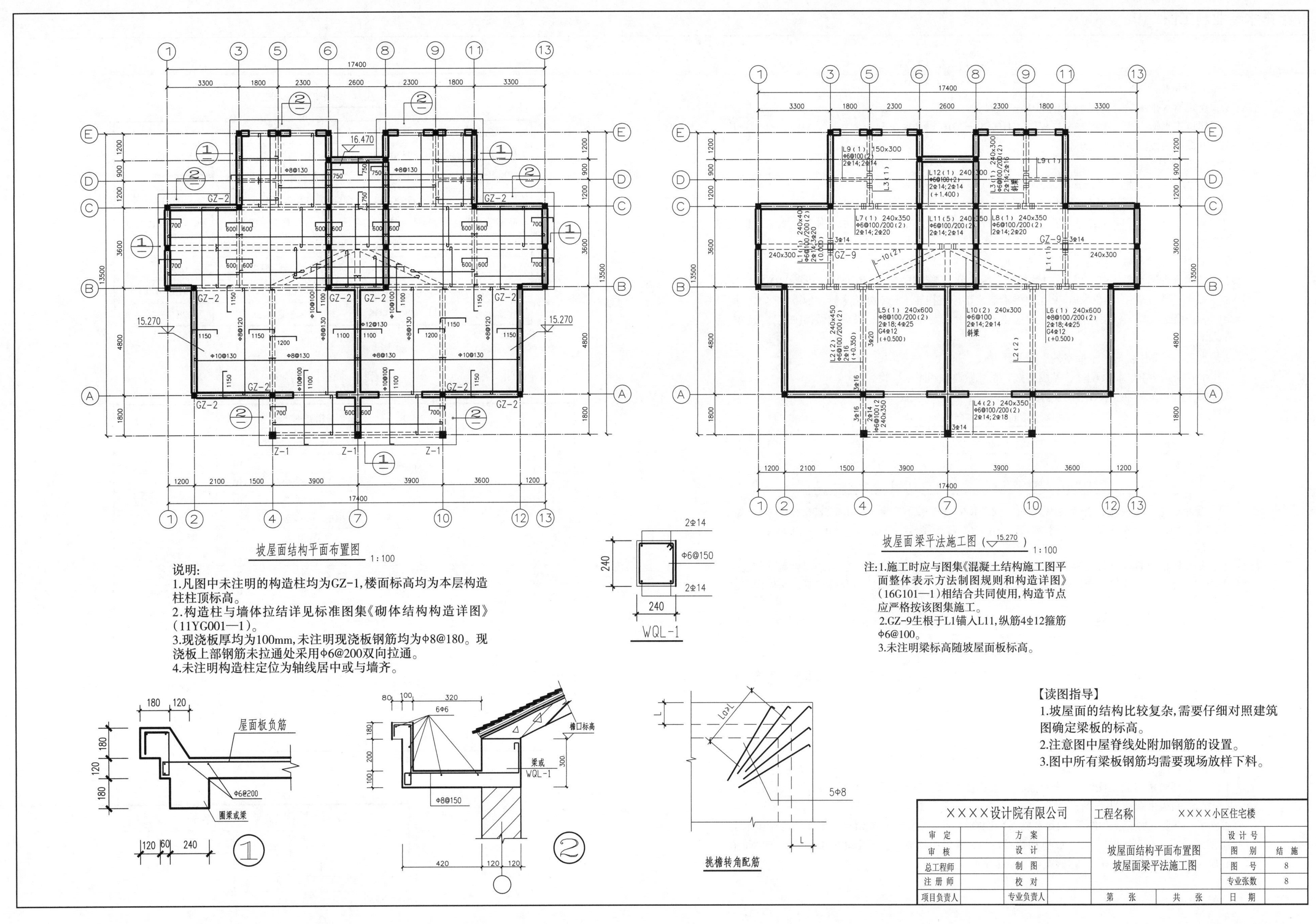

坡屋面结构平面布置图 1:100
说明:
1.凡图中未注明的构造柱均为GZ-1,楼面标高均为本层构造柱柱顶标高。
2.构造柱与墙体拉结详见标准图集《砌体结构构造详图》(11YG001—1)。
3.现浇板厚均为100mm,未注明现浇板钢筋均为Φ8@180。现浇板上部钢筋未拉通处采用Φ6@200双向拉通。
4.未注明构造柱定位为轴线居中或与墙齐。
WQL-1
坡屋面梁平法施工图 (15.270) 1:100
注:1.施工时应与图集《混凝土结构施工图平面整体表示方法制图规则和构造详图》(16G101—1)相结合共同使用,构造节点应严格按该图集施工。
2.GZ-9生根于L1锚入L11,纵筋4Φ12箍筋Φ6@100。
3.未注明梁标高随坡屋面板标高。
【读图指导】
1.坡屋面的结构比较复杂,需要仔细对照建筑图确定梁板的标高。
2.注意图中屋脊线处附加钢筋的设置。
3.图中所有梁板钢筋均需要现场放样下料。
屋面板负筋
圈梁或梁
檐口标高
梁或
WQL-1
挑檐转角配筋
XXXX设计院有限公司
工程名称
XXXX小区住宅楼
审 定
方 案
审 核
设 计
总工程师
制 图
注 册 师
校 对
项目负责人
专业负责人
坡屋面结构平面布置图
坡屋面梁平法施工图
设计号
图 别
结施
图 号
8
专业张数
8
第 张
共 张
日 期

给排水设计总说明

一、设计依据
1.《建筑给水排水设计规范》(GB 50015—2021)。
2.《建筑排水塑料管道工程技术规程》(CJJ/T 29—2010)。
3.甲方提供的设计资料和要求。
二、项目概况
本工程为住宅楼，地上部分五层，半地下室一层。室内外高差1.50m。
三、本设计室内生活采用市政管网直接供水方式，水压满足室内水压要求。
四、本设计采用一户一表给水进户系统，所有冷、热水表集中装于室外水表井内，水表井位置现场定。
五、管材、接口及敷设
1.冷、热水管道水采用PP-R管，S4系列，专用管件，热熔连接，管道安装完毕做0.9MPa水压试验。室外冷水立管采用150×100PVC线槽沿墙或楼板底扣装。凡室外给水管、地下室热水管均采用4cm岩棉做保温，外用铝箔包扎。埋地热水管采用聚氨酯做保温，玻璃钢做保护层，做法参见03s401。
2.热水由小区集中供应，采取室外干管循环方式。
3.排水管采用U-PVC管及配件，粘胶连接，系统做通水和闭水检验。
4.塑料管道的立管和水平管道的支撑间距不得大于下表规定：

塑料管道的最大支撑间距表(mm)

外径	20	25	32	40	50	63	75	90	110
水平管	500	550	650	800	950	1100	1200	1350	1550
立管	900	1000	1200	1400	1600	1800	2000	2200	2400

六、排水管应符合《建筑排水用硬聚氯乙烯(PVU-U)管道安装》(GB/T 5836.2—2018)要求，合理设置伸缩节、支吊架。横支管坡度：$i \geq 0.026$；横干管最小坡度：$De=110$，$i=0.004$；$De=160$，$i=0.003$。
七、排水管的横管与立管连接，采用45°斜三通或45°斜四通；排水立管与排出管端部的连接，采用两个45°弯头连接。当排水管遇偏轴线时，采用乙字弯连接。立管与排出管连接处设混凝土支墩。
八、管道要尽量贴墙、柱，并与土建密切配合。当管道穿越墙壁或楼板时，加装比该穿越管大1~2号的钢套管。穿过外墙或屋面的管道做防水套管，做法参见02S404。
九、图中标高为暂定水管埋深，具体施工时以实际情况核定。
十、本设计除标高以m计，其他均为mm。凡未说明处均按《建筑给水排水及采暖工程施工质量验收规范》(GB 50242—2013)施工。

选用图集一览表

设备安装	图集号	设备安装	图集号
立柱洗脸盆	99S304-31	给水管穿楼面	02SS405-3/16
台式洗脸盆	99S304-38	给水管穿基础、墙体	02SS405-3/18
连体坐便器	99S304-72	PVC-U 管楼面	96S406-13(1型)
成品淋浴器浴盆	参见99S304-118	PVC-U 穿屋面	96S406-13(2型)
洗涤盆	99S304-7	PVC-U 伸缩节设置及安装	96S406-14-a
高水封地漏	92S220-20	防结露及保温措施	03S401/23
带洗衣机插口地漏	92S220-38	清扫口安装	92S220-10
洗脸盆龙头	92S220-38	水龙头	02S405-3/21

图例、材料表

序号	图例	名称	规格及型号	数量	备注
1		立式洗脸盆	450×675		档次甲方自定
2		台式洗脸盆		10	档次甲方自定
3		坐便器	660×405×780	10	
4		淋浴器	De20	10	档次甲方自定
5		洗涤盆	610×460×200	18	档次甲方自定
6		圆地漏	De50	28	档次甲方自定
7		带洗衣机插口地漏	De50	12	用于卫生间、厨房
8		洗脸盆龙头	De20	20	用于阳台
9		水龙头	De20	10	不锈钢
10		冷水表	De25+De32	8+2	不锈钢
11		热水表	De25+De32	8+2	
12		截止阀			铜质
13		给水管道			PP-R
14		热水管道			热水用 PP-R
15		排水管道			PVC-U
16		存水弯			PVC-U
17		检查口			PVC

【读图总指导】
1.阅读整套给排水施工图时，首先对照目录检查图名和目录中的图名是否一致，图纸是否完整(给排水平面图、系统图、详图)。
2.读图时不要只盯着一种图看，而是要将各种图样结合在一起看，比如给排水平面图与给排水系统图结合在一起看，这样有利于管道和器具设备在头脑中形成完整的空间概念。如果在平面图和轴测图上还不能表达清楚，这时就要看给排水的详图。

××××设计院有限公司				工程名称	××××小区住宅楼		
审定		方案		给排水设计总说明 选用图集一览表 图例、材料表		设计号	
审核		设计				图别	水施
总工程师		制图				图号	1
注册师		校对				专业张数	4
项目负责人		专业负责人		第 张	共 张	日期	

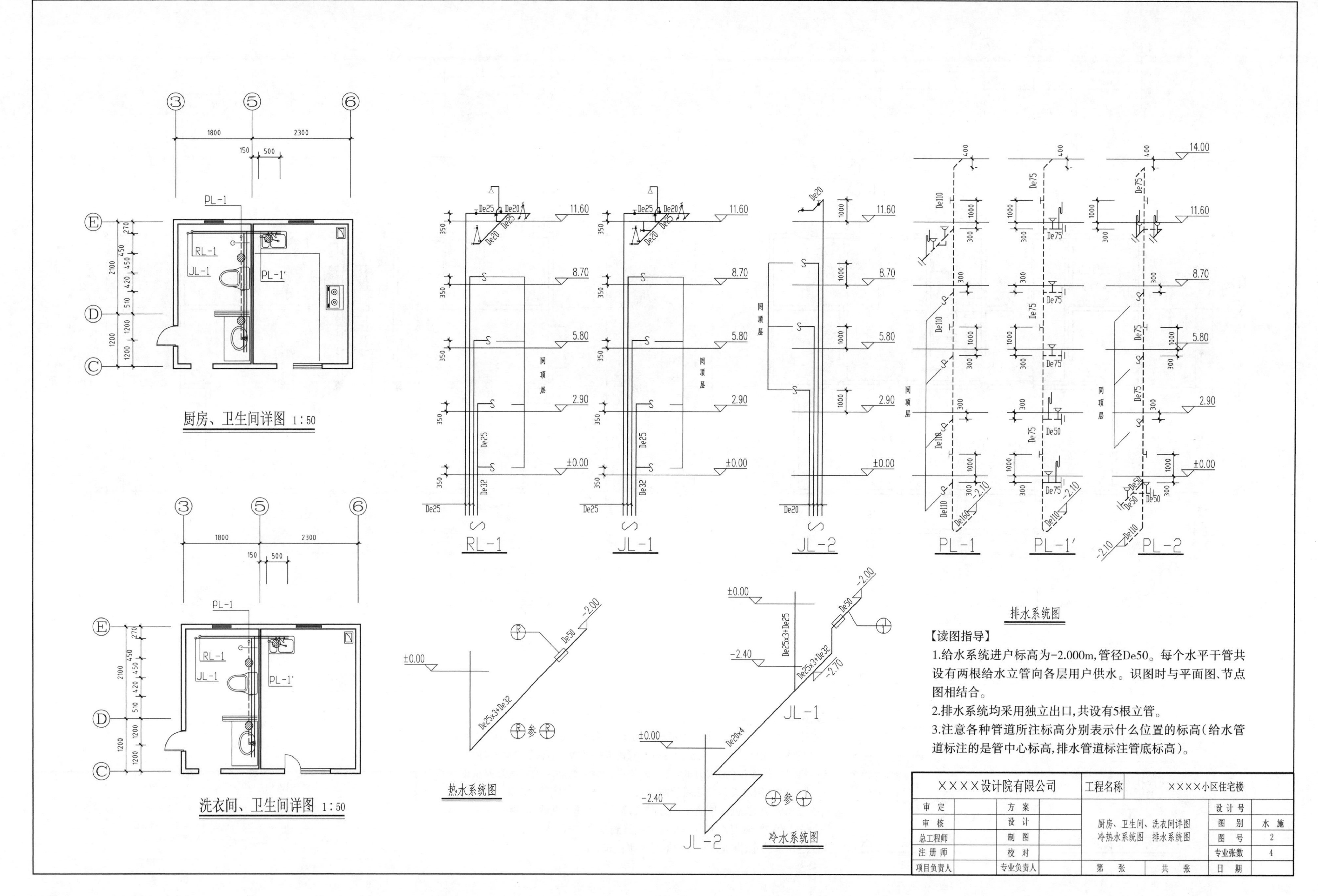
厨房、卫生间详图 1:50
洗衣间、卫生间详图 1:50
RL-1
JL-1
JL-2
PL-1
PL-1′
PL-2
排水系统图
热水系统图
冷水系统图
【读图指导】
1.给水系统进户标高为-2.000m,管径De50。每个水平干管共设有两根给水立管向各层用户供水。识图时与平面图、节点图相结合。
2.排水系统均采用独立出口,共设有5根立管。
3.注意各种管道所注标高分别表示什么位置的标高(给水管道标注的是管中心标高,排水管道标注管底标高)。
××××设计院有限公司
工程名称
××××小区住宅楼
审定
方案
审核
设计
总工程师
制图
注册师
校对
项目负责人
专业负责人
厨房、卫生间、洗衣间详图
冷热水系统图 排水系统图
设计号
图别
水施
图号
2
专业张数
4
第 张
共 张
日期

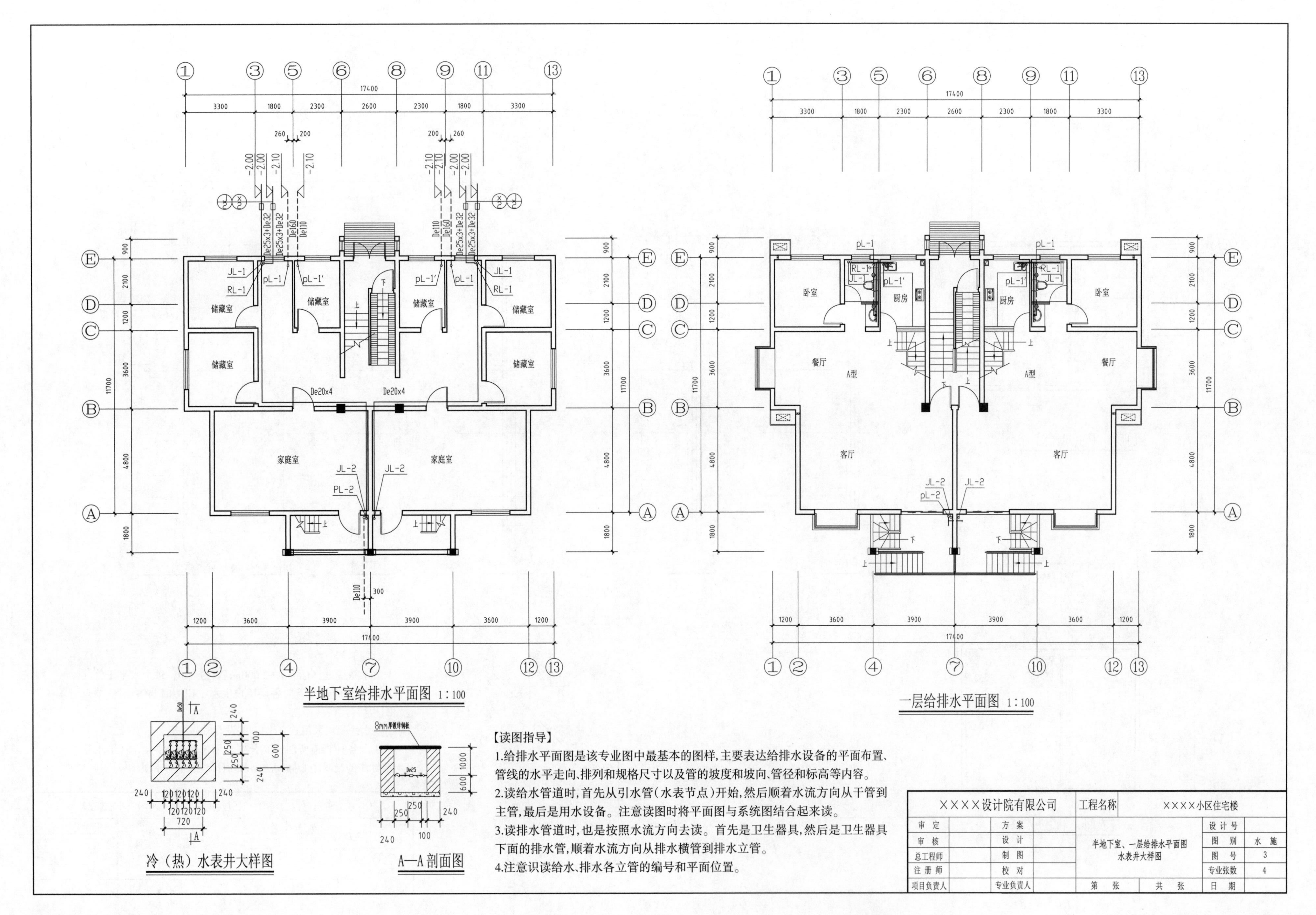
半地下室给排水平面图 1:100
一层给排水平面图 1:100
储藏室
家庭室
卧室
厨房
餐厅
客厅
A型
JL-1
RL-1
pL-1
pL-1′
JL-2
PL-2
De20x4
De25x3+De32
De160
De110
17400
3300
1800
2300
2600
1200
3600
3900
4800
2100
900
11700
冷（热）水表井大样图
A—A剖面图
8mm厚镀锌钢板
【读图指导】
1.给排水平面图是该专业图中最基本的图样，主要表达给排水设备的平面布置、管线的水平走向、排列和规格尺寸以及管的坡度和坡向、管径和标高等内容。
2.读给水管道时，首先从引水管（水表节点）开始，然后顺着水流方向从干管到主管，最后是用水设备。注意读图时将平面图与系统图结合起来读。
3.读排水管道时，也是按照水流方向去读。首先是卫生器具，然后是卫生器具下面的排水管，顺着水流方向从排水横管到排水立管。
4.注意识读给水、排水各立管的编号和平面位置。
××××设计院有限公司
工程名称
××××小区住宅楼
审定
审核
总工程师
注册师
项目负责人
方案
设计
制图
校对
专业负责人
半地下室、一层给排水平面图
水表井大样图
设计号
图别
水施
图号
3
专业张数
4
第 张
共 张
日期

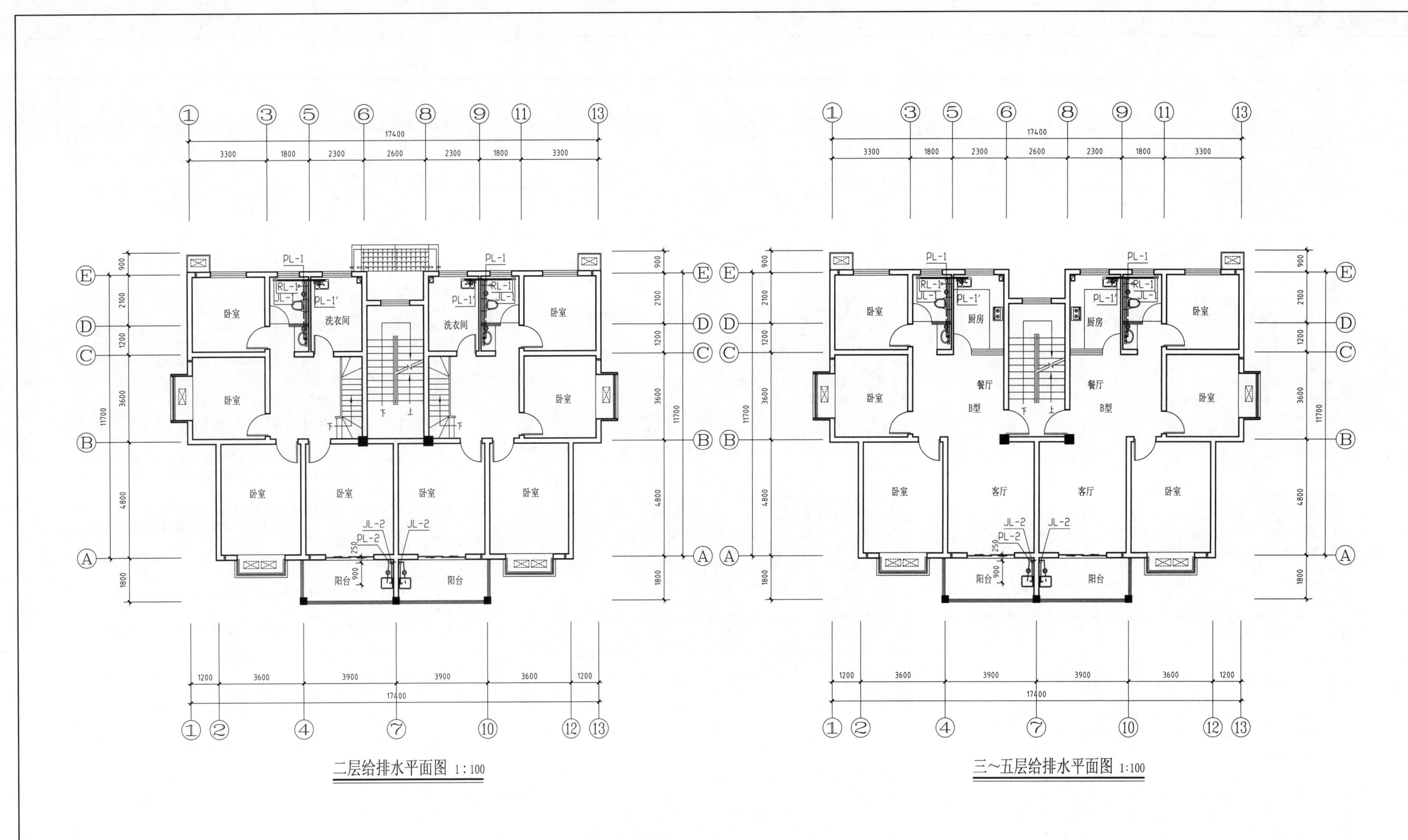

【读图指导】

1.应结合系统图一起识读。

2.识读各给水、排水立管的编号和平面位置。

3.读图时,注意各层平面图的不同之处。

××××设计院有限公司		工程名称	××××小区住宅楼		
审 定	方 案	二～五层给排水平面图		设 计 号	
审 核	设 计			图 别	水 施
总工程师	制 图			图 号	4
注 册 师	校 对			专业张数	4
项目负责人	专业负责人	第 张	共 张	日 期	

电气设计总说明

一、设计依据

1. 建筑概况：本工程为 × × 小区住宅楼，其中底部为半地下室，其余为住宅。本工程建筑耐火等级为二级，抗震设防烈度为 6 度，结构形式为砖混结构。
2. 相关专业提供的工程设计资料。
3. 各市政主管部门对初步设计的审批意见。
4. 建设单位提供的设计任务书及设计要求。
5. 中华人民共和国现行主要标准及法规：
《民用建筑电气设计规范》（JGJ/T 16—2008）
《住宅设计规范》（GB 50096—2021）
《建筑物防雷设计规范》（GB 50057—2019）
《有线电视系统工程技术规范》（GB 50200—2018）
其他有关国家及地方的现行规程、规范及标准。

二、设计范围

本工程设计包括红线内的以下电气系统：
1. 220/380V 配电系统。
2. 建筑物防雷、接地系统及安全措施。
3. 有线电视系统。
4. 电话系统。
5. 网络布线系统。

三、220/380V 配电系统

1. 本建筑为三类普通住宅建筑。
2. 负荷分类及容量：本工程为三级负荷，其容量为 66kW。
3. 供电电源：本工程供电电源由小区配电室引来，电压为 380/220V，进线电缆从建筑物北侧埋地引入室外地坪下埋深 0.8m，直接进入一层照明总箱。N 线和 PE 线不得混用。
4. 住宅用电指标：根据住宅设计规范及建设单位要求，本工程住宅用电标准为一、二层为 10kW/ 户，其他层为 6kW/ 户。
5. 照明配电：照明、插座均由不同的支路供电；除卧室空调插座外，所有插座回路均设漏电断路器保护。

四、设备安装

1. 住户配电箱底边距地 1.8m 嵌墙暗装，其余配电箱及控制箱均底边距地 1.3m 挂墙明装。
2. 除注明外，开关、插座分别距地 1.3m、0.3m 暗装。卫生间内插座选用防潮、防溅型面板；有沐浴、浴缸的卫生间内插座须设在 2 区以外。

五、导线选择及敷设

1. 导线型号、截面及安装敷设方式，除注明者外，空调、厨房、卫生间插座接入线采用 $4m^2$ 的铜线，普通插座接入线采用 $2.5m^2$ 的铜线。其余均采用 BV2 × 2.5PC16-WC，CC 或 FC。未注导线 1 ~ 2 根穿 PC16，3 ~ 5 根穿 PC20，6 ~ 8 根穿 PC25。
2. 照明干线选用 BV-500V 聚氯乙烯绝缘铜芯导线。所有干线均穿 SC 钢管埋地暗敷。
3. 照明支线选用 BV-500V 聚氯乙烯绝缘铜芯导线。所有支线除注明者外，均穿 PVC 管沿墙、楼板及地面暗敷。

六、建筑物防雷、接地系统及安全措施

（一）建筑物防雷
1. 本工程防雷等级为三类。建筑物的防雷装置应满足防直击雷、防雷电感应及雷电波的侵入，并设置总等电位联结。
2. 接闪器：在屋顶采用ϕ 10 热镀锌圆钢作避雷带，屋顶避雷带连接线网格不大于 20m × 20m 或 24m × 16m。
3. 引下线：利用建筑物钢筋混凝土柱子或剪力墙内两根ϕ 16 以上主筋通长焊接作为引下线，引下线间距不大于 25m。所有外墙引下线在室外地面下 1m 处引出一根 40 × 4 热镀锌扁钢，扁钢伸出室外，距外墙皮的距离不小于 1m。
4. 接地极：接地极为建筑物基础底梁上的上下两层钢筋中的两根主筋通长焊接形成的基础接地网。
5. 引下线上端与避雷带焊接，下端与接地极焊接。建筑物四角的外墙引下线在室外地面上 0.5m 处设测试卡子。
6. 凡突出屋面的所有金属构件、金属通风管、金属屋面、金属屋架等均与避雷带可靠焊接。
7. 室外接地凡焊接处均应刷沥青防腐。

（二）接地及安全措施
1. 本工程防雷接地、电气设备的保护接地等的接地共用统一的接地极，要求接地电阻不大于 1Ω，实测不满足要求时，增设人工接地极。
2. 凡正常不带电，而当绝缘破坏有可能呈现电压的一切电气设备金属外壳均应可靠接地。
3. 本工程采用总等电位联结，总等电位板由紫铜板制成，应将建筑物内保护干线、设备进线总管等进行联结，总等电位联结线采用 40 × 4 镀锌扁钢，总等电位联结均采用等电位卡子，禁止在金属管道上焊接。卫生间采用局部等电位联结，从适当地方引出两根大于ϕ 16 结构钢筋至局部等电位箱（LEB），局部等电位箱暗装，底边距地 0.3m。将卫生间内所有金属管道、金属构件联结。具体做法参见国标图集《等电位联结安装》（02D501-2）。
4. 过电压保护：在电源总配电箱内装第一级电涌保护器（SPD）。
5. 有线电视系统引入端、电话引入端等处设过电压保护装置。
6. 本工程电源在进户处做重复接地，接地形式采用 TN-C-S 系统，并与防雷接地共用接地极。保护导体最小截面积的规定见下表：

相线的截面积 $S(mm^2)$	保护导体的最小截面积 $S_p(mm^2)$	相线的截面积 $S(mm^2)$	保护导体的最小截面积 $S_p(mm^2)$
$S≤16$	S	$400<S≤800$	200
$16<S≤35$	16	$S>800$	$S/4$
$35<S≤400$	$S/2$		

七、有线电视系统

1. 电视信号由室外有线电视网的市政接口引来，进楼处预埋两根 SC40 钢管。
2. 系统采用 750MHz 邻频传输，要求用户电平满足 64 ± 4dB；图像清晰度不低于 4 级。
3. 放大器箱及分支分配器箱均挂墙明装，底边距地 1.5m。
4. 干线电缆选用 SWYV-75-9，穿 SC25 管。支线电缆选用 SWYV-75-5，穿 SC20 管。沿墙及楼板暗敷。每户在起居室及主卧室各设一个电视插座；用户电视插座暗装，底边距地 0.3m。

八、电话系统

1. 住宅每户按 2 对电话线考虑，在起居厅、卧室等处各设一个电话插座。
2. 市政电话电缆先由室外引入至首层的接线箱，再引至各层住户配线箱，再由住户配线箱跳线给户内的每个电话插座。
3. 电话电缆及电话线分别选用 HYV 和 RVS 型，穿金属管敷设。电话干线电缆在地面内暗敷、电话支线沿墙及楼板暗敷。
4. 电话接线箱挂墙安装，底边距地 1.5m。住户配线箱在每户住宅内嵌墙暗装，底边距地 0.5m，电话插座暗装，底边距地 0.3m。

九、网络布线系统

1. 本工程共有住宅用户 8 个，一层按 2 根网线考虑，其余户按 2 根网线考虑；全楼共有计算机插座 15 个。
2. 由室外引来的数据网线至一层网络配线箱，再由配线箱配线给各用户弱电箱。
3. 由室外引入楼内的数据网线穿金属管埋地暗敷；至各户接线箱及计算机插座的线路采用超五类 4 对双绞线，穿金属管沿墙及楼板暗敷。
4. 网络配线箱在一层暗装。计算机插座选用 RJ45 超五类型，与网线匹配，底边距地 0.3m 暗装。

十、其他

1. 凡与施工有关而又未说明之处，参见国家、地方标准图集施工，或与设计院协商解决。
2. 本工程所选设备、材料必须具有国家级检测中心的检测合格证书（3C 认证）；必须满足与产品相关的国家标准；供电产品、消防产品应具有入网许可证。
3. 根据国务院签发的《建设工程质量管理条例》，应注意以下几点：
（1）本设计文件需报县级以上人民政府建设行政主管部门或其他有关部门审查批准后，方可用于施工。
（2）建设方应提供电源、电信、电视等市政原始资料，原始资料应真实、准确、齐全。
（3）施工单位必须按照工程设计图纸和施工技术标准施工，不得擅自修改工程设计。
（4）建设工程竣工验收时，必须具备设计单位签署的质量合格文件。

十一、本工程引用的国家建筑标准设计图集

《等电位联结安装》（02D501—2）
《利用建筑物金属体做防雷及接地装置安装》（03D501—3）
《住宅小区建筑电气设计与施工》（03D603）
《智能家居控制系统设计施工图集》（03X602）
《建筑电气工程设计常用图形和文字符号》（00DX001）

×××× 设计院有限公司				工程名称	×××× 小区住宅楼		
审 定		方 案		电气设计总说明		设 计 号	
审 核		设 计				图 别	电 施
总工程师		制 图				图 号	1
注 册 师		校 对				专业张数	8
项目负责人		专业负责人		第 张	共 张	日 期	

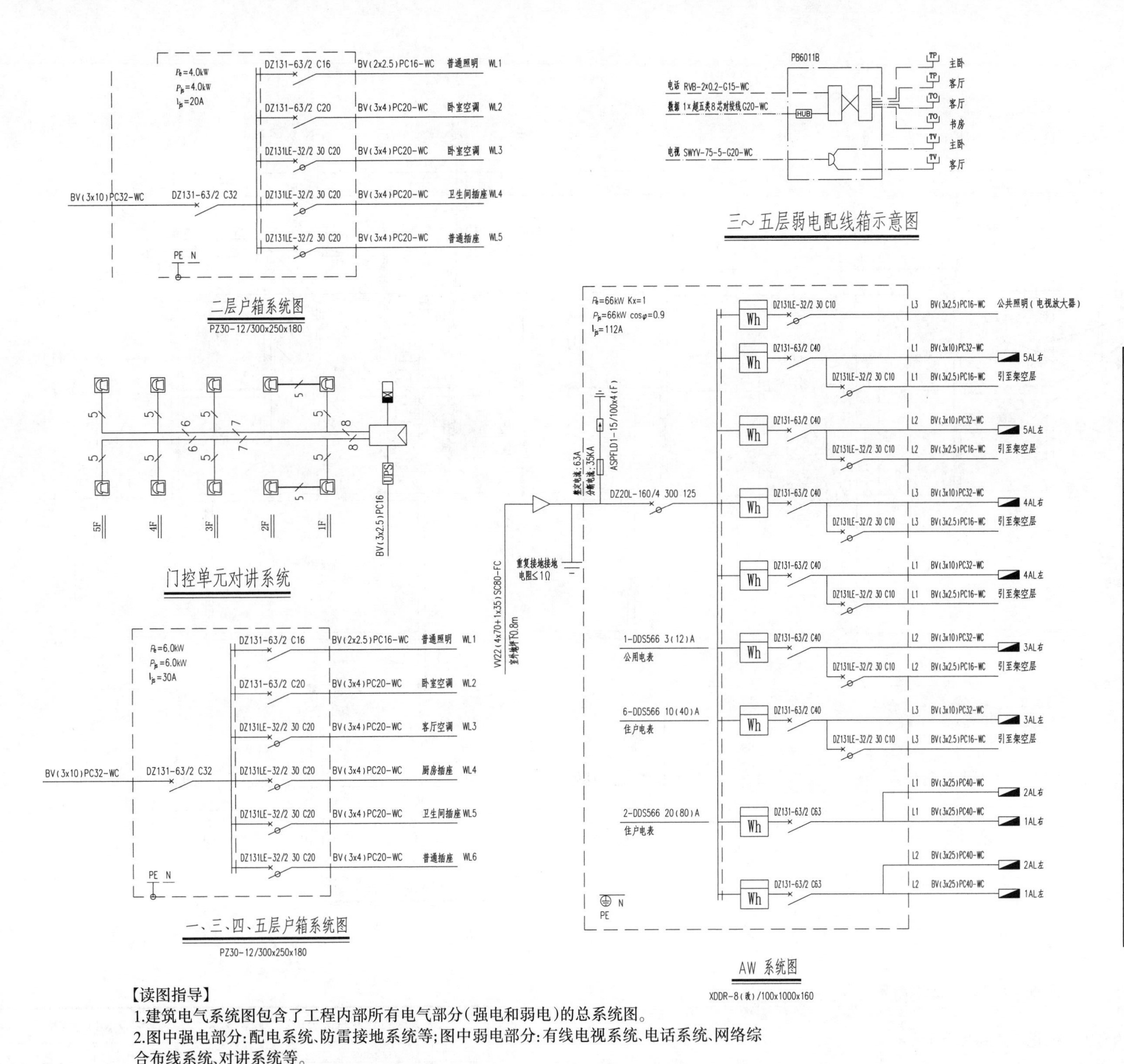

二层户箱系统图

PZ30-12/300x250x180

三～五层弱电配线箱示意图

门控单元对讲系统

一、三、四、五层户箱系统图

PZ30-12/300x250x180

AW 系统图

XDDR-8(改)/100x1000x160

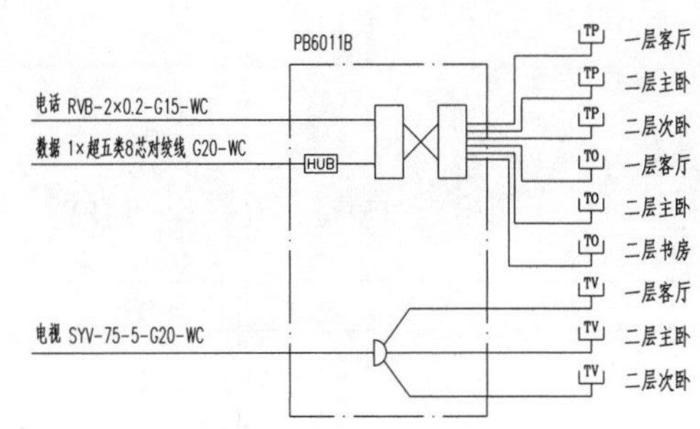

一层弱电配线箱示意图

设备材料表

图例	名称	规格与型号	单位	数量	备注
	照明配电箱	见平面及系统图	个	1	下口距地1.3m,暗装
	室内保安箱	PZ30S-15/20515 390x260x180	个	10	距地1.8m
×	座灯头	$E_{27}\frac{1\times40}{}$	个	100	吸顶安装
①	声光控灯	自选 1x25W	个	9	吸顶安装
	弯 灯	自选 1x25W	个	2	距地2.5m
	一位单极开关	L31/1/2A 250V 10A	个	56	距地1.3m
	二位单极开关	L32/1/2A 250V 10A	个	12	距地1.3m
	三位单极开关	L33/1/2A 250V 10A	个	10	距地1.3m
	二、三带开关插座	L426/10US3.250V 10A	个	34	客厅距地0.8m,厨房距地1.3m,阳台距地1.6m
	五孔防水插座	ZRDH2-1 (250V 10A)	个	20	洗脸间距地1.6m,其余距地1.8m
	单相连体二、三极插座	L426/10USL 250V 10A	个	100	除储藏室距地1.3m,其他距地0.3m
	单相三极插座	L426/15CS 250V 10A	个	8	距地1.8m,油烟机专用
	单相三极插座	L426/15CS 250V 16A	个	34	除客厅距地0.3m,其余距地2.0m
	电话分线箱	400x300x120	个	1	距地1.5m
TV	电视分配器	400x300x120	个	1	距地1.5m
HUB	综合配线箱	700x600x180	个	1	箱底边距平台地面1.5m
RDX	住户弱电配线箱示意图	PB6011B	个	8	距地0.5m
TP	一位电话插座	LT01	个	15	距地0.3m
TV	一位电视插座	L31VTV75	个	15	距地0.3m
TO	一位信息插座	PF1311	个	15	距地0.3m
MEB	总等电位联结箱		个	1	距地0.3m
LEB	局部等电位联结箱		个	10	距地0.3m
n	导 线				n表示导线数,不标者插座回路为三根,其余为两根

【读图指导】

1.建筑电气系统图包含了工程内部所有电气部分(强电和弱电)的总系统图。

2.图中强电部分:配电系统、防雷接地系统等;图中弱电部分:有线电视系统、电话系统、网络综合布线系统、对讲系统等。

3.参照建筑电气图例与符号,分析本工程中照明配电系统、防雷接地系统以及各类弱电系统的设计技术指标、设备装置规格、型号、线路规格与型号等。

4.参照右侧设备材料表,了解各类电气系统设备布置以及对土建专业的要求。

××××设计院有限公司		工程名称	××××小区住宅楼		
审 定	方 案	配电系统图 设备材料表 弱电配线箱示意图 门控单元对讲系统		设 计 号	
审 核	设 计			图 别	电 施
总工程师	制 图			图 号	2
注 册 师	校 对			专业张数	8
项目负责人	专业负责人	第 张	共 张	日 期	

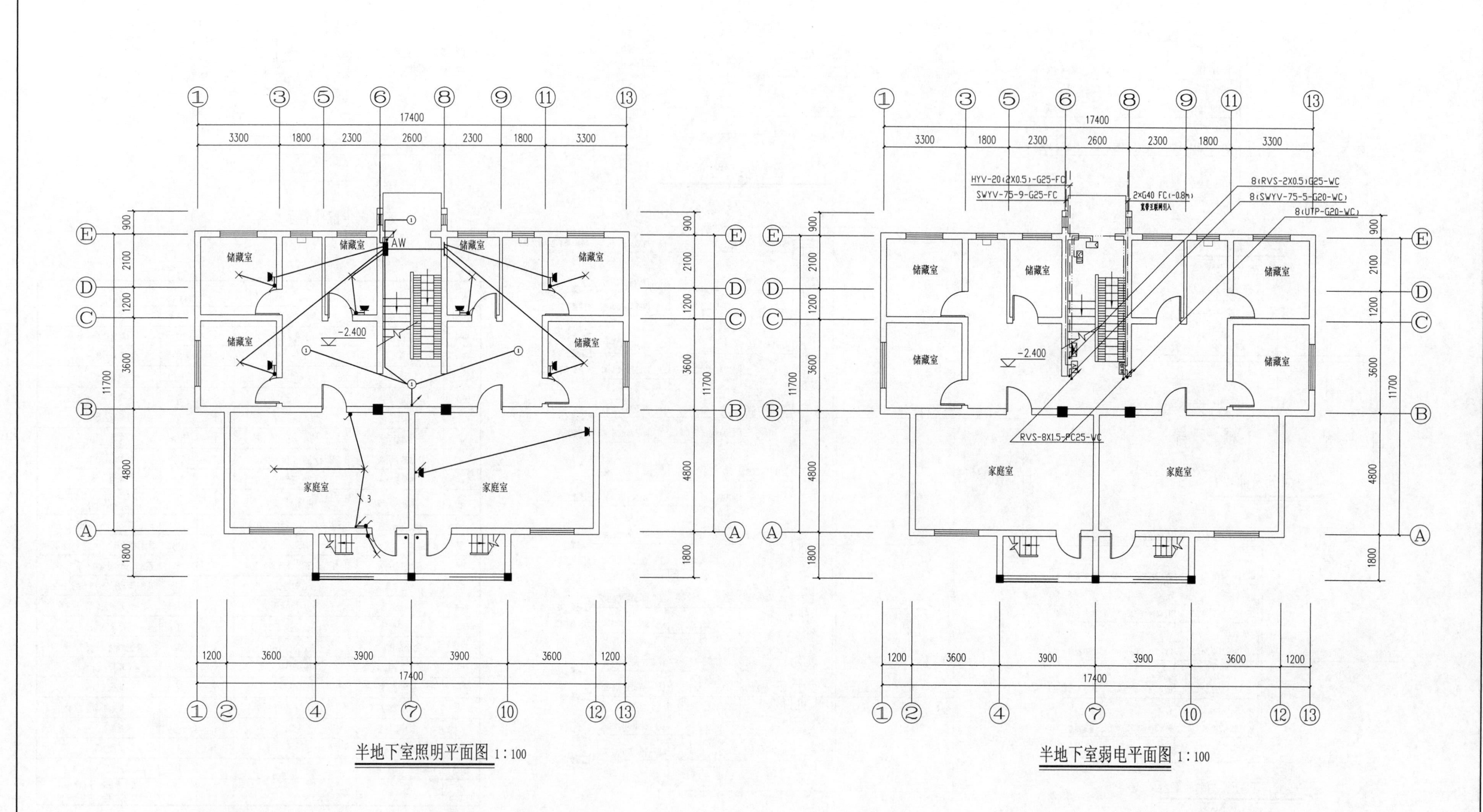

【读图指导】

1.参照建筑电气设备图例与符号，分析半地下室内灯具、开关、配电箱、插座以及线路等设备的布置情况。

2.参照建筑电气设备图例与符号，分析半地下室内有线电视、电话、网络综合布线系统的布置情况。

3.参照建筑电气施工国家标准，分析半地下室内照明配电和弱电系统的土建要求。

××××设计院有限公司				工程名称	××××小区住宅楼	
审定		方案		半地下层照明平面图 半地下室弱电平面图	设计号	
审核		设计			图别	电施
总工程师		制图			图号	3
注册师		校对			专业张数	8
项目负责人		专业负责人		第　张　　共　张	日期	

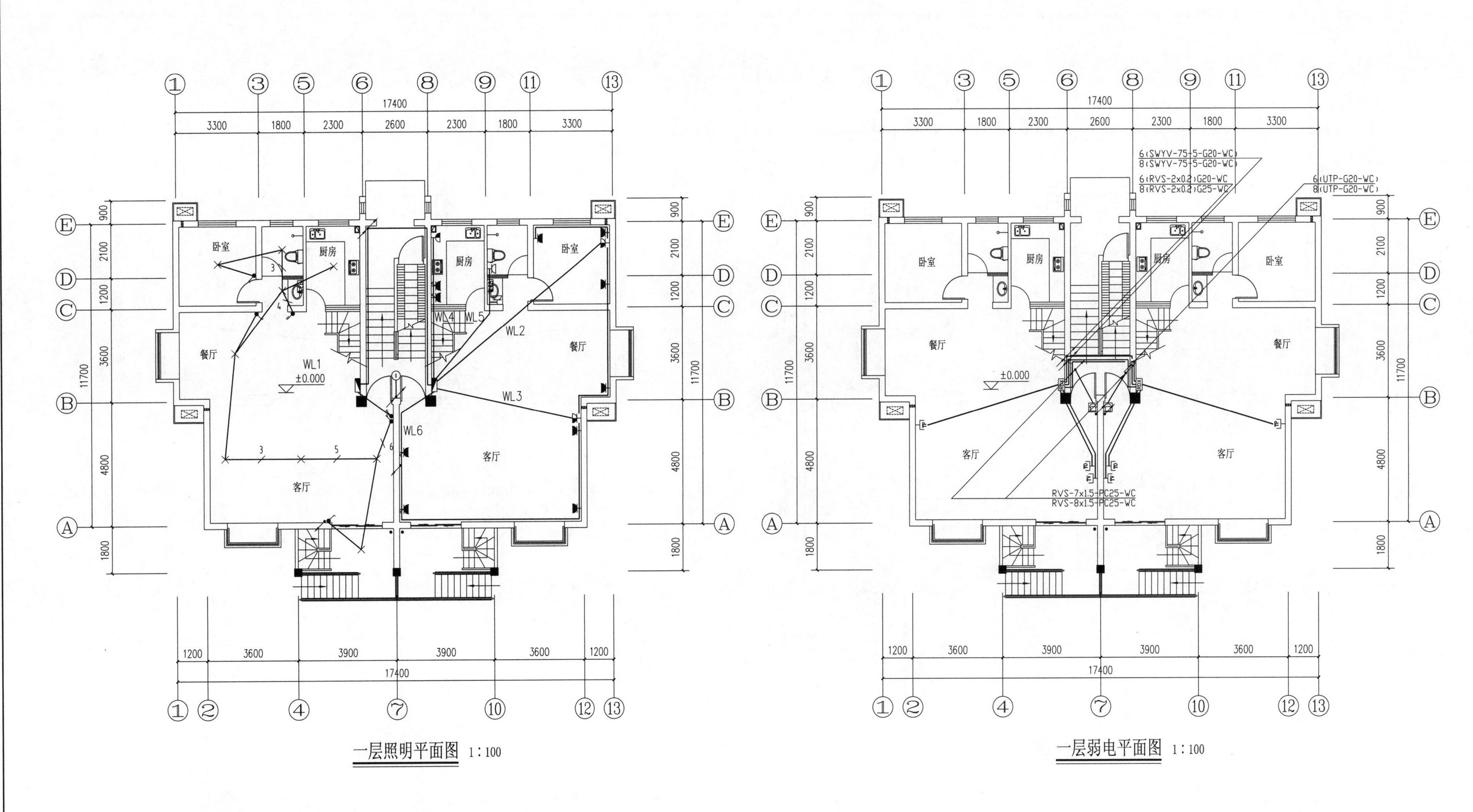

【读图指导】

1.参照建筑电气设备图例与符号，分析一层内部灯具、开关、配电箱、插座以及线路等设备的布置情况。

2.参照建筑电气设备图例与符号，分析一层内部有线电视、电话、网络综合布线系统的布置情况。

3.参照建筑电气施工国家标准，分析一层内部照明配电和弱电系统的土建要求。

XXXX设计院有限公司				工程名称	XXXX小区住宅楼	
审定		方案		一层照明平面图 一层弱电平面图	设计号	
审核		设计			图别	电施
总工程师		制图			图号	4
注册师		校对			专业张数	8
项目负责人		专业负责人		第 张	共 张	日期

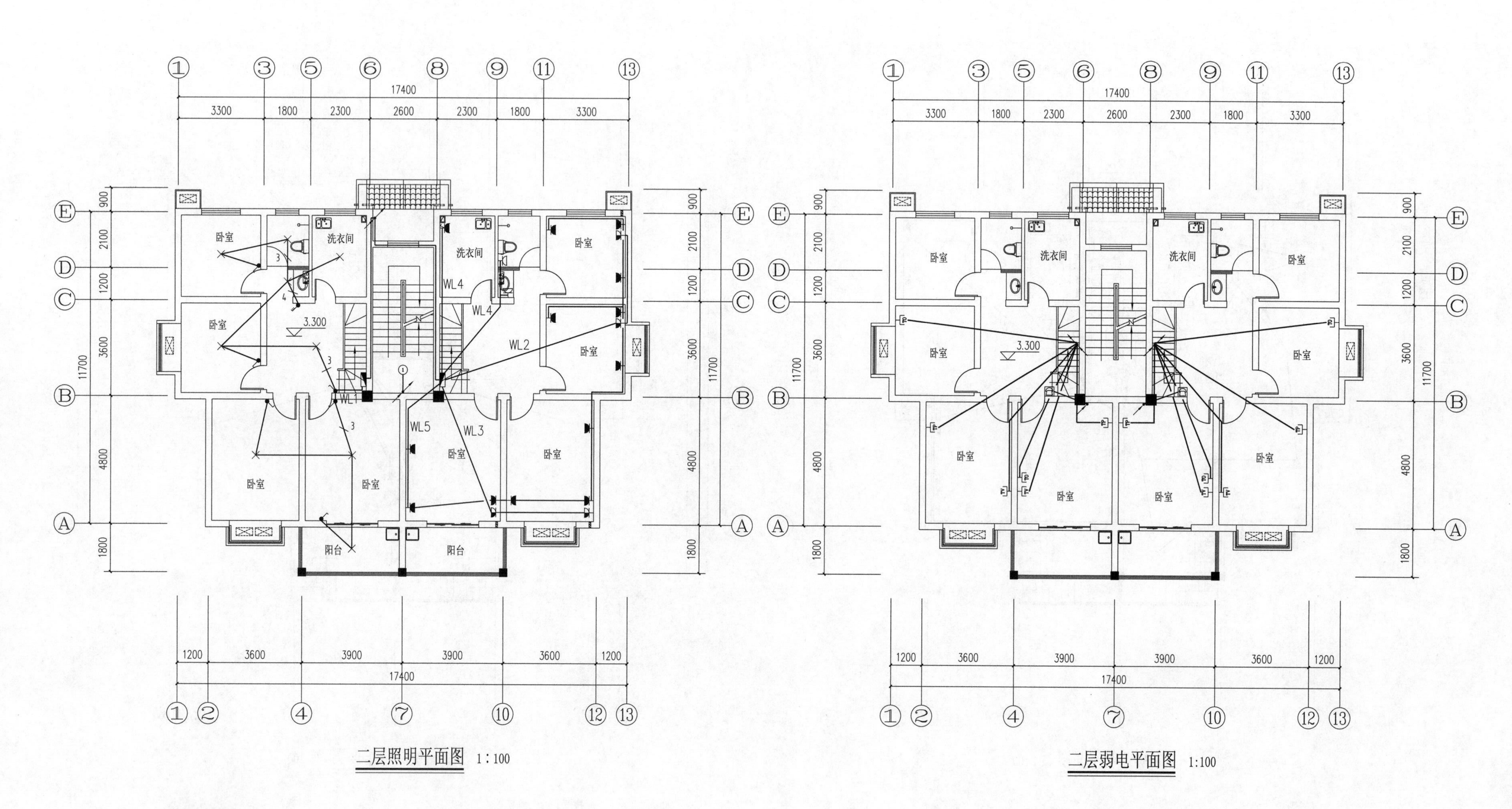

【读图指导】

1.参照建筑电气设备图例与符号，分析二层内部灯具、开关、配电箱、插座以及线路等设备的布置情况。

2.参照建筑电气设备图例与符号，分析二层内部有线电视、电话、网络综合布线系统的布置情况。

3.参照建筑电气施工国家标准，分析二层内部照明配电和弱电系统的土建要求。

××××设计院有限公司				工程名称	××××小区住宅楼		
审定		方案		二层照明平面图 二层弱电平面图		设计号	
审核		设计				图别	电施
总工程师		制图				图号	5
注册师		校对				专业张数	8
项目负责人		专业负责人		第 张	共 张	日期	

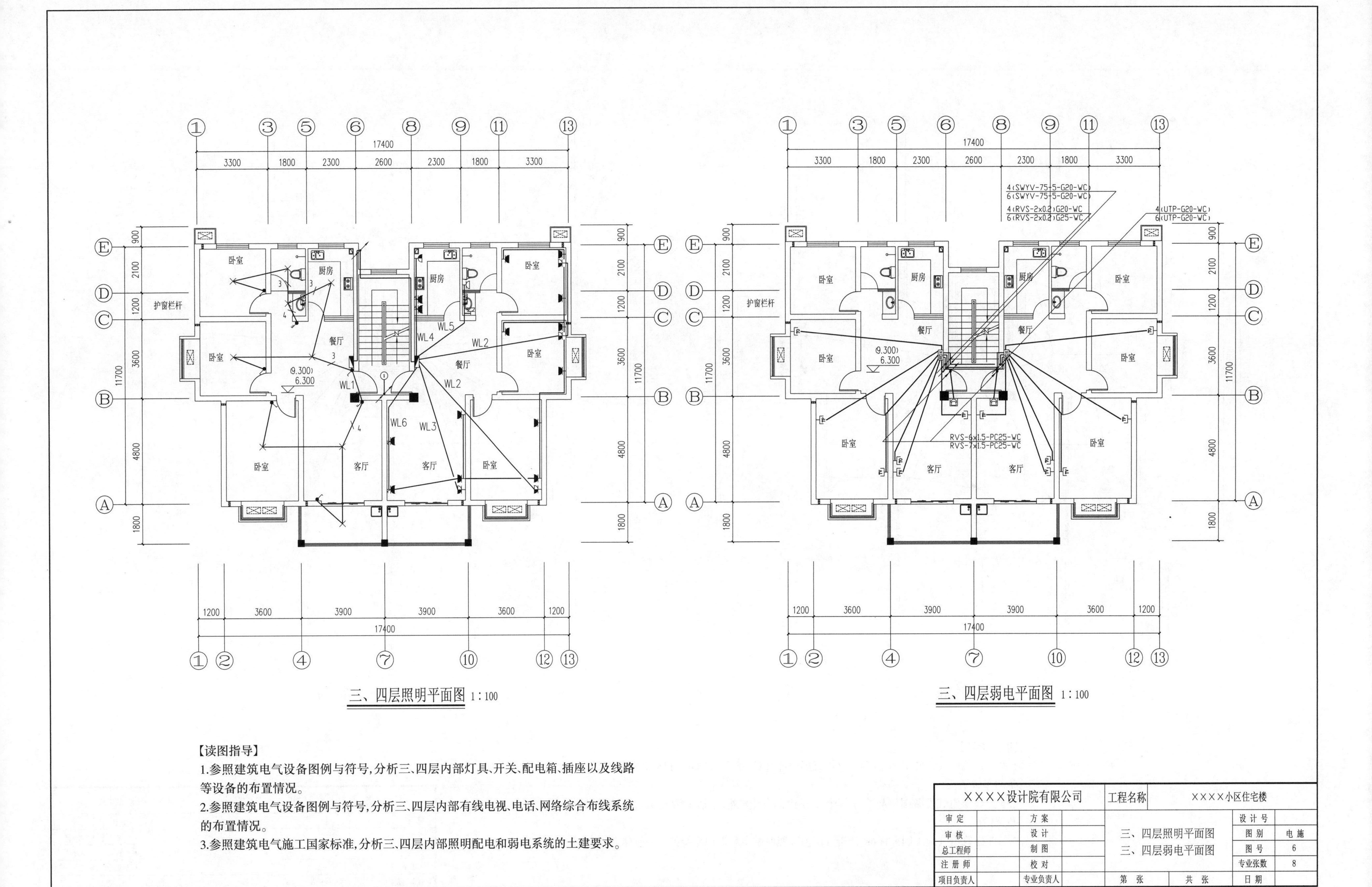
三、四层照明平面图 1:100
三、四层弱电平面图 1:100
卧室
厨房
餐厅
客厅
护窗栏杆
WL1
WL2
WL3
WL4
WL5
WL6
(9.300)
6.300
17400
3300
1800
2300
2600
1200
3600
3900
4800
2100
900
11700
4(SWYV-75-5-G20-WC)
6(SWYV-75-5-G20-WC)
4(RVS-2x0.2)G20-WC
6(RVS-2x0.2)G25-WC
4(UTP-G20-WC)
6(UTP-G20-WC)
RVS-6x1.5-PC25-WC
RVS-7x1.5-PC25-WC
【读图指导】
1.参照建筑电气设备图例与符号,分析三、四层内部灯具、开关、配电箱、插座以及线路等设备的布置情况。
2.参照建筑电气设备图例与符号,分析三、四层内部有线电视、电话、网络综合布线系统的布置情况。
3.参照建筑电气施工国家标准,分析三、四层内部照明配电和弱电系统的土建要求。
XXXX设计院有限公司
工程名称
XXXX小区住宅楼
审定
审核
总工程师
注册师
项目负责人
方案
设计
制图
校对
专业负责人
三、四层照明平面图
三、四层弱电平面图
设计号
图别
电施
图号
6
专业张数
8
第 张
共 张
日期

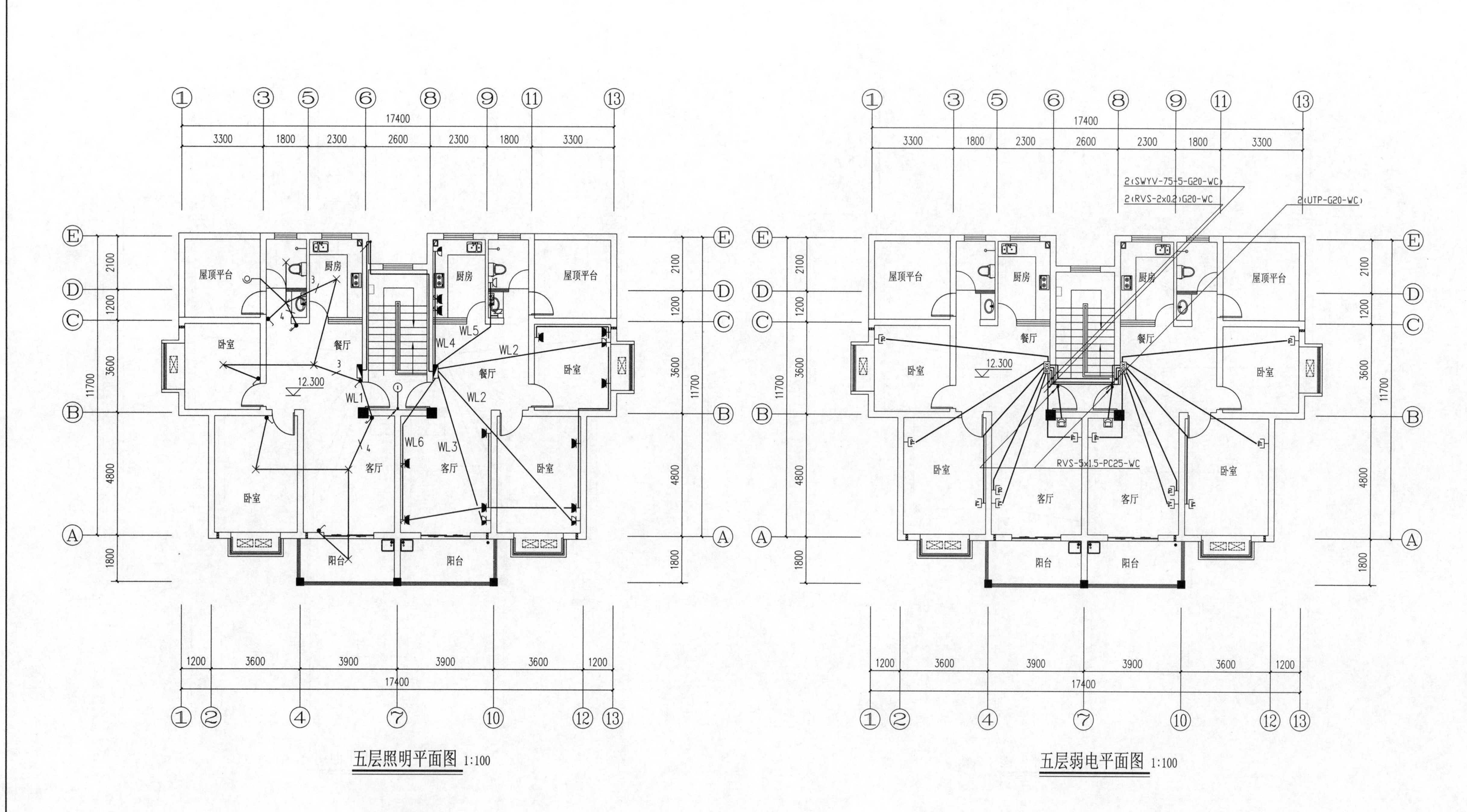

五层照明平面图 1:100

五层弱电平面图 1:100

【读图指导】

1.参照建筑电气设备图例与符号，分析五层内部灯具、开关、配电箱、插座以及线路等设备的布置情况。

2.参照建筑电气设备图例与符号，分析五层内部有线电视、电话、网络综合布线系统的布置情况。

3.参照建筑电气施工国家标准，分析五层内部照明配电和弱电系统的土建要求。

XXXX设计院有限公司				工程名称	XXXX小区住宅楼	
审 定		方 案		五层照明平面图 五层弱电平面图	设 计 号	
审 核		设 计			图 别	电 施
总工程师		制 图			图 号	7
注 册 师		校 对			专业张数	8
项目负责人		专业负责人		第 张 共 张	日 期	

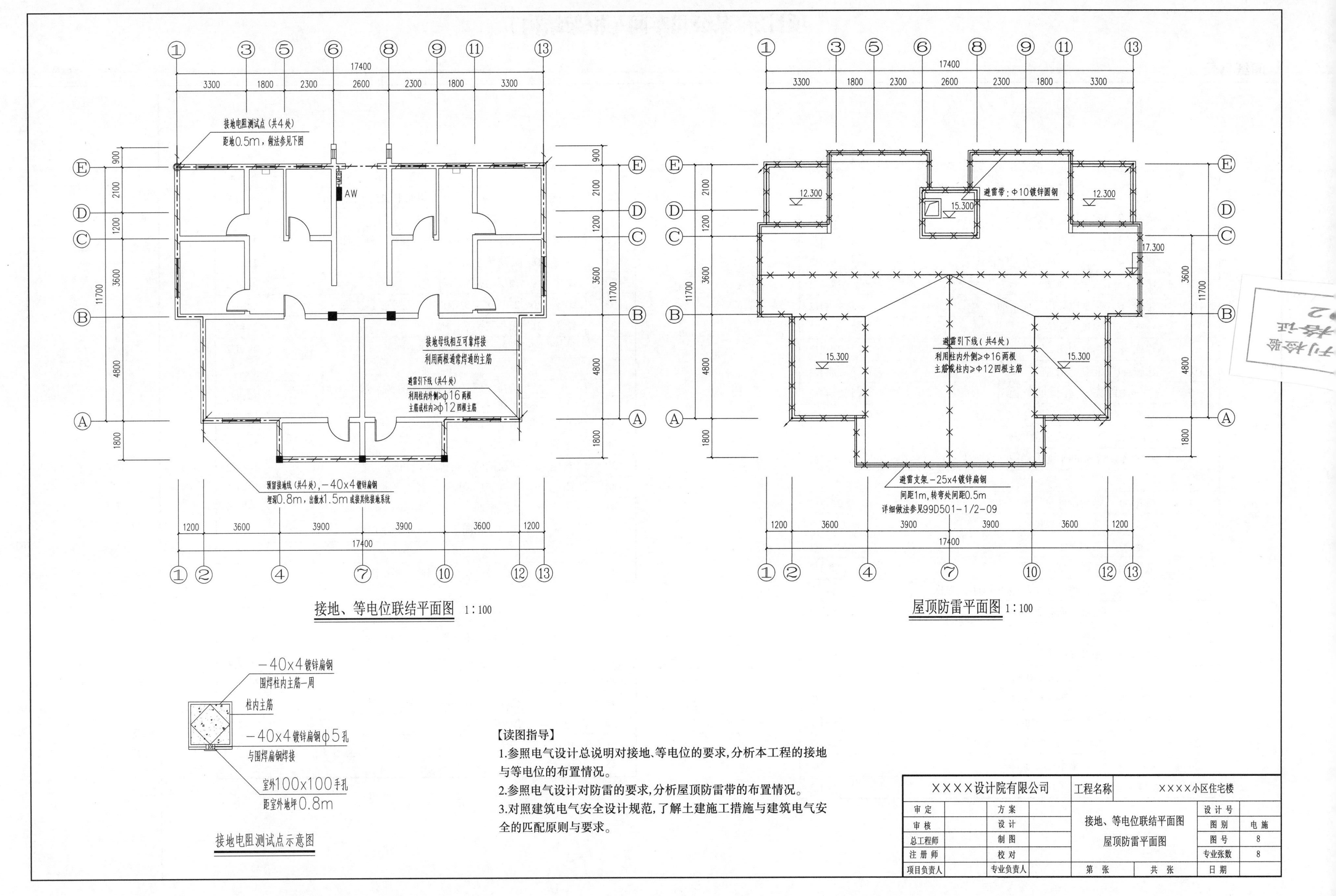

17400
3300 1800 2300 2600 2300 1800 3300
接地电阻测试点（共4处）
距地0.5m，做法参见下图
AW
900 2100 1200 3600 4800 1800 11700
接地母线相互可靠焊接
利用两根通常焊通的主筋
避雷引下线（共4处）
利用柱内外侧≥φ16两根
主筋或柱内≥φ12四根主筋
预留接地线（共4处），-40x4镀锌扁钢
埋深0.8m，出散水1.5m或接其他接地系统
1200 3600 3900 3900 3600 1200
接地、等电位联结平面图 1:100
避雷带：Φ10镀锌圆钢
12.300
15.300
17.300
避雷引下线（共4处）
利用柱内外侧≥Φ16两根
主筋或柱内≥Φ12四根主筋
避雷支架 -25x4镀锌扁钢
间距1m，转弯处间距0.5m
详细做法参见99D501-1/2-09
屋顶防雷平面图 1:100
-40x4镀锌扁钢
围焊柱内主筋一周
柱内主筋
-40x4镀锌扁钢φ5孔
与围焊扁钢焊接
室外100x100手孔
距室外地坪0.8m
接地电阻测试点示意图
【读图指导】
1.参照电气设计总说明对接地、等电位的要求，分析本工程的接地与等电位的布置情况。
2.参照电气设计对防雷的要求，分析屋顶防雷带的布置情况。
3.对照建筑电气安全设计规范，了解土建施工措施与建筑电气安全的匹配原则与要求。
XXXX设计院有限公司
工程名称 XXXX小区住宅楼
审定 方案
审核 设计
总工程师 制图
注册师 校对
项目负责人 专业负责人
接地、等电位联结平面图
屋顶防雷平面图
设计号
图别 电施
图号 8
专业张数 8
第 张 共 张 日期

项目2 某公司车间（框架结构）

1. 图纸目录

序 号	图 别	图纸内容	图 幅
1	建施 -1	建筑设计总说明	2#+1/2
2	建施 -2	门窗表 装修表 门窗大样图	2#+1/2
3	建施 -3	一层平面图	2#+1/2
4	建施 -4	二、三、四、五层平面图	2#+1/2
5	建施 -5	六层平面图	2#+1/2
6	建施 -6	楼梯电梯出屋面平面图	2#+1/2
7	建施 -7	屋顶平面图	2#+1/2
8	建施 -8	南立面图	2#+1/2
9	建施 -9	北立面图	2#+1/2
10	建施 -10	东立面图 西立面图	2#+1/2
11	建施 -11	1—1 剖面图 2—2 剖面图	2#+1/2
12	建施 -12	2# 楼梯平面大样图	2#+1/2
13	建施 -13	卫生间平面大样图 立面造型1、2 节点详图	2#+1/2
14	结施 -1	结构设计总说明	2#+1/2
15	结施 -2	结构设计总说明	2#+1/2
16	结施 -3	基础详图	2#+1/2
17	结施 -4	立面造型配筋图	2#+1/2
18	结施 -5	高压喷射注浆旋喷桩平面布置图	2#+1/2
19	结施 -6	基础平面布置图	2#+1/2
20	结施 -7	楼梯详图（一）	2#+1/2
21	结施 -8	楼梯详图（二）	2#+1/2
22	结施 -9	基础顶 ~ 4.470 框架柱平法施工图	2#+1/2
23	结施-10	一层梁平法施工图	2#+1/2
24	结施 -11	一层结构平面布置图	2#+1/2
25	结施-12	4.470 ~ 8.970 框架柱平法施工图	2#+1/2
26	结施 -13	二层梁平法施工图	2#+1/2
27	结施 -14	标准层结构平面布置图	2#+1/2

序 号	图 别	图纸内容	图 幅
28	结施 -15	8.970 ~ 22.470 框架柱平法施工图	2#+1/2
29	结施 -16	三、四、五层梁平法施工图	2#+1/2
30	结施 -17	22.470 ~ 27.000 框架柱平法施工图	2#+1/2
31	结施 -18	顶层梁平法施工图	2#+1/2
32	结施 -19	顶层结构平面布置图	2#+1/2
33	结施 -20	27.000 ~ 31.500 框架柱平法施工图	2#+1/2
34	结施 -21	设备层梁平法施工图	2#+1/2
35	结施 -22	设备层结构平面布置图	2#+1/2
36	水施 -1	给排水设计总说明 图例及选用图集 主要设备及材料表	2#+1/2
37	水施 -2	给排水系统图 公共卫生间详图	2#+1/2
38	水施 -3	消火栓系统原理图	2#+1/2
39	水施 -4	一层消防、给排水平面图	2#+1/2
40	水施 -5	二 ~ 五层消防、给排水平面图	2#+1/2
41	水施 -6	六层消防、给排水平面图	2#+1/2
42	水施 -7	屋面水箱间平面图 水箱剖面图	2#+1/2
43	电施 -1	电气设计说明 图例 系统图	2#+1/2
44	电施 -2	系统图	2#+1/2
45	电施 -3	一层接地装置平面图	2#+1/2
46	电施 -4	一层电气平面图	2#+1/2
47	电施 -5	二 ~ 五层电气平面图	2#+1/2
48	电施 -6	六层电气平面图	2#+1/2
49	电施 -7	楼梯、电梯出屋面电气平面图	2#+1/2
50	电施 -8	屋顶防雷平面图	2#+1/2
51	电施 -9	一层应急平面图	2#+1/2
52	电施 -10	二 ~ 六层应急平面图	2#+1/2

会签：COUNTERSIGN

建 筑	结 构	电 气
给 排 水	暖 通	

盖章：SEAL

工程名称：PROJECT NAME
××××公司3#、4#车间

图名：TITLES OF DRAWINGS
图纸目录

审定人 AUTHORIZED BY
审核人 CHECKED BY
总工程师 CHIEF ENGINEER
项目负责人 PROJECT LEADER
专业负责人 LEAD DISCIPLINE ENGINEER
设计人 DESIGNED BY
制图人 MAPPERS
校对人 PRESS CORRECTOR
设计号：PROJECT No. 设计阶段：DESIGN PHASE 施工图
专业：DISCIPLINE 图号：DRAWING No.
出图日期：ISSUE DATE 专业张数：SPECIALTY No.

建筑设计总说明

一、设计依据

1.1 经批准的本工程方案设计文件、建设方的意见。
1.2 现行的国家有关建筑设计规范、规程和规定。
1.3 遵循主要设计规范：
《民用建筑设计通则》（GB 50352—2019）
《建筑设计防火规范》（GB 50016—2014）
《05 系列工程建设标准设计图集-05YJ》
《厂房建筑模数协调标准》（GB/T 50006—2010）
《建筑制图标准》（GB/T 50104—2010）
《城市道路和建筑物无障碍设计规范》（GB 50763—2012）

二、项目概况

2.1 本工程为 ×××× 公司 3#、4# 车间，建筑地点位于 ×× 新区 ×× 大街。
本工程总建筑面积为9286m²，建筑高度为27.45m。
本建筑主体六层，各层层高均为 4.5m。本次设计为包括建筑、结构、给排水、电气等专业的施工图设计。
2.2 本建筑合理使用年限 50 年，建筑抗震设防烈度为 7 度。
2.3 本工程耐火等级为二级。
2.4 本工程结构形式为框架结构。

三、设计标高及定位

3.1 ±0.000 标高依施工现场实际情况确定。
3.2 各层标注标高均为建筑完成面标高。
3.3 本工程除标高以 m 为单位外，其他尺寸均以 mm 为单位。

四、墙体及墙体工程

4.1 所有填充墙均为加气混凝土砌块墙。未注明的墙均为 200mm 厚加气混凝土砌块且轴线居中，标间卫生间墙体为100mm 厚加气混凝土砌块，门垛尺寸未注明者均为 100mm。
4.2 卫生间用水房间的墙体下做 150mm 高、同墙厚的C20 素混凝土止水带。
4.3 墙体上除建筑注明较大留洞外，其他设备留洞均参见设备图纸配合施工，洞口依结构说明设置过梁。
4.4 所有混凝土做表面粉刷前均应先刷含胶水泥砂浆一道处理，油渍严重者应用碱液清洗。
4.5 预埋木砖（包括与砌块、砖或混凝土接触面）及铁件均应做防腐防锈处理，排水管套管（包括暗管、均应做防锈处理）。
4.6 预留洞的封堵：混凝土墙留洞的封堵见结施，其余砌筑墙留洞待管道设备安装完毕后，用 C15 细石混凝土填实或防火材料封堵。

五、屋面工程

5.1 本工程的屋面防水等级为二级，防水层设计使用年限为 15 年。
5.2 屋面做法及屋面节点索引见建施“屋顶平面图”。
5.3 屋面排水组织见屋顶平面图，内外排雨水斗、雨水管采用 UPVC 管材。
除图中另有注明者外，雨水管的公称直径均为 DN100；凡有高差的屋面在低屋面水落管落水处设水簸箕，做法见 05YJ5-1 $\frac{4}{23}$。
5.4 屋面工程所采用的防水、保温材料应有产品合格证书和性能检测报告，材料的品种、规格、性能等应符合现行国家产品标准和设计要求。
5.5 伸出屋面的管道、设备或预埋件等，应在防水层施工前安设完毕。

六、门窗工程

6.1 建筑外门窗抗风压性能分级为 3 级，气密性能分级为 4 级，水密性能分级为 3 级，保温性能分级为 7 级，隔声性能分级为 4 级。
6.2 门窗玻璃的选用应遵照《建筑玻璃应用技术规程》（JGJ 113—2015）和《建筑安全玻璃管理规定》（发改运行〔2003〕2116）。
6.3 门窗立面均表示洞口尺寸，门窗加工尺寸要按照装修面厚度由承包商予以调整。
6.4 门窗立樘：外门窗立樘详见墙身节点图，内门窗立樘除图中另有注明者外，双向平开门立樘墙中，单向平开门立樘开启方向墙面平。开启扇均加纱扇，五金零件按要求配齐。
玻璃厚度以及是否采取加强措施由生产厂家根据本地区风压大小及窗扇分格大小进行核算确定。单块面积大于 1.5m² 玻璃及落地窗下部固定扇玻璃应采用安全玻璃。
6.5 所有外门窗均为白色塑钢框，整体性能应符合有关标准和规范。
6.6 所有门窗上部过梁、圈梁或连系梁，均需按门窗安装要求埋设预埋件。
6.7 本工程门窗须经有资质的制作厂家现场复核尺寸后方可制作安装。

七、外装修工程

7.1 外墙采用外墙外保温方式。外装修设计和做法索引见“立面图”。
7.2 外装修选用的各项材料的材质、规格、颜色等，均由施工单位提供样板，经建设和设计单位确认后进行封样，并据此验收。

八、内装修工程

8.1 内装修工程执［illegible］装修设计防火规范》（GB 50222—2017），楼地面部分执行《建筑地面设计规范》［illegible］。
8.2 楼地面［illegible］度变化处，除图中另有注明者外均位于齐平门扇开启方向墙面处。
8.3 凡设有地［illegible］，图中未注明整个房间做坡度者，均在地漏周围 1m 范围内做 1% 坡度向地漏；有水房［illegible］于相邻房间 20mm 或做挡水门槛。
8.4 内装修选用［illegible］由施工单位制作样板和选样，经确认后进行封样，并据此进行验收。

九、油漆涂料工［illegible］

9.1 外木门窗油漆选用所处墙面同色调和漆，内木门油漆选用乳白色调和漆，详二次装修设计。
9.2 楼梯、平台、护窗钢栏杆选用灰色漆和墨绿色；外露铁件除不锈钢外，所有外露铁件均做防锈漆两遍，刷一底二度调和漆，罩面颜色同所在部位墙体颜色。
9.3 各项油漆均由施工单位制作样板，经确认后进行封样，并据此进行验收。

十、室外工程

10.1 散水：05YJ1 散 1，滴水线：05YJ6 $\frac{B}{27}$ $\frac{C}{27}$。

十一、其他施工注意事项

11.1 图中所选用标准图中有对结构工种的预埋件、预留洞，如楼梯、平台钢栏杆、门窗、建筑配件等。本图所标注的各种留洞与预埋件应与各工种密切配合后，确认无误，方可施工。
11.2 两种材料的墙体交接处，应根据饰面材质在做饰面前加钉金属网或在施工中加贴玻璃丝网格布，防止裂缝；加气混凝土墙体抹灰中，应添加抗裂纤维掺料。
11.3 所有栏杆及楼梯栏杆的垂直净距均小于 110mm，楼梯水平段的长度大于 500mm 的高度做 1100mm，同时加设 100mm 高、150mm 宽翻台。
11.4 请密切配合各工种图纸施工，为保证工程质量，未经设计人员书面同意不得随意更改。
对设计失误或主要材料必须更换等情况，应提前征得设计人的书面同意后方可更正。
施工中应严格执行国家各项施工质量验收规范。

【读图指导】
1.建筑设计总说明是建筑设计的纲领性文件。
2.应说明建筑设计过程所用的规范、标准、通用图集等技术文件的名称和编号。
3.应说明建筑有关的技术经济指标，如总面积、占地面积、层数、层高、防火等级、耐火年限等。

会签：COUNTERSIGN

建筑	结构	电气
给排水	暖通	

盖章：SEAL

工程名称：PROJECT NAME
××××公司3#、4#车间

图名：TITLES OF DRAWINGS
建筑设计总说明

审定人 AUTHORIZED BY		
审核人 CHECKED BY		
总工程师 CHIEF ENGINEER		
项目负责人 PROJECT LEADER		
专业负责人 LEAD DISCIPLINE ENGINEER		
设计人 DESIGNED BY		
制图人 MAPPERS		
校对人 PRESS CORRECTOR		

设计号：PROJECT No.	设计阶段：施工图 DESIGN PHASE
专业：建筑 DISCIPLINE	图号：1 DRAWING No.
出图日期：ISSUE DATE	专业张数：13 SPECIALTY No.

门窗表

类型	设计编号	洞口尺寸(mm)	数量	图集名称	页次	选用型号	备注
门	FM 乙 1	1800×2100	12	05YJ4—2	3	MFM01-1821	楼梯间疏散门
	FM 乙 2	1200×2100	2	参 05YJ4—2	3	MFM01-1521	电梯机房门
	M1	800×2100	12	05YJ4—1	89	1PM1-0821	卫生间门
	M2	1800×2100	2	成品防盗门			楼梯间疏散外门
	M3	7200×3800	4	详见建施 -2			安全玻璃门由专业厂家设计制作
	M4	1800×2100	2	成品防盗门			楼梯间出屋面外门
	M5	1500×2100	1	05YJ4—1	89	1PM-1521	水箱间门
窗	C1	900×2600	12	详见建施 -2			座窗 1.2m 白色塑钢窗
	C2	1200×1800	28	05YJ4—1	28	2TC-1218	座窗 1.2m 白色塑钢窗
	C3	1800×1800	24	05YJ4—1	28	2TC-1818	座窗 1.2m 白色塑钢窗
	C4	2000×1800	14	参见05YJ4—1	28	2TC-1818	座窗 1.2m 白色塑钢窗
	C5	7200×2600	78	详见建施 -2			座窗 1.2m 白色塑钢窗
	C6	7200×2600	2	详见建施 -2			座窗 1.2m 白色塑钢窗
	C7	7250×2600	2	详见建施 -2			座窗 1.2m 白色塑钢窗
墙洞	DK1	1500×2700	6				

说明:所有外窗均加纱扇。

装修表

分项工程	选用图集	备注
屋面	05YJ1 屋 4 B1	用于上人平屋面，防水选用 F2
	05YJ1 屋 1 B1	用于不上人平屋面，防水选用 F2
	05YJ1 屋 12	涂料保护层用于雨棚处
地面	05YJ1 地 1	水泥砂浆地面随抹压光
	05YJ1 地 52	用于卫生间（颜色规格甲方定）
楼面	05YJ1 楼 1	水泥砂浆楼面随抹压光
	05YJ1 楼 28	50 厚 C20 细石混凝土层取消，15 厚（最薄处）1 ∶ 2 水泥砂浆找坡找平；总厚度 50mm，用于卫生间
内墙	05YJ1 内墙 5	除厨卫外的所有内墙，外罩仿瓷涂料
	05YJ1 内墙 12	卫生间墙面（满贴），面砖规格甲方另定
外墙	05YJ1 外墙 23	涂料外墙面，详立面图
墙裙	05YJ1 裙 11	用于有水池处，高 2m 面砖规格档次甲方另定
踢脚	05YJ1 踢 23	除卫生间外所有房间
顶棚	05YJ1 顶 4	用于卫生间，刷白色仿瓷涂料
	05YJ1 顶 3	面层做白色仿瓷涂料
散水	05YJ1 散 1	散宽 W=900
墙裙	05YJ1 裙 1	用于车间

分项工程	选用图集	备注
泛水收头	05YJ5—1 (D/10)	
防水收头	05YJ5—1 (A/9)(B/9)	
油漆	05YJ1 涂 1	用于木构件门，内外均为乳白色
	05YJ1 涂 13	用于金属构件
水簸箕	05YJ5—1 (4/23)	用于高低屋面
平顶角线	05YJ7 (3/14)	
内墙护角	05YJ7 (1/14)	高 2000
屋面水落口	05YJ5—1 (2/18)(1/18)	
雨水管件	05YJ5—1 (23/21)(22)(23)	05YJ5—2 UPVC 管 ϕ100
楼梯扶手 栏杆	05YJ8 (3/48)(7/78)(1/79)	栏杆净距 ≤110，顶层临空处高 1100
楼梯踏步	05YJ8 (10/80)	楼梯间
护窗栏杆		ϕ40×1.5 不锈钢扶手，不锈钢立杆 ϕ20×1.5@110（用于低于 900 的外窗台，从可踏面算起有效高度 900）
滴水线	05YJ6 (B/27)(C/27)	
屋面出入口	05YJ5—1 (4/12)	
入口处台阶	05YJ9—1 (2E/61)	
厕所隔断	05YJ12 (1/88)	
小便器隔断	05YJ12 (4/92)	

M3 1:50

C1 1:50

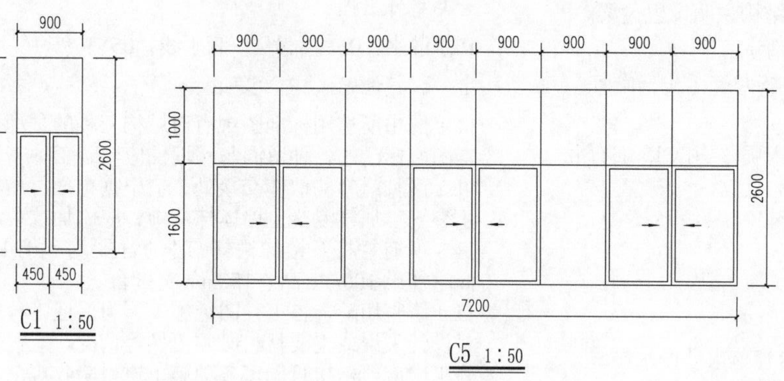

C5 1:50

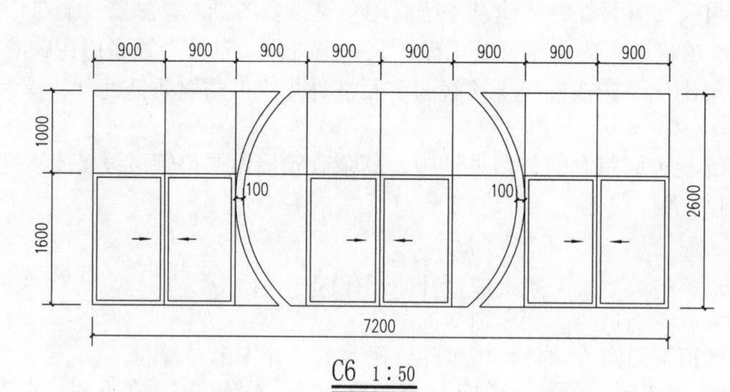

C6 1:50

C7 1:50

【读图指导】

1.对照平面、立面、剖面图,核对各种门窗的尺寸、数量等是否与门窗表中的一致。

2.查阅有关资料,掌握门窗开启方式在立面上的表示方法。

工程名称：××××公司3#、4#车间

图名：门窗表 装修表 门窗大样图

设计阶段：施工图　专业：建筑　图号：2　专业张数：13

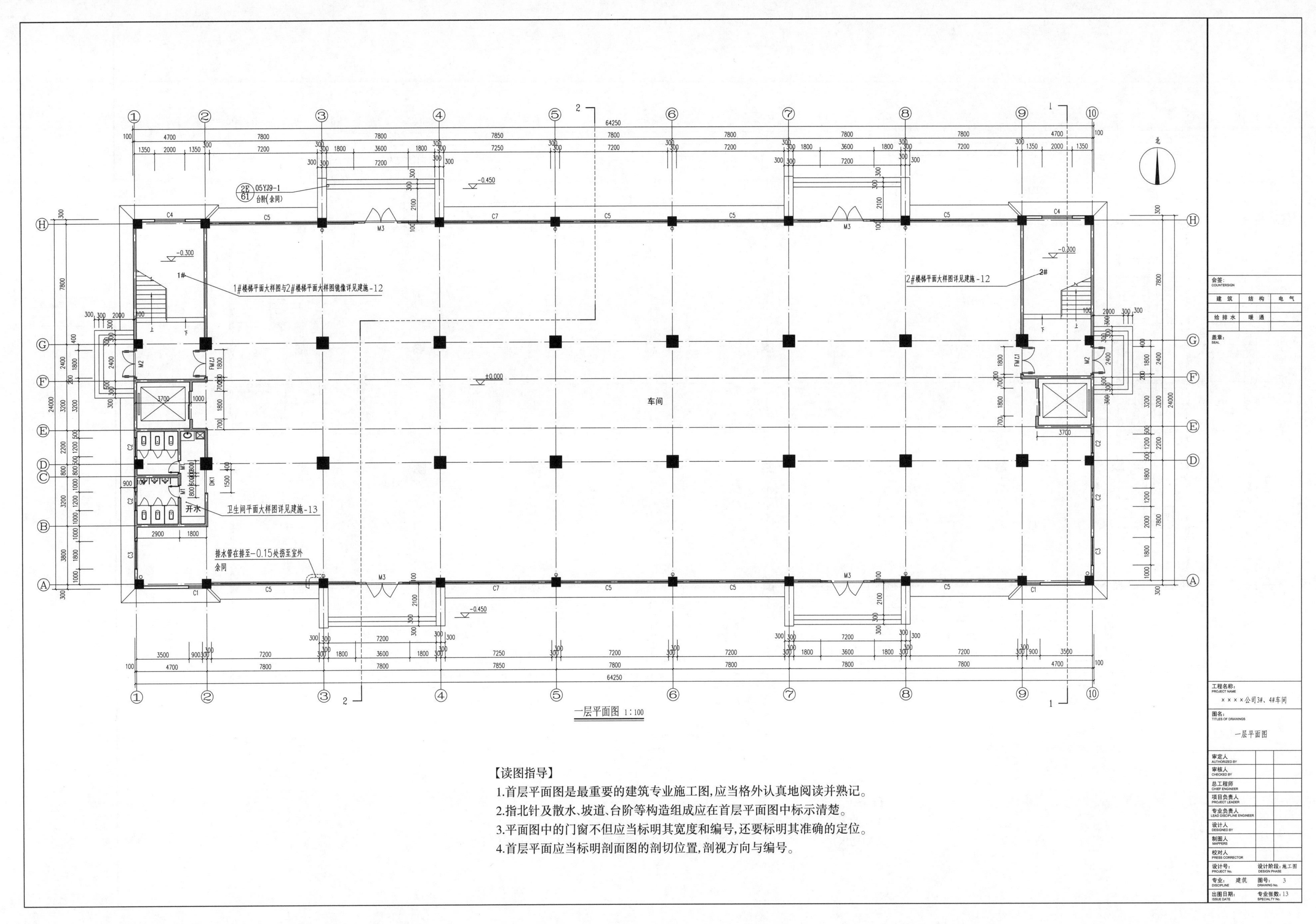

【读图指导】

1.首层平面图是最重要的建筑专业施工图,应当格外认真地阅读并熟记。

2.指北针及散水、坡道、台阶等构造组成应在首层平面图中标示清楚。

3.平面图中的门窗不但应当标明其宽度和编号,还要标明其准确的定位。

4.首层平面应当标明剖面图的剖切位置,剖视方向与编号。

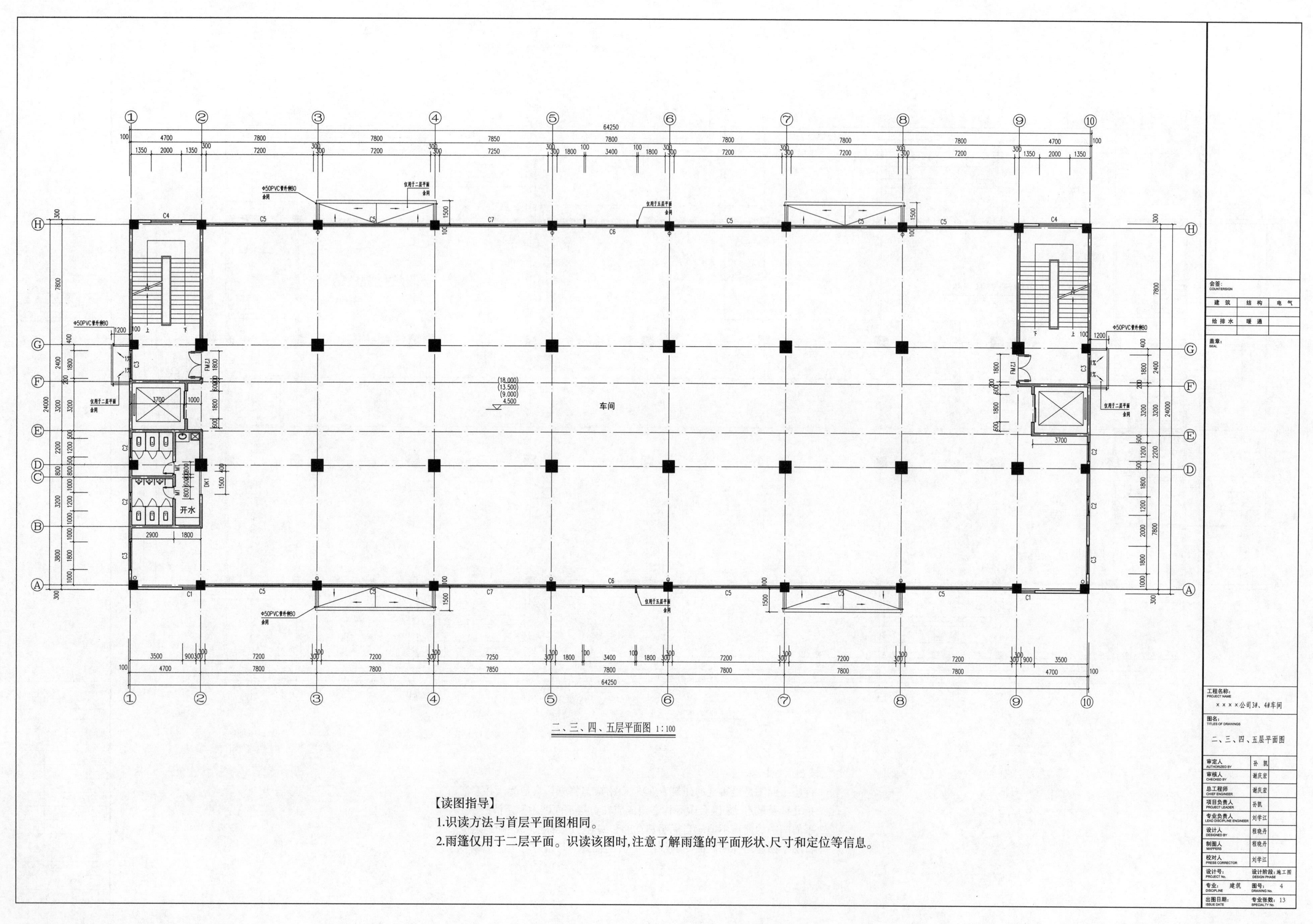

二、三、四、五层平面图 1:100

【读图指导】

1.识读方法与首层平面图相同。

2.雨篷仅用于二层平面。识读该图时,注意了解雨篷的平面形状、尺寸和定位等信息。

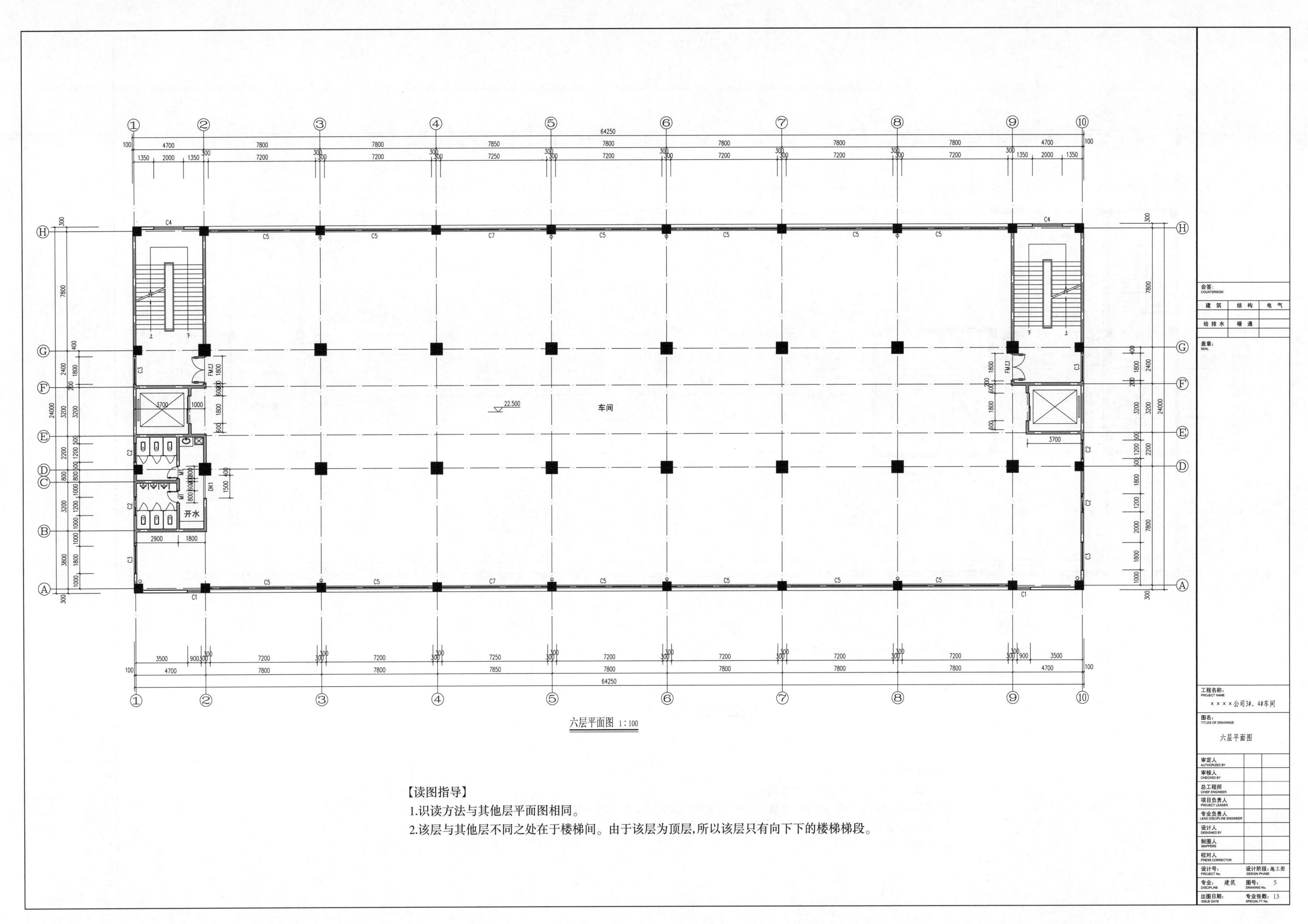

【读图指导】

1.识读方法与其他层平面图相同。

2.该层与其他层不同之处在于楼梯间。由于该层为顶层，所以该层只有向下下的楼梯梯段。

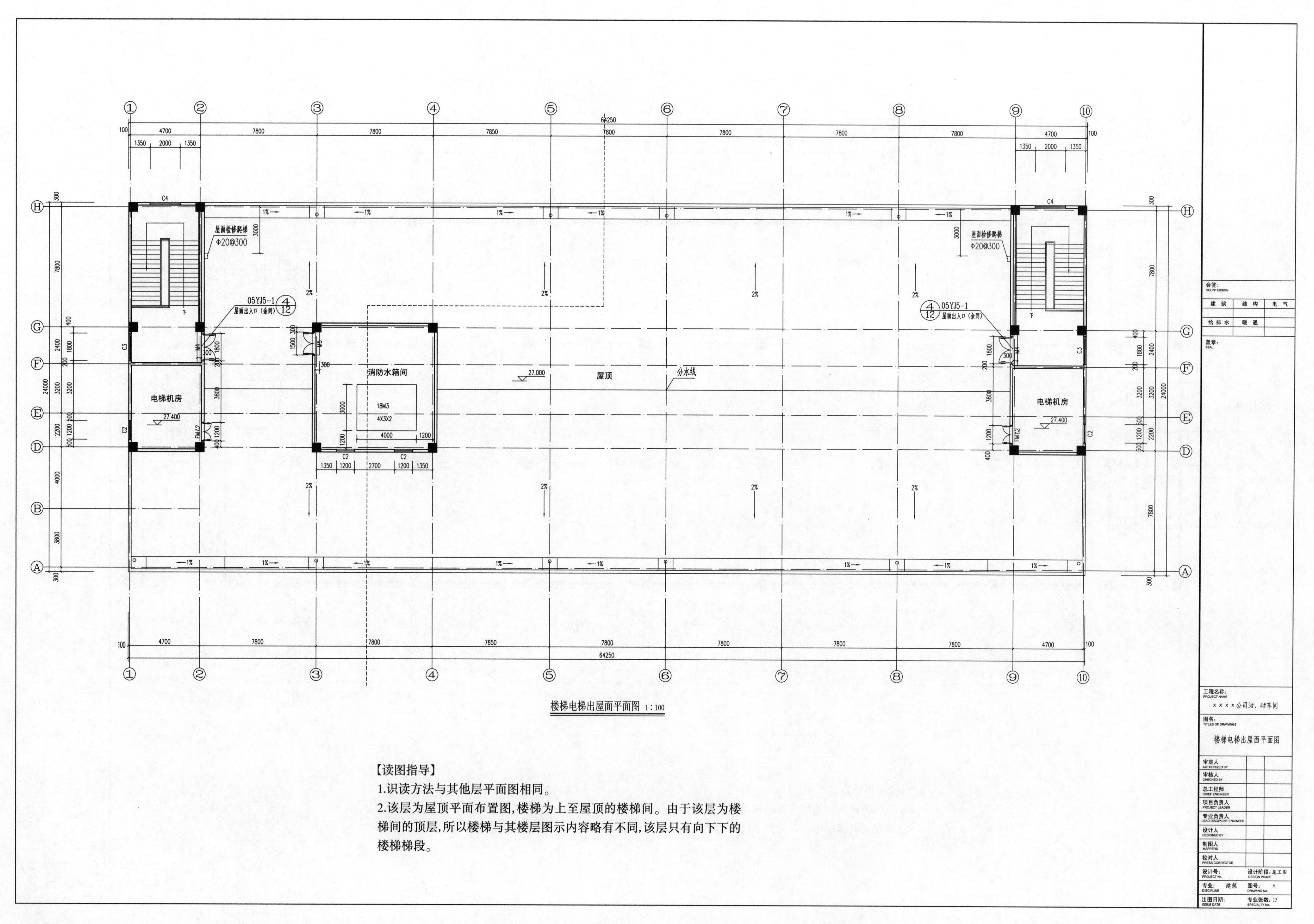

【读图指导】

1.识读方法与其他层平面图相同。

2.该层为屋顶平面布置图，楼梯为上至屋顶的楼梯间。由于该层为楼梯间的顶层，所以楼梯与其楼层图示内容略有不同，该层只有向下下的楼梯梯段。

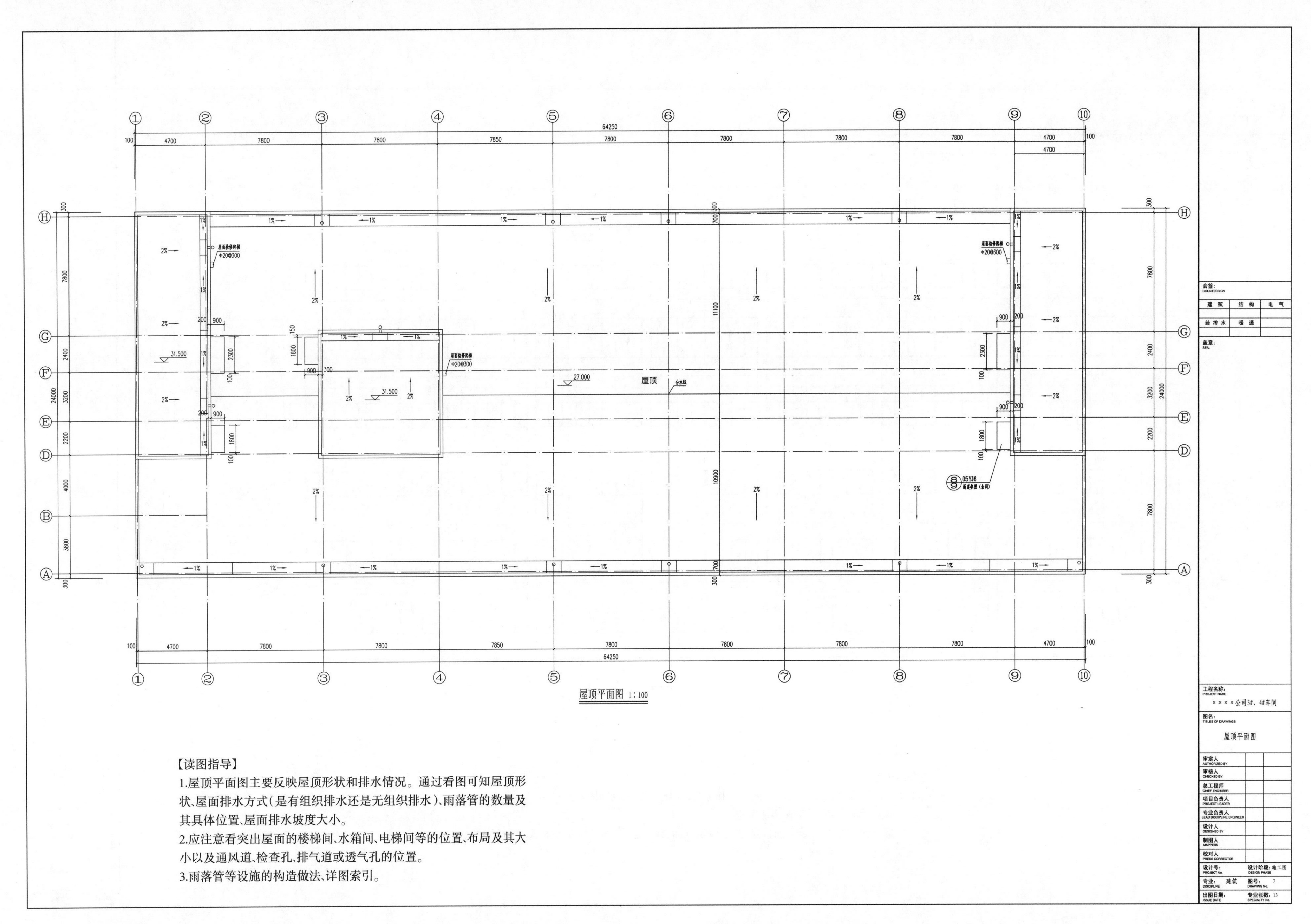

屋顶平面图 1∶100

【读图指导】

1.屋顶平面图主要反映屋顶形状和排水情况。通过看图可知屋顶形状、屋面排水方式(是有组织排水还是无组织排水)、雨落管的数量及其具体位置、屋面排水坡度大小。

2.应注意看突出屋面的楼梯间、水箱间、电梯间等的位置、布局及其大小以及通风道、检查孔、排气道或透气孔的位置。

3.雨落管等设施的构造做法、详图索引。

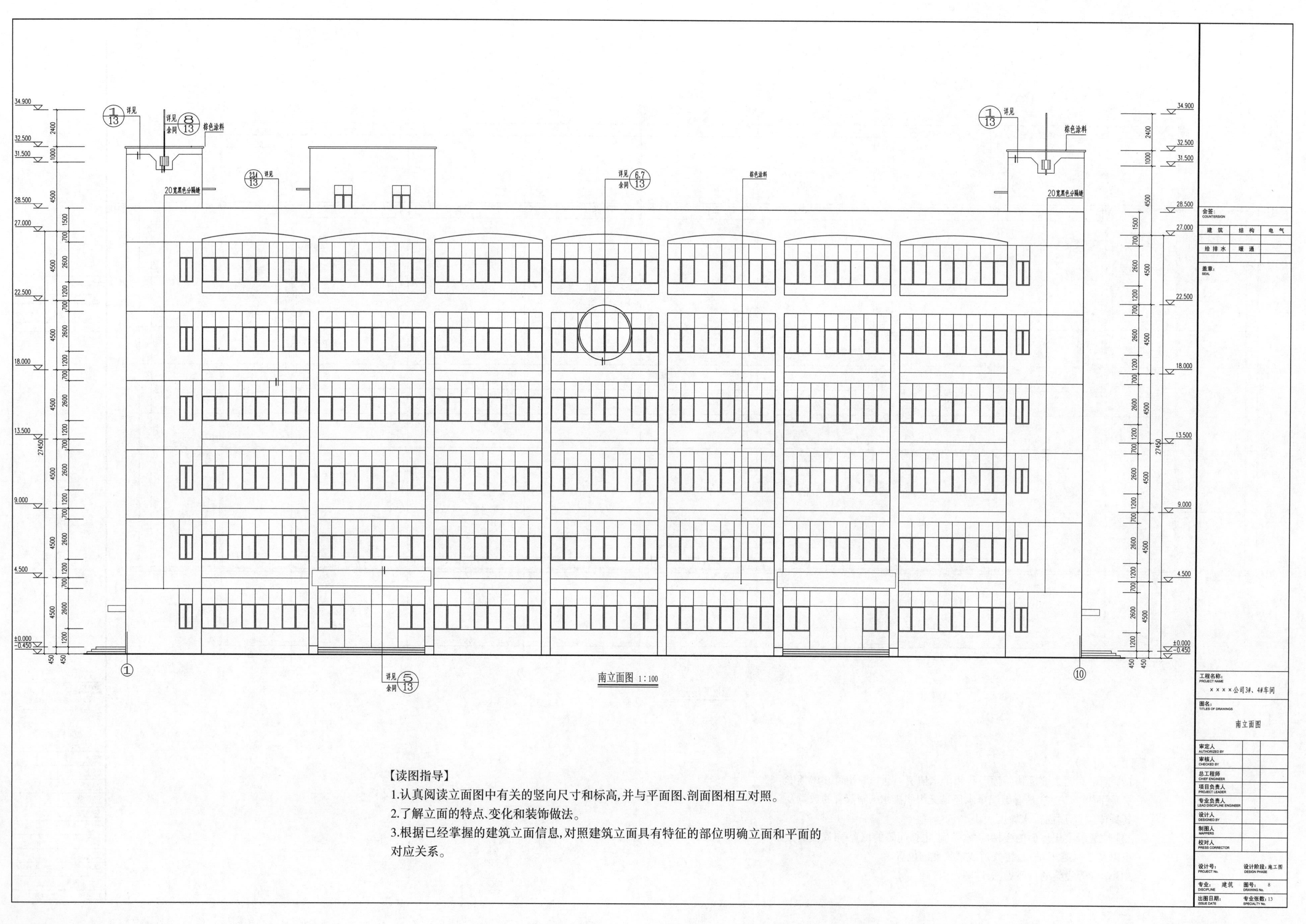

【读图指导】

1.认真阅读立面图中有关的竖向尺寸和标高，并与平面图、剖面图相互对照。

2.了解立面的特点、变化和装饰做法。

3.根据已经掌握的建筑立面信息，对照建筑立面具有特征的部位明确立面和平面的对应关系。

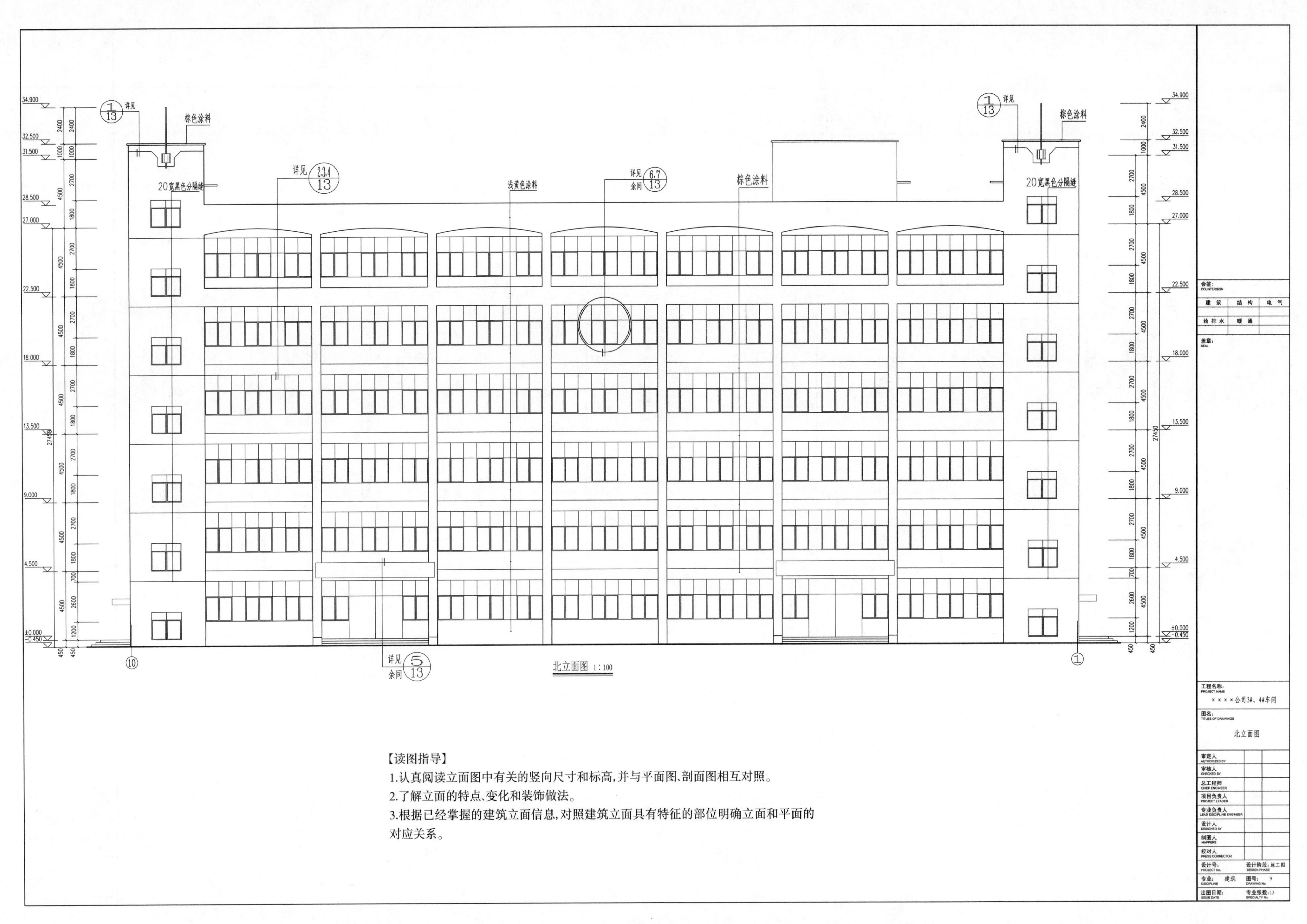

【读图指导】

1.认真阅读立面图中有关的竖向尺寸和标高，并与平面图、剖面图相互对照。

2.了解立面的特点、变化和装饰做法。

3.根据已经掌握的建筑立面信息，对照建筑立面具有特征的部位明确立面和平面的对应关系。

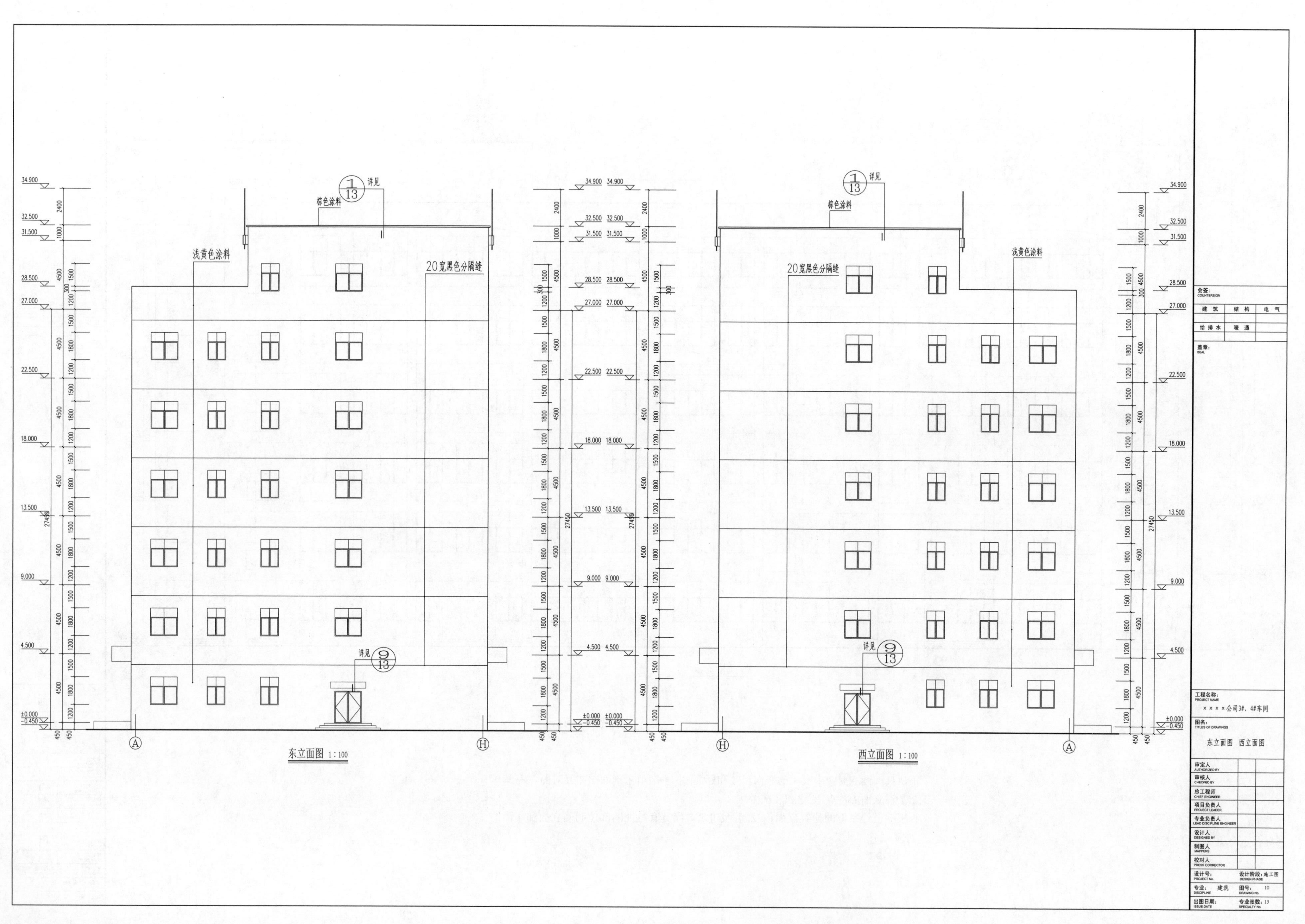
详见
棕色涂料
浅黄色涂料
20宽黑色分隔缝
东立面图 1:100
西立面图 1:100
工程名称:
××××公司3#、4#车间
图名:
东立面图 西立面图
审定人
审核人
总工程师
项目负责人
专业负责人
设计人
制图人
校对人
设计号:
设计阶段:施工图
专业: 建筑
图号: 10
出图日期:
专业张数: 13
会签:
建筑
结构
电气
给排水
暖通
盖章:

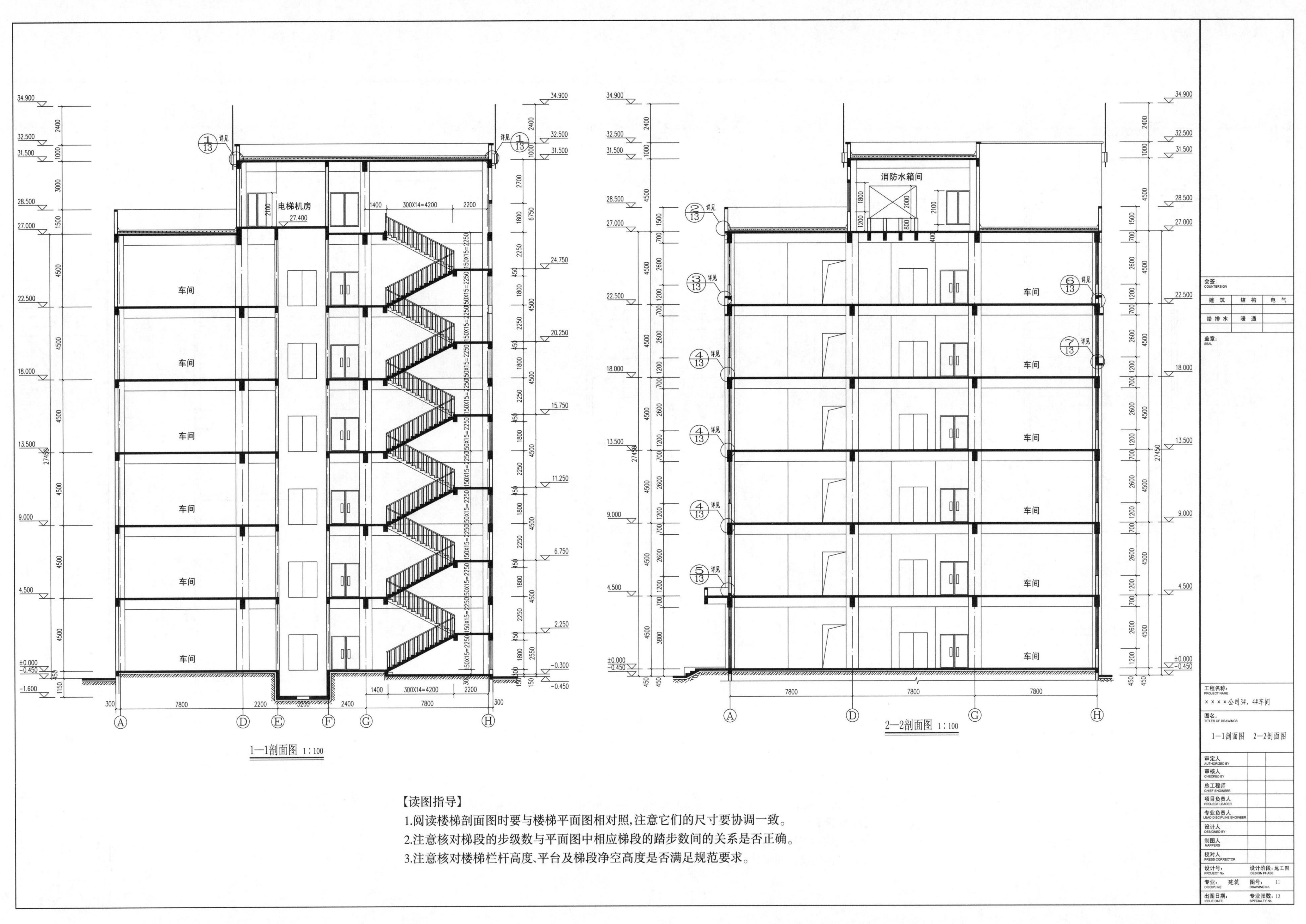

【读图指导】

1.阅读楼梯剖面图时要与楼梯平面图相对照,注意它们的尺寸要协调一致。

2.注意核对梯段的步级数与平面图中相应梯段的踏步数间的关系是否正确。

3.注意核对楼梯栏杆高度、平台及梯段净空高度是否满足规范要求。

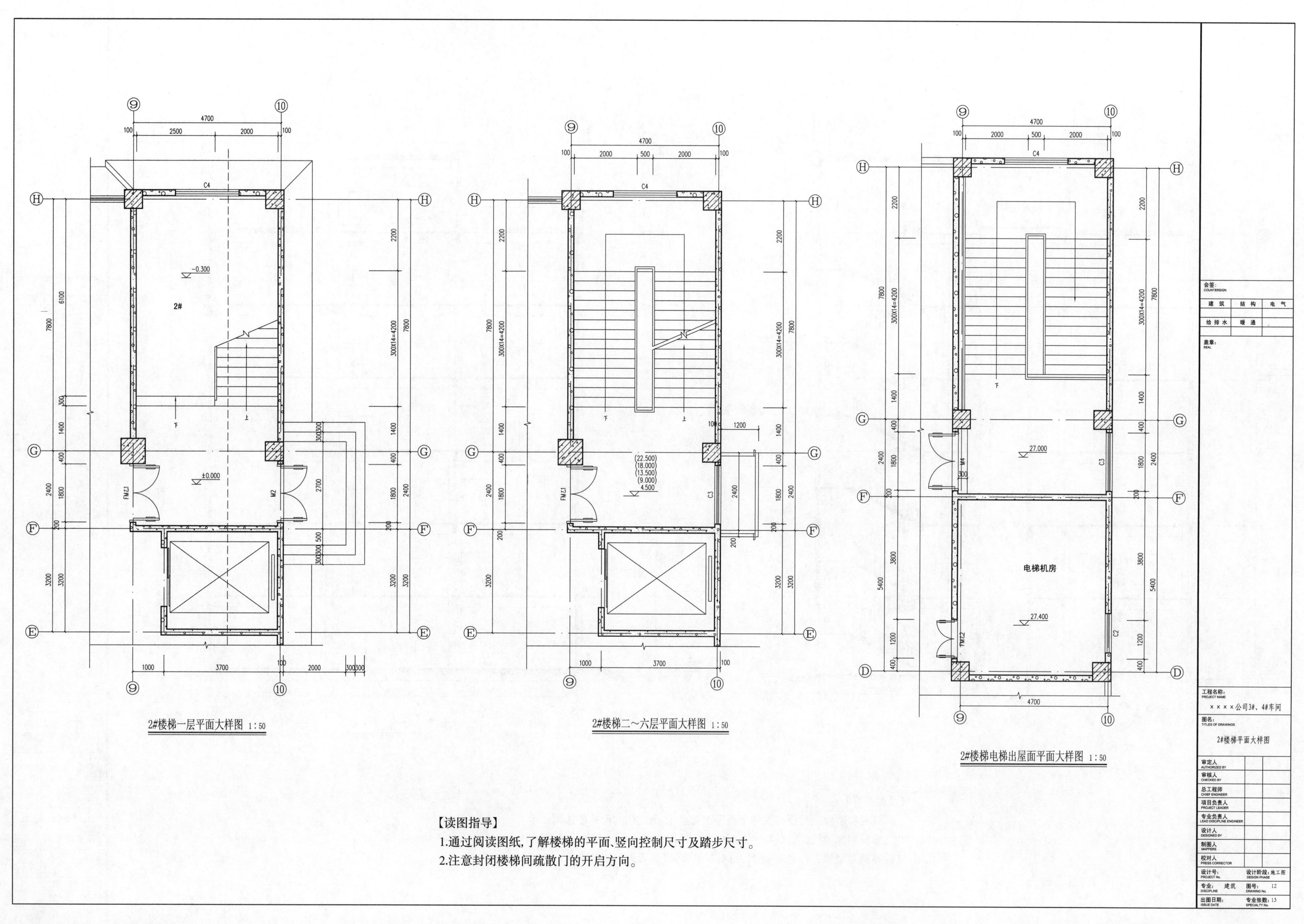

【读图指导】

1.通过阅读图纸，了解楼梯的平面、竖向控制尺寸及踏步尺寸。

2.注意封闭楼梯间疏散门的开启方向。

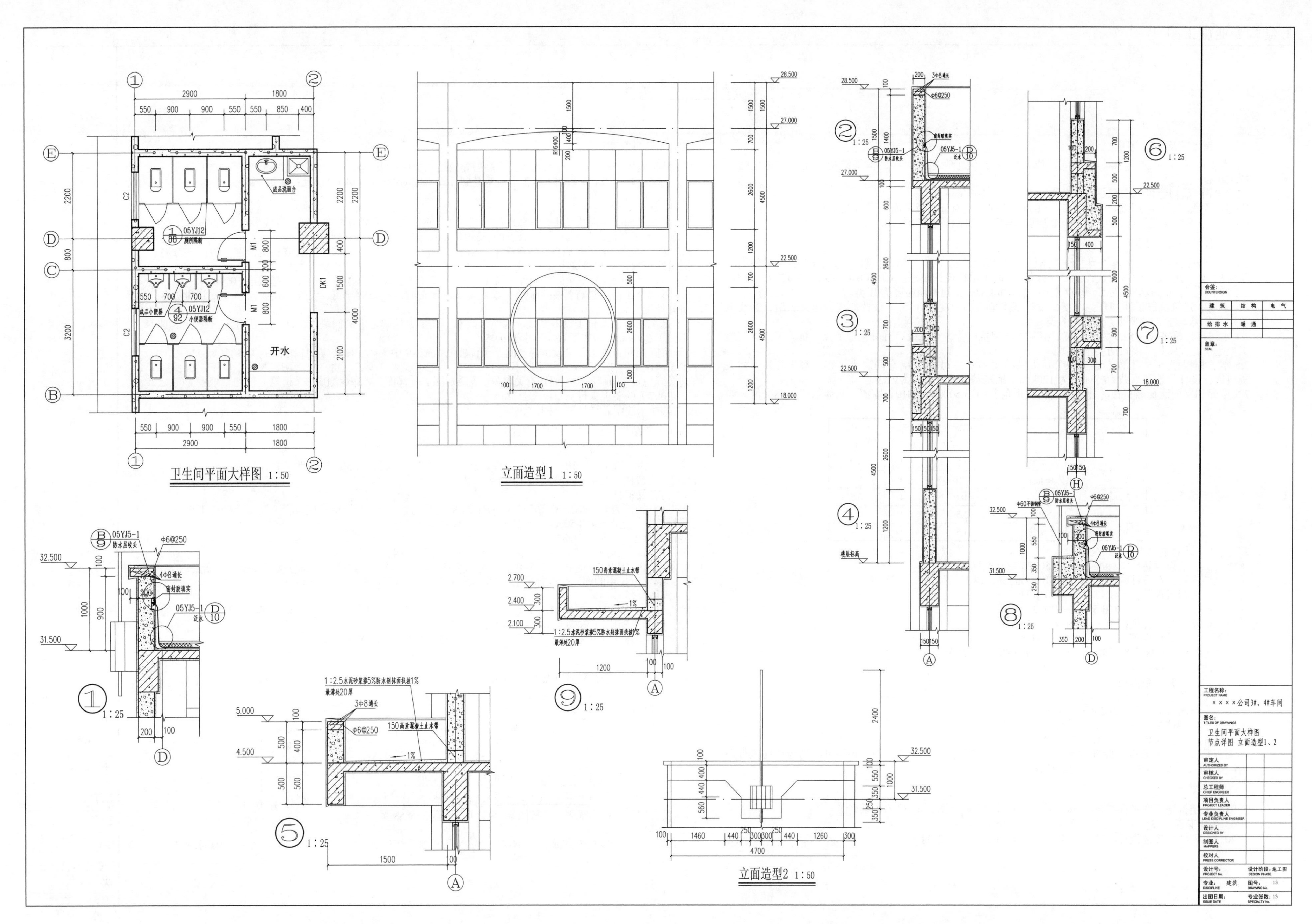
卫生间平面大样图 1:50
立面造型1 1:50
立面造型2 1:50
开水
成品洗面台
成品小便器
05YJ12
厕所隔断
小便器隔断
工程名称：××××公司3#、4#车间
图名：卫生间平面大样图 节点详图 立面造型1、2
会签：建筑 结构 电气 给排水 暖通
盖章：
审定人
审核人
总工程师
项目负责人
专业负责人
设计人
制图人
校对人
设计号：
设计阶段：施工图
专业：建筑
图号：13
出图日期：
专业张数：13
1:2.5水泥砂浆掺5%防水剂抹面找坡1%
最薄处20厚
150高素混凝土止水带
05YJ5-1 防水层收头
密封胶填实
05YJ5-1 泛水
楼层标高

结构设计总说明

一、工程概况及一般说明

1.1 本工程为 × × 公司 3#、4# 车间，位于 × × 新区，为地上六层的框架结构，建筑物总高度为 27.450m。
1.2 本图中所注尺寸除标高采用 m 为单位外，其余均以 mm 为单位。
1.3 本工程室内外高差 -0.450m，标高 ±0.000 相对于绝对标高及平面位置由现场定。
1.4 未经技术鉴定或设计许可，不得改变房间的使用功能、用途和使用环境。

二、工程结构设计依据

2.1 本工程建筑结构安全等级为二级，结构重要性系数 1.0，相应的设计基准期为 50 年，设计使用年限为 50 年，其混凝土结构耐久性的要求详见《混凝土结构设计规范》(GB 50010—2021)3.4.2 条的规定。
2.2 基本风压：W_0=0.45kN/m^2，基本雪压：S_0=0.40kN/m^2，地面粗糙度为 B 类。
2.3 本地区建筑抗震设防烈度为 7 度，设计基本地震加速度为 0.15g，设计地震分组第二组，场地土类别为Ⅱ类，建筑抗震设防分类为丙类。
2.4 本建筑按抗震设防烈度为 7 度抗震措施，框架抗震等级为二级，有关构造节点、抗震节点均按施工规范及有关图集 7 度设防要求施工。
2.5 本工程根据 × × 工程勘察有限公司提供的《× × 公司 3#、4# 车间岩土工程勘察报告》等相关资料进行设计，地基承载力特征值为 120kPa，地基基础设计等级为丙级。
2.6 楼面和屋面活荷载：按《建筑结构荷载规范》(GB 50009—2019) 取值，具体数值（标准值）如下表所示：

序号	荷载类别	活荷载标准值（kN/m^2）	分项系数	准永久值系数
1	不上人屋面	0.5	1.4	0.0
2	上人屋面	2.0	1.4	0.4
3	车　间	10.0	1.4	0.5
4	卫生间	2.5	1.4	0.4
5	楼梯及楼梯前室	3.5	1.4	0.3

2.7 设计遵循的主要规范、规定：
《建筑工程抗震设防分类标准》(GB 50223—2008)
《建筑结构可靠性设计统一标准》(GB 50068—2018)
《建筑结构荷载规范》(GB 50009—2019)
《建筑抗震设计规范》(GB 50011—2019)
《建筑地基基础设计规范》(GB 50007—2021)
《混凝土结构设计规范》(GB 50010—2021)
《混凝土结构工程施工质量验收规范》(GB 50204—2021)
《建筑地基处理技术规范》(JGJ 79—2012)
《高层建筑混凝土结构技术规程》(JGJ 3—2019)
《地下工程防水技术规范》(GB 50108—2011)
《建筑变形测量规程》(JGJ 8—2016)
《混凝土异型柱结构技术规程》(JGJ 149—2017)
《钢筋焊接及验收规程》(JGJ 18—2012)
本工程是按现行国家设计标准设计的，施工时除应遵守本说明及单项设计说明外，尚应严格执行现行国家及工程所在地区的有关规定或规程。

三、施工图选用图集

《混凝土结构施工图平面整体表示方法制图规则和构造详图》(16G101 系列)
《05 系列工程建设标准设计图集》（省标）(05YJ 3—4)
《2011系列结构标准设计图集》（省标）(DBJT 19—01—2011)

四、设计计算程序

4.1 结构整体分析：PKPM 系列多层及高层建筑结构空间有限元分析与设计软件 SATWE（2021 版）。
4.2 基础计算：PKPM 系列土木工程地基基础计算机辅助设计 - 基础 CAD（2021 版）。

五、地基与基础

5.1 开挖基槽时不应扰动土的原状结构，机械挖土时应按有关规范要求进行，坑底应保留 200mm 厚的土层用人工开挖，基坑开挖后由设计人员根据基坑情况提出地基处理方案。
5.2 施工时应人工降低地下水位至施工面以下 500mm；开挖基坑时应注意边坡稳定，定期观测其对周围道路市政设施和建筑物有无不利影响；非自然放坡开挖时，基坑护壁应做专门设计。
5.3 混凝土基础底板下（除注明外）设 100mm 厚 C10 素混凝土垫层，每边宽出基础边 100mm。
5.4 基础施工前应进行钎探、验槽，如发现土质异常时，须会同施工、设计、建设监理单位共同协商研究处理。
5.5 基坑回填土及位于设备基础、地面、散水、踏步等基础之下的回填土，必须分层夯实，每层厚度不大于 250mm，压实系数应不小于 0.95。
5.6 沉降观测：本工程应设沉降观测点（位置见结施 -9 中▲）。施工期间每层（每月）观测一次（不少于 4 次），竣工后第一年观测不少于 5 次，第二年观测不少于 2 次，以后每年观测不少于一次，直到沉降稳定，如有异常应通知有关单位。沉降观测点见详图。沉降观测应按《建筑变形测量规程》(JGJ 8—2007) 的要求进行。
5.7 其他未注明者详见基础图。

六、主要结构材料（详图中注明者除外）

6.1 混凝土强度等级
基础：C30；垫层：C10；梁、板、柱、楼梯、楼梯柱：标高 4.500 以下为 C35；标高 4.500 以上为 C30；构造柱、圈梁、过梁：C20。
6.2 钢筋及钢材
HPB300 钢筋为φ，HRB335 钢筋为⊈，HRB400 钢筋为⊈，结构所用钢筋应符合《混凝土结构工程施工质量验收规范》(GB 50204—2021) 及国家有关其他规范。
型钢、钢板、钢管：Q235-B。
吊钩、吊环：均采用 HPB300 级钢筋，不得采用冷加工钢筋。
焊条：E43(HPB235 钢筋，Q235-B 钢焊接)，E55(HRB400 钢筋焊接)。钢筋与型钢焊接随钢筋定焊条。
注：本工程采用的钢筋强度标准值应具有不小于 95% 的保证率。
6.3 砌体材料
填充墙：4.500 以下采用 MU10 实心混凝土砖，4.500 以上采用体积密度为 B06，强度等级为 A3.5 的加气混凝土砌块，干容重不大于 7.0kN/m^3。
砂浆：±0.000 以下采用 M10 水泥砂浆，±0.000 以上采用 M5.0 混合砂浆。

七、构造要求

7.1 混凝土结构的环境类别基础、露天构件为二 b 类，卫生间及其他有水房间为二 a 类，其他为一类环境。
7.2 混凝土保护层厚度按图集 16G101—1 第 56 页选用。
7.3 各部位混凝土耐久性要求见下表：

环境类别	最大水灰比	最小水泥用量	最大氯离子含量	最大碱含量
一	0.65	225kg/m^3	1%	不限制
二 a	0.60	250kg/m^3	0.3%	3.0kg/m^3
二 b	0.55	275kg/m^3	0.2%	3.0kg/m^3

7.4 受拉钢筋的最小锚固长度按图集 16G101—1 第 57、58 页。
7.5 钢筋接头
(1) 本工程框架梁、柱纵向受力钢筋应优先采用机械连接接头，机械连接无法实现时可采用焊接连接。

会签：COUNTERSIGN

建筑	结构	电气
给排水	暖通	

盖章：SEAL

工程名称：PROJECT NAME　× × × × 公司3#、4#车间
图名：TITLES OF DRAWINGS　结构设计总说明
审定人 AUTHORIZED BY
审核人 CHECKED BY
总工程师 CHIEF ENGINEER
项目负责人 PROJECT LEADER
专业负责人 LEAD DISCIPLINE ENGINEER
设计人 DESIGNED BY
制图人 MAPPERS
校对人 PRESS CORRECTOR
设计号：PROJECT No.　设计阶段：施工图 DESIGN PHASE
专业：DISCIPLINE 结构　图号：DRAWING No. 1
出图日期：ISSUE DATE　专业张数：SPECIALTY No. 22

其余可采用绑扎搭接。
（2）框架梁、柱钢筋的接头详见图集 16G101—第159页。
（3）梁纵筋如果有接头上部钢筋可在跨中连接，下部钢筋可在支座内连接，梁纵筋在框架柱内的锚固详参见图集 16G101—1 中第 84 页。
（4）受力钢筋的接头位置应设在受力较小处，接头应相互错开并要避开梁端、柱端箍筋加密区，否则应采用机械连接，接头应满足强度、变形性能，且钢筋的接头面积的百分率（有接头的受力钢筋与全部受力钢筋的面积之比，下同）不应超过下表：

接头形式	受拉区		受压区
绑扎搭接接头	梁、板、墙	25%	不限
	柱	50%	
焊接接头	50%		不限
机械连接接头	50%		不限

当采用绑扎搭接接头时，从任一搭接接头中心至 1.3 倍搭接长度的区段范围内或采用机械连接，任一接头中心至钢筋直径 35 倍（受力钢筋较大直径）范围内，有接头受力钢筋截面面积和全部纵向受力钢筋截面面积的比值应符合上表。钢筋采用焊接或机械连接必须符合相应规范和经过检验。

7.6 混凝土现浇板

（1）双向板（或异形板）钢筋的放置，板底短向筋置于下层，长向在上；板顶短向筋置于上层，长向在下。现浇板施工时，应采取措施保证钢筋位置。现浇板跨度不小于 4.0m 的板施工时，应按规范要求起拱。
（2）当钢筋长度不够时，楼板、梁及屋面板、梁上部筋应在跨中 1/3 范围内搭接，梁、板下部筋应在支座 1/3 范围内搭接；地梁、防水底板下部筋应在跨中搭接，上部筋应在支座处搭接。
（3）分布钢筋除注明外均为φ 6@200。各板角负筋，纵横两向必须重叠设置成网格状。当板底与梁底平时，板底筋伸入梁内须置于梁下部纵筋之上。
（4）结构施工时应与各专业施工图密切配合，所有穿梁、穿楼板的管洞与其他专业校对无误后方可施工，不得后凿；对于洞宽≤ 300mm 的管洞可按各专业图纸提供的位置预留，但结构的板筋不得截断，钢筋应在洞边绕过；对于<300 洞宽（直径）≤ 1000mm 且洞边无集中荷载时，钢筋于洞口边可截断并弯曲锚固。洞口每边配置两根直径不小于 12mm，且不小于同向被切断纵向钢筋总面积 1/2 的补强钢筋；补强钢筋的强度等级与被切断钢筋相同并布置在同一层面。补强钢筋的长度为洞口宽 $+2l_a$；两根补强钢筋之间的净距为 30mm。具体做法详见图集 16G101—第183 页。
（5）隔墙下未设梁时，应在墙下板内底部增设加强筋（图中另有要求者除外），当板跨不大于 1.5m 时，为 2 根 14，钢筋强度等级与板筋同，当板跨大于 1.5m 时详见单项设计。
（6）楼板高差不同时，板钢筋应分别锚固。板内负筋锚入梁内及混凝土墙内长度不小于 l_a。
（7）卫生间现浇板及有防水要求部位遇墙周边翻起 150mm 厚（建筑完成面以上 150mm 高）的止水带（门口除外），并与板同时浇筑。
（8）现浇板中预埋管时，要限在板厚中部的 1/3 范围内。
（9）未经设计人员同意不得随意打洞、剔凿。

7.7 框架梁、柱

（1）框架梁、柱构造要求及未注明处均详见图集 16G101—1，抗震等级二级。
（2）梁边与柱边相齐时，梁的钢筋从墙柱纵向钢筋内侧绕过。
（3）主次梁高相等时，次梁上下筋应置于主梁上下筋之上。
（4）框架柱与圈梁过梁相连时，宜由柱内预留出相应钢筋。
（5）梁的跨度不小于 4m 时，梁跨中应按规范要求起拱，未注明时起拱高度为 0.3%。
（6）梁上下有构造柱时，应按构造柱位置预留插筋，柱两侧梁内箍筋各加密 3 根 @50。主次梁交接处两侧主梁各附加 3@50 箍筋，箍筋直径同主梁箍筋。

7.8 其他要求

（1）在施工安装过程中，应采取有效措施保证结构的稳定性，确保施工安全。
（2）材料代用时，应征得设计单位同意。当需要以强度等级较高的钢筋替代原设计中的纵向钢筋时，应按照钢筋承载力设计值相等的原则换算，并满足最小配筋率、抗裂验算等要求。
（3）悬挑构件需待混凝土设计强度达到 100% 方可拆除底模。
（4）外围构件及有水房间因施工产生的孔洞采用掺适量高效膨胀剂的混凝土封堵密实。
（5）冬季施工时应满足相关规范的要求。
（6）施工期间不得超负荷堆放材料和施工垃圾，特别注意梁板上集中负荷时对结构受力和变形的不利影响。
（7）弧形梁或梁与墙柱斜交时，梁的纵向钢筋应放样下料，满足钢筋的锚固长度。
（8）为防止屋顶温度裂缝，除做好屋顶保温分区外，楼板混凝土内掺适量膨胀剂，采用低水化热的水泥配置混凝土，施工时应严格控制水灰比，加强养护，采用合理的施工工序。

八、填充墙与框架柱框架梁的连接及过梁、构造柱的要求

8.1 填充墙体应在主体结构全部施工完成后由上而下逐层砌筑，每层砌至板底或梁底附近时，应待砌块沉实后（一般 5 天），再斜砌此部分墙体，逐块敲紧砌实。砌筑施工质量控制等级为 B 级。
8.2 加气混凝土砌块的砌筑及门洞口构造做法见 05YJ3—4，窗洞口构造参见门洞口。
8.3 后砌填充墙与框架柱、梁、板的拉接构造详见图集 02YG002—P42 ~ 46。
8.4 后砌填充墙应沿框架柱全高每隔 500mm 设 2 φ 6 拉筋，拉筋伸入柱内的长度不应小于 1000mm，锚入框架柱内不小于 200mm，阳台、飘窗侧隔墙锚拉筋通长布置。
8.5 后砌隔墙墙高超过 4m 时，须在此墙高中部设通长水平系梁，截面为墙厚 × 150，配筋为 4φ 10（纵筋）+6@200（箍筋）。
8.6 除图中注明外，墙长大于层高两倍时的墙中及悬墙端头、外墙阳角、砖墙内外墙交接处设构造柱，构造柱截面为墙厚 ×250，纵筋为 4 φ 12，箍筋为 φ6@200。
8.7 门窗过梁荷载等级除注明外均采用 2 级，按建筑图所示洞口尺寸选用 02YG301 中 TGL；当洞口顶距离结构梁（板）底小于过梁高度时，过梁改为现浇，纵筋参见图集选用。当过梁与框架柱相交时改为现浇。
8.8 构造柱：后砌填充墙内构造柱可不留马牙槎，构造柱应在主体完工后施工，必须先砌墙后浇构造柱。并沿墙高每隔 500mm 设 2 φ 6 锚拉筋，伸入墙内不小于 1000mm，构造做法详见图集 02YG002。
8.9 填充墙与混凝土构件交接处，应在抹灰前设置细钢丝（ϕ^b 4）网片（网片宽 400mm，接缝两侧各延伸 200mm）。
8.10 一层填充墙在半层高处或窗台处和女儿墙压顶通长设置一道水平系梁：墙厚 ×150，纵筋为 4 φ 10，箍筋为φ 6@200，通长设置（遇门断开）。
8.11 砖砌栏板墙内均应设置构造柱，构造柱间距不应大于 4m，构造柱截面为墙厚 ×250；配筋为 4 φ 12（纵筋）+6@200（箍筋）；构造柱生根于楼面梁、墙终止于女儿墙压顶。

九、其他

9.1 凡预留洞、预埋件或吊钩等应严格按照结构图并配合其他工种图纸进行施工，严禁擅自留洞、留设水平槽或事后凿洞。
9.2 楼梯扶手、栏杆及门窗预埋铁件详见建施图。
9.3 电梯井预埋件与厂家配合施工。
9.4 防雷接地要求详见有关图纸及电气施工图严格施工。
9.5 本工程开工前应由建设单位、施工、设计三方进行图纸会审工作，弄清设计意图，错漏及时提出，复核无误后方可施工。
9.6 图纸说明中凡与本说明不符者均以单项设计说明为准。
9.7 本图纸说明未尽之处按相关施工及验收规范规程要求认真施工。

【读图指导】

1.通过本图应了解本工程结构的基本概况、抗震设防烈度及抗震等级等信息。
2.熟悉本图所列的结构规范、规程及标准。
3.本图所表示的各项构造做法及要求应结合后面的各张图纸识读。

会签：COUNTERSIGN
建筑 结构 电气
给排水 暖通
盖章：SEAL
工程名称：PROJECT NAME ××××公司3#、4#车间
图名：TITLES OF DRAWINGS 结构设计总说明
审定人 AUTHORIZED BY
审核人 CHECKED BY
总工程师 CHIEF ENGINEER
项目负责人 PROJECT LEADER
专业负责人 LEAD DISCIPLINE ENGINEER
设计人 DESIGNED BY
制图人 MAPPERS
校对人 PRESS CORRECTOR
设计号：PROJECT No. 设计阶段：DESIGN PHASE 施工图
专业：DISCIPLINE 结构 图号：DRAWING No. 2
出图日期：ISSUE DATE 专业张数：SPECIALTY No. 22

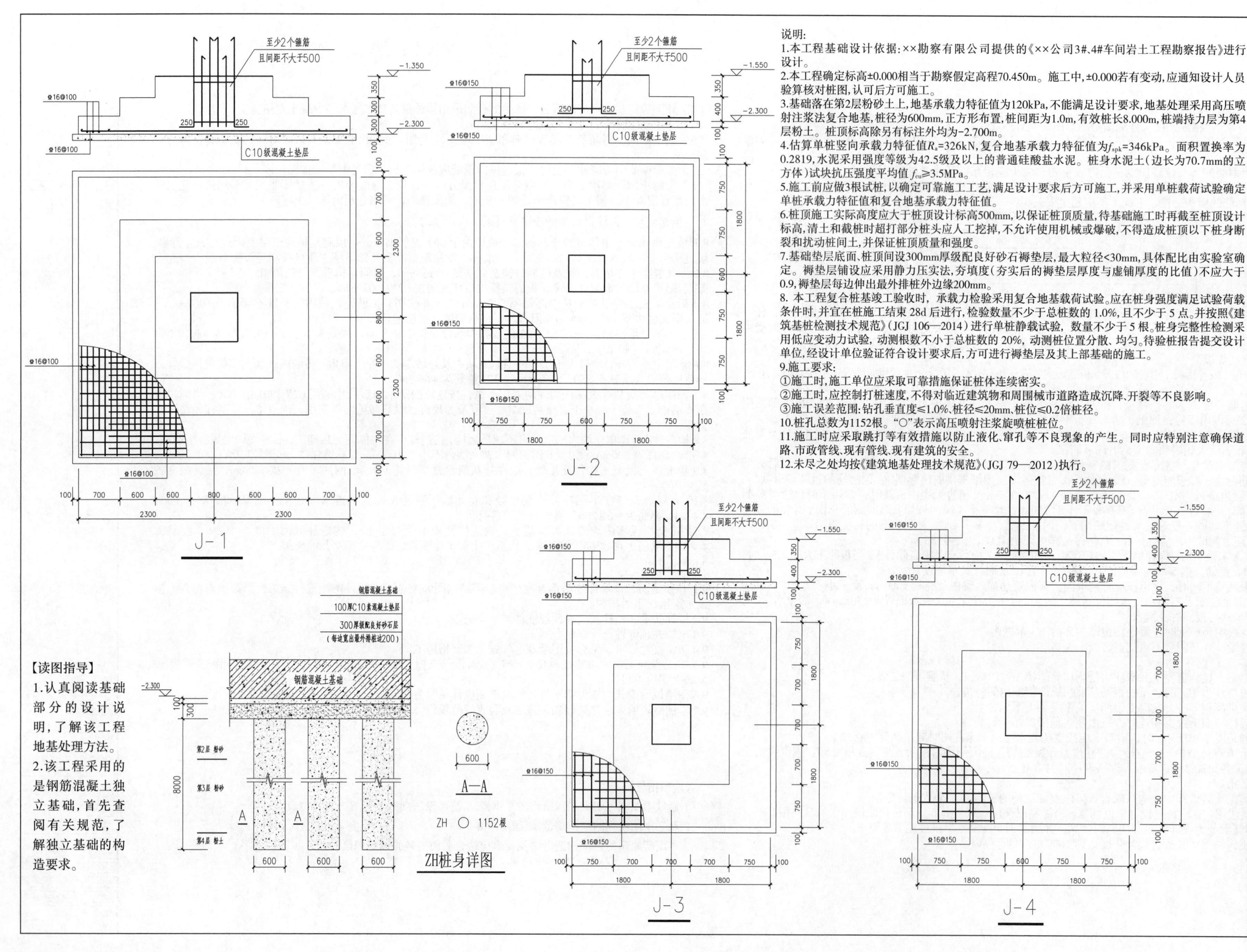

【读图指导】

1.认真阅读基础部分的设计说明，了解该工程地基处理方法。

2.该工程采用的是钢筋混凝土独立基础，首先查阅有关规范，了解独立基础的构造要求。

会签: COUNTERSIGN
建筑 结构 电气
给排水 暖通
盖章: SEAL
工程名称: PROJECT NAME ××××公司3#、4#车间
图名: TITLES OF DRAWINGS 基础详图
审定人 AUTHORIZED BY
审核人 CHECKED BY
总工程师 CHIEF ENGINEER
项目负责人 PROJECT LEADER
专业负责人 LEAD DISCIPLINE ENGINEER
设计人 DESIGNED BY
制图人 MAPPERS
校对人 PRESS CORRECTOR
设计号: PROJECT No. 设计阶段: 施工图 DESIGN PHASE
专业: 结构 DISCIPLINE 图号: 3 DRAWING No.
出图日期: ISSUE DATE 专业张数: 22 SPECIALTY No.

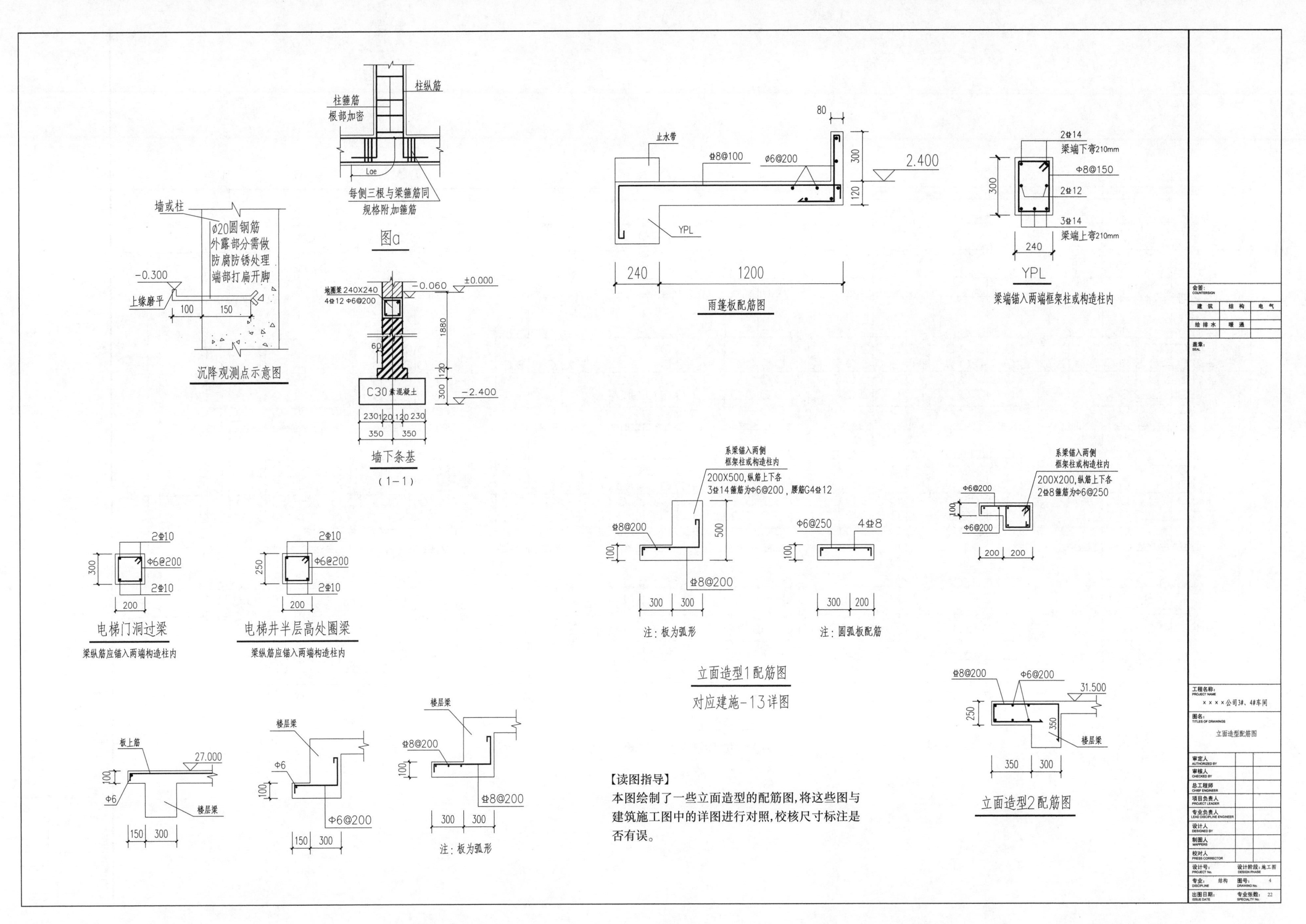
柱纵筋
柱箍筋
根部加密
Lae
每侧三根与梁箍筋同
规格附加箍筋
图a
墙或柱
ø20圆钢筋
外露部分需做
防腐防锈处理
端部打扁开脚
-0.300
上缘磨平
100
150
沉降观测点示意图
地圈梁 240X240
4⌀12 Φ6@200
-0.060
±0.000
1880
60
120
300
C30 素混凝土
-2.400
230 120 120 230
350 350
墙下条基
（1-1）
80
止水带
⌀8@100
Φ6@200
300
120
2.400
YPL
240
1200
雨篷板配筋图
2⌀14
梁端下弯210mm
Φ8@150
2⌀12
3⌀14
梁端上弯210mm
300
240
YPL
梁端锚入两端框架柱或构造柱内
2⌀10
Φ6@200
2⌀10
300
200
电梯门洞过梁
梁纵筋应锚入两端构造柱内
2⌀10
Φ6@200
2⌀10
250
200
电梯井半层高处圈梁
梁纵筋应锚入两端构造柱内
系梁锚入两侧
框架柱或构造柱内
200X500,纵筋上下各
3⌀14箍筋为Φ6@200，腰筋G4⌀12
⌀8@200
500
100
⌀8@200
300 300
注：板为弧形
Φ6@250
4⌀8
100
300 200
注：圆弧板配筋
立面造型1配筋图
对应建施-13详图
系梁锚入两侧
框架柱或构造柱内
Φ6@200
200X200,纵筋上下各
2⌀8箍筋为Φ6@250
100
Φ6@200
200 200
板上筋
27.000
100
Φ6
楼层梁
150 300
楼层梁
Φ6
100
Φ6@200
150 300
楼层梁
⌀8@200
100
⌀8@200
300 300
注：板为弧形
【读图指导】
本图绘制了一些立面造型的配筋图，将这些图与建筑施工图中的详图进行对照，校核尺寸标注是否有误。
⌀8@200
Φ6@200
31.500
250
350
楼层梁
350 300
立面造型2配筋图
会签：
建筑 结构 电气
给排水 暖通
盖章：
工程名称：
××××公司3#、4#车间
图名：
立面造型配筋图
审定人
审核人
总工程师
项目负责人
专业负责人
设计人
制图人
校对人
设计号：
设计阶段：施工图
专业：结构
图号：4
出图日期：
专业张数：22

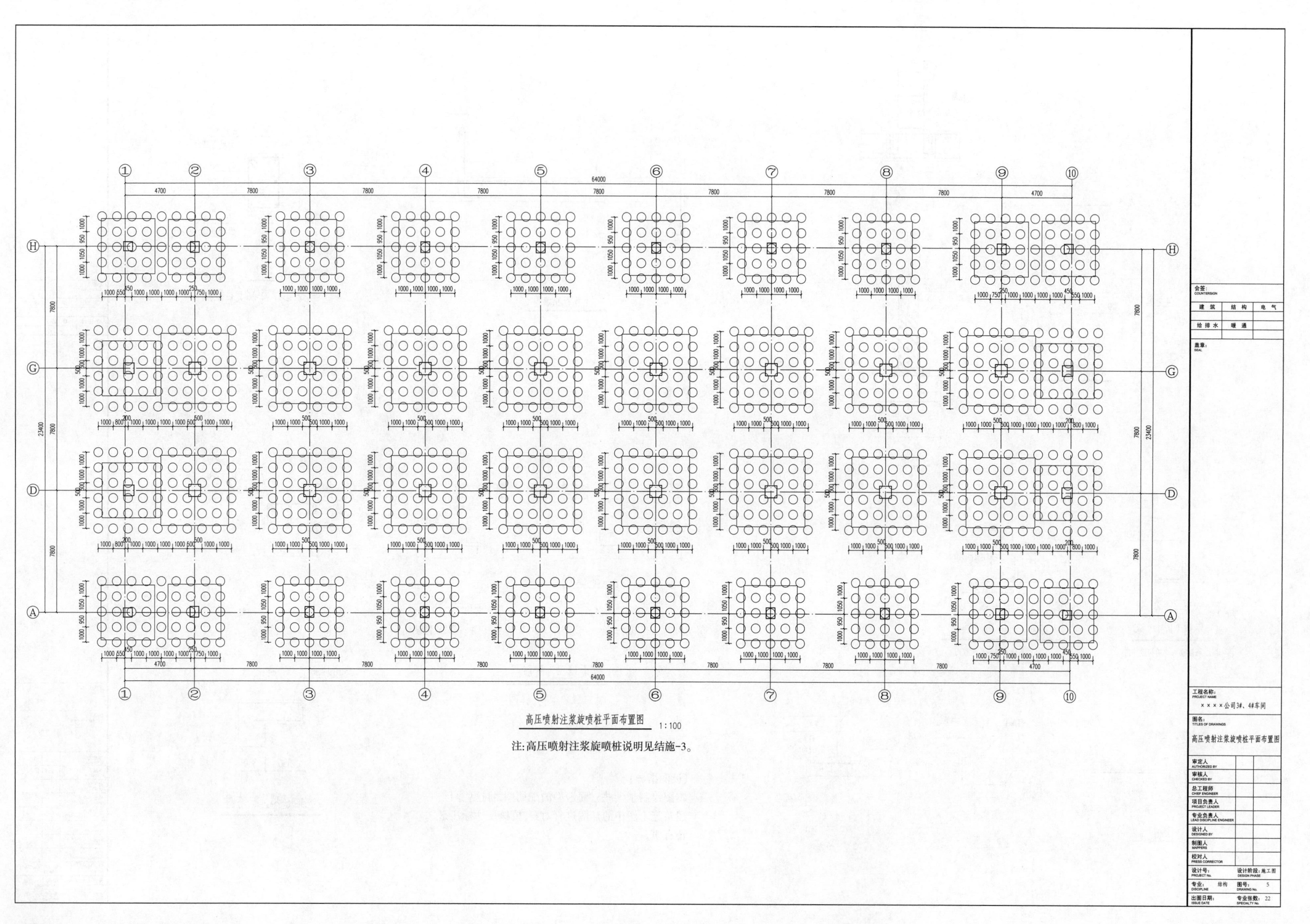
高压喷射注浆旋喷桩平面布置图 1:100
注:高压喷射注浆旋喷桩说明见结施-3。
工程名称: ××××公司3#、4#车间
图名: 高压喷射注浆旋喷桩平面布置图
设计阶段: 施工图
专业: 结构
图号: 5
专业张数: 22

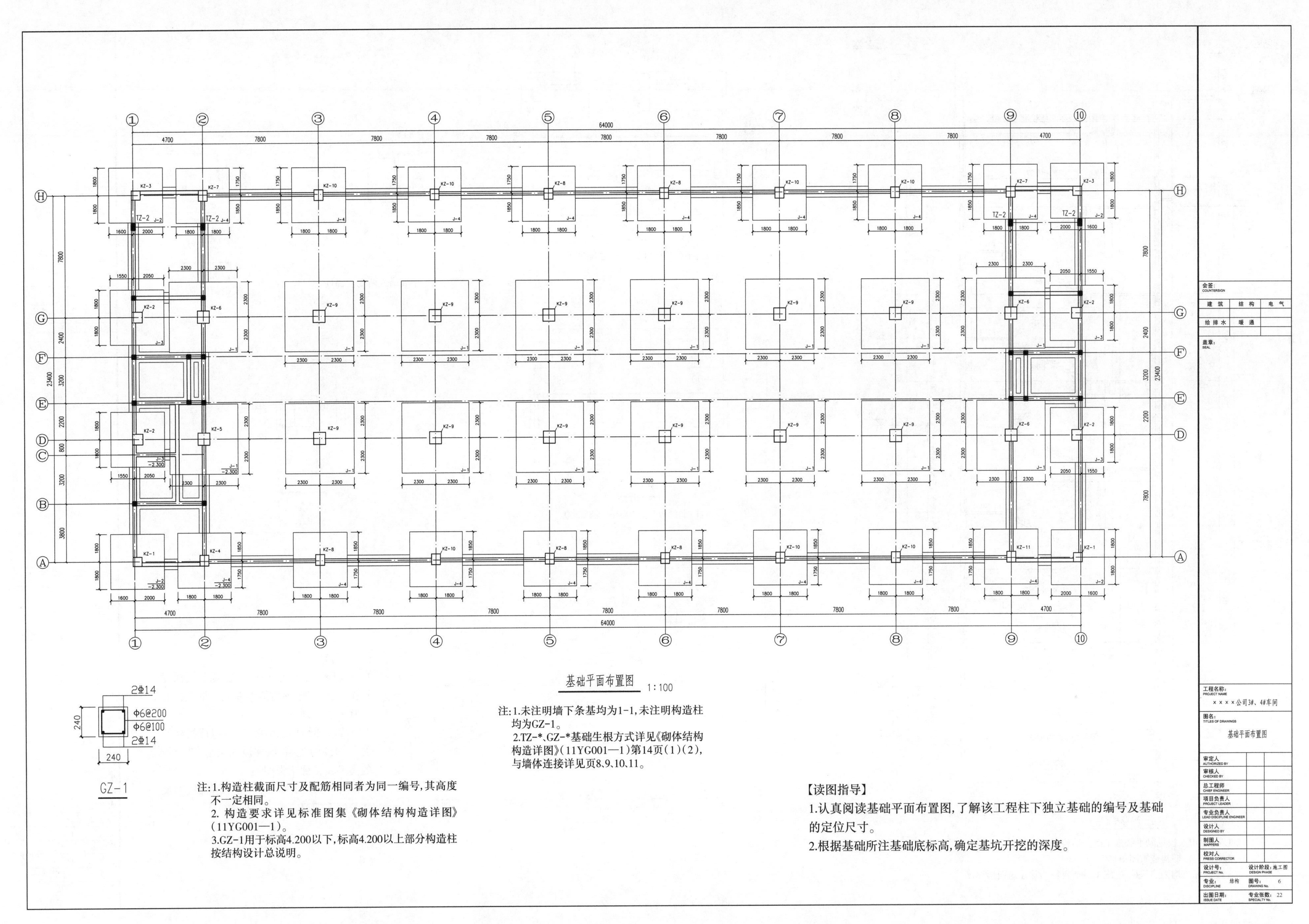

基础平面布置图 1:100
注:1.未注明墙下条基均为1-1,未注明构造柱均为GZ-1。
2.TZ-*、GZ-*基础生根方式详见《砌体结构构造详图》(11YG001—1)第14页(1)(2),与墙体连接详见页8、9、10、11。
2Φ14
Φ6@200
Φ6@100
2Φ14
240
240
GZ-1
注:1.构造柱截面尺寸及配筋相同者为同一编号,其高度不一定相同。
2. 构造要求详见标准图集《砌体结构构造详图》(11YG001—1)。
3.GZ-1用于标高4.200以下,标高4.200以上部分构造柱按结构设计总说明。
【读图指导】
1.认真阅读基础平面布置图,了解该工程柱下独立基础的编号及基础的定位尺寸。
2.根据基础所注基础底标高,确定基坑开挖的深度。
64000
4700
7800
23400
会签:
建筑
结构
电气
给排水
暖通
盖章:
工程名称:
××××公司3#、4#车间
图名:
基础平面布置图
审定人
审核人
总工程师
项目负责人
专业负责人
设计人
制图人
校对人
设计号:
设计阶段:施工图
专业:结构
图号:6
出图日期:
专业张数:22

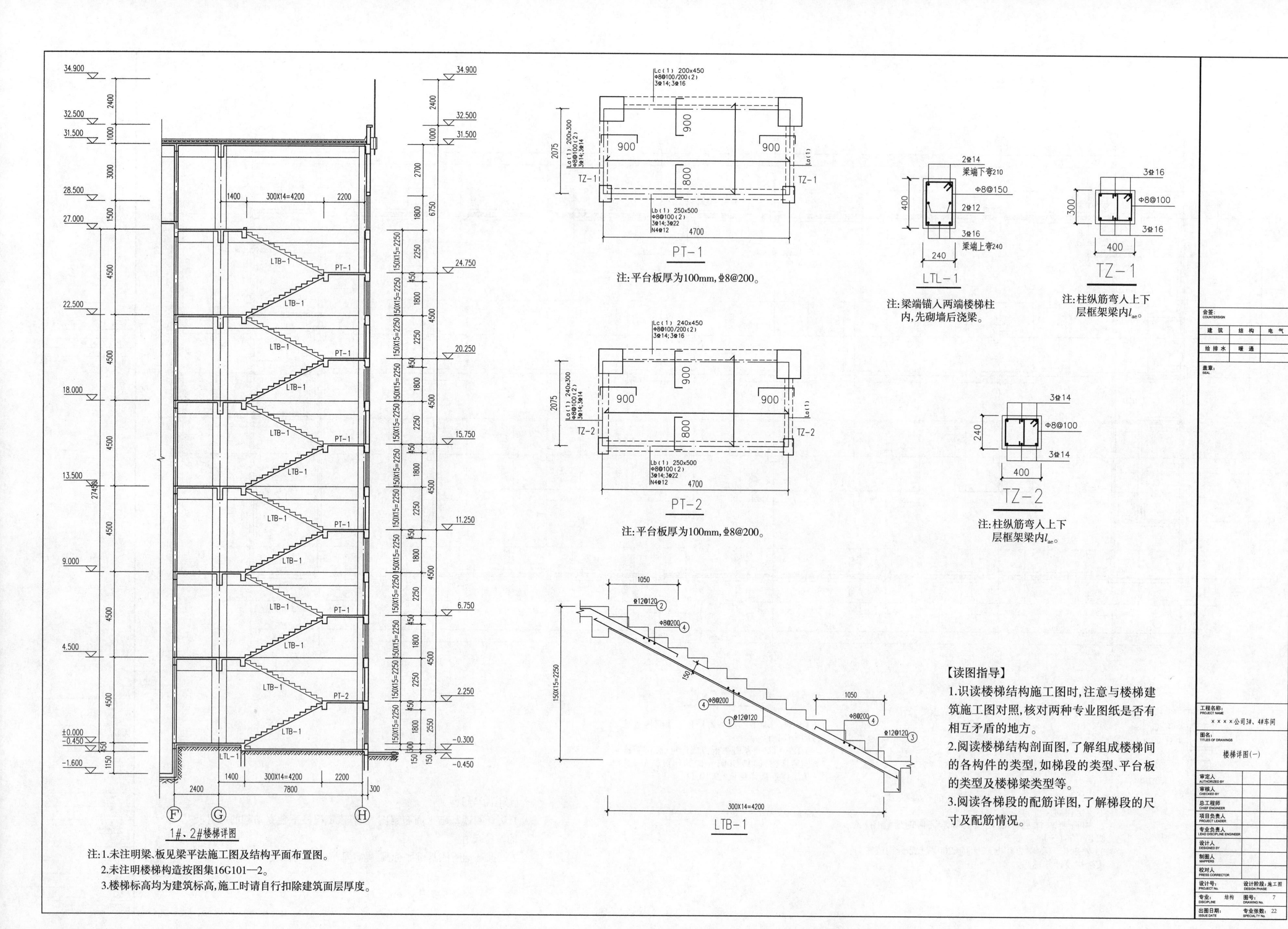

【读图指导】

1.识读楼梯结构施工图时,注意与楼梯建筑施工图对照,核对两种专业图纸是否有相互矛盾的地方。

2.阅读楼梯结构剖面图,了解组成楼梯间的各构件的类型,如梯段的类型、平台板的类型及楼梯梁类型等。

3.阅读各梯段的配筋详图,了解梯段的尺寸及配筋情况。

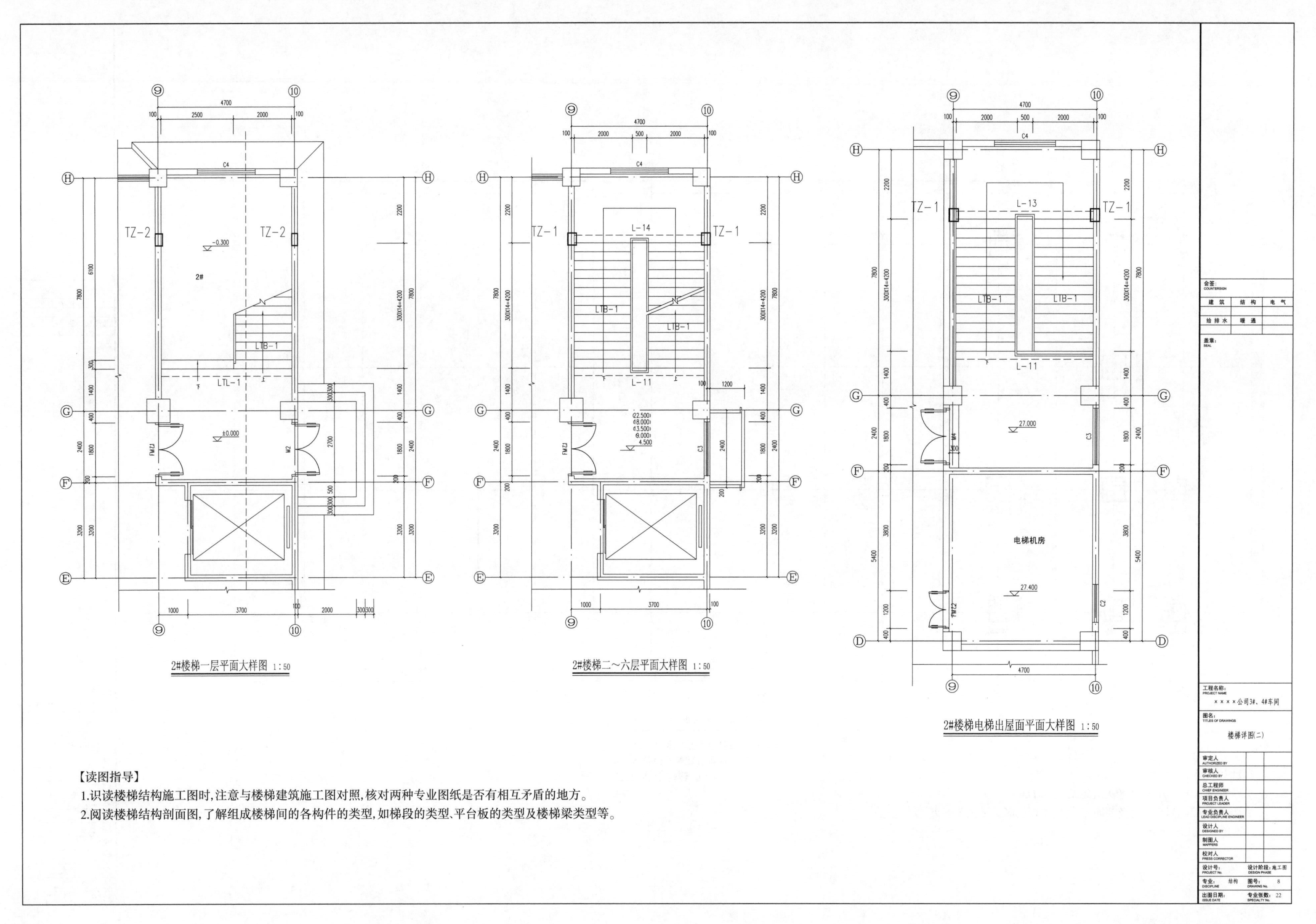

【读图指导】

1.识读楼梯结构施工图时，注意与楼梯建筑施工图对照，核对两种专业图纸是否有相互矛盾的地方。

2.阅读楼梯结构剖面图，了解组成楼梯间的各构件的类型，如梯段的类型、平台板的类型及楼梯梁类型等。

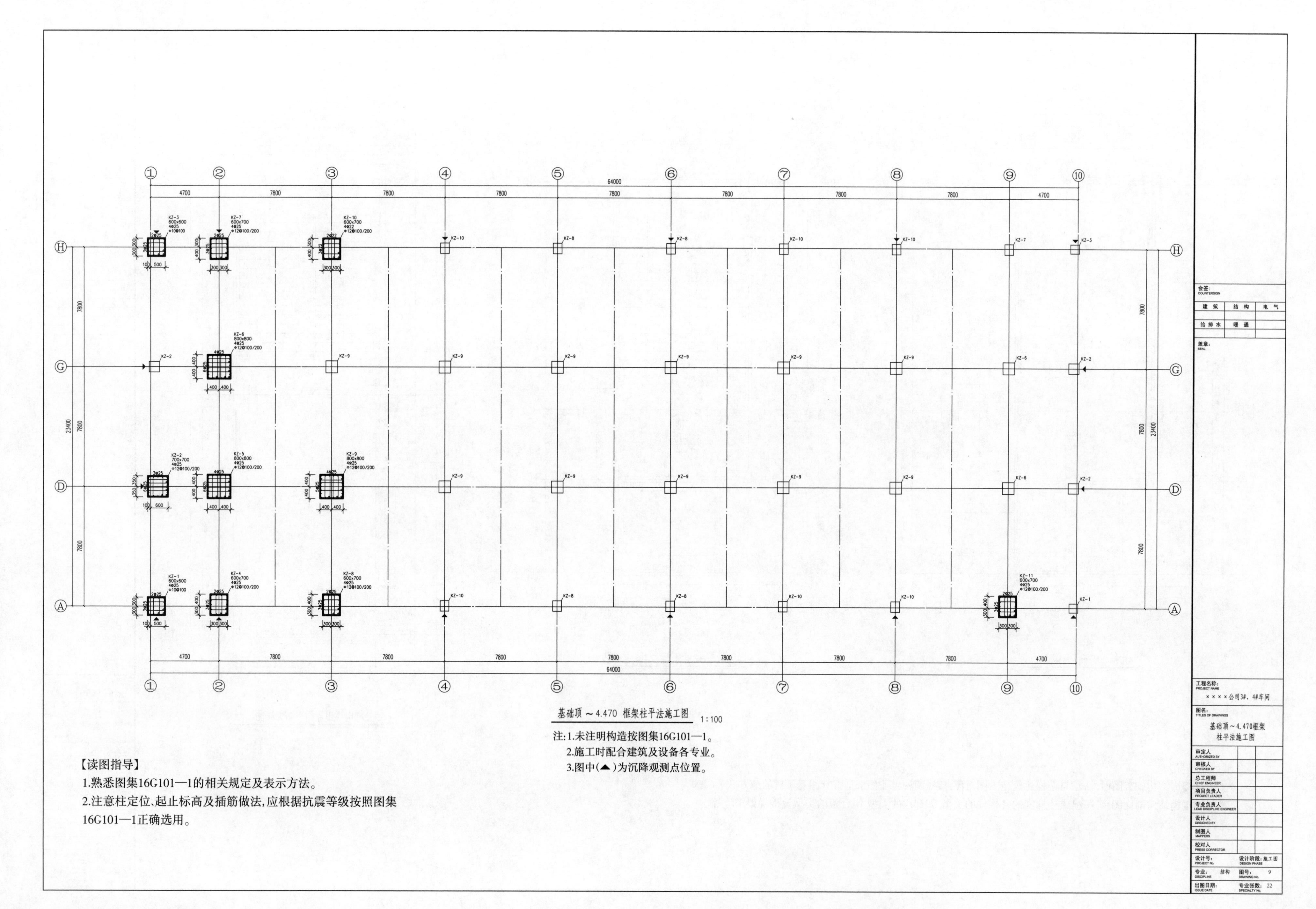

【读图指导】

1.熟悉图集16G101—1的相关规定及表示方法。

2.注意柱定位、起止标高及插筋做法,应根据抗震等级按照图集16G101—1正确选用。

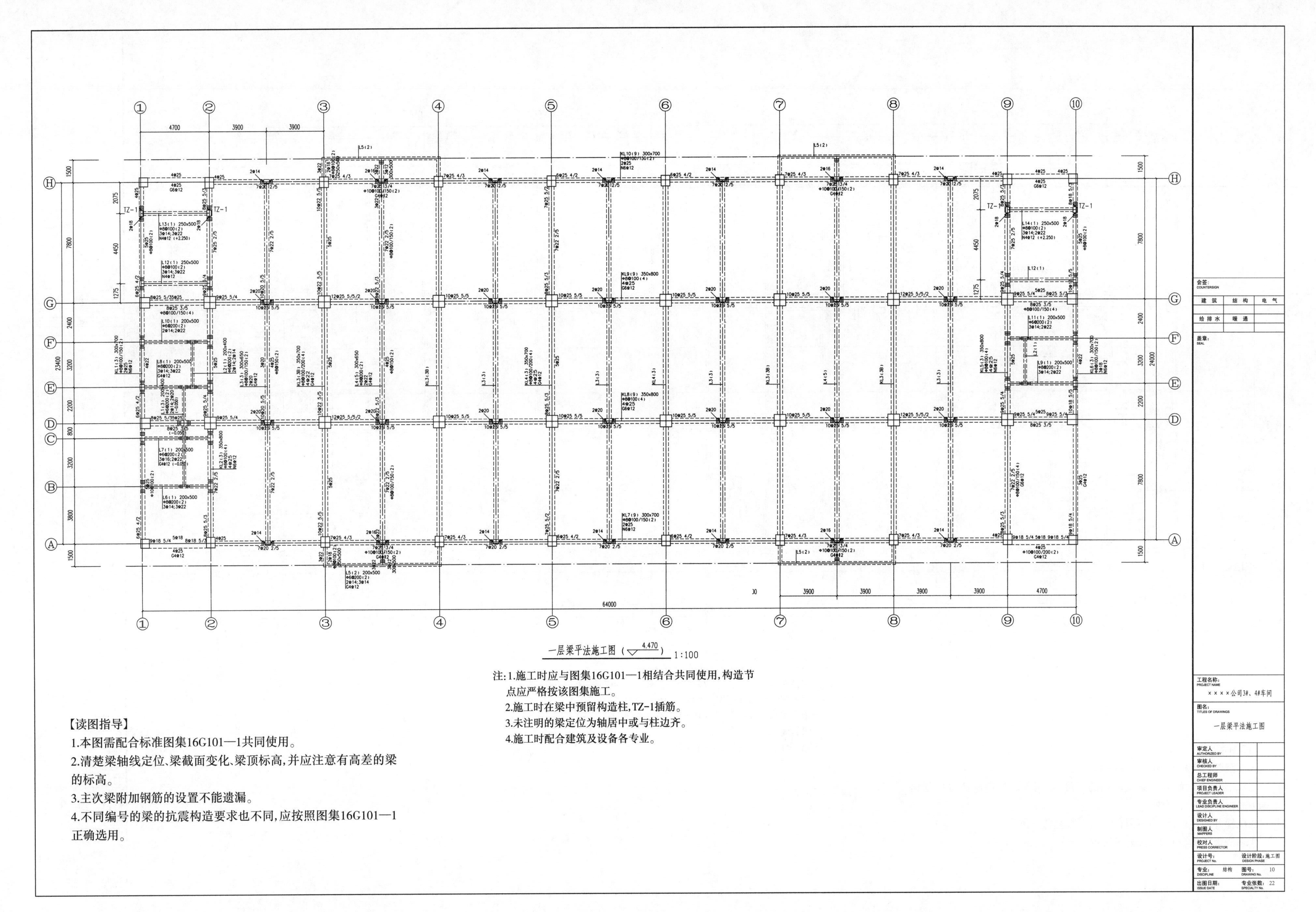

【读图指导】

1.本图需配合标准图集16G101—1共同使用。

2.清楚梁轴线定位、梁截面变化、梁顶标高，并应注意有高差的梁的标高。

3.主次梁附加钢筋的设置不能遗漏。

4.不同编号的梁的抗震构造要求也不同，应按照图集16G101—1正确选用。

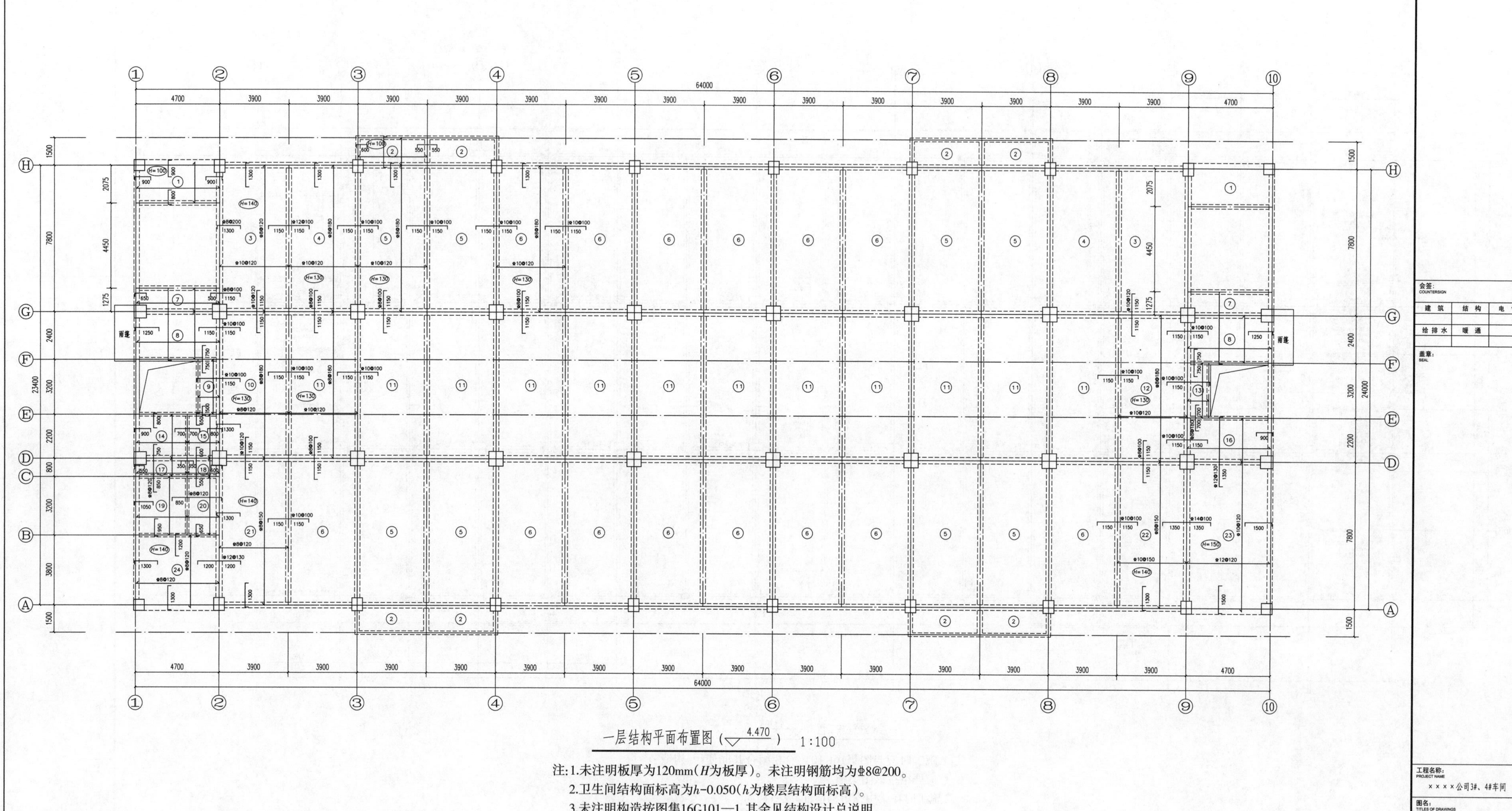

一层结构平面布置图（4.470） 1∶100

注：1.未注明板厚为120mm（H为板厚）。未注明钢筋均为ф8@200。

2.卫生间结构面标高为h-0.050（h为楼层结构面标高）。

3.未注明构造按图集16G101—1，其余见结构设计总说明。

4.雨篷板配筋见结施-4。

5.施工时配合建筑及设备各专业。

【读图指导】

1.需清楚建筑标高和结构标高的关系。

2.注意板内钢筋伸入梁支座内的长度，不明确的构造做法可按图集16G101—1的规定执行。

3.电梯井的预埋件应对照样本，由厂家配合预留。

4.现浇板中的分布筋，按要求设置。

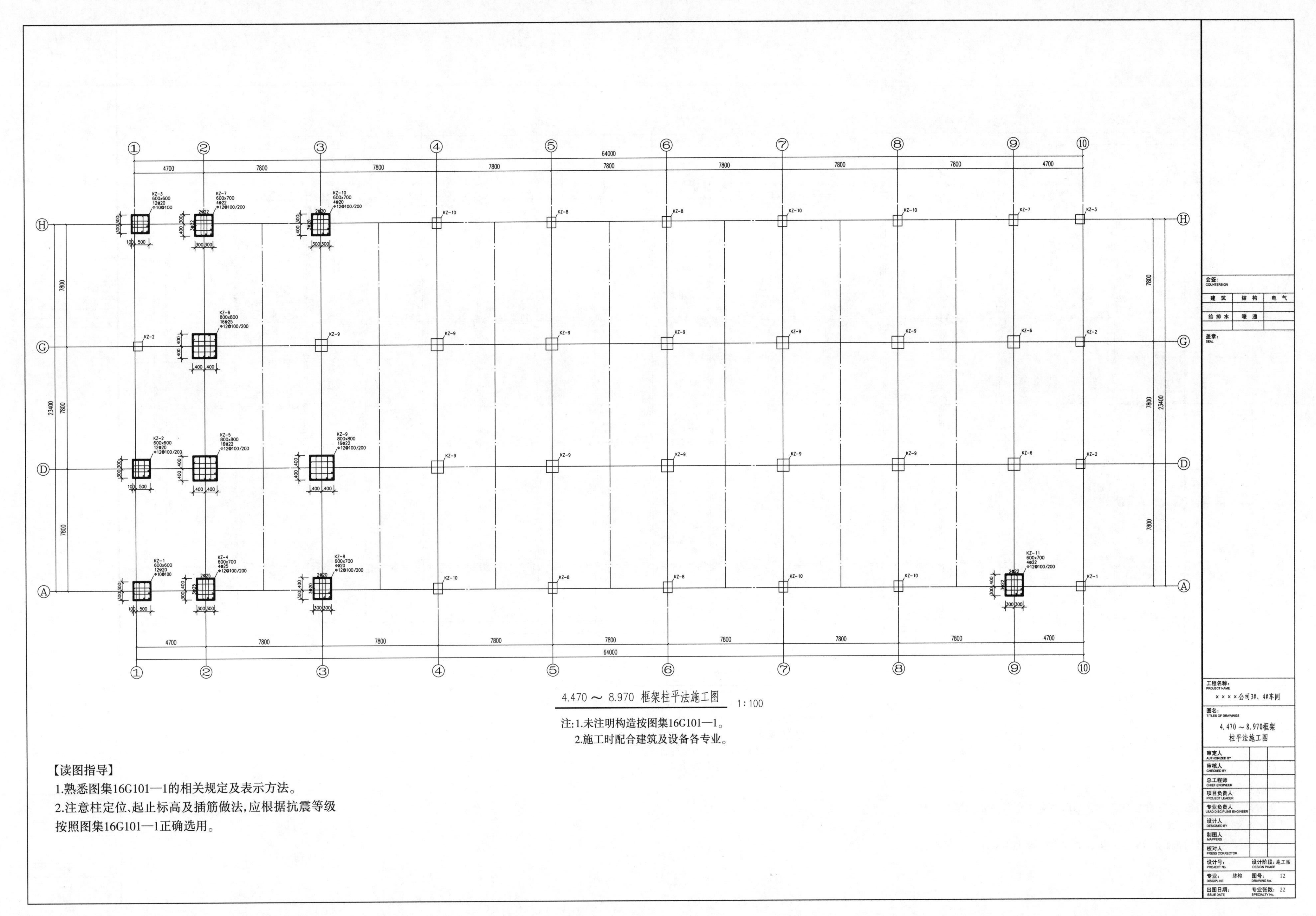
4.470～8.970 框架柱平法施工图 1:100
注:1.未注明构造按图集16G101—1。
2.施工时配合建筑及设备各专业。
【读图指导】
1.熟悉图集16G101—1的相关规定及表示方法。
2.注意柱定位、起止标高及插筋做法,应根据抗震等级按照图集16G101—1正确选用。
会签:
COUNTERSIGN
建筑
结构
电气
给排水
暖通
盖章:
SEAL
工程名称:
PROJECT NAME
××××公司3#、4#车间
图名:
TITLES OF DRAWINGS
4.470～8.970框架柱平法施工图
审定人
AUTHORIZED BY
审核人
CHECKED BY
总工程师
CHIEF ENGINEER
项目负责人
PROJECT LEADER
专业负责人
LEAD DISCIPLINE ENGINEER
设计人
DESIGNED BY
制图人
MAPPERS
校对人
PRESS CORRECTOR
设计号:
PROJECT No.
设计阶段:施工图
DESIGN PHASE
专业: 结构
DISCIPLINE
图号: 12
DRAWING No.
出图日期:
ISSUE DATE
专业张数: 22
SPECIALTY No.

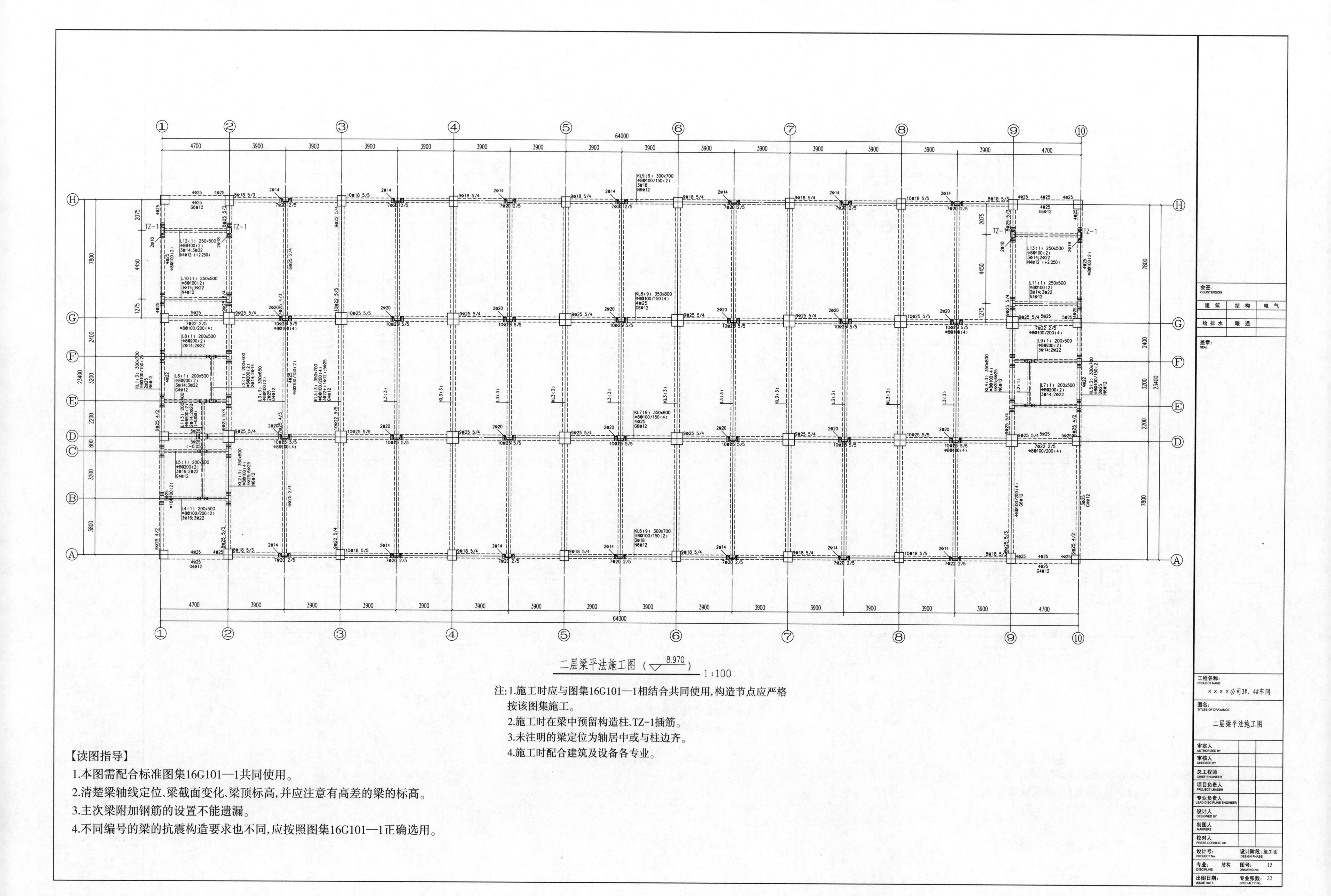

注：1.施工时应与图集16G101—1相结合共同使用，构造节点应严格按该图集施工。
2.施工时在梁中预留构造柱、TZ-1插筋。
3.未注明的梁定位为轴居中或与柱边齐。
4.施工时配合建筑及设备各专业。

【读图指导】

1.本图需配合标准图集16G101—1共同使用。

2.清楚梁轴线定位、梁截面变化、梁顶标高，并应注意有高差的梁的标高。

3.主次梁附加钢筋的设置不能遗漏。

4.不同编号的梁的抗震构造要求也不同，应按照图集16G101—1正确选用。

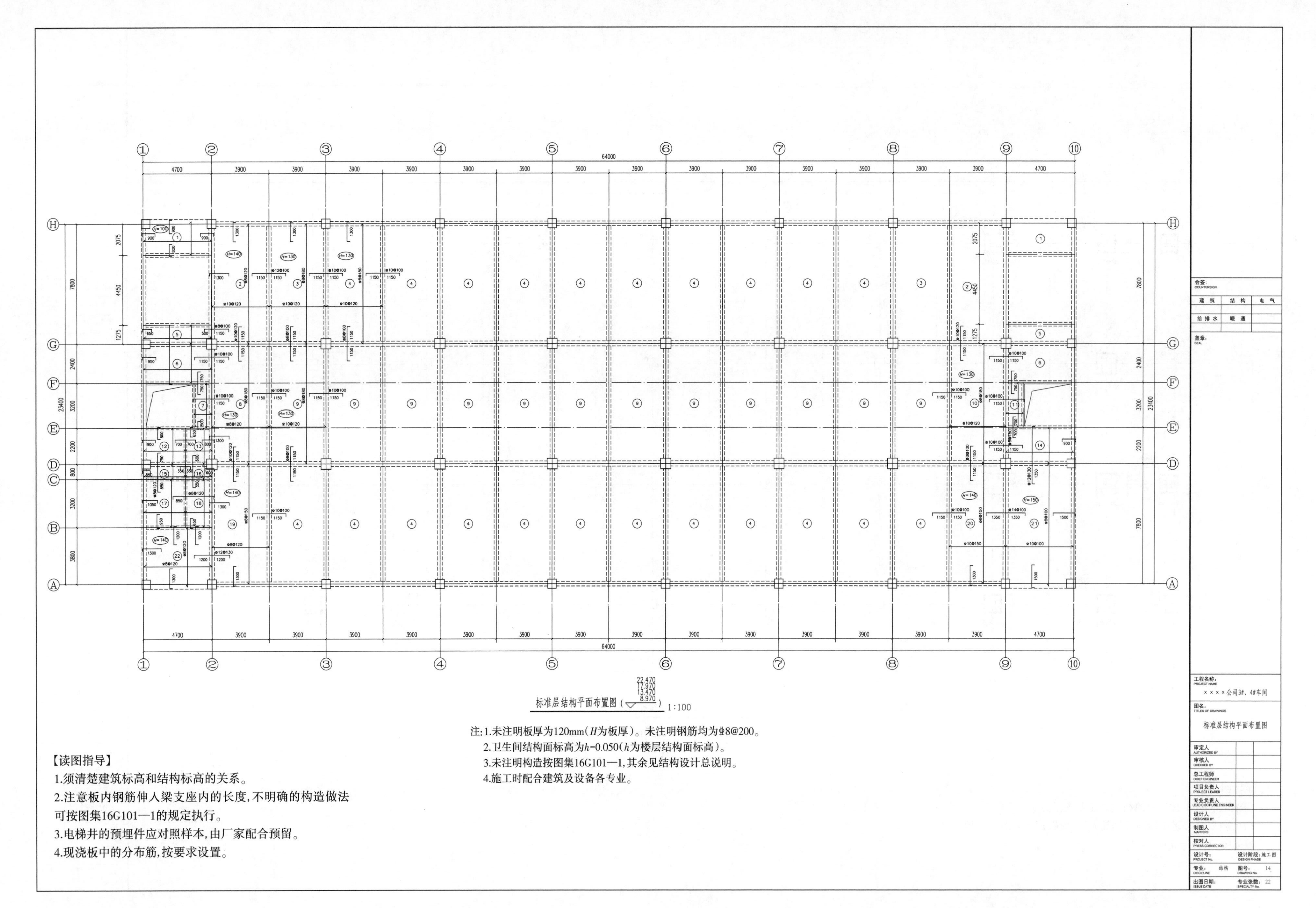

【读图指导】

1.须清楚建筑标高和结构标高的关系。

2.注意板内钢筋伸入梁支座内的长度,不明确的构造做法可按图集16G101—1的规定执行。

3.电梯井的预埋件应对照样本,由厂家配合预留。

4.现浇板中的分布筋,按要求设置。

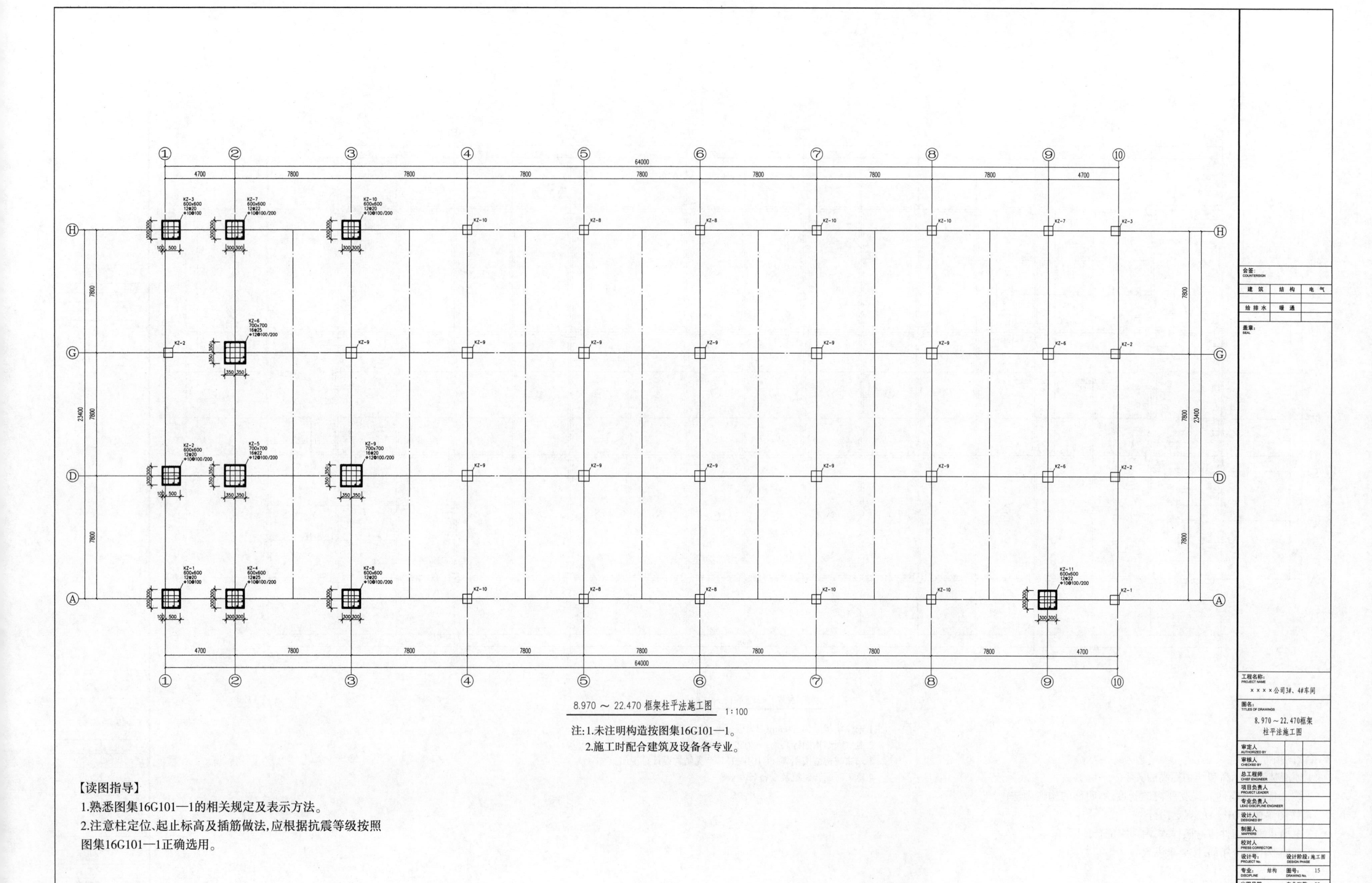

【读图指导】

1.熟悉图集16G101—1的相关规定及表示方法。

2.注意柱定位、起止标高及插筋做法,应根据抗震等级按照图集16G101—1正确选用。

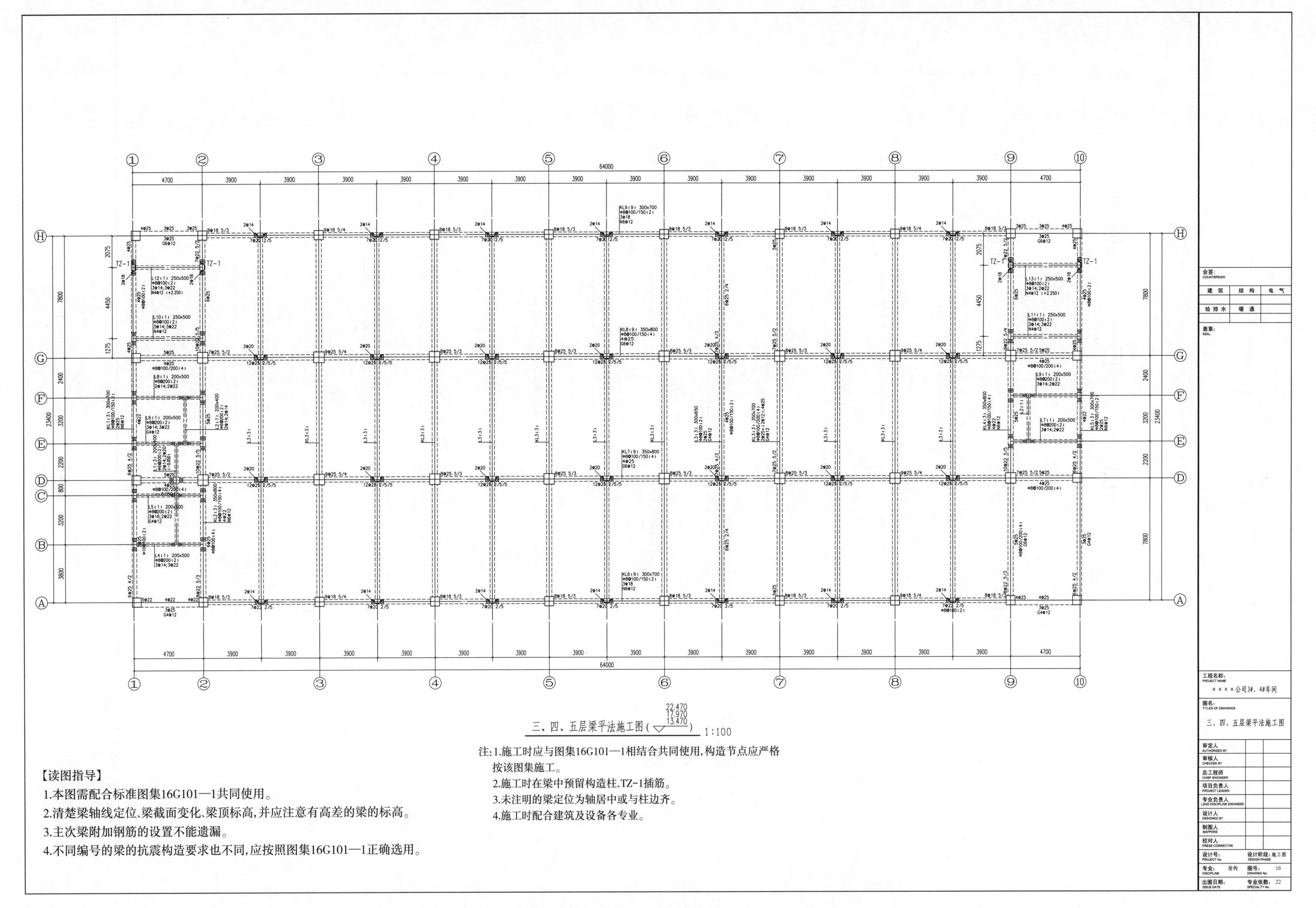
三、四、五层梁平法施工图（22.470 17.970 13.470） 1:100
注：1.施工时应与图集16G101—1相结合共同使用，构造节点应严格按该图集施工。
2.施工时在梁中预留构造柱、TZ-1插筋。
3.未注明的梁定位为轴居中或与柱边齐。
4.施工时配合建筑及设备各专业。
【读图指导】
1.本图需配合标准图集16G101—1共同使用。
2.清楚梁轴线定位、梁截面变化、梁顶标高，并应注意有高差的梁的标高。
3.主次梁附加钢筋的设置不能遗漏。
4.不同编号的梁的抗震构造要求也不同，应按照图集16G101—1正确选用。
工程名称：××××公司3#、4#车间
图名：三、四、五层梁平法施工图
专业：结构
图号：16
设计阶段：施工图
专业张数：22

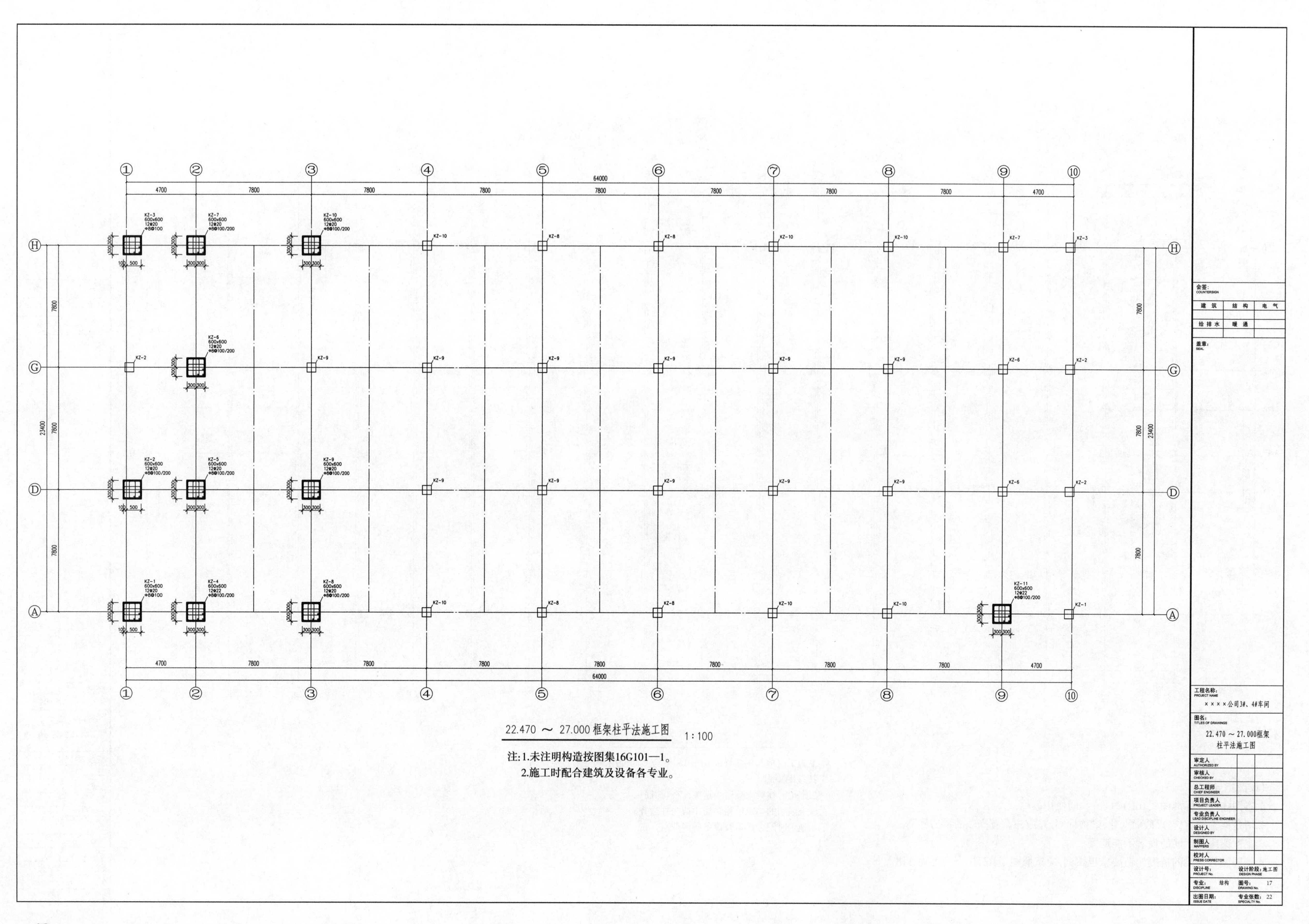
22.470 ～ 27.000 框架柱平法施工图 1:100
注:1.未注明构造按图集16G101—1。
2.施工时配合建筑及设备各专业。
工程名称:
××××公司3#、4#车间
图名:
22.470 ～ 27.000框架柱平法施工图
设计阶段:施工图
专业: 结构
图号: 17
专业张数: 22

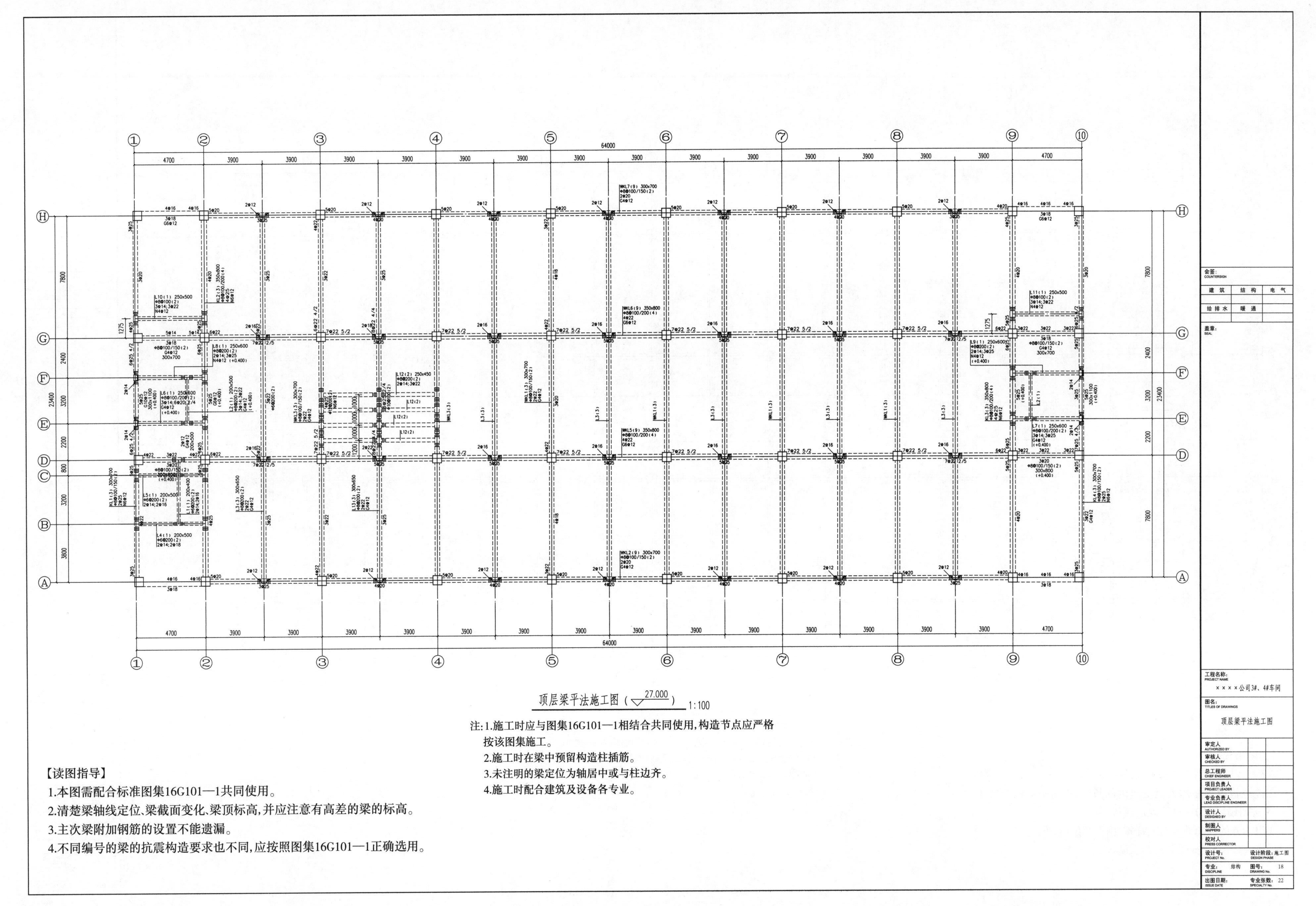
顶层梁平法施工图（27.000）1:100
注:1.施工时应与图集16G101—1相结合共同使用,构造节点应严格按该图集施工。
2.施工时在梁中预留构造柱插筋。
3.未注明的梁定位为轴居中或与柱边齐。
4.施工时配合建筑及设备各专业。
【读图指导】
1.本图需配合标准图集16G101—1共同使用。
2.清楚梁轴线定位、梁截面变化、梁顶标高,并应注意有高差的梁的标高。
3.主次梁附加钢筋的设置不能遗漏。
4.不同编号的梁的抗震构造要求也不同,应按照图集16G101—1正确选用。
64000
4700
3900
7800
2400
3200
2200
800
3800
23400
会签:
建筑
结构
电气
给排水
暖通
盖章:
工程名称:
××××公司3#、4#车间
图名:
顶层梁平法施工图
审定人
审核人
总工程师
项目负责人
专业负责人
设计人
制图人
校对人
设计号:
设计阶段:施工图
专业:结构
图号:18
出图日期:
专业张数:22

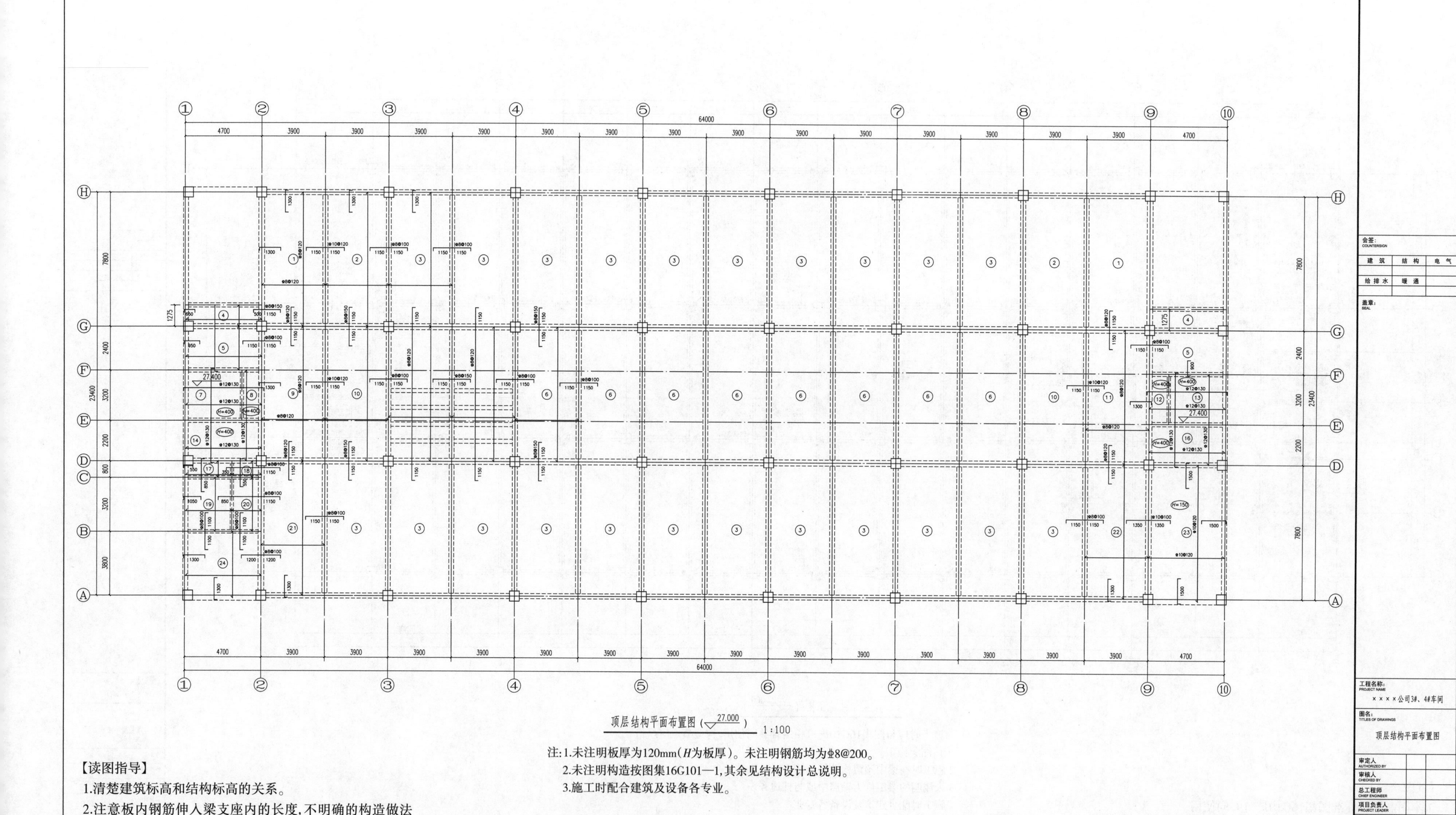

顶层结构平面布置图（27.000） 1:100

注:1.未注明板厚为120mm（H为板厚）。未注明钢筋均为⌀8@200。

2.未注明构造按图集16G101—1,其余见结构设计总说明。

3.施工时配合建筑及设备各专业。

【读图指导】

1.清楚建筑标高和结构标高的关系。

2.注意板内钢筋伸入梁支座内的长度,不明确的构造做法可按图集16G101—1的规定执行。

3.电梯井的预埋件应对照样本,由厂家配合预留。

4.现浇板中的分布筋,按要求设置。

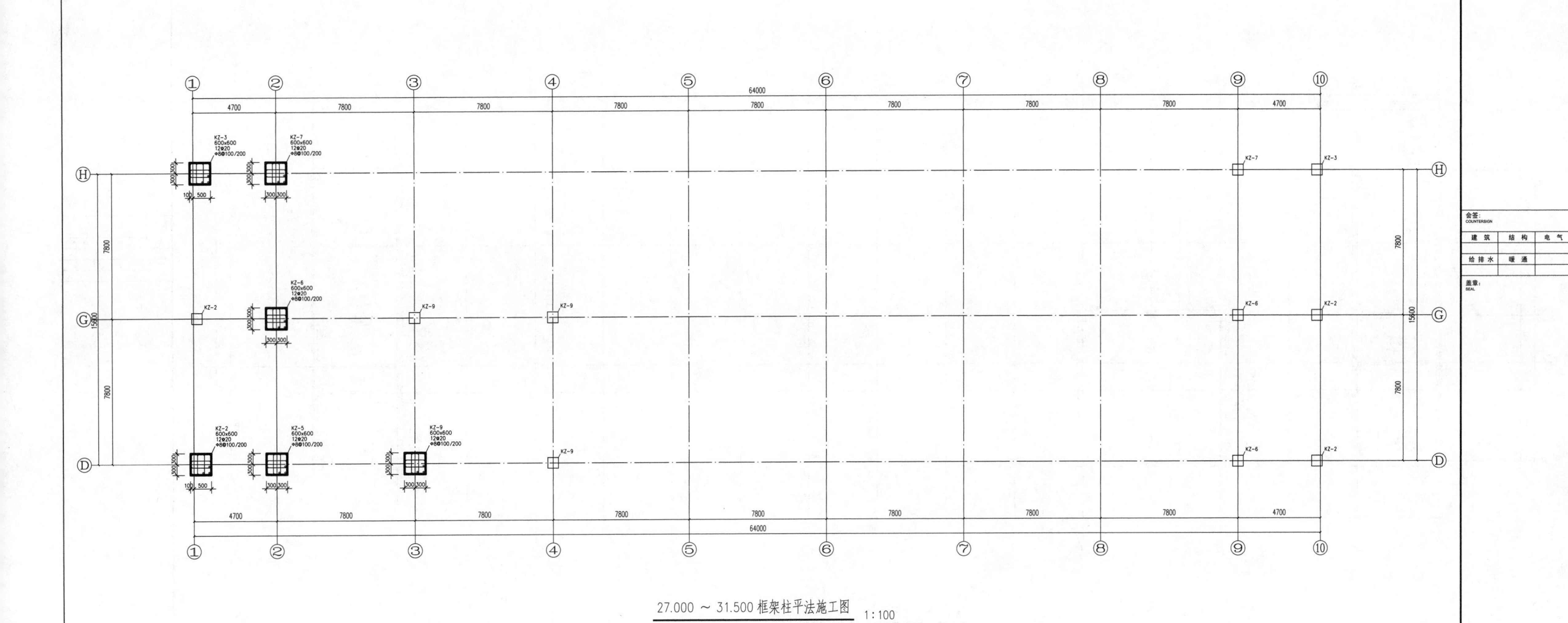

27.000 ～ 31.500 框架柱平法施工图　1∶100

注:1.未注明构造按图集16G101—1。
　2.施工时配合建筑及设备各专业。

【读图指导】

1.熟悉图集16G101—1的相关规定及表示方法。

2.注意柱定位、起止标高及插筋做法,应根据抗震等级按照图集16G101—1正确选用。

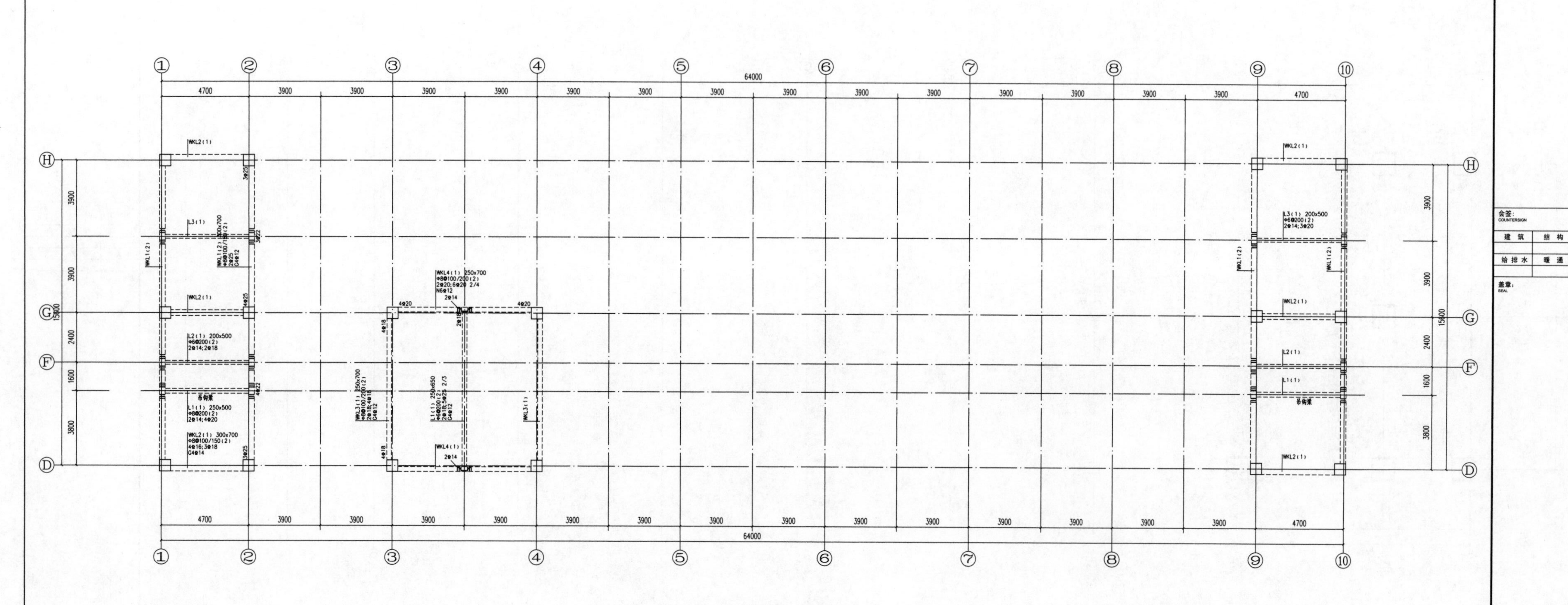

设备层梁平法施工图（31.500）1:100

注：1.施工时应与图集16G101—1相结合共同使用，构造节点应严格按该图集施工。

2.施工时在梁中预留女儿墙构造柱插筋。

3.未注明的梁定位为轴居中或与柱边齐。

4.施工时配合建筑及设备各专业。

【读图指导】

1.本图需配合标准图集16G101—1共同使用。

2.清楚梁轴线定位、梁截面变化、梁顶标高，并应注意有高差的梁的标高。

3.主次梁附加钢筋的设置不能遗漏。

4.不同编号的梁的抗震构造要求也不同，应按照图集16G101—1正确选用。

会签： COUNTERSIGN		
建筑	结构	电气
给排水	暖通	

盖章： SEAL

工程名称： PROJECT NAME ××××公司3#、4#车间

图名： TITLES OF DRAWINGS 设备层梁平法施工图

审定人 AUTHORIZED BY	
审核人 CHECKED BY	
总工程师 CHIEF ENGINEER	
项目负责人 PROJECT LEADER	
专业负责人 LEAD DISCIPLINE ENGINEER	
设计人 DESIGNED BY	
制图人 MAPPERS	
校对人 PRESS CORRECTOR	
设计号 PROJECT No.	设计阶段 DESIGN PHASE：施工图
专业 DISCIPLINE：结构	图号 DRAWING No.：21
出图日期 ISSUE DATE	专业张数 SPECIALTY No.：22

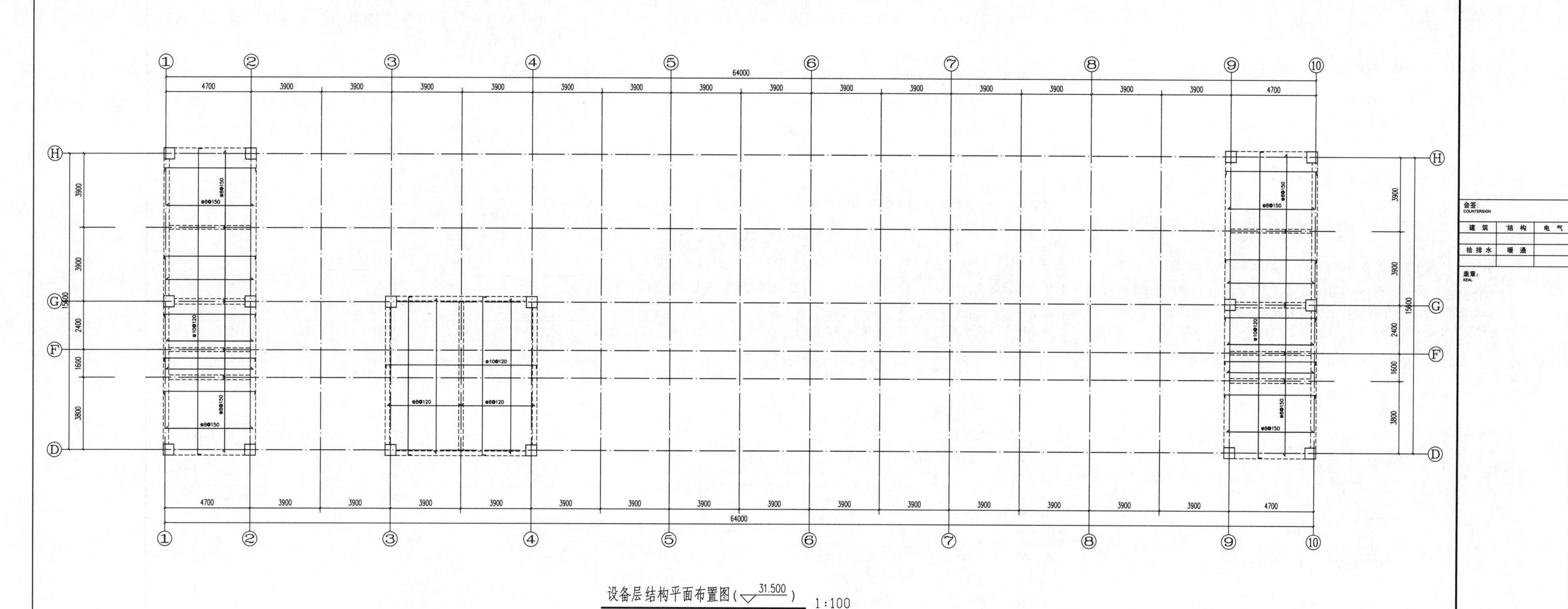

设备层结构平面布置图（31.500） 1:100

注:1.未注明板厚为120mm（H为板厚）。未注明钢筋均为ф8@200。

2.未注明构造按图集16G101—1,其余见结构设计总说明。

3.施工时配合建筑及设备各专业。

【读图指导】

1.清楚建筑标高和结构标高的关系。

2.注意板内钢筋伸入梁支座内的长度,不明确的构造做法可按图集16G101—1的规定执行。

3.电梯井的预埋件应对照样本,由厂家配合预留。

4.现浇板中的分布筋,按要求设置。

给排水设计总说明

一、设计说明

（一）设计依据

1.《建筑设计防火规范》（GB 50016—2014）
2.《建筑给水排水设计规范》（GB 50015—2010）
3.《建筑灭火器配置设计规范》（GB 50140—2005）
4.《建筑给水聚丙烯管道工程设计规范》（GB/T 50349—2005）
5. 建设方提供的条件。
6. 其他相关的现行的国家规范规定。

（二）工程概况

本工程地高层厂房，生产丁戊类产品，耐火等级为一级。建筑面积为9286m²，建筑高度为34.20m。独立基础，框架结构。

（三）设计内容

本设计为本楼的室内给水、排水、消火栓管道系统和灭火器的配置。空调凝结水管道外墙预留（待空调板定位后可调整具体位置），雨水为外排水详见建施图。

（四）管道系统

本工程设有生活给水系统、生活排水系统、消火栓给水系统、建筑灭火器设置。

1. 生活给水系统

（1）小区给水系统的水源为市政自来水，给水系统引入点水压不小于0.32MPa。
（2）本楼的最高日生活用水量为10.50m³/d，最大小时用水量为2.63m³/h。
（3）给水系统分区：本工程采用一个给水分区，由厂区加压泵房加压供给，进口压力不小于0.32MPa。

2. 生活污水系统

（1）本工程的污、废水采用合流制。最高日排水量为10.0m³/d，最大小时排水量为2.50m³/h。
（2）污水经化粪池处理后，排入市政污水管。
（3）排水立管设伸顶通气，通气帽距上人屋面距离为2.0m，不上人屋面0.5m。

3. 消火栓给水系统

（1）本工程为不大于50m的高层厂房，室内消防用水量为25L/s，室外消防用水量为15L/s，火灾延续时间为2h。
（2）本工程消防用水由室外消防水池（180m³）及加压泵联合供水，给水进口压力为0.45MPa。屋顶（3#楼）设消防水箱（18m³）及稳压设备，满足初期火灾用水量。
（3）室外设二套地上式消防水泵接合器，应在其15～40m范围内设室外消火栓。
（4）消火栓给水泵控制：火灾时按动任一消火栓处启泵按钮或消防中心，水泵房处启泵按钮均可启动消防泵并报警。启泵后，反馈信号至消火栓处和消防控制中心。
（5）室内消火栓系统

a. 室内消火栓的布置：以"被保护范围内任何部位都有两股充实水柱能同时到达"为原则。
b. 室内消防管道：成环状布置。
c. 室内消火栓箱：消火栓选用SG20B65型，消防箱均采用铁质箱体、铝合金面框配白色玻璃。室内消火栓的出水方向与设置消火栓的墙面垂直，高度距地面1.1m。消火栓箱箱门上设有"消火栓"或"火警119"标志。
d. 消防水源：扑灭初期火灾的消防用水由设于本楼屋顶的消防水箱和气压供水设备提供；火灾期间的消防用水由设于室外消防水池（180m³）及加压泵联合供水提供。
e. 消火栓给水泵的控制：消火栓箱的启泵按钮；消防中心启动；水泵房就地启动。

4. 灭火器的配置

本建筑为中危险等级火灾。灭火器采用磷酸铵盐干粉手提式MF-ABC 3型，灭火器均设置在灭火器箱内或外挂墙壁上，灭火器配置的数量及位置见各层平面图。

二、施工说明

（一）管材

1. 生活给水管
采用S3.2系列无规共聚聚丙烯管，热熔连接外。
2. 生活排水管
排水立管采用建筑排水硬聚氯乙烯管道，每层设带阻火装置的CHT型旋流排水接头。
3. 消防给水管
室内消火栓及给水管道采用PP-S钢套一体消防专用钢塑复合管，DN ≥ 100卡箍式连接；DN<100丝接，阀门及需拆卸部位采用卡箍或法兰连接，管道工作压力为1.0MPa。

（二）阀门及附件

1. 生活给水管上采用全铜质闸阀，公称压力为1.6MPa。
2. 消防给水管道采用双向型蝶阀，公称压力为1.6MPa。
3. 止回阀：生活给水管道上止回阀公称压力为1.6MPa。
（1）卫生间采用普通地漏，地漏水封高度不小于50mm。
（2）地面清扫口表面应与地表面相平。
（3）全部给水配件均采用节水型产品，不得采用淘汰产品。

（三）管道敷设

1. 给排水支管明装。
2. 给水管穿楼板时，应预设套管。安装于楼板内的套管，其顶部高出装修地面20mm，安装在卫生间内的套管，其顶部高出装修地面50mm，底部应与楼板底相平；套管与管道之间缝隙应用阻燃密实材料和防水油膏填实，端面光滑。
3. 排水立管穿楼板时设带止水环的专用套管，套管与管道之间缝隙用C20细石混凝土分2次捣实，并结合地面找平层在管道周围围筑成厚度不小于20mm，宽度不小于30mm的阻水圈。立管管径不小于110mm时，在楼板贯穿部位应设置防火套管或阻火圈。
4. 横管穿越防火分区隔墙时，在管道穿越墙体处两侧均设置防火套管或阻火圈。
5. 管道穿钢筋混凝土墙和楼板、梁时，应根据所注管道标高、位置配合土建工种预留孔洞或预埋套管；管道穿地下室外墙时，应预埋防水套管。
6. 管道坡度
（1）给水管、消防给水管均按0.2%的坡度坡向立管或泄水装置。
（2）排水立管应有坡度，除注明外，排水横支管坡度为0.26%，排出管为1%。
7. 管道支架
（1）管道支架或管卡应固定在楼板或承重结构上。
（2）钢管水平安装支架间距，按《建筑给水排水及采暖工程施工质量验收规范》（GB 50242—2013）的规定施工。
（3）给水立管每层装一管卡，安装高度为距地（楼）面1.5m。
8. 排水管上的吊钩或卡箍应固定在承重结构上。对固定件间距：横管不得大于2m，立管不得大于3m，层高≤ 4m，立管中部可安一个固定件。
9. 排水立管检查口距地面或楼板面1.00m，消火栓潮口距地面或楼板面1.10m。
10. 管道连接：排水管道的连接应符合下列要求：
a. 卫生间排水与排水横管垂直连接应采用90° 斜三通；
b. 排水立管与排出管端部的连接，宜采用两个45° 弯头或弯曲半径不小于4倍管径的90° 弯头，且立管底部弯管处应设支墩；
c. 排水管应避免轴线偏置，当条件受限时，宜用乙字管或两个45° 弯头连接。
11. 阀门安装时应将手柄留在易于操作处。

（四）管道和设备保温

1. 室外给水管道、消防管道、消防水箱均需做保温。外露的排水管道均需采取防结露措施。
2. 保温材料采用橡胶塑料管壳，保温厚度为30mm；保护层采用玻璃布缠绕，外刷两道调和漆。
3. 保温应在完成试压合格及除锈防腐处理后进行。

（五）防腐及油漆

1. 在涂刷底漆前，应清除表面的灰尘、污垢，锈斑、焊渣等物。涂刷油漆厚度应均匀，不得有脱皮、起泡、流淌和漏涂现象。
2. 溢、泄水管外壁刷蓝色调和漆二遍。
3. 消防管道埋地部分外刷冷底子油一道，石油沥青二道，并缠玻璃布；明装管刷银粉漆二道，最后立管每层做红环标志。
4. 保温管道：进行保温后，外壳再刷防火漆二道。给水管外刷蓝色环，排水管外刷黑环。
5. 管道支架除锈后刷樟丹二道，银粉漆二道。

（六）管道试压

1. 户内生活给水试压压力为0.90MPa，其他给水管道试压方法应按《建筑给水排水及采暖工程施工质量验收规范》（GB 50242—2013）的规定执行。
2. 消火栓给水管道的试验压力为1.4MPa，保持2h无明显渗漏为合格。
3. 水压试验的实验压力表应位于系统或实验部分的最低部位。

（七）管道冲洗

1. 给水管道在系统运行前须用水冲洗和消毒，要求以不小于1.5m/s的流速进行冲洗，并符合《建筑给水排水及采暖工程施工质量验收规范》（GB 50242—2013）中2.4.3条的规定。
2. 排水管冲洗以管道通畅为合格。
3. 消防给水管道的冲洗
（1）室内消火栓给水系统与室外给水管连接前，必须将室外给水管冲洗干净，其冲洗强度应达到消防时最大设计流量。
（2）室内消火栓系统在交付使用前，必须冲洗干净，起冲洗强度应达到消防时的最大设计流量。

（八）其他

1. 图中所注尺寸除管道标高以m计外，其余以mm计。
2. 本图所注管道标高：压力流管道指管道中心，重力流管道和无水流的通气管指管内底。
3. 本设计施工说明与图纸有同等效力，二者有矛盾时，业主及施工单位应及时提出，并以设计单位解释为准。
4. 施工中应与土建公司和其他专业公司密切合作，合理安排施工进度，及时预留孔洞及预埋套管，以防碰撞和返工。
5. 除本设计说明外，施工中还应遵守《建筑给水排水及采暖工程施工质量验收规范》（GB 50242—2013）及《给水排水构筑物施工及验收规范》（GB 50141—2008）。

图例及选用图集

图　例	名　称	选用图集
	洗脸盆	05YS1—40
	蹲便器	05YS1—136
	污水安装	05YS1—3
	自闭阀挂式小便器安装	05YS1—158
	单柄龙头台上式脸盆	05YS1—40
	高水封地漏	05YS1—248
	消防箱	05YS4—11-丁型
	截止阀	
JL	给水管道	05YS4—287
PL	排水管道	05YS4—322
XL-1	消防管道	
	液压水位控制阀	05YS2—35
MF/ABC-3	手提式ABC类干粉灭火器	
	地上式水泵接合器	05YS4—27
	管道保温	05YS8—14
	消防水箱	05YS2—66

主要设备及材料表

序　号	名　称	型号规格	单　位	数　量	备　注
1	不锈钢组合水箱	有效容积18m³，4.0×3.0×2.0m	座	1	消防水箱
2	液压水位控制阀	DN50PN=1.0MPa	只	4	用于生活、消防水箱
3	单出口室内消火栓	消火栓箱：1000×650×200	套	25	其中试验用一个
4	手提式干粉灭火器	MF/ABC3	只	52	磷酸铵盐
5	台式洗脸盆	陶　瓷		6	包括五金配件
6	污水池	陶　瓷	套	6	包括五金配件
7	小便器	陶　瓷	套	18	包括五金配件
8	蹲便器	陶　瓷	套	36	包括五金配件
9	开水器	—	个	6	甲方自定
10	水泵接合器	QSQ150-A型	套	36	包括五金配件

注：统计数量与平面图不符时，以平面图为准。

会签：COUNTERSIGN

建　筑	结　构	电　气
给排水	暖　通	

盖章：SEAL

工程名称：PROJECT NAME　××××公司3#、4#车间

图名：TITLES OF DRAWINGS　给排水设计总说明　图例及选用图集　主要设备及材料

审定人 AUTHORIZED BY
审核人 CHECKED BY
总工程师 CHIEF ENGINEER
项目负责人 PROJECT LEADER
专业负责人 LEAD DISCIPLINE ENGINEER
设计人 DESIGNED BY
制图人 MAPPERS
校对人 PRESS CORRECTOR
设计号：PROJECT No.　设计阶段：施工图 DESIGN PHASE
专业：DISCIPLINE 给水排水　图号：DRAWING No. 1
出图日期：ISSUE DATE　专业张数：SPECIALTY No. 7

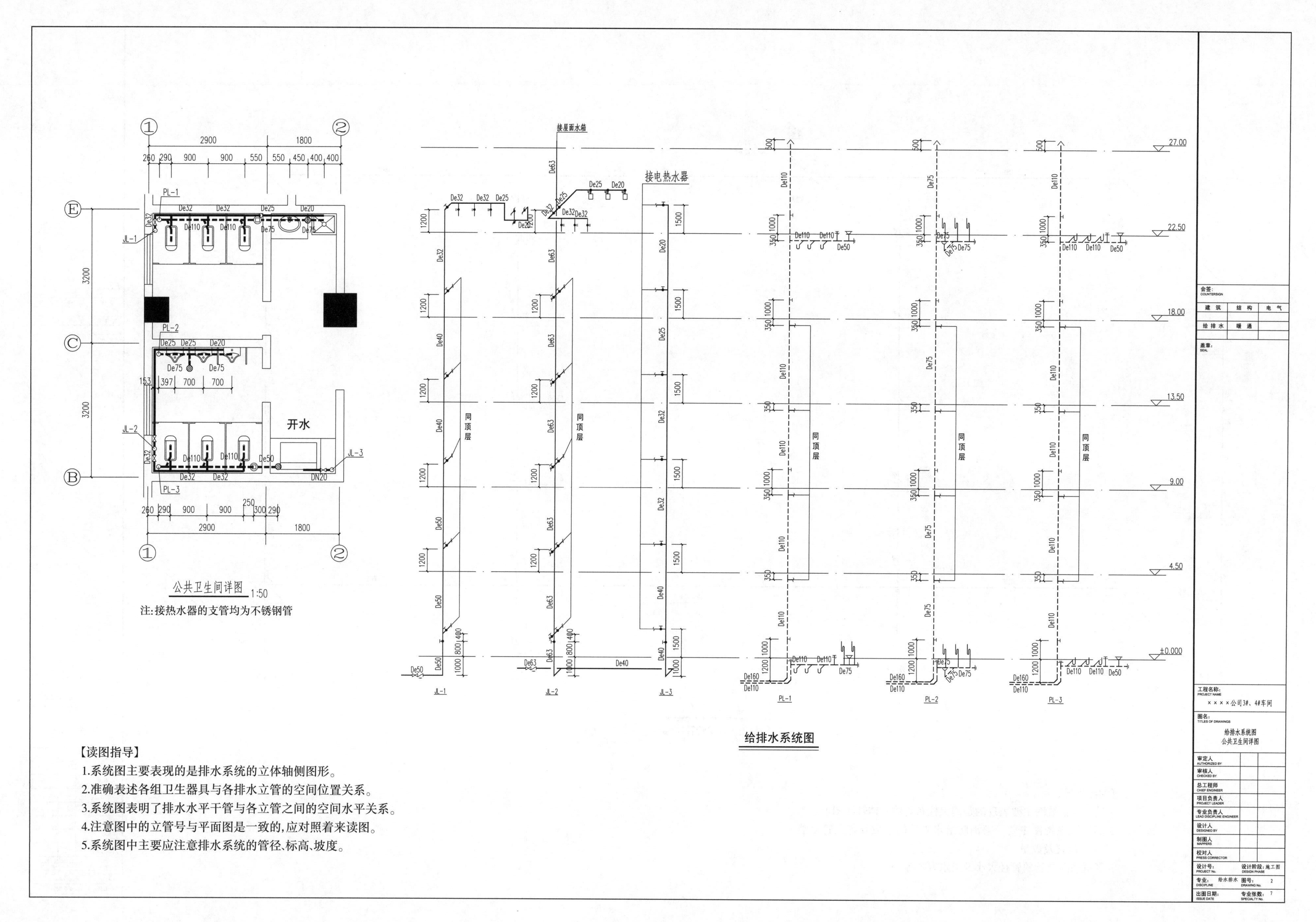

【读图指导】

1.系统图主要表现的是排水系统的立体轴侧图形。

2.准确表述各组卫生器具与各排水立管的空间位置关系。

3.系统图表明了排水水平干管与各立管之间的空间水平关系。

4.注意图中的立管号与平面图是一致的,应对照着来读图。

5.系统图中主要应注意排水系统的管径、标高、坡度。

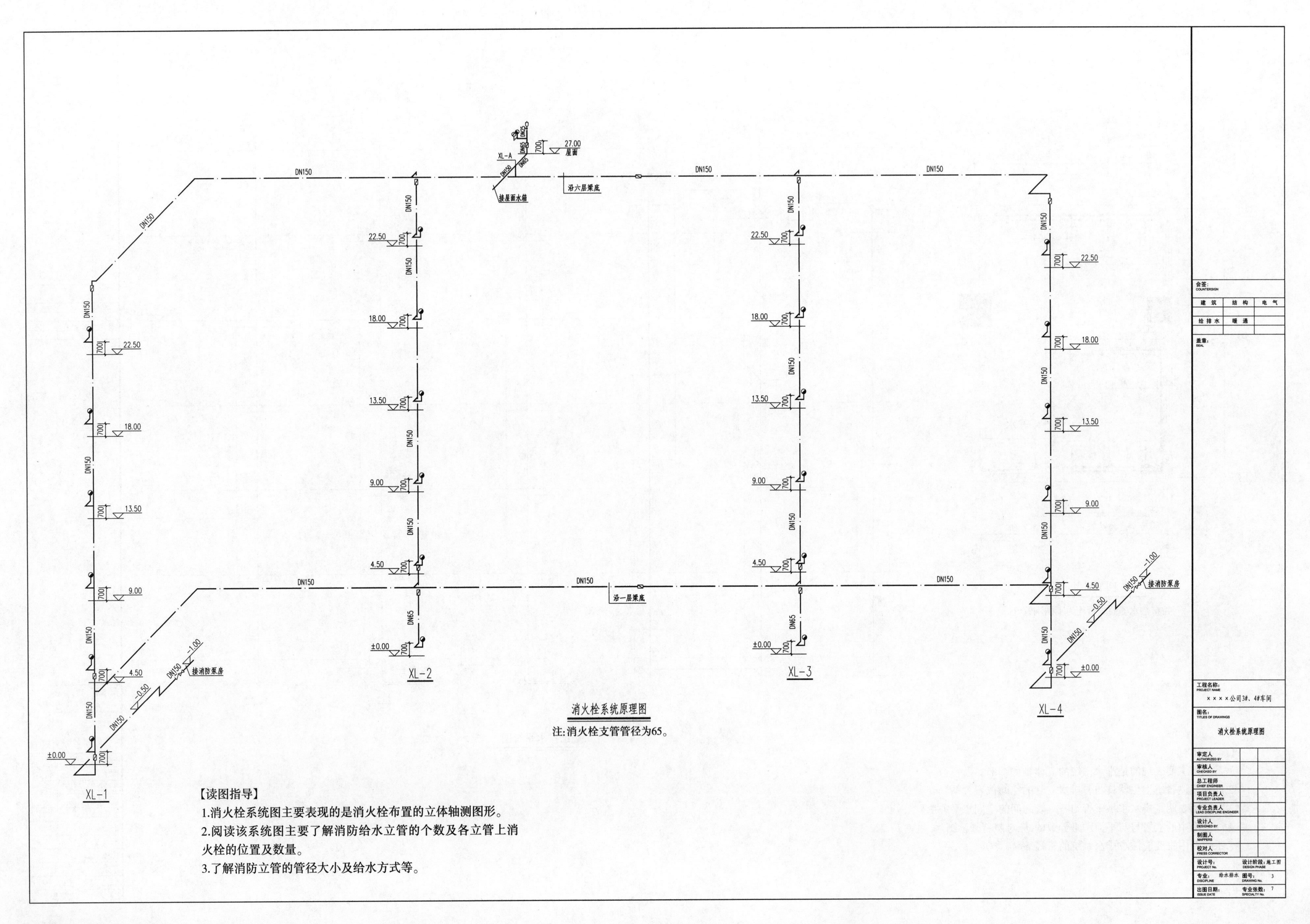

【读图指导】

1.消火栓系统图主要表现的是消火栓布置的立体轴测图形。

2.阅读该系统图主要了解消防给水立管的个数及各立管上消火栓的位置及数量。

3.了解消防立管的管径大小及给水方式等。

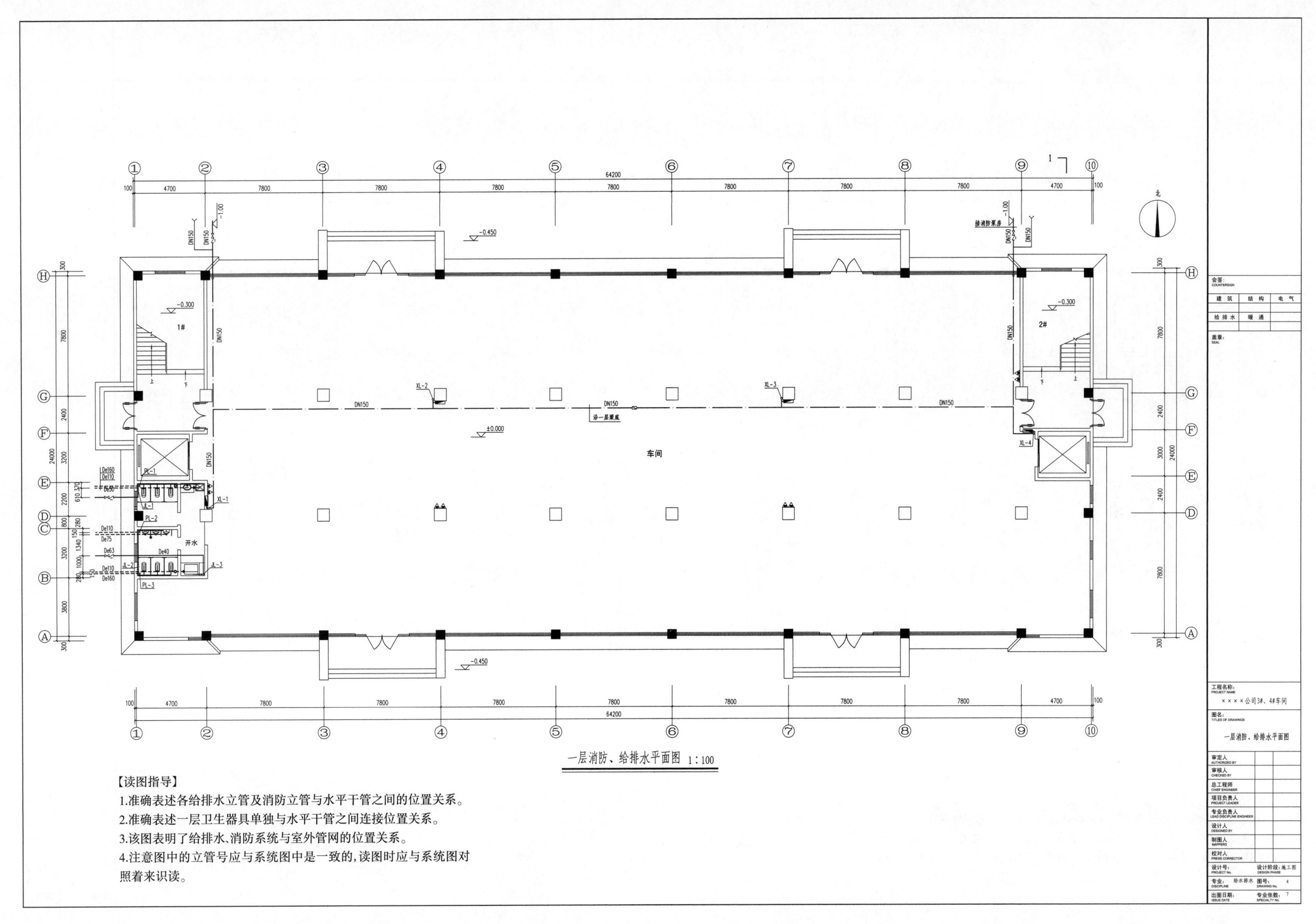

【读图指导】

1.准确表述各给排水立管及消防立管与水平干管之间的位置关系。

2.准确表述一层卫生器具单独与水平干管之间连接位置关系。

3.该图表明了给排水、消防系统与室外管网的位置关系。

4.注意图中的立管号应与系统图中是一致的，读图时应与系统图对照着来识读。

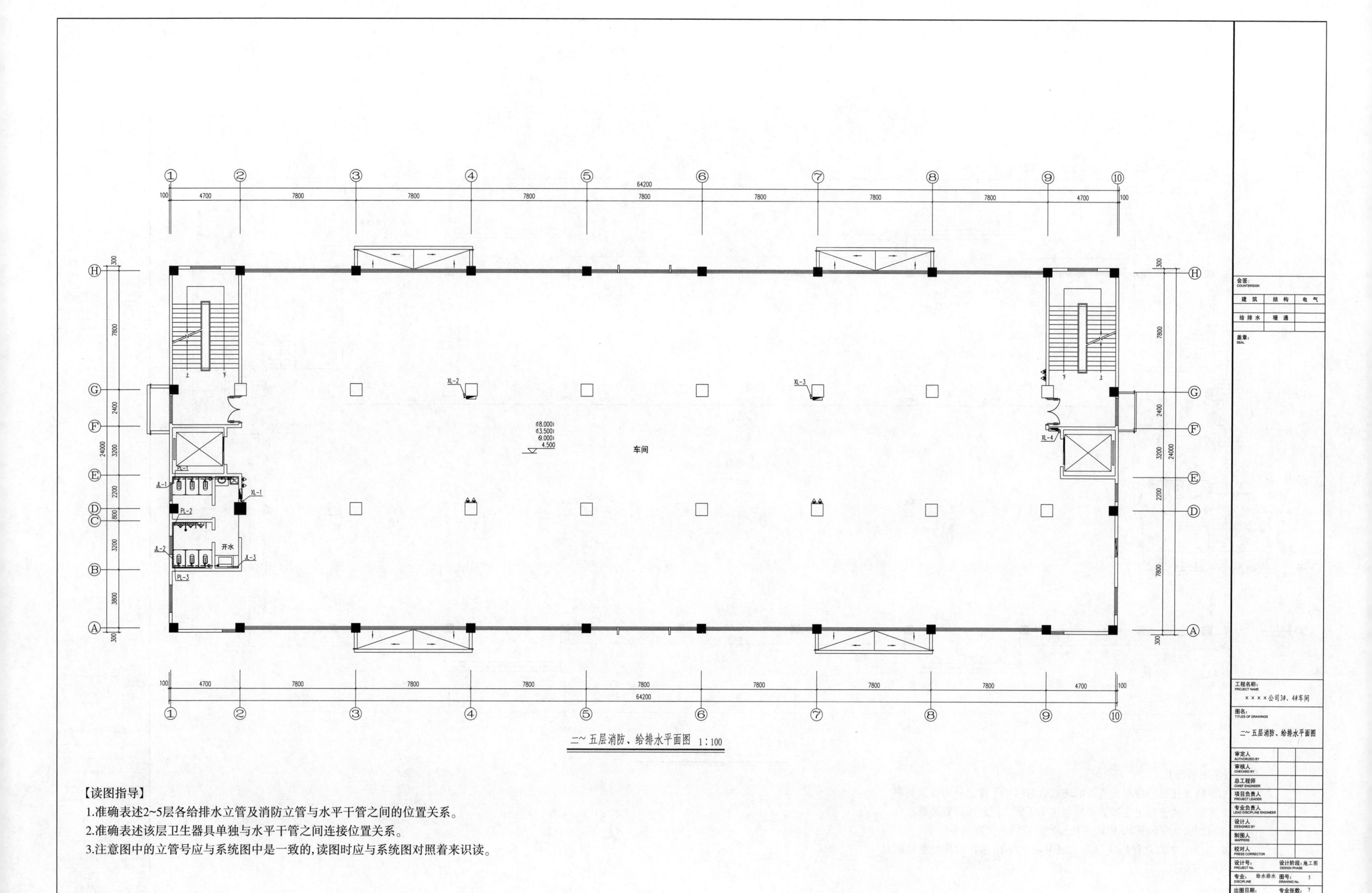

【读图指导】

1.准确表述2~5层各给排水立管及消防立管与水平干管之间的位置关系。

2.准确表述该层卫生器具单独与水平干管之间连接位置关系。

3.注意图中的立管号应与系统图中是一致的,读图时应与系统图对照着来识读。

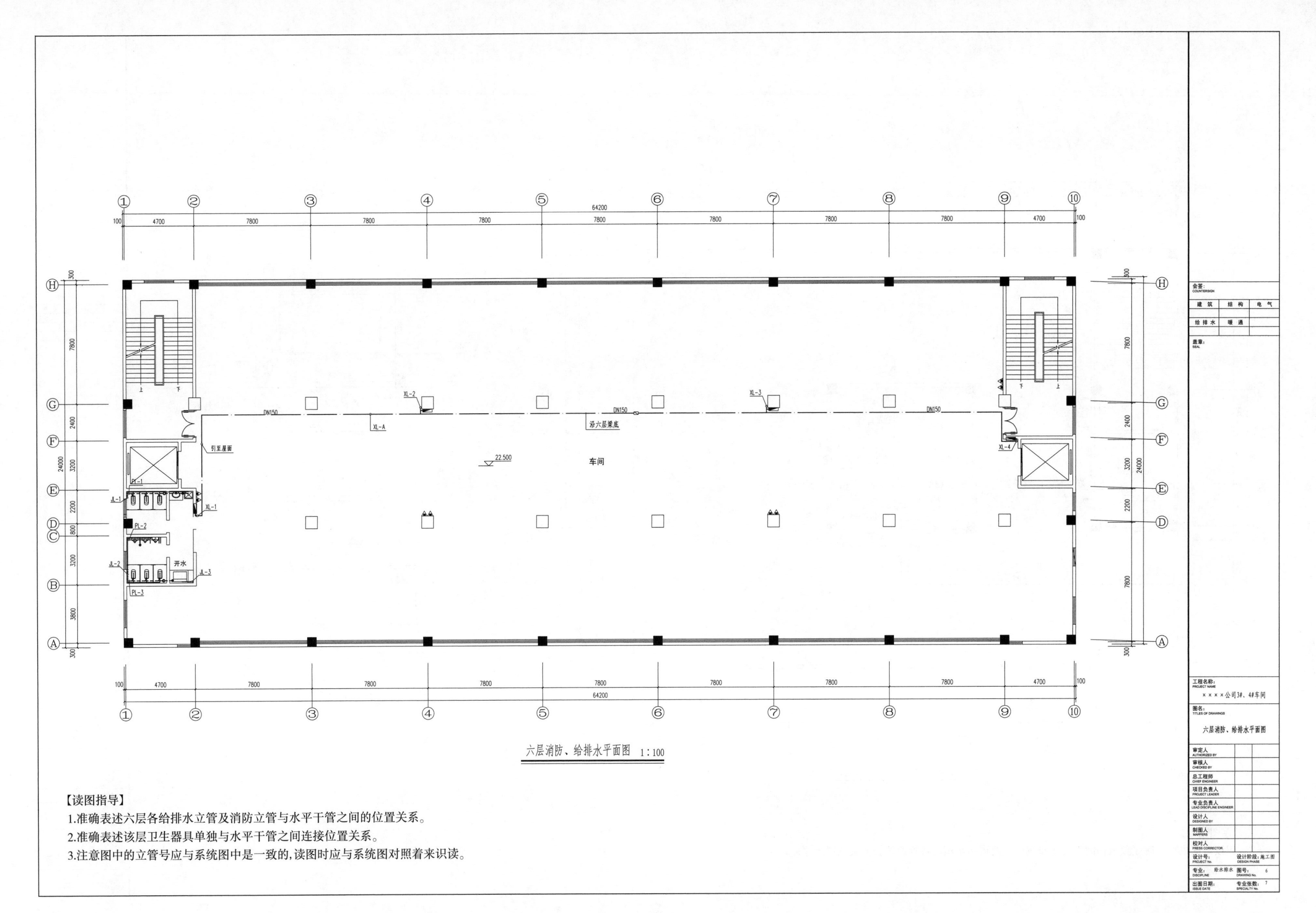

六层消防、给排水平面图　1∶100

【读图指导】

1.准确表述六层各给排水立管及消防立管与水平干管之间的位置关系。

2.准确表述该层卫生器具单独与水平干管之间连接位置关系。

3.注意图中的立管号应与系统图中是一致的，读图时应与系统图对照着来识读。

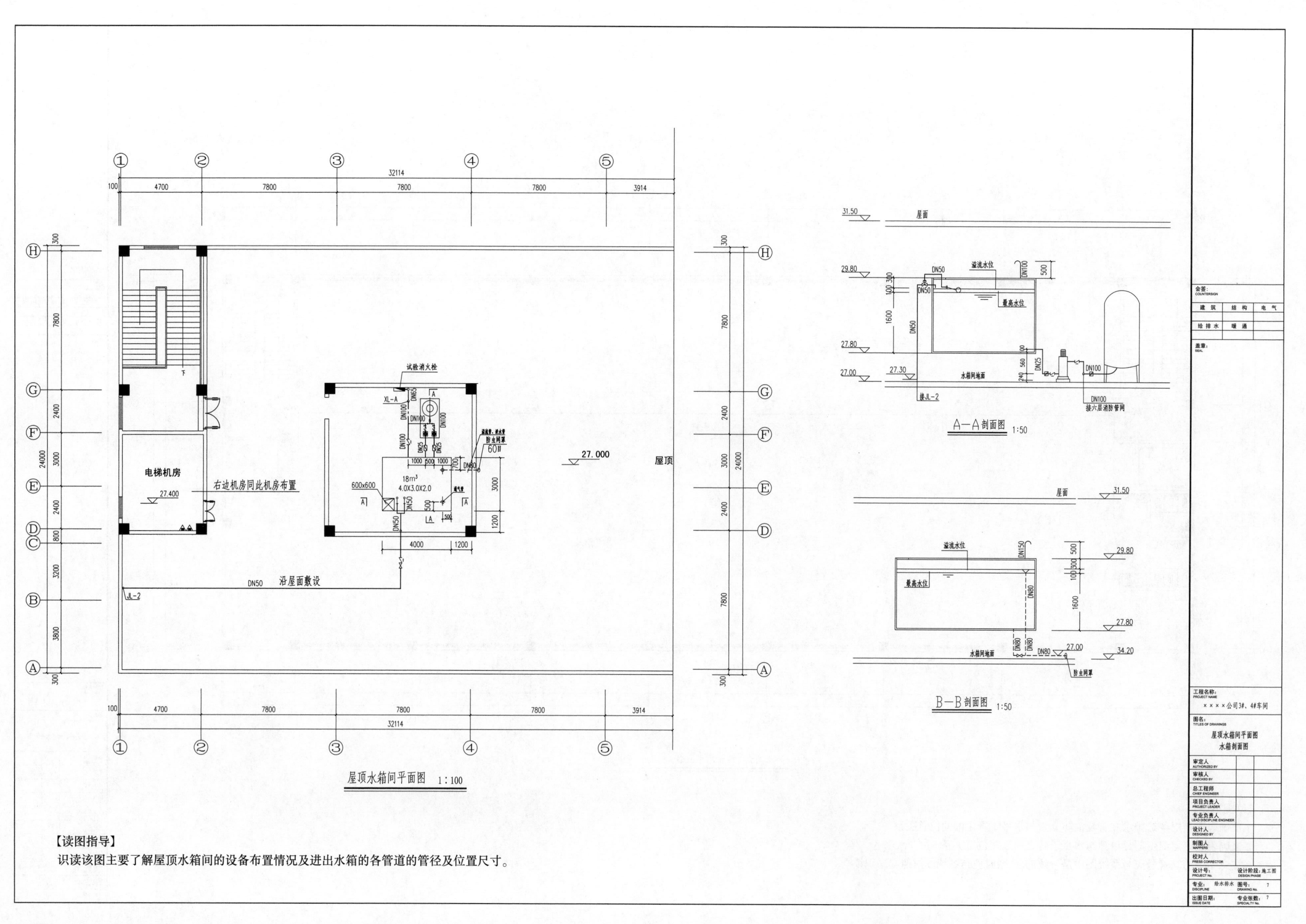

【读图指导】

识读该图主要了解屋顶水箱间的设备布置情况及进出水箱的各管道的管径及位置尺寸。

电气设计说明

1.工程概况：
本建筑为6层厂房，结构为全框架结构，板为现浇板。
2.设计依据：
《民用建筑电气设计标准》（GB 51348—2019）
《建筑设计防火规范》（GB 50016—2014）
《低压配电设计规范》（GB 50054—2011）
《建筑安装工程施工图集》《建筑电气设计技术规程》
建筑及其他专业提供的条件图，甲方提供的设计任务书等。
3.设计内容：配电。
4.负荷等级及供电方式：按三级负荷供电。
5.配电：电源由室外采用电缆埋地引进。电源电压为220V/380V。
6.设备安装：
6.1 所有电气产品应符合国家有关标准，凡属于强制性认证的产品均应取得国家认证标志。
6.2 建筑物内配电箱、灯具、开关、插座等产品的规格及型号、安装方式见设备材料表。
6.3 电表集装箱、室内保安箱均采用铁质、有门，电表集装箱上锁并留玻璃观察孔。楼梯间及走道灯采用声光灯头节能控制，所有插座安装必须注意与暖气片及管道的相互间距。
7.线路敷设：
7.1 一般照明、插座回路均采用BV导线穿阻燃PVC塑料管暗敷。除图中已注明外，穿管管径按规范要求选择。
7.2 单相插座回路导线均为3根，三相插座回路导线均为5根，电气平面图中已注明。
7.3 暗敷导线宜分颜色敷设。推荐线色为：L1黄、L2绿、L3红、N淡蓝、PE黄绿相间。
8.接地：
8.1本工程低压配电系统采用TN-C-S接地保护方式，并与保护接地用同一接地体，接地电阻要求不大于1Ω。
8.2 所有电气设备外露正常不带电部分均应可靠接地，PE线不得采用串联连接。
8.3 本工程设总等电位联结。应将建筑物的PE干线、电气装置的接地干线、所有金属管道、建筑物金属构件等导体作等电位联结。做法参照《等电位联结安装》（02D501—2）。
9.其他：
9.1 本工程在施工时应注意与各专业密切配合，做好预留预埋工作。
9.2 本工程可参照《建筑电气安装工程图集》施工，不详之处请及时与设计和建设方协商解决。未尽事宜按《建筑电气工程施工质量验收规范》（GB 50303—2015）相关条款执行。
9.3 本系统图中设备的“××”代表的是“某某”产品，具体产品由甲方定，在选用设备时只需按电流大小选用即可。

图 例

序号	图 例	名 称	规 格	单位	数量	备 注
1		照明配电箱		台	12	距地 1.8m
2		动力配电箱		台	8	距地 1.8m
3		双电源切换箱		台	2	距地 1.8m
4		电梯控制柜		台	2	落地安装
5		暗装单极开关	KG3116A	个	20	距地 1.4m
6		暗装双极开关	KG3216A	个	6	距地 1.4m
7		暗装三极开关	KG3316A	个	18	距地 1.4m
8		灯盘	1×125W	个	264	吊顶安装
9		吸顶灯	1×26W	个	108	吸顶安装
10		应急照明灯		个	246	壁装距地 2.2m
11		疏散指示灯		个	108	吊顶安装
12		安全出口灯		个	18	距门顶 0.5m
13		楼层灯		个	12	距地 0.5m
14		风扇		个	264	吊顶安装
15		排风扇		个	12	壁装距地 2.4m
16		单相双联二加三极防溅暗插座	L426/10USL（加防溅盒）	个	6	距地 1.5m
17		三相热水器插座		个	6	距地 1.5m

注：所有插座应带保护门。

AFZ1,2（共2只）

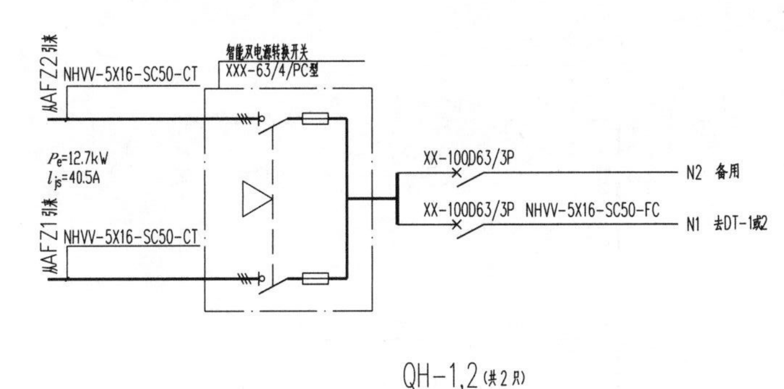

QH-1,2（共2只）

【读图指导】
对照电气专业有关的专业符号，了解本工程正常照明配电系统。

会签：
建筑 结构 电气
给排水 暖通
盖章：
工程名称：××××公司3#、4#车间
图名：电气设计说明 图例 系统图
审定人
审核人
总工程师
项目负责人
专业负责人
设计人
制图人
校对人
设计号： 设计阶段：施工图
专业：电气 图号：1
出图日期： 专业张数：10

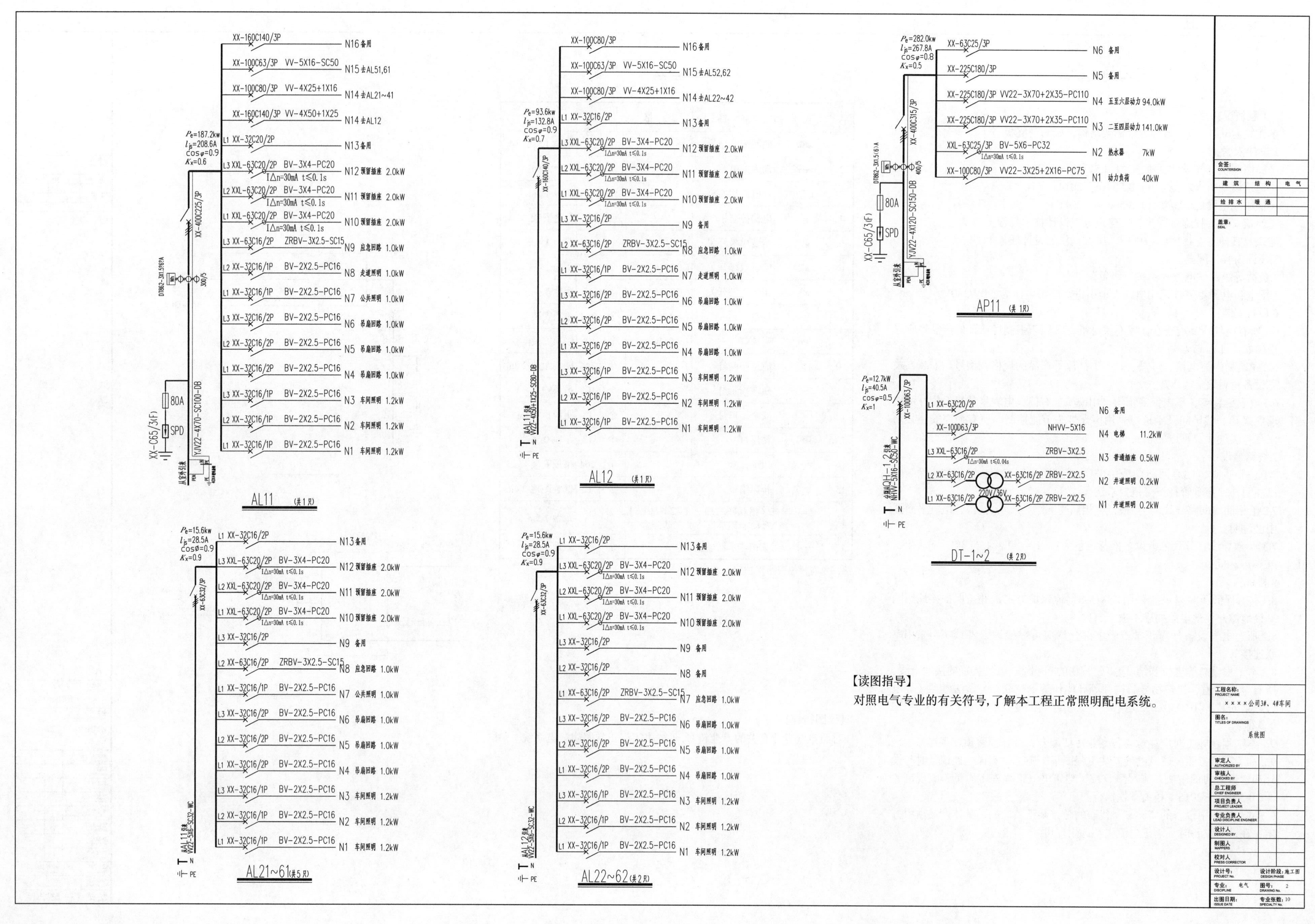

【读图指导】

对照电气专业的有关符号，了解本工程正常照明配电系统。

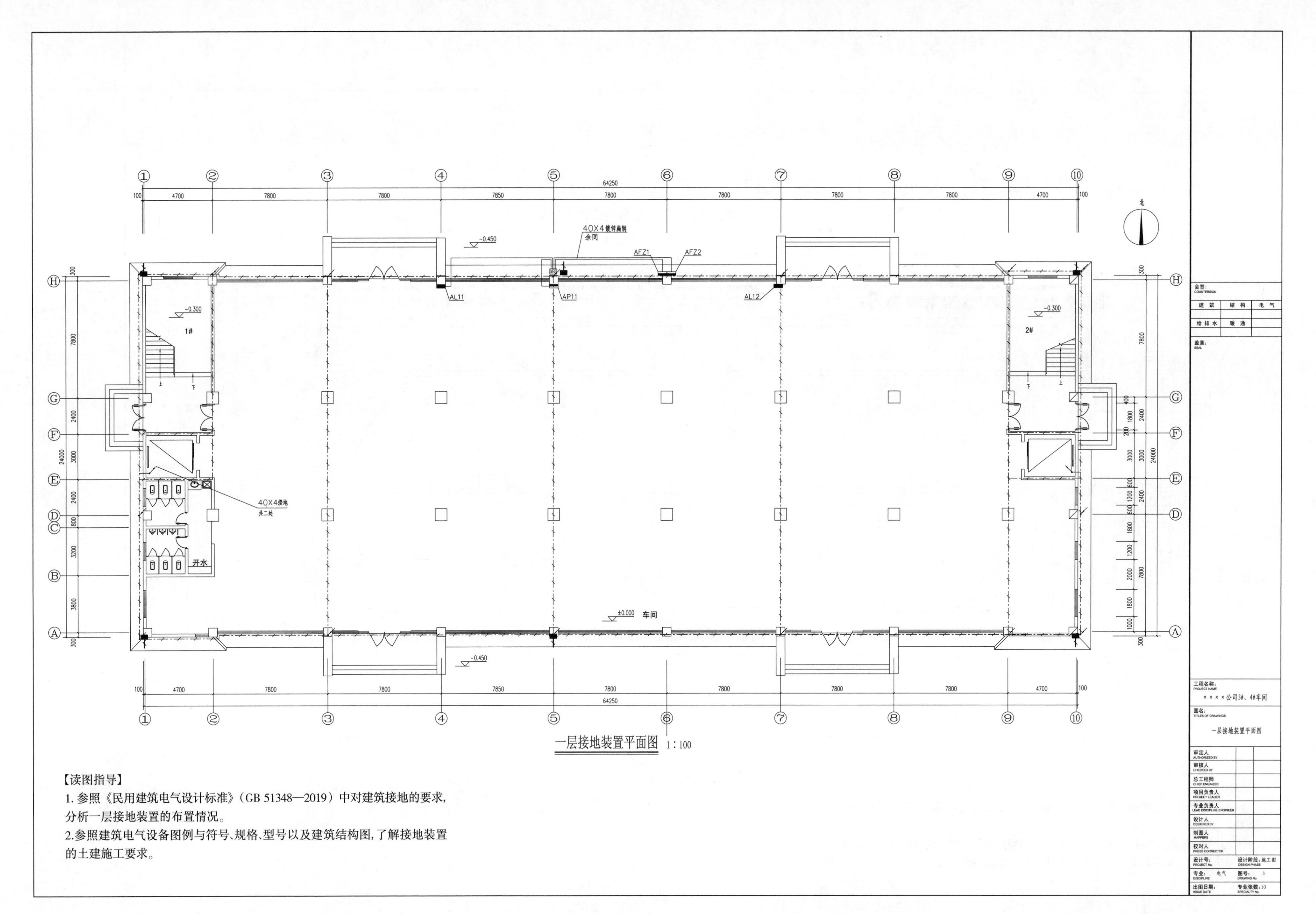

一层接地装置平面图 1∶100

【读图指导】

1. 参照《民用建筑电气设计标准》（GB 51348—2019）中对建筑接地的要求，分析一层接地装置的布置情况。

2.参照建筑电气设备图例与符号、规格、型号以及建筑结构图，了解接地装置的土建施工要求。

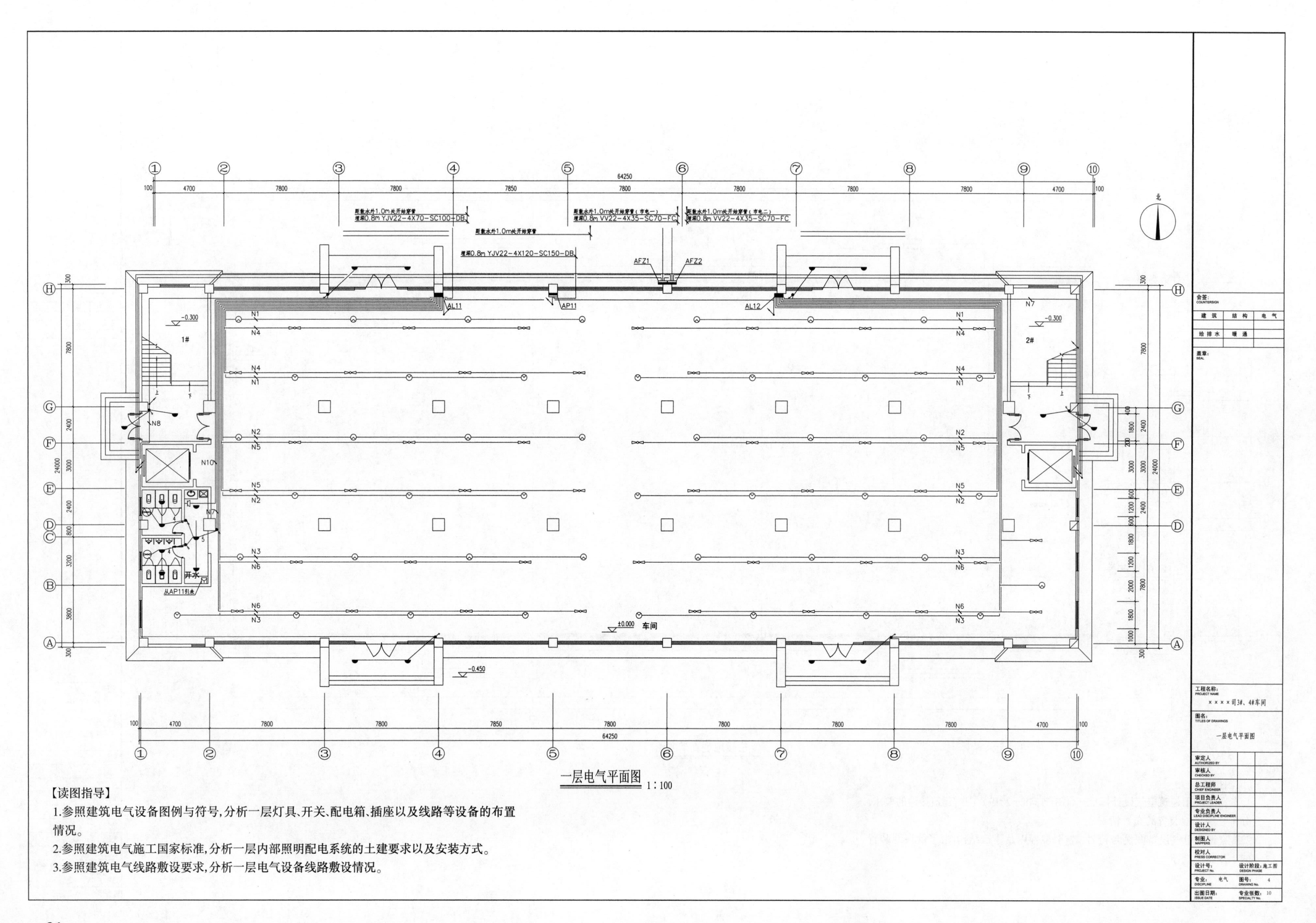

【读图指导】

1.参照建筑电气设备图例与符号，分析一层灯具、开关、配电箱、插座以及线路等设备的布置情况。

2.参照建筑电气施工国家标准，分析一层内部照明配电系统的土建要求以及安装方式。

3.参照建筑电气线路敷设要求，分析一层电气设备线路敷设情况。

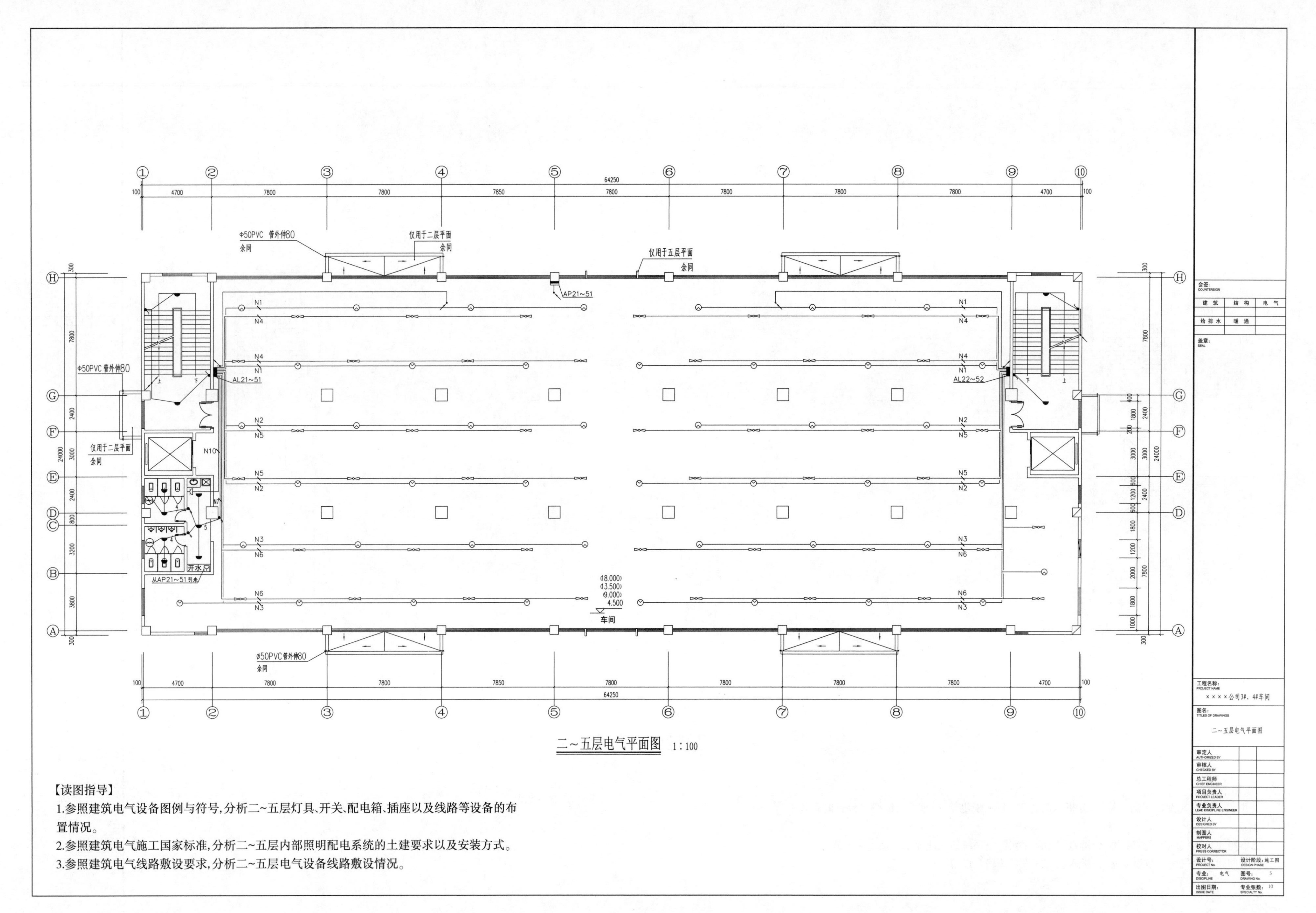

【读图指导】

1.参照建筑电气设备图例与符号,分析二~五层灯具、开关、配电箱、插座以及线路等设备的布置情况。

2.参照建筑电气施工国家标准,分析二~五层内部照明配电系统的土建要求以及安装方式。

3.参照建筑电气线路敷设要求,分析二~五层电气设备线路敷设情况。

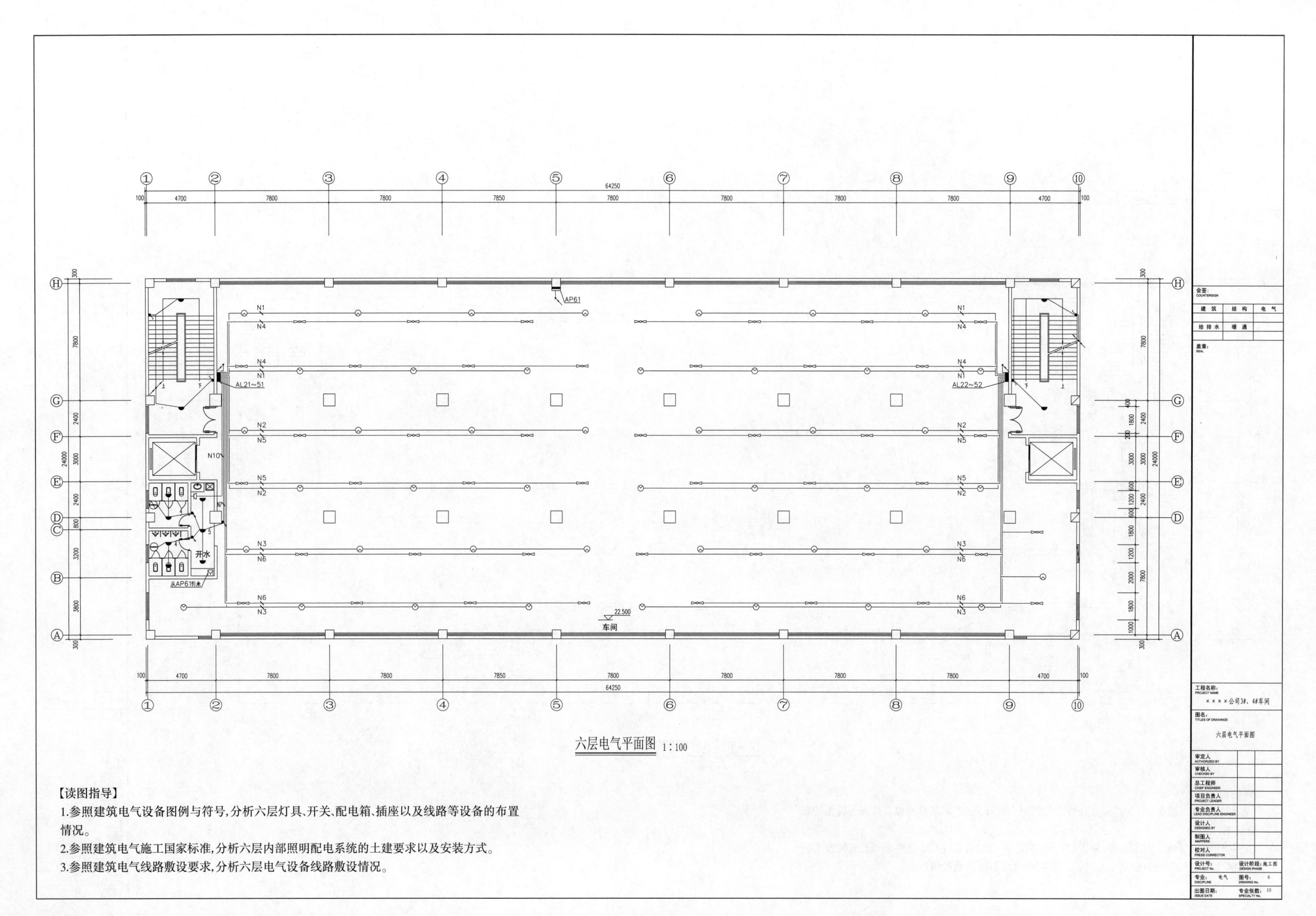

【读图指导】

1.参照建筑电气设备图例与符号，分析六层灯具、开关、配电箱、插座以及线路等设备的布置情况。

2.参照建筑电气施工国家标准，分析六层内部照明配电系统的土建要求以及安装方式。

3.参照建筑电气线路敷设要求，分析六层电气设备线路敷设情况。

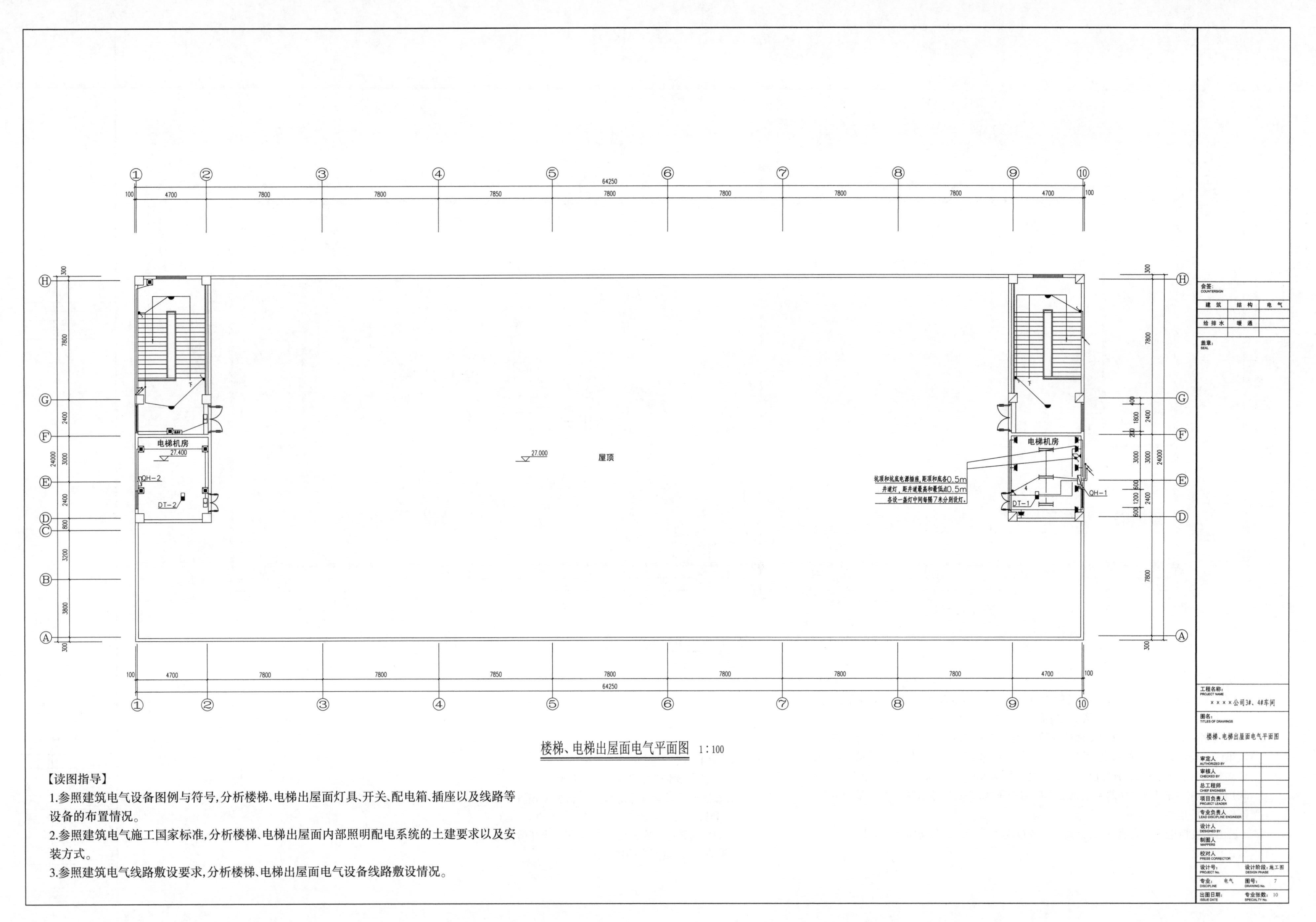

楼梯、电梯出屋面电气平面图 1∶100

【读图指导】

1.参照建筑电气设备图例与符号，分析楼梯、电梯出屋面灯具、开关、配电箱、插座以及线路等设备的布置情况。

2.参照建筑电气施工国家标准，分析楼梯、电梯出屋面内部照明配电系统的土建要求以及安装方式。

3.参照建筑电气线路敷设要求，分析楼梯、电梯出屋面电气设备线路敷设情况。

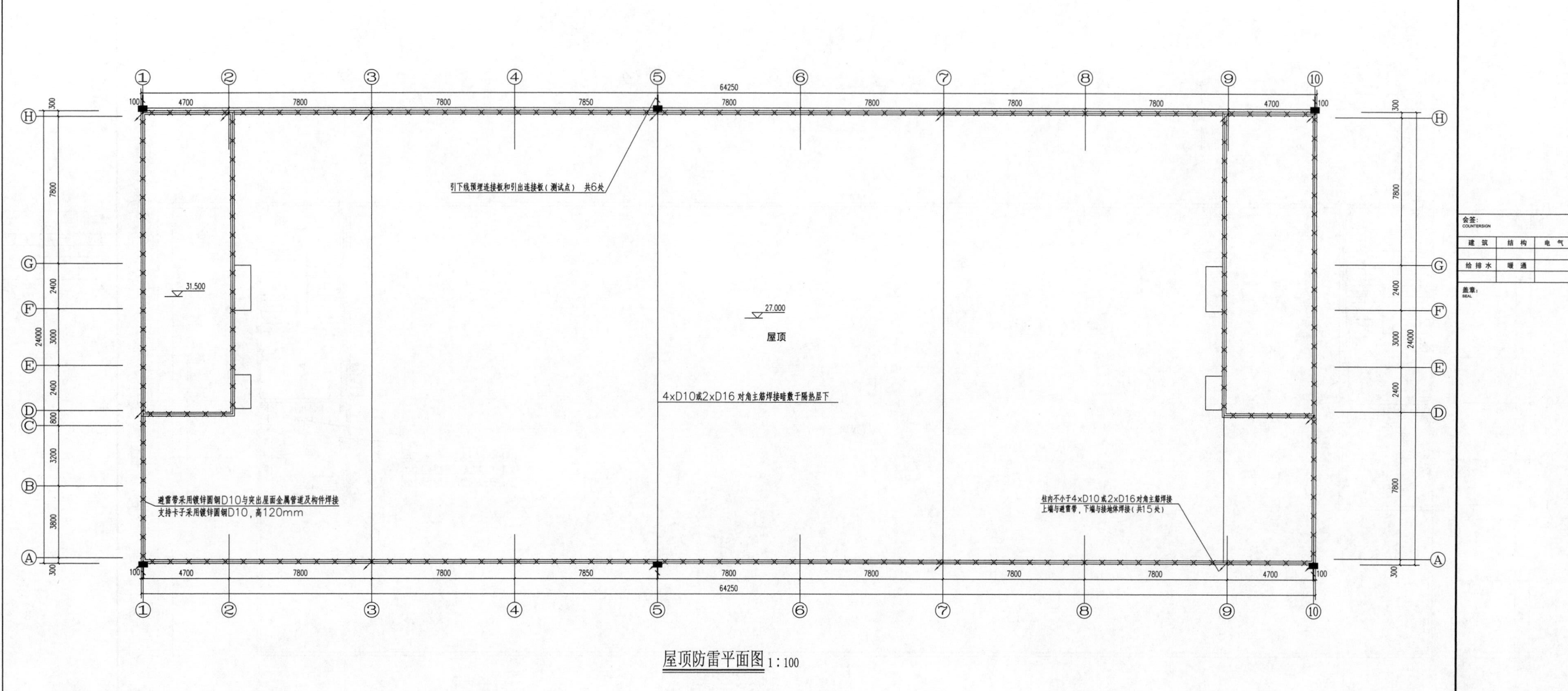

屋顶防雷平面图 1:100

说明:

1.依计算结果按三类防雷保护措施设计。采用D10镀锌圆钢在屋面设不大于20m×20m(或24m×16m)避雷网络,且屋面上所有的金属构件、外露金属管道均用D10镀锌圆钢与避雷网联结,突出屋面的风管等物体的顶部边缘均设避雷带。建筑物各层梁内主筋应相互连通。六层及以上各层的建筑外墙上的金属门、窗、较大的金属构件均与防雷装置连接,竖直敷设的金属管道及金属物的顶端和底端与防雷装置连接,利用结构柱内不小于D16的两根钢筋作防雷引下线,并利用建筑物混凝土基础钢筋网作自然接地体。

2.进出建筑物电缆的金属外皮、金属管道等应在入户端就近与防雷接地装置用25×4镀锌扁铁连接。

【读图指导】

1.认真阅读本工程的防雷设计说明。

2.参照电气设计对防雷的要求,分析屋顶防雷带的布置情况。

3.对照建筑电气安全设计规范,了解土建措施与建筑电气防雷安全的协调关系。

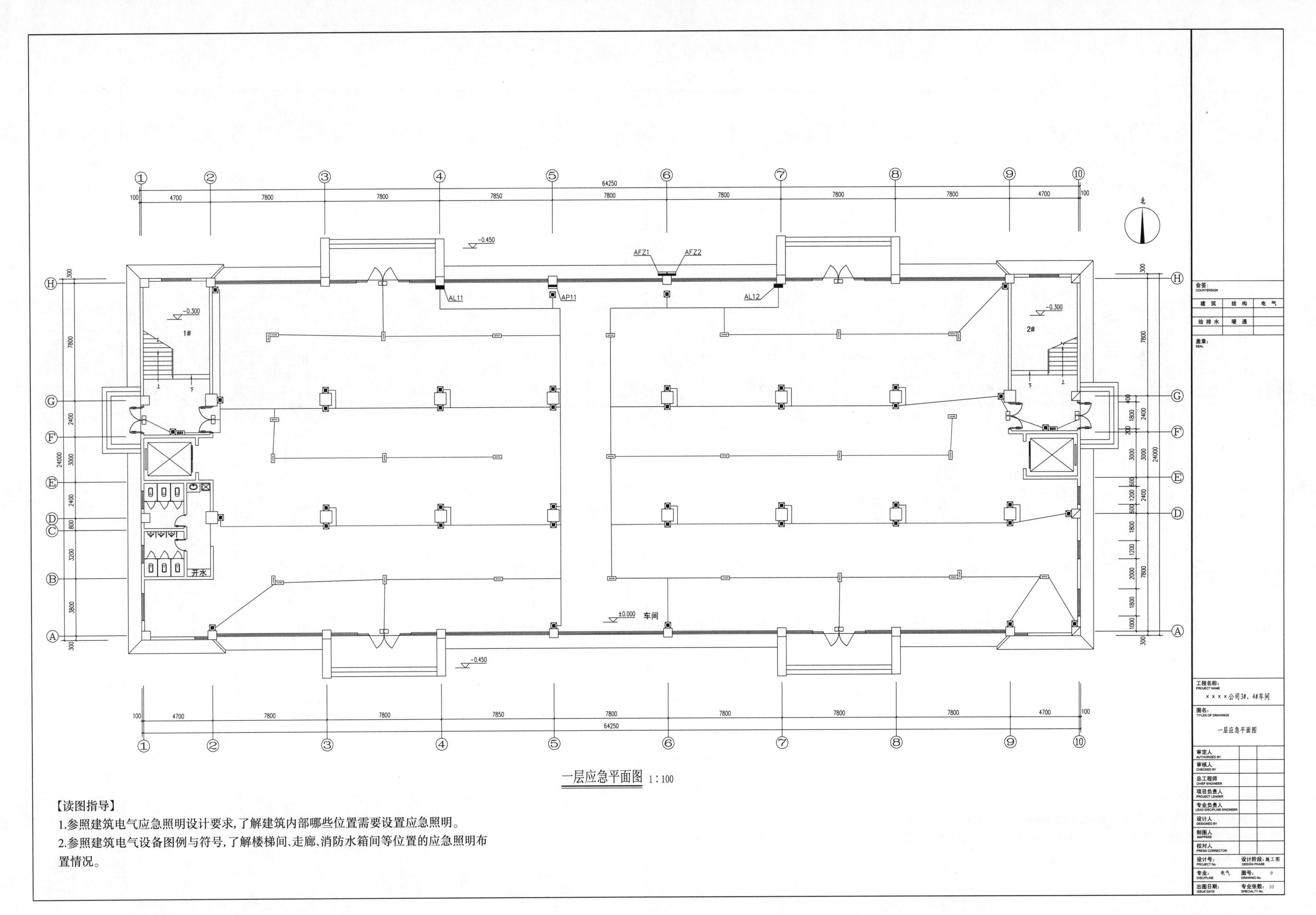

一层应急平面图 1∶100

【读图指导】

1.参照建筑电气应急照明设计要求，了解建筑内部哪些位置需要设置应急照明。

2.参照建筑电气设备图例与符号，了解楼梯间、走廊、消防水箱间等位置的应急照明布置情况。

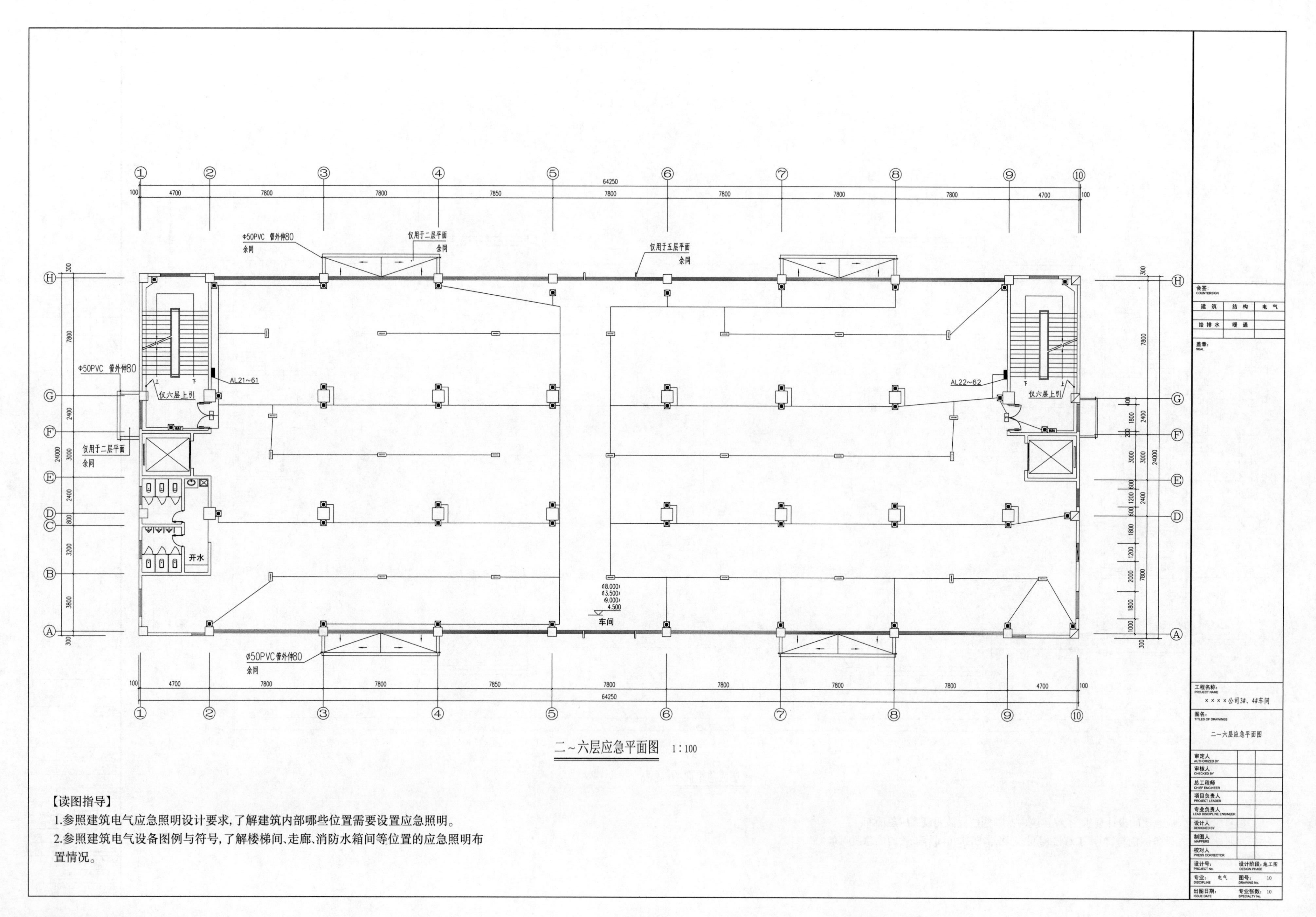

二~六层应急平面图 1:100

【读图指导】

1.参照建筑电气应急照明设计要求,了解建筑内部哪些位置需要设置应急照明。

2.参照建筑电气设备图例与符号,了解楼梯间、走廊、消防水箱间等位置的应急照明布置情况。

项目3　某小区高层住宅楼（剪力墙结构）

1. 图纸目录

序号	图　别	图纸内容	图　幅
1	建施 -1	总平面布置图	2#+1/4
2	建施 -2	建筑设计总说明	2#+1/4
3	建施 -3	建筑设计总说明（续）	2#+1/4
4	建施 -4	储藏室层平面图	2#
5	建施 -5	一层平面图	2#
6	建施 -6	二层平面图	2#
7	建施 -7	三～十层平面图	2#
8	建施 -8	十一层平面图	2#
9	建施 -9	楼、电梯出屋面平面图	2#
10	建施 -10	屋顶平面图	2#
11	建施 -11	①～㊶立面图	2#
12	建施 -12	㊶～①立面图	2#
13	建施 -13	Ⓐ～Ⓛ立面图　Ⓛ～Ⓐ立面图	2#
14	建施 -14	1—1 剖面图	2#
15	建施 -15	2—2 剖面图	2#
16	建施 -16	楼梯平面详图（一）	2#+1/2
17	建施 -17	楼梯平面详图（二）	2#+1/2
18	建施 -18	节点详图　门窗大样图（一）	2#+1/2
19	建施 -19	节点详图　门窗大样图（二）	2#+1/2
20	结施 -1	结构设计总说明（一）	2#
21	结施 -2	结构设计总说明（二）	2#
22	结施 -3	基础平面布置图	2#
23	结施 -4	楼梯详图（一）	2#
24	结施 -5	楼梯详图（二）	2#
25	结施 -6	结构造型配筋图	2#
26	结施 -7	剪力墙柱表	2#
27	结施 -8	筏板顶～-0.030 剪力墙平面布置图	2#
28	结施 -9	-0.030 ～ 32.970 剪力墙平面布置图	2#
29	结施 -10	32.970 ～ 37.570 剪力墙平面布置图	2#
30	结施 -11	-0.030 梁平法施工图	2#
31	结施 -12	2.970 梁平法施工图	2#
32	结施 -13	5.970 梁平法施工图	2#
33	结施 -14	8.970 ～ 29.970 梁平法施工图	2#
34	结施 -15	32.970 梁平法施工图	2#
35	结施 -16	-0.030 楼板结构平面布置图	2#
36	结施 -17	2.970 楼板结构平面布置图	2#
37	结施 -18	5.970 楼板结构平面布置图	2#
38	结施 -19	8.970 ～ 29.970 楼板结构平面布置图	2#
39	结施 -20	32.970 楼板结构平面布置图	2#
40	结施 -21	35.870 梁、板平法施工图	2#
41	水施 -1	给排水设计总说明	2#
42	水施 -2	图例、材料表　选用图案一览表	2#
43	水施 -3	地下室消火栓、给排水平面图	2#
44	水施 -4	一层消火栓、给排水平面图	2#
45	水施 -5	二层消火栓、给排水平面图	2#
46	水施 -6	三～十一层消火栓、给排水平面图	2#
47	水施 -7	屋面消防平面图	2#
48	水施 -8	一～十一层户型给排水详图	2#
49	水施 -9	一～十一层户型给排水轴测图	2#
50	水施 -10	给排水系统图　消火栓系统原理图	2#
51	电施 -1	电气设计总说明	2#
52	电施 -2	系统图　图例	2#
53	电施 -3	照明、动力配电箱竖向干线图	2#
54	电施 -4	弱电系统图	2#
55	电施 -5	储藏室接地装置平面图	2#
56	电施 -6	一层等电位平面图	2#
57	电施 -7	储藏室电气平面图	2#
58	电施 -8	一层电气平面图	2#
59	电施 -9	二层电气平面图	2#
60	电施 -10	三～十层电气平面图	2#
61	电施 -11	十一层电气平面图	2#
62	电施 -12	电梯出屋面电气平面图	2#
63	电施 -13	屋顶防雷平面图	2#
64	电施 -14	储藏室报警和应急平面图	2#
65	电施 -15	一层报警和应急平面图	2#
66	电施 -16	二层报警和应急平面图	2#
67	电施 -17	三～十层报警和应急平面图	2#
68	电施 -18	十一层报警和应急平面图	2#
69	电施 -19	电梯出屋面报警和应急平面图	2#

2. 建筑专业施工图

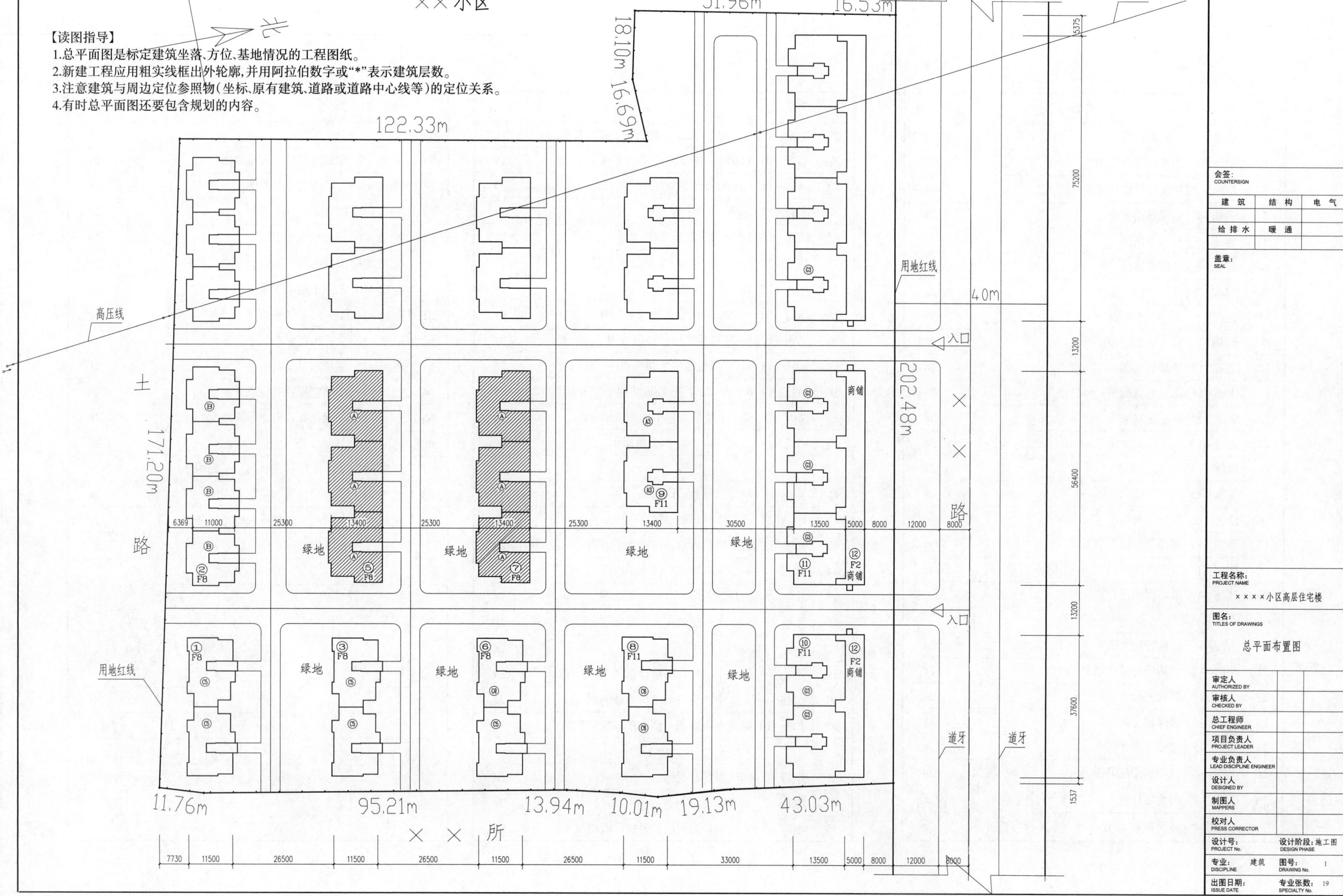

××小区
北
【读图指导】
1.总平面图是标定建筑坐落、方位、基地情况的工程图纸。
2.新建工程应用粗实线框出外轮廓,并用阿拉伯数字或“*”表示建筑层数。
3.注意建筑与周边定位参照物(坐标、原有建筑、道路或道路中心线等)的定位关系。
4.有时总平面图还要包含规划的内容。
51.96m
16.53m
18.10m
16.69m
122.33m
高压线
用地红线
40m
入口
202.48m
171.20m
土
路
××
路
绿地
商铺
F2
F8
F11
11.76m
95.21m
13.94m
10.01m
19.13m
43.03m
××所
道牙
会签:
COUNTERSIGN
建筑
结构
电气
给排水
暖通
盖章:
SEAL
工程名称:
PROJECT NAME
××××小区高层住宅楼
图名:
TITLES OF DRAWINGS
总平面布置图
审定人
AUTHORIZED BY
审核人
CHECKED BY
总工程师
CHIEF ENGINEER
项目负责人
PROJECT LEADER
专业负责人
LEAD DISCIPLINE ENGINEER
设计人
DESIGNED BY
制图人
MAPPERS
校对人
PRESS CORRECTOR
设计号:
PROJECT No.
设计阶段:施工图
DESIGN PHASE
专业: 建筑
DISCIPLINE
图号: 1
DRAWING No.
出图日期:
ISSUE DATE
专业张数: 19
SPECIALTY No.

建筑设计总说明(一)

一、设计依据

1.1 经批准的本工程方案设计文件、建设方的意见。
1.2 现行的国家有关建筑设计规范、规程和规定。
1.3 遵循主要设计规范：
《民用建筑设计统一标准》（GB 50352—2019）
《住宅建筑规范》（GB 50368—2019）
《住宅设计规范》（GB 50096—2021）
《建筑设计防火规范》（GB 50016—2014）
《城市道路和无障碍设计规范》（GB 50763—2012）
《05 系列工程建设标准设计图集—05YJ》
《河南省居住建筑节能设计标准（寒冷地区）》（DBJ 41/062—2012）
《民用建筑外保温系统及外墙装饰防火暂行规定》（公通字〔2009〕46 号）
工程建设标准强制性条文

二、项目概况

2.1 本工程为 ×××× 小区高层住宅楼，位于 ×× 路以南，×× 大道以东，×× 路以西。
本工程总建筑面积为 6101.9m²。储藏室建筑面积为 519.02m²，住宅建筑面积为 5582.88m²。
本建筑主体十一层，地下一层为储藏室（其内部严禁布置、存放和使用火灾危险等级为甲乙丙类物品），储藏室以上为住宅，住宅部分层高均为 3.0m，储藏室层高为 2.65m。总建筑高度 33.87m。
本次设计为包括建筑、结构、给排水、电气等专业的施工图设计。
2.2 本建筑合理使用年限为 50 年，建筑抗震设防烈度为 6 度。
2.3 本工程建筑类别为二类高层，耐火等级为二级，地下室耐火等级为一级。
2.4 本工程结构形式为剪力墙结构。

三、设计标高及定位

3.1 ±0.000 标高依施工现场实际情况确定。
3.2 除屋顶标高外，其他各层标注标高均为建筑完成面标高。
3.3 本工程除标高以 m 为单位外，其他尺寸均以 mm 为单位。

四、墙体及墙体工程

4.1 除注明外，其余未注明的墙均为 200mm 厚加气混凝土砌块且轴线居中。门垛尺寸未注明者均为 100mm。
4.2 住宅卫生间、厨房、阳台、用水房间的墙体下做 150mm 高、同墙厚的 C20 素混凝土止水带。
4.3 构造柱及过梁均见结构设计总说明，钢筋混凝土柱和填充墙交接处的预留钢筋见结构设计总说明。
墙体上除建筑注明较大留洞外，其他设备留洞均参见设备图纸配合施工，洞口依结构说明设置过梁。
4.4 所有混凝土做表面粉刷前均应先刷含胶水泥砂浆一道处理，油渍严重者应用碱液清洗。
4.5 预埋木砖（包括与砌块、砖或混凝土接触面）及铁件均应做防腐防锈处理，排水管套管（包括暗管）均应做防锈处理。
4.6 预留洞的封堵：混凝土墙留洞的封堵见结施，其余砌筑墙留洞待管道设备安装完毕后，用 C25 细石混凝土填实或防火材料封堵。
4.7 地下室防水：地下室防水工程执行《地下工程防水技术规范》（GB 50108—2011）规定，地下室防水等级为二级，防水混凝土抗渗等级为 P6，具体细部做法详见节点大样图。

五、屋面工程

5.1 本工程的屋面防水等级为二级，防水层设计使用年限为 15 年。
5.2 屋面做法及屋面节点索引见建施“屋顶平面图”。
5.3 屋面排水组织见屋顶平面图，外排雨水斗、雨水管采用 UPVC 管材。
除图中另有注明者外，雨水管的公称直径均为 DN100；凡有高差的屋面在低屋面水落管落水处均设混凝土水簸箕保护，做法见 05YJ5—1(4/23)。
5.4 屋面工程所采用的防水、保温材料应有产品合格证书和性能检测报告，材料的品种、规格、性能等应符合现行国家产品标准和设计要求。
5.5 伸出屋面的管道、设备或预埋件等，应在防水层施工前安设完毕。

六、门窗工程

6.1 建筑外门窗抗风压性能等级为 3 级，气密性能等级为 4 级，水密性能等级为 3 级，保温性能等级为 7 级，隔声性能等级为 4 级。
6.2 门窗玻璃的选用应遵照《建筑玻璃应用技术规程》（JGJ 113—2015）和《建筑安全玻璃管理规定》（发改运行〔2003〕2116）。
6.3 门窗立面均表示洞口尺寸，门窗加工尺寸要按照装修面厚度由承包商予以调整。
6.4 门窗立樘：外门窗立樘详见墙身节点图、内门窗立樘除图中另有注明者外，双向平开门立樘墙中，单向平开门立樘开启方向墙面平。开启扇均加纱扇，五金零件按要求配齐。预埋件及玻璃厚度由生产厂家根据本地区风压大小及窗扇分格大小进行核算确定。
玻璃单块面积大于 1.5m² 时采用安全玻璃，防火玻璃耐火极限大于 1.2h。
6.5 所有外门窗均为 90 系列白色塑钢框，中空玻璃厚度为 22mm（5+12+5），整体性能应符合有关标准和规范。
6.6 所有门窗上部过梁、圈梁或连系梁，均需按门窗安装要求埋设预埋件。
6.7 本工程门窗须经有资质的制作厂家现场复核尺寸后方可制作安装。

七、外装修工程

7.1 外墙采用外墙外保温方式。外装修设计和做法索引见“立面图”。
7.2 外装修选用的各项材料的材质、规格、颜色等，均由施工单位提供样板，经建设和设计单位确认后进行封样，并据此验收。

八、内装修工程

8.1 内装修工程执行《建筑内部装修设计防火规范》（GB 50222—2015）楼地面部分执行《建筑地面设计规范》（GB 50037—2013）。
8.2 楼地面构造交接处和地坪高度变化处，除图中另有注明者外均位于齐平门扇开启方向墙面处。
8.3 凡设有地漏房间应做防水层，图中未注明整个房间做坡度者，均在地漏周围 1m 范围内做 1% 度坡向地漏。有水房间的楼地面应低于相邻房间 20mm 或做挡水门槛。
8.4 内装修选用的各项材料，均由施工单位制作样板和选样，经确认后进行封样，并据此进行验收。
8.5 本次设计范围及深度：室内装修表中所设内容仅为控制装修材料荷载及面层厚度，具体做法由用户自理。

九、油漆涂料工程

9.1 外木门窗油漆选用所处墙面同色调和漆，内木门油漆选用乳白色调和漆，详见二次装修设计。
9.2 楼梯、平台、护窗钢栏杆选用灰色漆外露铁件，除不锈钢外所有外露铁件均作防锈漆两遍，刷一底二度调和漆，罩面颜色同所在部位墙体颜色。
9.3 各项油漆均由施工单位制作样板，经确认后进行封样，并据此进行验收。

十、厨房和卫生间

厨房排气道选用 05YJ11—3(3/4)，卫生间排气道 05YJ11—3(8/4)。

十一、室外工程

11.1 散水：05YJ1 散 1，滴水线：05YJ6(B/27)(C/27)。
11.2 所有栏杆的垂直净距均小于 110，楼梯水平段的长度大于 500 的高度做 1100mm，同时加设 100mm 高、150mm 的宽翻台。

十二、外墙外保温防火

12.1 本工程建筑外保温系统及外墙装饰的防火设计施工及使用应严格执行《民用建筑外保温系统及外墙装饰防火暂行规定》（公通字〔2009〕46 号）
12.2 本工程采用 B1 级外保温材料，若施工中改为 B2 级外保温材料，应每层沿楼板位置设 A 级岩棉类保温材料，作为防火隔离带，宽度不小于 30cm。屋顶防水屋或可燃保温材料用不燃烧材料进行覆盖。
12.3 屋顶与外墙交接处，屋顶开口部位四周的保温层，采用宽度不小于 500mm 的岩棉类 A 级保温材料，作为水平防火隔离带。
12.4 保温层外防护层采用不燃或难燃材料，一层防护层厚度不小于 6mm，其他层不得小于 3mm。

十三、其他施工注意事项

13.1 图中所选用标准图中有对结构工种的预埋件、预留洞，如楼梯、平台钢栏杆、门窗、建筑配件等。本图所标注的各种留洞与预埋件应与各工种密切配合后，确认无误方可施工。
13.2 两种材料的墙体交接处，应根据饰面材质在做饰面前加钉金属网或在施工中加贴玻璃丝网格布，防止裂缝；加气混凝土墙体抹灰中，应添加抗裂纤维掺料。
13.3 空调机均设φ50UPVC 冷凝水排水立管，并加三通与冷凝水管连接，空调立管位于空调板一侧，应设φ50 预留洞与空调孔对应。
13.4 低于 900mm 的外窗均加防护栏杆，有效防护高度为 1100mm。
13.5 住宅的卧室和起居厅内的允许噪声级（A 声级）昼间应不大于 50dB，夜间应不大于 40dB。
分户墙与楼板的空气声的计权隔声量应不小于 40dB，楼板的计权标准化撞击声压级宜不大于 75dB。
13.6 请密切配合各工种图纸施工，为保证工程质量，未经设计人员书面同意不得随意更改。
对设计失误或主要材料必须更换等情况，应提前征得设计人的书面同意后方可更正。
施工中应严格执行国家各项施工质量验收规范。

【读图指导】

1.建筑设计总说明是建筑设计的纲领性文件。
2.应说明建筑设计过程所用的规范、标准、通用图集等技术文件的名称和编号。
3.应说明建筑有关的技术经济指标（总面积、占地面积、层数、层高、防火等级、耐火年限等）。

会签：COUNTERSIGN

建 筑	结 构	电 气
给 排 水	暖 通	

盖章：SEAL

工程名称：PROJECT NAME ××××小区高层住宅楼

图名：TITLES OF DRAWINGS 建筑设计总说明(一)

审定人 AUTHORIZED BY		
审核人 CHECKED BY		
总工程师 CHIEF ENGINEER		
项目负责人 PROJECT LEADER		
专业负责人 LEAD DISCIPLINE ENGINEER		
设计人 DESIGNED BY		
制图人 MAPPERS		
校对人 PRESS CORRECTOR		

设计号：PROJECT No.　设计阶段：施工图 DESIGN PHASE
专业：建筑 DISCIPLINE　图号：2 DRAWING No.
出图日期：ISSUE DATE　专业张数：19 SPECIALTY No.

建筑设计总说明（二）

装修表

分项工程	选用图集	备 注	分项工程	选用图集	备 注
屋 面	05YJ1 屋 4 B1	用于上人平屋面防水选用 F2 保温层选 50 厚挤塑聚苯乙烯泡沫塑料板，用于 33.0 标高屋面	出屋面管道	05YJ5—1 (1/14)	
	05YJ1 屋 1 B1	用于不上人平屋面防水选用 F2 保温层选 50 厚挤塑聚苯乙烯泡沫塑料板，用于 35.9、37.6 标高屋面	分格缝	05YJ3—7 (2/23)	
	05YJ1 屋 12	涂料保护层用于雨棚楼梯间处	泛 水	05YJ5—1 (D/10)	
地 面	05YJ1 地 1	水泥砂浆地面用于储藏室，面层抹光	女儿墙压顶及防水收头	05YJ5—1 (A/9)(B/9)	
地下室防水	参 05YJ1 地防 4	具体做法详见建施-19	油 漆	05YJ1 涂 1	用于木构件门内外均为乳白色，扶手为仿木纹色
楼 面	05YJ1 楼 28	50 厚 C20 细石混凝土层取消，15 厚（最薄处）1 ：2 水泥砂浆找坡找平，总厚度 50mm；用于厨卫及阳台		05YJ1 涂 13	用于金属构件楼梯栏杆为深灰色，空调板栏杆为深灰色
	05YJ1 楼 1	用于楼梯间及住宅厨卫外所有房间（毛面）	屋面水落口	05YJ5—1 (2/18)(2/19)	
内 墙	05YJ1 内墙 5	除厨卫外的所有内墙，外罩仿瓷涂料	雨水管件	05YJ5—1 (23/21)(22)(23)	05YJ5-2 (2/65) UPVC 管φ 100
	05YJ1 内墙 12	用于厨房，卫生间墙面（满贴）	水簸箕	05YJ5—1 (4/23)	用于高低屋面
外 墙	05YJ3—7 页 12	用于需保温部位面砖外墙面，详见立面图	平顶角线	05YJ7 (3/14)	
	05YJ3—7 页 11	用于需保温部位涂料外墙面，详见立面图	内墙护角	05YJ7 (1/14)	高 2000
	05YJ1 外墙 13	用于无保温部位面砖外墙面，详见立面图	楼梯扶手栏杆	05YJ8 (7/25)(9/74)(3/79)(3/78)	栏杆净距 ≤110 顶层临空处高 1100
	05YJ1 外墙 23	用于无保温部位涂料外墙面，详见立面图	楼梯踏步	05YJ8 (2/80)	楼梯间
踢 脚	05YJ1 踢 6	除卫外所有房间，用于住宅面层同楼面	护窗栏杆	φ50×1.5 不锈钢扶手，不锈钢立杆 φ20×1.5 @110	
墙 裙	05YJ1 裙 11	用于有水池处，高 2m 面砖规格档次甲方另定	屋面出入口	05YJ5—1 (4/12)	
顶 棚	05YJ1 顶 4	用于厨房、卫生间，刷白色仿瓷涂料	阳台排水	05YJ6 (1/36)	
	05YJ1 顶 3	面层做白色仿瓷涂料，用于所有顶棚及楼梯底板	晒衣架	市售成品用户自理	
散 水	05YJ1 散 1	散宽 W=900	空调支架安装	05YJ3—7 (4/23)	
台 阶	05YJ1 台 1		厨房排气道	05YJ11—3 (3/4)(1/10)	

门窗表

类型	设计编号	洞口尺寸 (mm)	数量	图集名称	页次	选用型号	备 注
门	FM-1 丙	600×1800	48	05YJ4—2	17	MFM07-0618	管道井门（耐火极限大于 0.6h，门口距地面 200）
	FM 乙 -1	1000×2100	2	05YJ4—2	7	MFM03-1021	地下室楼梯间疏散门（耐火极限大于 0.9h）
	FM 乙 -2	1200×2100	2	参见 05YJ4—2	7	MFM03-1521	机房门（耐火极限大于 0.9h）
	FM 甲 -1	1000×2100	44	防火防盗保温隔声复合门			住宅分户门（耐火极限大于 1.2h）
	M-1	1000×2100	46	成品防盗门			储藏室门和楼梯出屋面门
	M-2	900×2100	132	05YJ4—1	89	1PM-0921	卧室门（用户自理）
	M-3	800×2100	88	05YJ4—1	89	1PM1-0821	卫生间和厨房门（用户自理）
	M-4	1500×2100	2	可视对讲防盗门			单元门(子母门)
门连窗	MLC-1	1700×2600	44	详见建施本页			卫生间门（用户自理）
	MLC-2	3700×2600	44	详见建施本页			厨房门（用户自理）
推拉门	TLM-1	2100×2600	44	详见建施本页			阳台门（用户自理）
窗	C-1	1500×1500	88	05YJ4—1	28	2TC-1515	座窗，1.0m 白色塑钢窗
	C-2	900×1500	88	05YJ4—1	28	2TC-0915	座窗，1.0m 白色塑钢窗
	C-3	1100×1500	44	参见 05YJ4—1	28	2TC-1215	座窗，1.0m 白色塑钢窗
	C-4	1000×1500	20	参见 05YJ4—1	28	2TC-0915	梯间窗，白色塑钢窗
	C-4a	1500×1000	2	参见 05YJ4—1	25	1TC-1509	梯间窗，白色塑钢窗
	C-5	900×900	2	参见 05YJ4—1	25	1TC-0909	座窗，1.5m 白色塑钢窗
阳台窗	YTC-1	1100×2300	40	详见建施本页			座窗，0.3m 白色塑钢窗
	YTC-2	2600×2300	40	详见建施本页			座窗，0.3m 白色塑钢窗
	YTC-3	1350×1500	4	参见05YJ4—1	28	2TC-1515	座窗，1.1m 白色塑钢窗
	YTC-4	1100×1500	8	参见 05YJ4—1	28	2TC-1215	座窗，1.1m 白色塑钢窗
凸窗	TC-1	1800×1500	44	详见建施本页			

注：所有外窗均加纱扇，一层窗加防护措施。

经济技术指标

经济技术指标 \ 户型	A 型：三室两厅
套内使用面积	95.85m^2
使用面积系数	78.9%
套型建筑面积	121.48m^2
套型阳台面积	8.31m^2
套型建筑面积＋阳台半面积	125.64m^2
户数	44

注：本面积不作为售房依据。

外墙外保温工程做法：

施工中，通过相应的构造处理使完成后的“外墙”墙面保持平整。

外墙工程做法：05YJ3—7 (4/07)（挤塑聚苯板外墙外保温构造），保温层厚度为 30mm，传热系数 0.62W/（m^2·K）。

屋面工程做法：

上人平屋面：05YJ1 屋 8 B2 保温层选 70 厚聚苯乙烯泡沫塑料板，防水选用 F1。

不上人平屋面：05YJ1 屋 13 B2 保温层选 70 厚聚苯乙烯泡沫塑料板，防水选用 F1。

储藏室顶板：粘贴 60mm 厚挤塑聚苯乙烯泡沫塑料板，传热系数为 0.47W/（m^2·K）小于 0.50W/（m^2·K）。

楼电梯间隔墙：靠住户一侧墙体刷 20mm 厚胶粉聚苯颗粒保温砂浆，传热系数为 1.47W/（m^2·K）小于 1.65W/（m^2·K）。

建筑节能设计表

节能部位	采取节能措施	平均传热系数	备 注
屋 面	采用保温屋面，见建筑工程做法说明	0.54<0.60	上人屋面
	采用保温屋面，见建筑工程做法说明	0.55<0.60	不上人屋面
外 墙	外墙外保温，见建筑工程做法说明	0.62<0.75	
楼电梯间与住宅隔墙	20 厚胶粉聚苯颗粒保温砂浆	1.43<1.65	
窗 户	90 系列塑钢窗中空玻璃	2.40<2.80	
阳台门	90 系列塑钢门中空玻璃	2.40<2.80	
户 门	乙级防火、防盗、保温隔声复合门	1.50<2.70	由甲方按要求订购
储藏室顶板	见节能做法说明	0.47<0.50	
阳台门下部芯板	—	–<1.72	
窗墙比	北向：0.23<0.25，东向：–<0.30，西向：–<0.30，南向：0.43<0.45		
建筑节能指标：建筑体型系数 S=0.24			
建筑物耗热量指标：qH=9.64<14 W/m^2			

结论：本工程满足《河南省居住建筑节能设计标准（寒冷地区）》（DBJ41/062—2012）符合节能要求。

会签：COUNTERSIGN

建筑	结构	电气
给排水	暖通	

盖章：SEAL

工程名称：PROJECT NAME ××××小区高层住宅楼

图名：TITLES OF DRAWINGS 建筑设计总说明（二）

审定人 AUTHORIZED BY

审核人 CHECKED BY

总工程师 CHIEF ENGINEER

项目负责人 PROJECT LEADER

专业负责人 LEAD DISCIPLINE ENGINEER

设计人 DESIGNED BY

制图人 MAPPERS

校对人 PRESS CORRECTOR

设计号：PROJECT No. 设计阶段：施工图 DESIGN PHASE

专业：建筑 DISCIPLINE 图号：3 DRAWING No.

出图日期：ISSUE DATE 专业张数：19 SPECIALTY No.

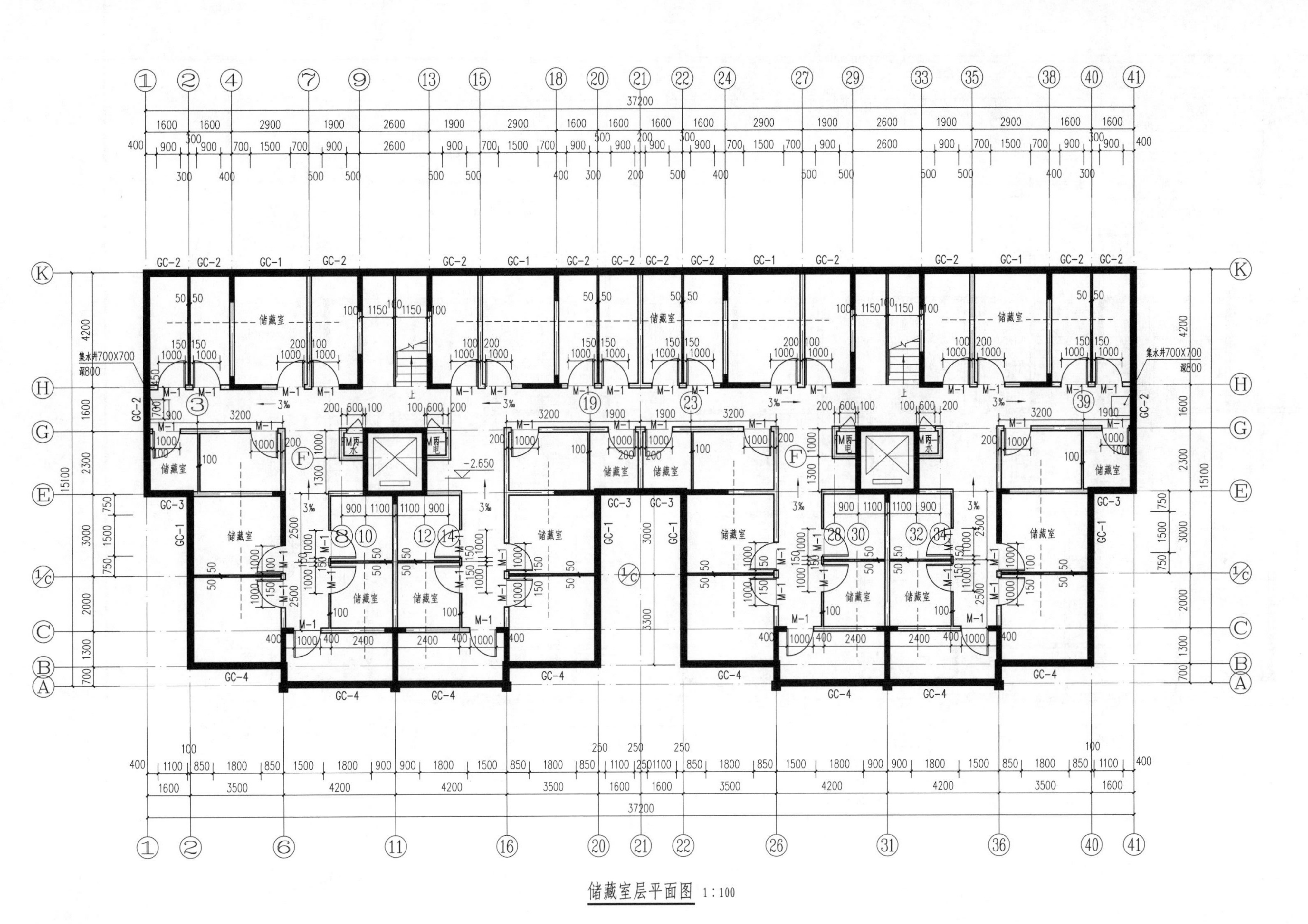

储藏室层平面图 1:100

【读图指导】

1.结合一层平面图,确定该层的高度范围。

2.了解进入该楼层的方式。

3.注意该层地坪的坡度及坡向,并弄清楚设置坡度的原因。

4.将该层与一层平面图进行对比,了解两层之间墙体布置方面的变化,进而理解该层顶板结构构件的平法施工图。

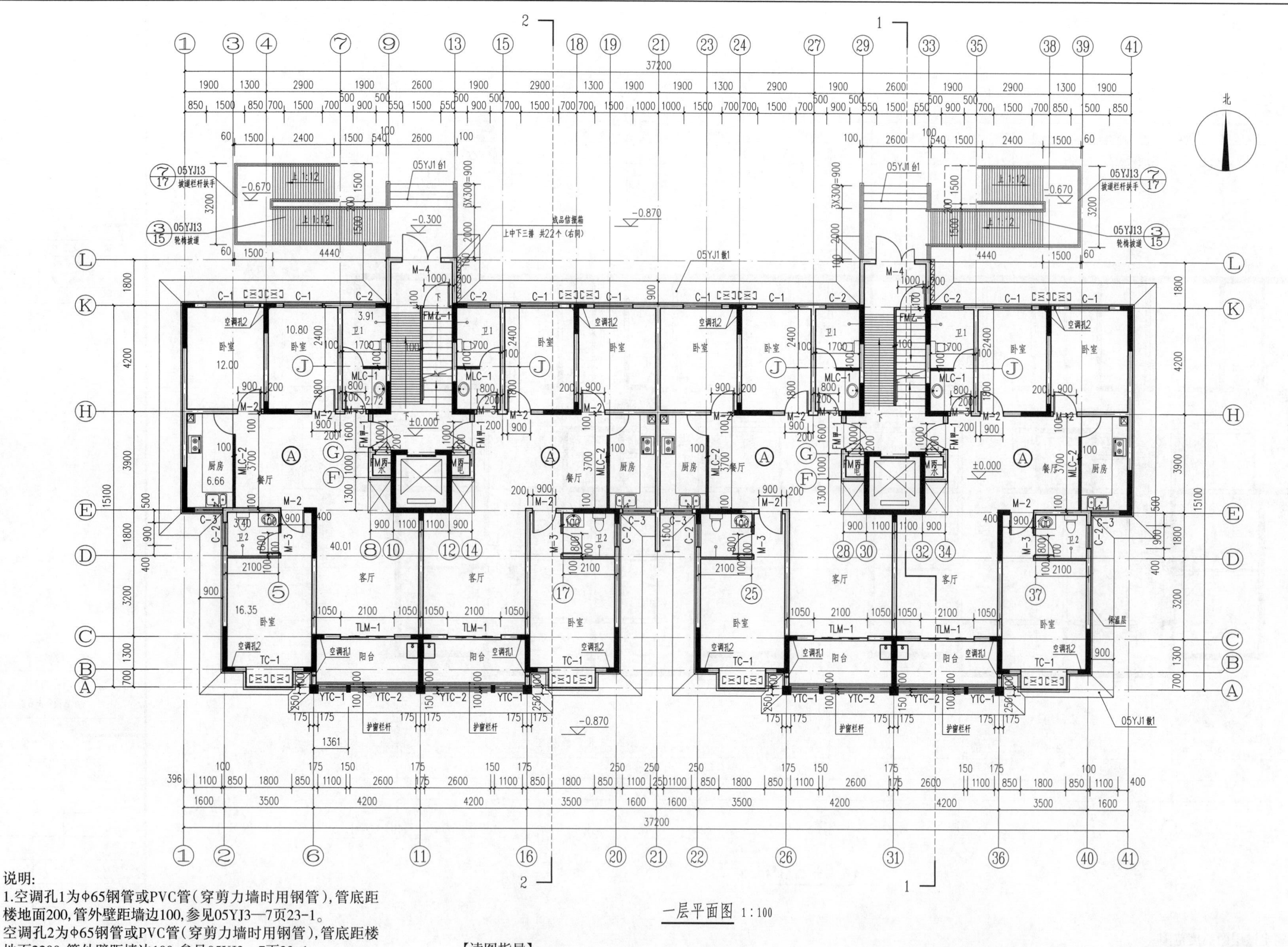

一层平面图 1:100

说明：

1.空调孔1为Φ65钢管或PVC管（穿剪力墙时用钢管），管底距楼地面200，管外壁距墙边100，参见05YJ3—7页23-1。
空调孔2为Φ65钢管或PVC管（穿剪力墙时用钢管），管底距楼地面2200，管外壁距墙边100，参见05YJ3—7页23-1。

2.相同户型内部设施和尺寸均相同。

3.所有套型内门窗均为用户自理。

4.电梯井隔声参见05YJ7㊄。

5.主入口门两侧应安装成品信报箱，并确保每户一个，甲方自理。

【读图指导】

1.一层平面图是非常重要的图纸。设计时首先进行该层的设计，它们属水平剖面，读它们时要清楚剖切面的剖切位置及投影的范围。

2.一层平面布置图上有一些特有的建筑配筋（如散水、台阶和坡道等），识读该层时注意了解这些配件的平面形状和尺寸。

3.一层平面图还有该层特有的符号（如剖面图的剖切符号、指北针），看指标针了解建筑入口的朝向。

会签： COUNTERSIGN		
建 筑	结 构	电 气
给排水	暖 通	

盖章：SEAL

工程名称：PROJECT NAME ××××小区高层住宅楼

图名：TITLES OF DRAWINGS 一层平面图

审定人 AUTHORIZED BY	
审核人 CHECKED BY	
总工程师 CHIEF ENGINEER	
项目负责人 PROJECT LEADER	
专业负责人 LEAD DISCIPLINE ENGINEER	
设计人 DESIGNED BY	
制图人 MAPPERS	
校对人 PRESS CORRECTOR	
设计号：PROJECT No.	设计阶段：施工图 DESIGN PHASE
专业：DISCIPLINE 建筑	图号：DRAWING No. 5
出图日期：ISSUE DATE	专业张数：SPECIALTY No. 19

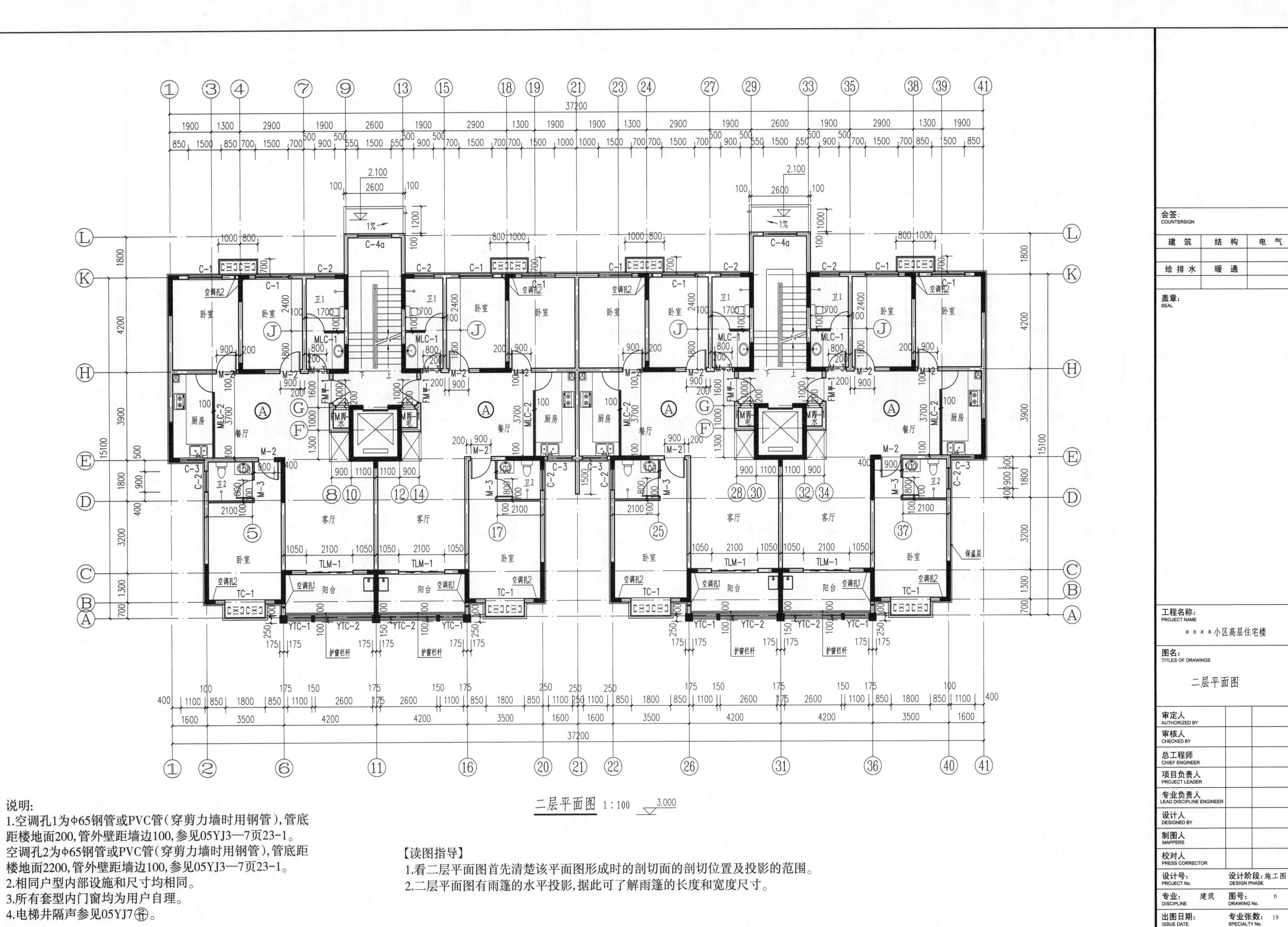

说明:

1.空调孔1为Φ65钢管或PVC管(穿剪力墙时用钢管),管底距楼地面200,管外壁距墙边100,参见05YJ3—7页23-1。
空调孔2为Φ65钢管或PVC管(穿剪力墙时用钢管),管底距楼地面2200,管外壁距墙边100,参见05YJ3—7页23-1。

2.相同户型内部设施和尺寸均相同。

3.所有套型内门窗均为用户自理。

4.电梯井隔声参见05YJ7㊕。

【读图指导】

1.看二层平面图首先清楚该平面图形成时的剖切面的剖切位置及投影的范围。

2.二层平面图有雨篷的水平投影,据此可了解雨篷的长度和宽度尺寸。

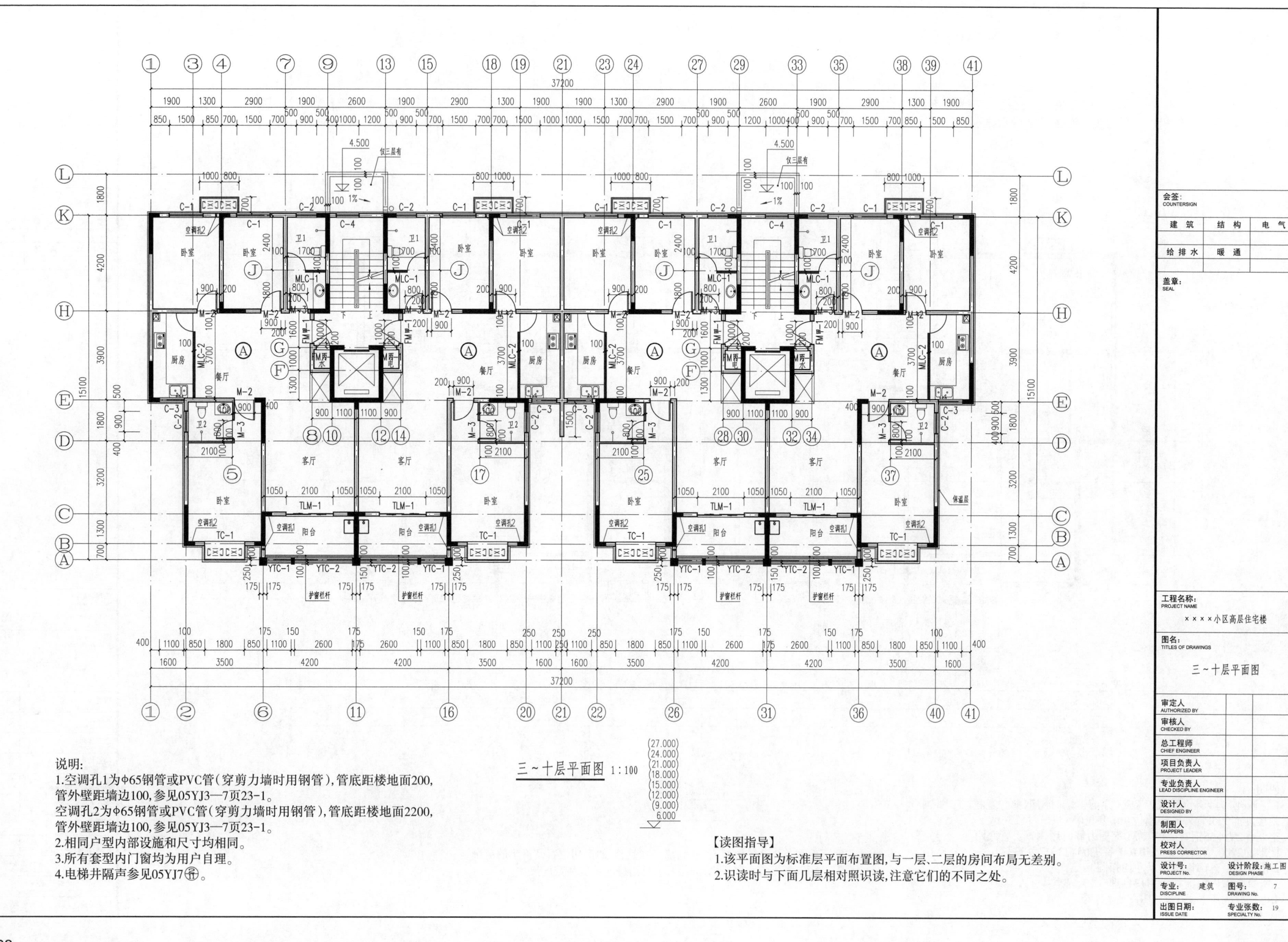
三~十层平面图 1:100
(27.000)
(24.000)
(21.000)
(18.000)
(15.000)
(12.000)
(9.000)
6.000
说明:
1.空调孔1为Φ65钢管或PVC管(穿剪力墙时用钢管),管底距楼地面200,
管外壁距墙边100,参见05YJ3—7页23-1。
空调孔2为Φ65钢管或PVC管(穿剪力墙时用钢管),管底距楼地面2200,
管外壁距墙边100,参见05YJ3—7页23-1。
2.相同户型内部设施和尺寸均相同。
3.所有套型内门窗均为用户自理。
4.电梯井隔声参见05YJ7㊄。
【读图指导】
1.该平面图为标准层平面布置图,与一层、二层的房间布局无差别。
2.识读时与下面几层相对照识读,注意它们的不同之处。
会签: COUNTERSIGN
建筑
结构
电气
给排水
暖通
盖章: SEAL
工程名称: PROJECT NAME
××××小区高层住宅楼
图名: TITLES OF DRAWINGS
三~十层平面图
审定人 AUTHORIZED BY
审核人 CHECKED BY
总工程师 CHIEF ENGINEER
项目负责人 PROJECT LEADER
专业负责人 LEAD DISCIPLINE ENGINEER
设计人 DESIGNED BY
制图人 MAPPERS
校对人 PRESS CORRECTOR
设计号: PROJECT No.
设计阶段: 施工图 DESIGN PHASE
专业: 建筑 DISCIPLINE
图号: 7 DRAWING No.
出图日期: ISSUE DATE
专业张数: 19 SPECIALTY No.

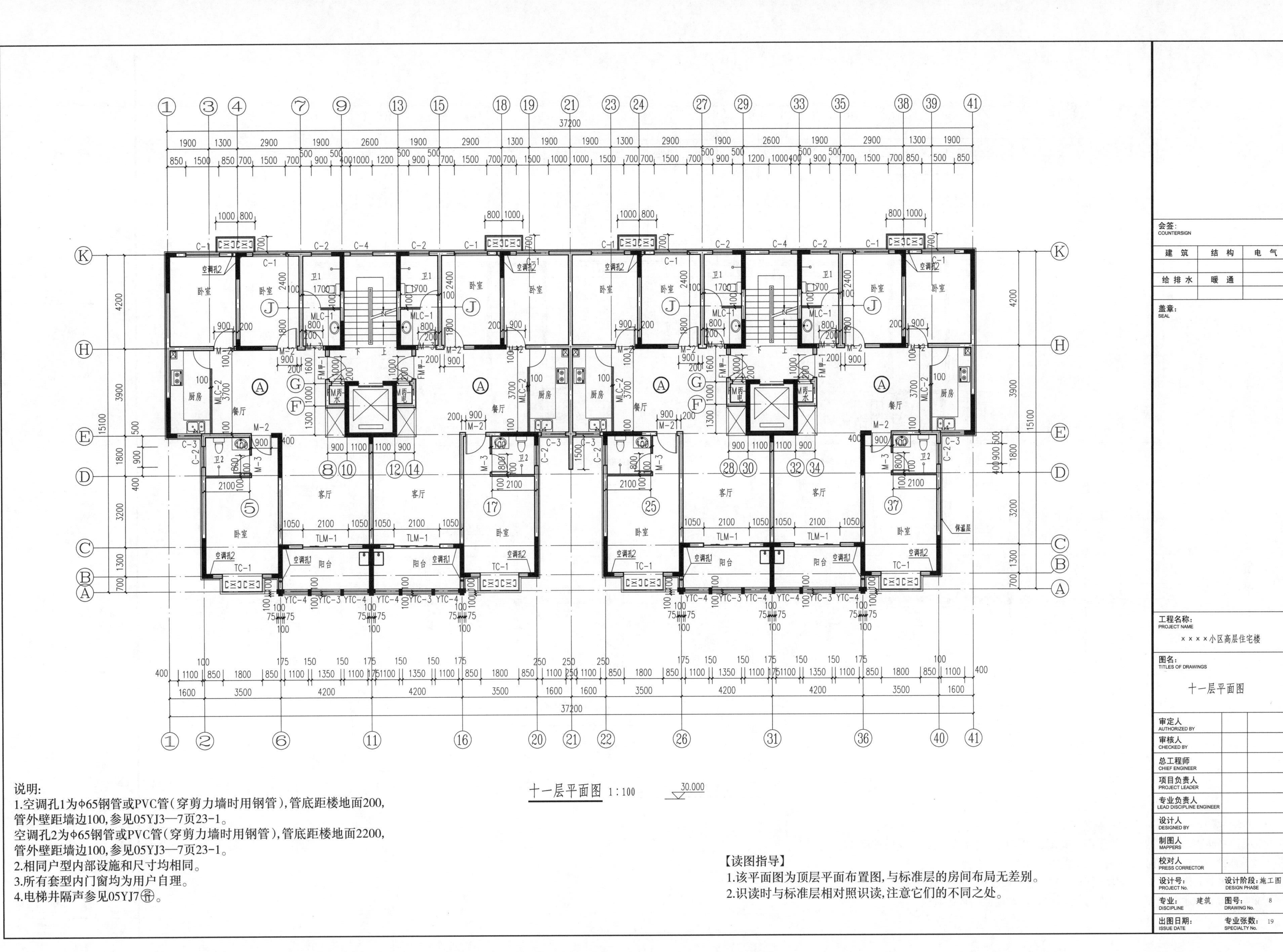

十一层平面图 1:100
30.000
说明:
1.空调孔1为Φ65钢管或PVC管(穿剪力墙时用钢管),管底距楼地面200,管外壁距墙边100,参见05YJ3—7页23-1。
空调孔2为Φ65钢管或PVC管(穿剪力墙时用钢管),管底距楼地面2200,管外壁距墙边100,参见05YJ3—7页23-1。
2.相同户型内部设施和尺寸均相同。
3.所有套型内门窗均为用户自理。
4.电梯井隔声参见05YJ7⑪。
【读图指导】
1.该平面图为顶层平面布置图,与标准层的房间布局无差别。
2.识读时与标准层相对照识读,注意它们的不同之处。
会签: COUNTERSIGN
建 筑
结 构
电 气
给排水
暖 通
盖章: SEAL
工程名称: PROJECT NAME
××××小区高层住宅楼
图名: TITLES OF DRAWINGS
十一层平面图
审定人 AUTHORIZED BY
审核人 CHECKED BY
总工程师 CHIEF ENGINEER
项目负责人 PROJECT LEADER
专业负责人 LEAD DISCIPLINE ENGINEER
设计人 DESIGNED BY
制图人 MAPPERS
校对人 PRESS CORRECTOR
设计号: PROJECT No.
设计阶段: 施工图 DESIGN PHASE
专业: 建筑 DISCIPLINE
图号: 8 DRAWING No.
出图日期: ISSUE DATE
专业张数: 19 SPECIALTY No.

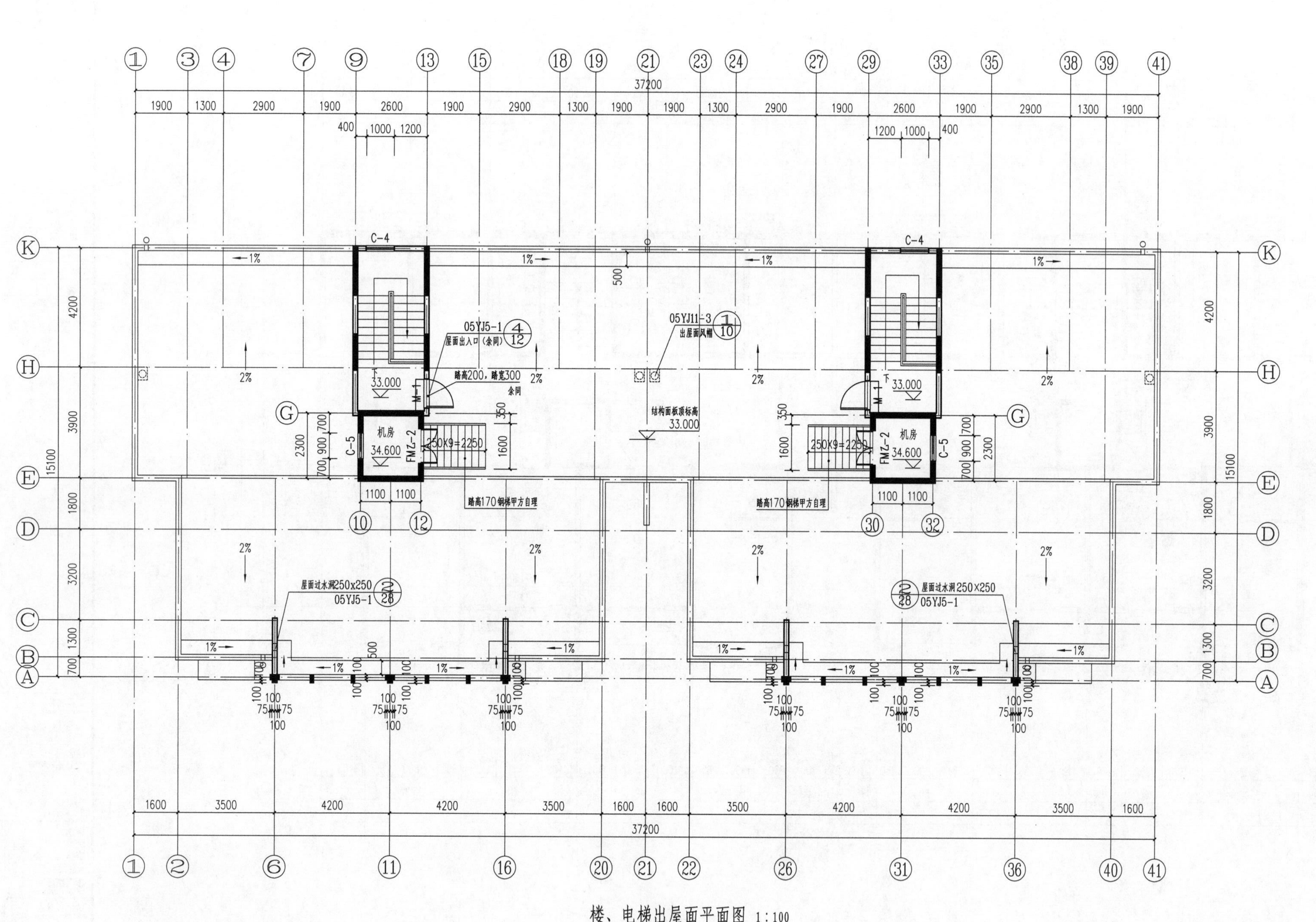

楼、电梯出屋面平面图 1:100

会签：COUNTERSIGN

建 筑	结 构	电 气
给排水	暖 通	

盖章：SEAL

工程名称：PROJECT NAME

××××小区高层住宅楼

图名：TITLES OF DRAWINGS

楼、电梯出屋面平面图

审定人 AUTHORIZED BY

审核人 CHECKED BY

总工程师 CHIEF ENGINEER

项目负责人 PROJECT LEADER

专业负责人 LEAD DISCIPLINE ENGINEER

设计人 DESIGNED BY

制图人 MAPPERS

校对人 PRESS CORRECTOR

设计号：PROJECT No. 设计阶段：施工图 DESIGN PHASE

专业：DISCIPLINE 建筑 图号：DRAWING No. 9

出图日期：ISSUE DATE 专业张数：SPECIALTY No. 19

【读图指导】

1.屋顶平面图是屋顶的水平投影图。此图表明了屋顶排水组织设计、屋面坡度，以及分水线、女儿墙、烟囱、通风道、屋顶检查孔、雨水口的位置。

2.查找相关的标准图集，了解屋面出入口、雨水口及过水洞的构造做法。

3.楼梯间部分通至屋顶。该屋面为上人屋面，注意屋面的构造做法。

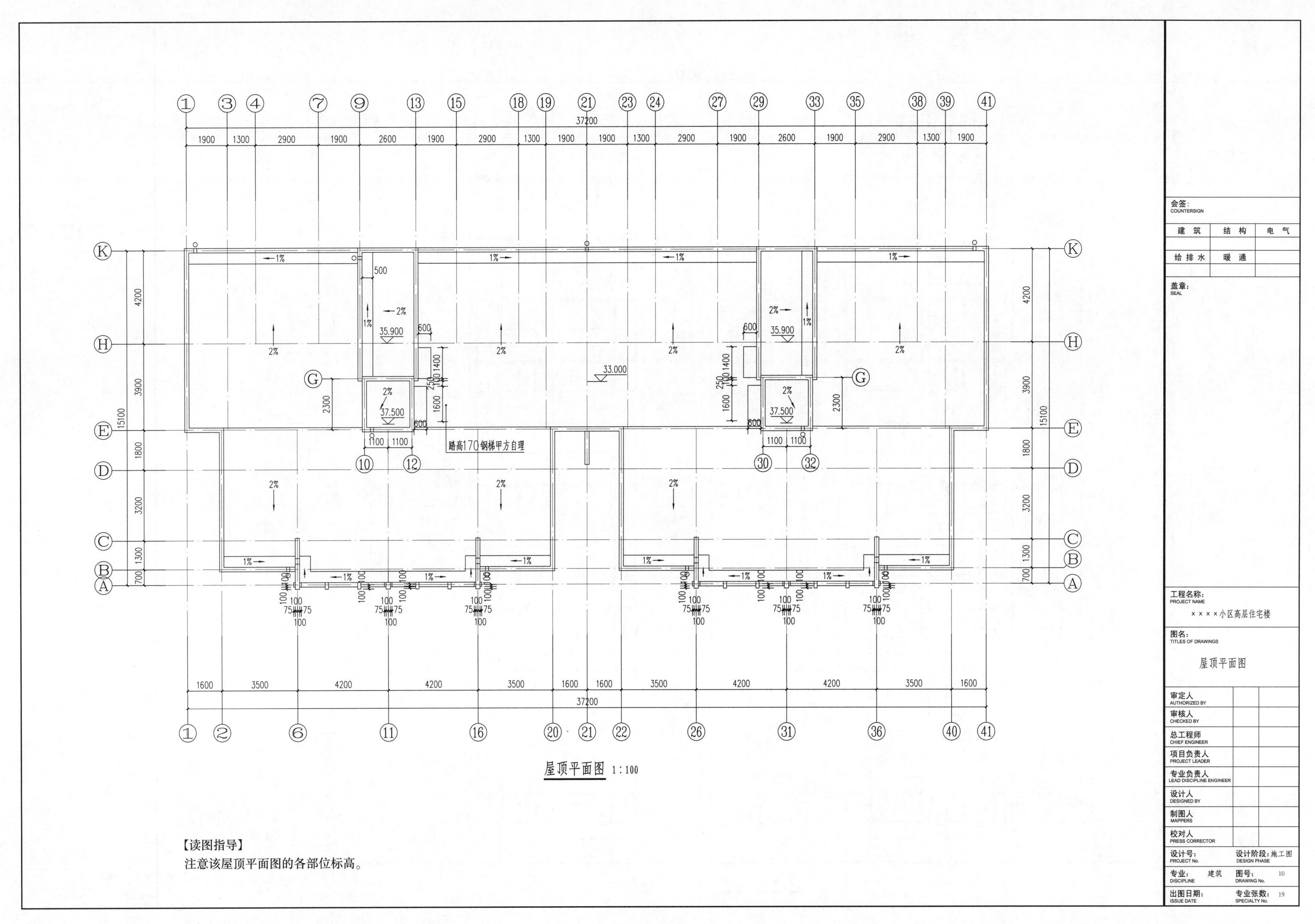
37200
1900 1300 2900 1900 2600 1900 2900 1300 1900 1900 1300 2900 1900 2600 1900 2900 1300 1900
1% 2% 500 1% 2% 35.900 600 1400 250 100 1600 600 37.500 33.000 2300 15100 4200 3900 1800 3200 1300 700
1100 1100
踏高170钢梯甲方自理
1600 3500 4200 4200 3500 1600 1600 3500 4200 4200 3500 1600
37200
屋顶平面图 1:100
【读图指导】
注意该屋顶平面图的各部位标高。
会签：
COUNTERSIGN
建 筑
结 构
电 气
给 排 水
暖 通
盖章：
SEAL
工程名称：
PROJECT NAME
××××小区高层住宅楼
图名：
TITLES OF DRAWINGS
屋顶平面图
审定人
AUTHORIZED BY
审核人
CHECKED BY
总工程师
CHIEF ENGINEER
项目负责人
PROJECT LEADER
专业负责人
LEAD DISCIPLINE ENGINEER
设计人
DESIGNED BY
制图人
MAPPERS
校对人
PRESS CORRECTOR
设计号：
PROJECT No.
设计阶段：施工图
DESIGN PHASE
专业： 建筑
DISCIPLINE
图号： 10
DRAWING No.
出图日期：
ISSUE DATE
专业张数： 19
SPECIALTY No.

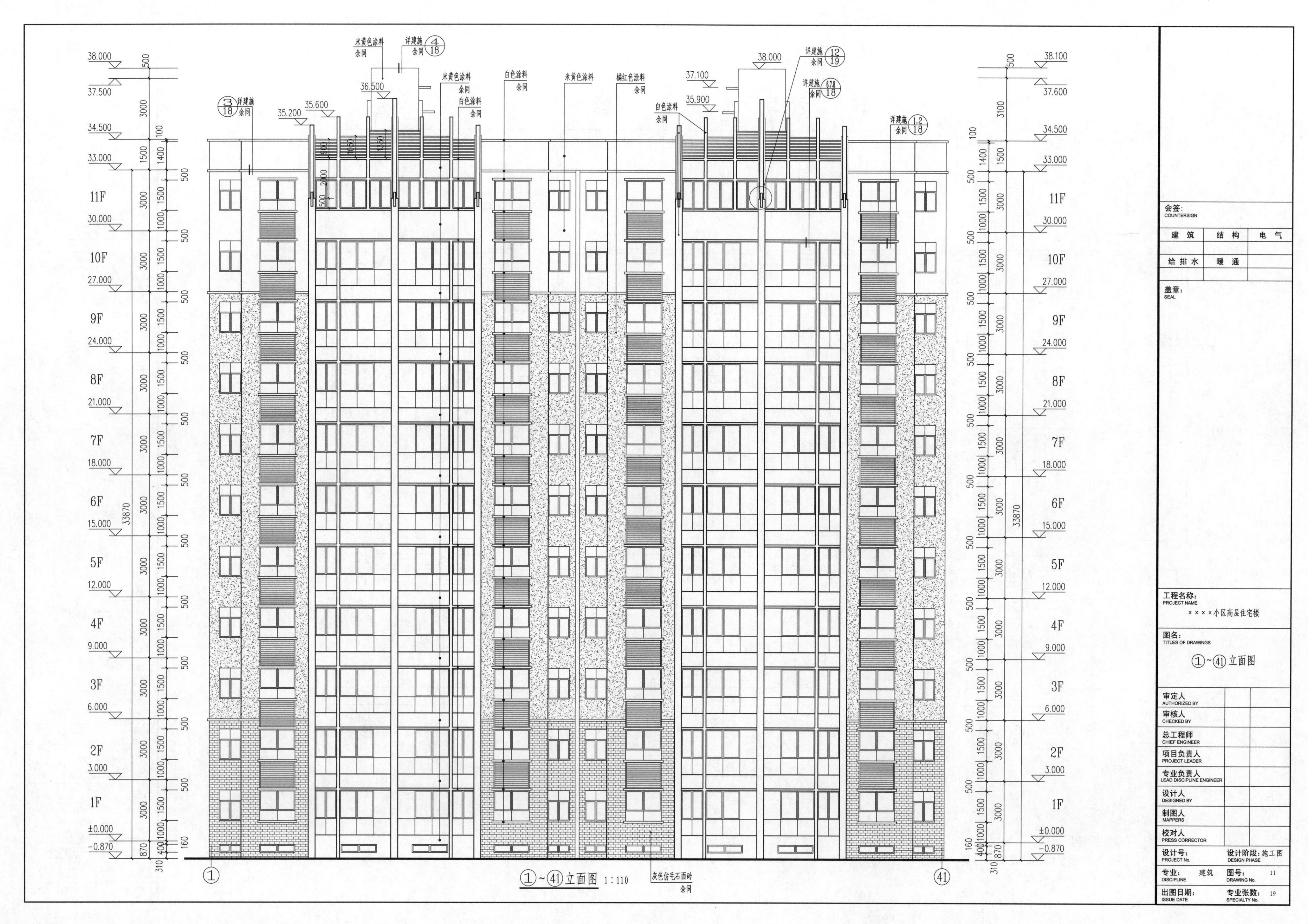
①~㊶立面图 1:110
灰色仿毛石面砖 余同
米黄色涂料 余同
白色涂料 余同
橘红色涂料 余同
会签: COUNTERSIGN
建筑 结构 电气
给排水 暖通
盖章: SEAL
工程名称: PROJECT NAME
××××小区高层住宅楼
图名: TITLES OF DRAWINGS
①~㊶立面图
审定人 AUTHORIZED BY
审核人 CHECKED BY
总工程师 CHIEF ENGINEER
项目负责人 PROJECT LEADER
专业负责人 LEAD DISCIPLINE ENGINEER
设计人 DESIGNED BY
制图人 MAPPERS
校对人 PRESS CORRECTOR
设计号: PROJECT No.
设计阶段: 施工图 DESIGN PHASE
专业: 建筑 DISCIPLINE
图号: 11 DRAWING No.
出图日期: ISSUE DATE
专业张数: 19 SPECIALTY No.

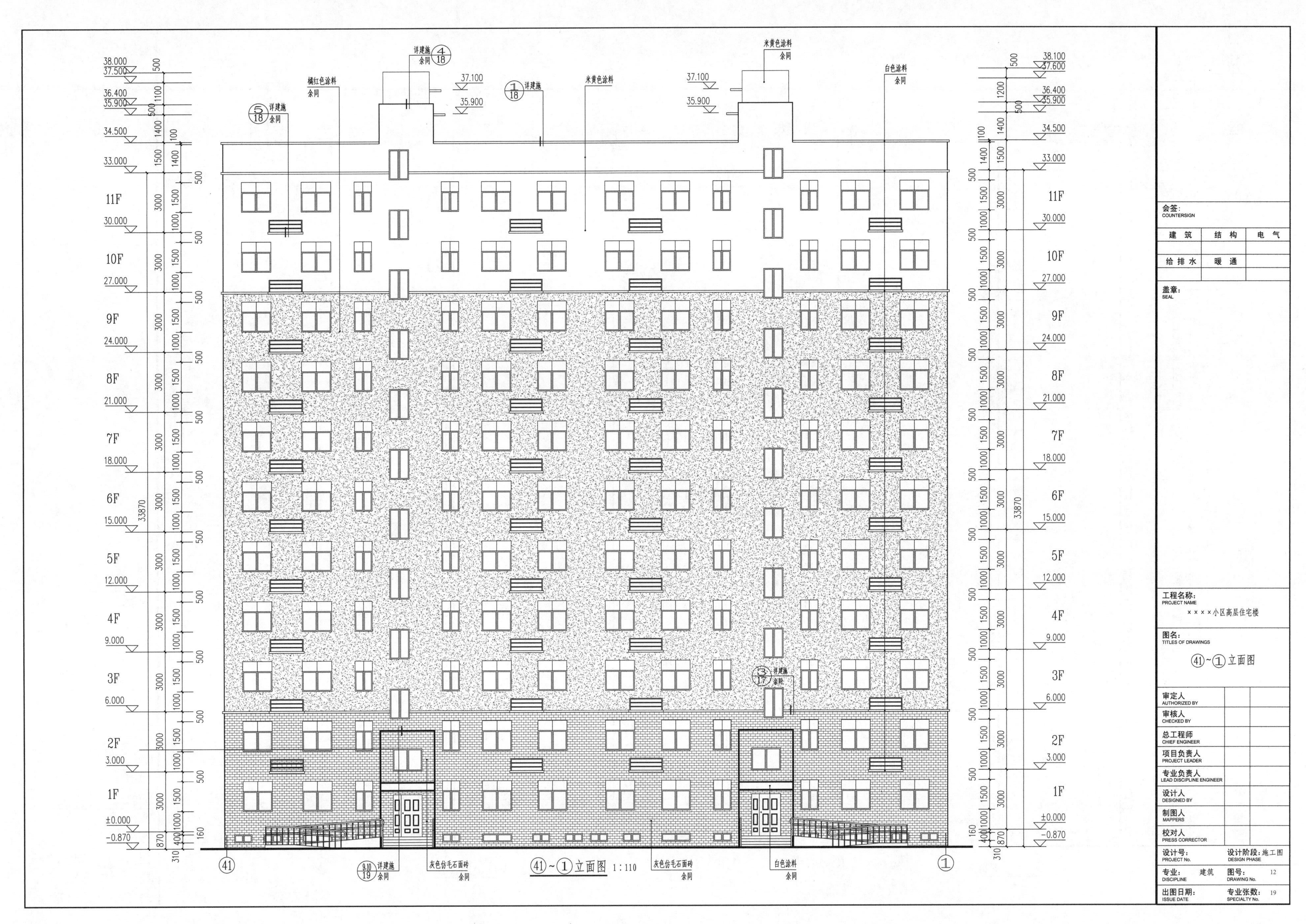

详建施 4/18 余同
米黄色涂料 余同
橘红色涂料 余同
5/18 详建施 余同
1/18 详建施
米黄色涂料
白色涂料 余同
3/17 详建施 余同
9,10/19 详建施 余同
灰色仿毛石面砖 余同
白色涂料 余同
41~1立面图 1:110
会签: COUNTERSIGN
建筑 结构 电气
给排水 暖通
盖章: SEAL
工程名称: PROJECT NAME
××××小区高层住宅楼
图名: TITLES OF DRAWINGS
41~1立面图
审定人 AUTHORIZED BY
审核人 CHECKED BY
总工程师 CHIEF ENGINEER
项目负责人 PROJECT LEADER
专业负责人 LEAD DISCIPLINE ENGINEER
设计人 DESIGNED BY
制图人 MAPPERS
校对人 PRESS CORRECTOR
设计号: PROJECT No.
设计阶段: 施工图 DESIGN PHASE
专业: 建筑 DISCIPLINE
图号: 12 DRAWING No.
出图日期: ISSUE DATE
专业张数: 19 SPECIALTY No.

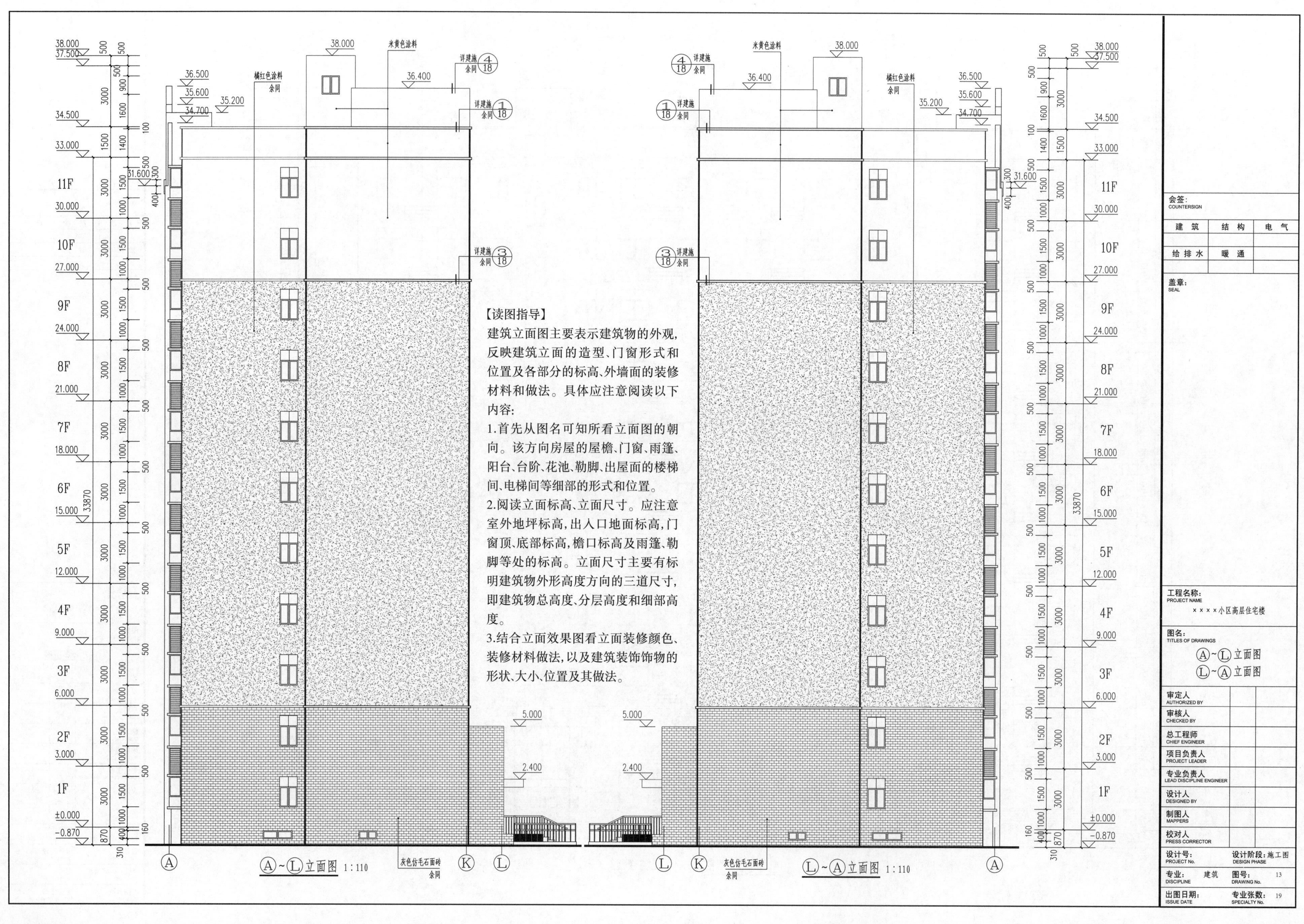
【读图指导】
建筑立面图主要表示建筑物的外观，反映建筑立面的造型、门窗形式和位置及各部分的标高、外墙面的装修材料和做法。具体应注意阅读以下内容：
1.首先从图名可知所看立面图的朝向。该方向房屋的屋檐、门窗、雨篷、阳台、台阶、花池、勒脚、出屋面的楼梯间、电梯间等细部的形式和位置。
2.阅读立面标高、立面尺寸。应注意室外地坪标高，出入口地面标高，门窗顶、底部标高，檐口标高及雨篷、勒脚等处的标高。立面尺寸主要有标明建筑物外形高度方向的三道尺寸，即建筑物总高度、分层高度和细部高度。
3.结合立面效果图看立面装修颜色、装修材料做法，以及建筑装饰饰物的形状、大小、位置及其做法。
Ⓐ~Ⓛ立面图 1:110
Ⓛ~Ⓐ立面图 1:110
米黄色涂料
橘红色涂料
余同
灰色仿毛石面砖
余同
详建施 余同
38.000
37.500
36.500
36.400
35.600
35.200
34.700
34.500
33.000
31.600
30.000
27.000
24.000
21.000
18.000
15.000
12.000
9.000
6.000
5.000
3.000
2.400
±0.000
−0.870
33870
11F
10F
9F
8F
7F
6F
5F
4F
3F
2F
1F
会签：
COUNTERSIGN
建筑
结构
电气
给排水
暖通
盖章：
SEAL
工程名称：
PROJECT NAME
××××小区高层住宅楼
图名：
TITLES OF DRAWINGS
Ⓐ~Ⓛ立面图
Ⓛ~Ⓐ立面图
审定人
AUTHORIZED BY
审核人
CHECKED BY
总工程师
CHIEF ENGINEER
项目负责人
PROJECT LEADER
专业负责人
LEAD DISCIPLINE ENGINEER
设计人
DESIGNED BY
制图人
MAPPERS
校对人
PRESS CORRECTOR
设计号：
PROJECT No.
设计阶段：施工图
DESIGN PHASE
专业： 建筑
DISCIPLINE
图号： 13
DRAWING No.
出图日期：
ISSUE DATE
专业张数： 19
SPECIALTY No.

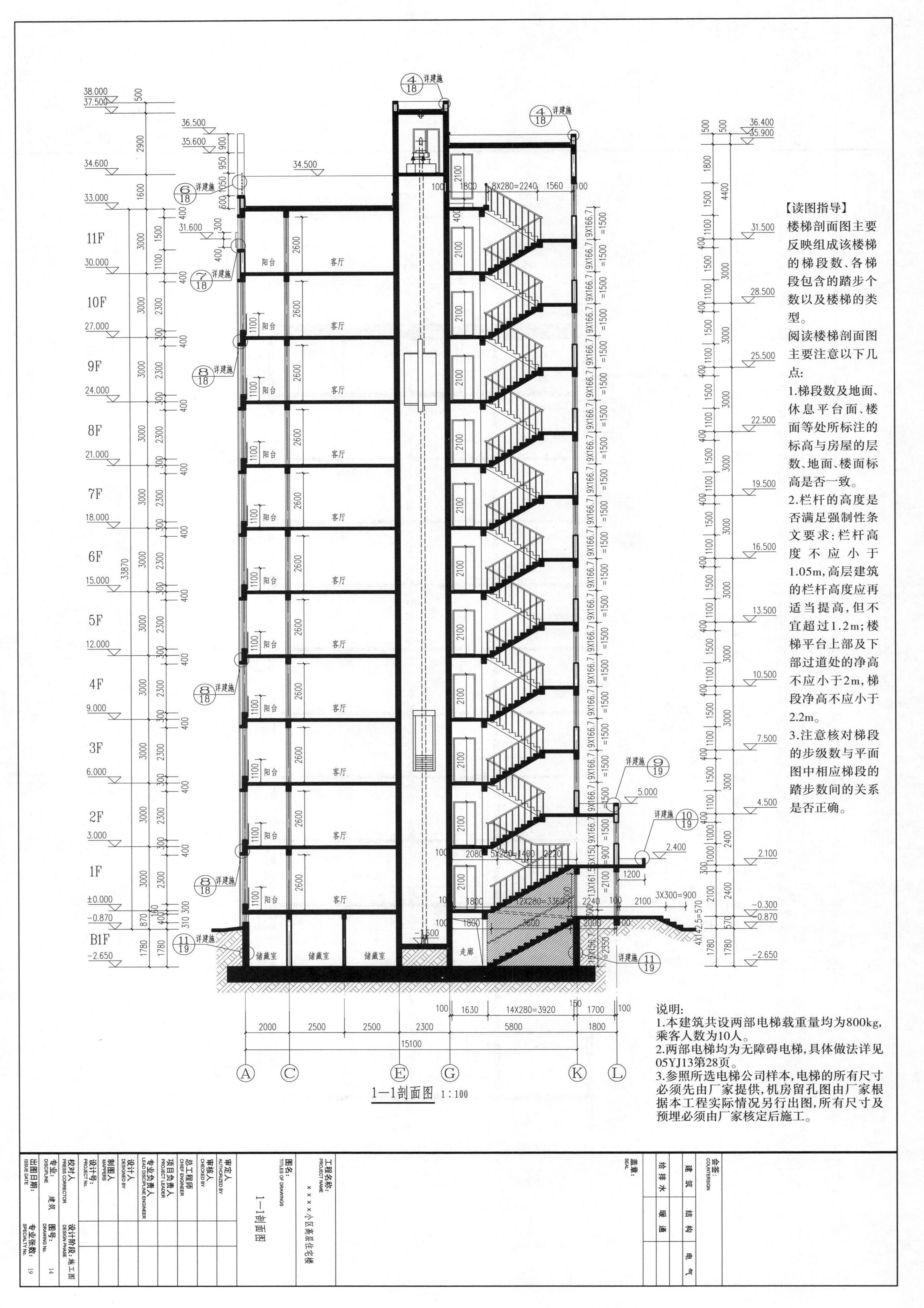
【读图指导】
楼梯剖面图主要反映组成该楼梯的梯段数、各梯段包含的踏步个数以及楼梯的类型。
阅读楼梯剖面图主要注意以下几点:
1.梯段数及地面、休息平台面、楼面等处所标注的标高与房屋的层数、地面、楼面标高是否一致。
2.栏杆的高度是否满足强制性条文要求:栏杆高度不应小于1.05m,高层建筑的栏杆高度应再适当提高,但不宜超过1.2m;楼梯平台上部及下部过道处的净高不应小于2m,梯段净高不应小于2.2m。
3.注意核对梯段的步级数与平面图中相应梯段的踏步数间的关系是否正确。
说明:
1.本建筑共设两部电梯载重量均为800kg,乘客人数为10人。
2.两部电梯均为无障碍电梯,具体做法详见05YJ13第28页。
3.参照所选电梯公司样本,电梯的所有尺寸必须先由厂家提供,机房留孔图由厂家根据本工程实际情况另行出图,所有尺寸及预埋必须由厂家核定后施工。
1—1剖面图 1:100
11F
10F
9F
8F
7F
6F
5F
4F
3F
2F
1F
B1F
阳台
客厅
储藏室
走廊
详建施
会签: COUNTERSIGN
建筑
结构
电气
给排水
暖通
盖章: SEAL
工程名称: PROJECT NAME
××××小区高层住宅楼
图名: TITLES OF DRAWINGS
1—1剖面图
审定人 AUTHORIZED BY
审核人 CHECKED BY
总工程师 CHIEF ENGINEER
项目负责人 PROJECT LEADER
专业负责人 LEAD DISCIPLINE ENGINEER
设计人 DESIGNED BY
制图人 MAPPERS
设计号: PROJECT No.
校对人 PRESS CORRECTOR
设计阶段: 施工图 DESIGN PHASE
专业: 建筑 DISCIPLINE
图号: 14 DRAWING No.
出图日期: ISSUE DATE
专业张数: 19 SPECIALTY No.

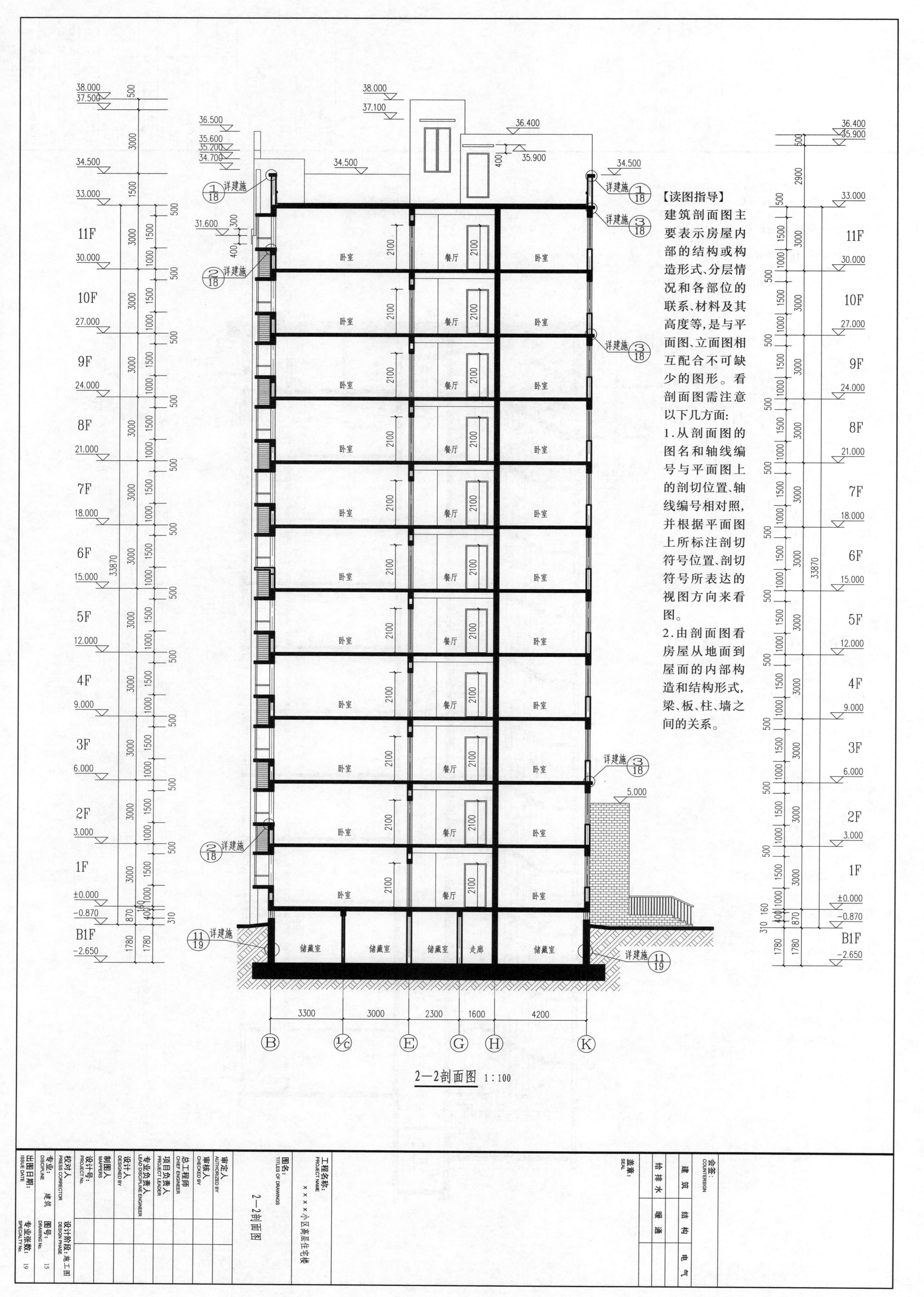
【读图指导】
建筑剖面图主要表示房屋内部的结构或构造形式、分层情况和各部位的联系、材料及其高度等，是与平面图、立面图相互配合不可缺少的图形。看剖面图需注意以下几方面：
1.从剖面图的图名和轴线编号与平面图上的剖切位置、轴线编号相对照，并根据平面图上所标注剖切符号位置、剖切符号所表达的视图方向来看图。
2.由剖面图看房屋从地面到屋面的内部构造和结构形式，梁、板、柱、墙之间的关系。
2—2剖面图 1:100
卧室
餐厅
走廊
储藏室
详建施
会签: COUNTERSIGN
建筑 结构 电气
给排水 暖通
盖章: SEAL
工程名称: PROJECT NAME
××××小区高层住宅楼
图名: TITLES OF DRAWINGS
2—2剖面图
审定人 AUTHORIZED BY
审核人 CHECKED BY
总工程师 CHIEF ENGINEER
项目负责人 PROJECT LEADER
专业负责人 LEAD DISCIPLINE ENGINEER
设计人 DESIGNED BY
制图人 MAPPERS
设计号: PROJECT No.
校对人 PRESS CORRECTOR
设计阶段: 施工图 DESIGN PHASE
专业: 建筑 DISCIPLINE
图号: 15 DRAWING No.
出图日期: ISSUE DATE
专业张数: 19 SPECIALTY No.

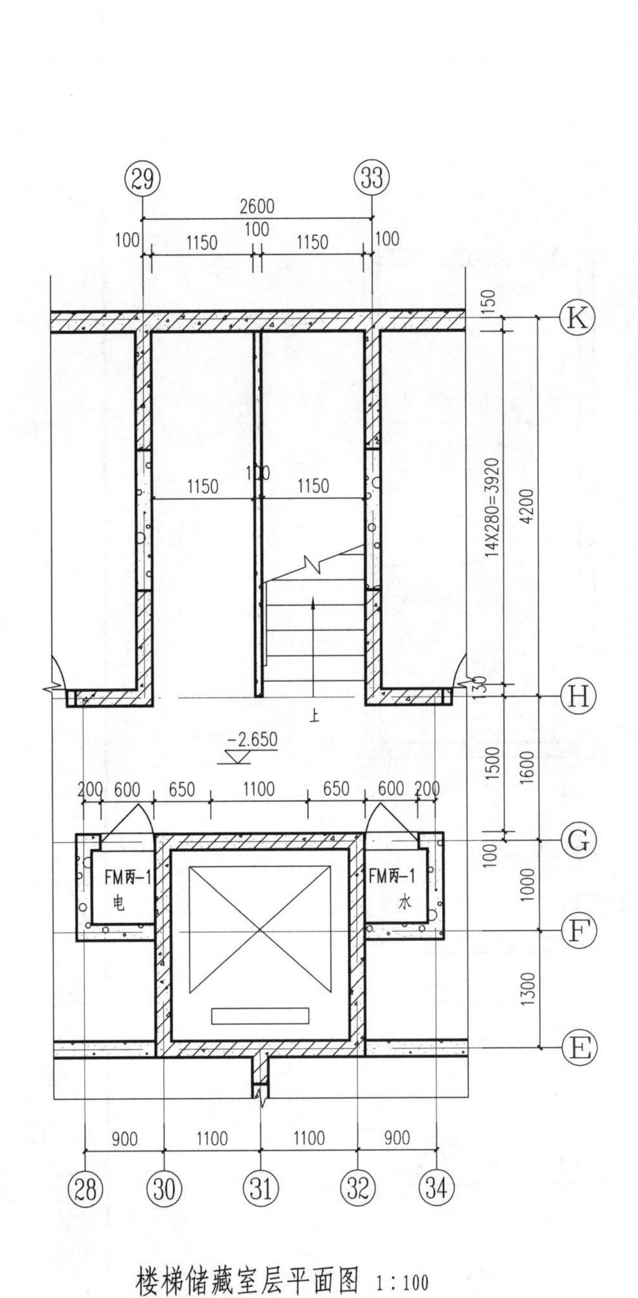

楼梯储藏室层平面图 1:100

29 33

2600

100 1150 100 1150 100

3x300=900

2000

-0.300

M-4

L

100

1800

C-2 C-2

下

FM乙-1

K

300

540

100

4200

3600

12X280=3360

C-1

MLC-1

上

H

300

±0.000

FM甲-1 FM甲-1

1600

1500

200 600 650 1100 650 600 200

G

100

1000

FM丙-1 电

FM丙-1 水

F

1300

E

900 1100 1100 900

28 30 31 32 34

楼梯一层平面详图 1:100

【读图指导】

1.阅读楼梯平面详图时，一定要与楼剖面图相结合。读图时主要了解楼梯各组成部分的尺寸及位置信息。

2.阅读楼梯建筑施工图时，还要与楼梯结构图相对照，主要发现它们之间是否存在相互矛盾的地方。

说明：

1.本建筑共设两部电梯，载重量均为800kg，乘客人数为10人。

2.两部电梯均为无障碍电梯，具体做法详见05YJ13第28页。

3.参照所选电梯公司样本，电梯的所有尺寸必须先由厂家提供，机房留孔图由厂家根据本工程实际情况另行出图，所有尺寸及预埋必须由厂家核定后施工。

会签：COUNTERSIGN		
建筑	结构	电气
给排水	暖通	

盖章：SEAL

工程名称：PROJECT NAME ××××小区高层住宅楼

图名：TITLES OF DRAWINGS 楼梯平面详图（一）

审定人 AUTHORIZED BY	
审核人 CHECKED BY	
总工程师 CHIEF ENGINEER	
项目负责人 PROJECT LEADER	
专业负责人 LEAD DISCIPLINE ENGINEER	
设计人 DESIGNED BY	
制图人 MAPPERS	
设计号：PROJECT No.	
校对人 PRESS CORRECTOR	设计阶段：DESIGN PHASE 施工图
专业：DISCIPLINE 建筑	图号：DRAWING No. 16
出图日期：ISSUE DATE	专业张数：SPECIALTY No. 19

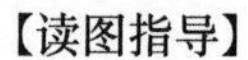

【读图指导】

1.阅读楼梯平面详图时，一定要与楼剖面图相结合。读图时主要了解楼梯各组成部分的尺寸及位置信息。

2.阅读楼梯建筑施工图时，还要与楼梯结构图相对照，主要发现它们之间是否存在相互矛盾的地方。

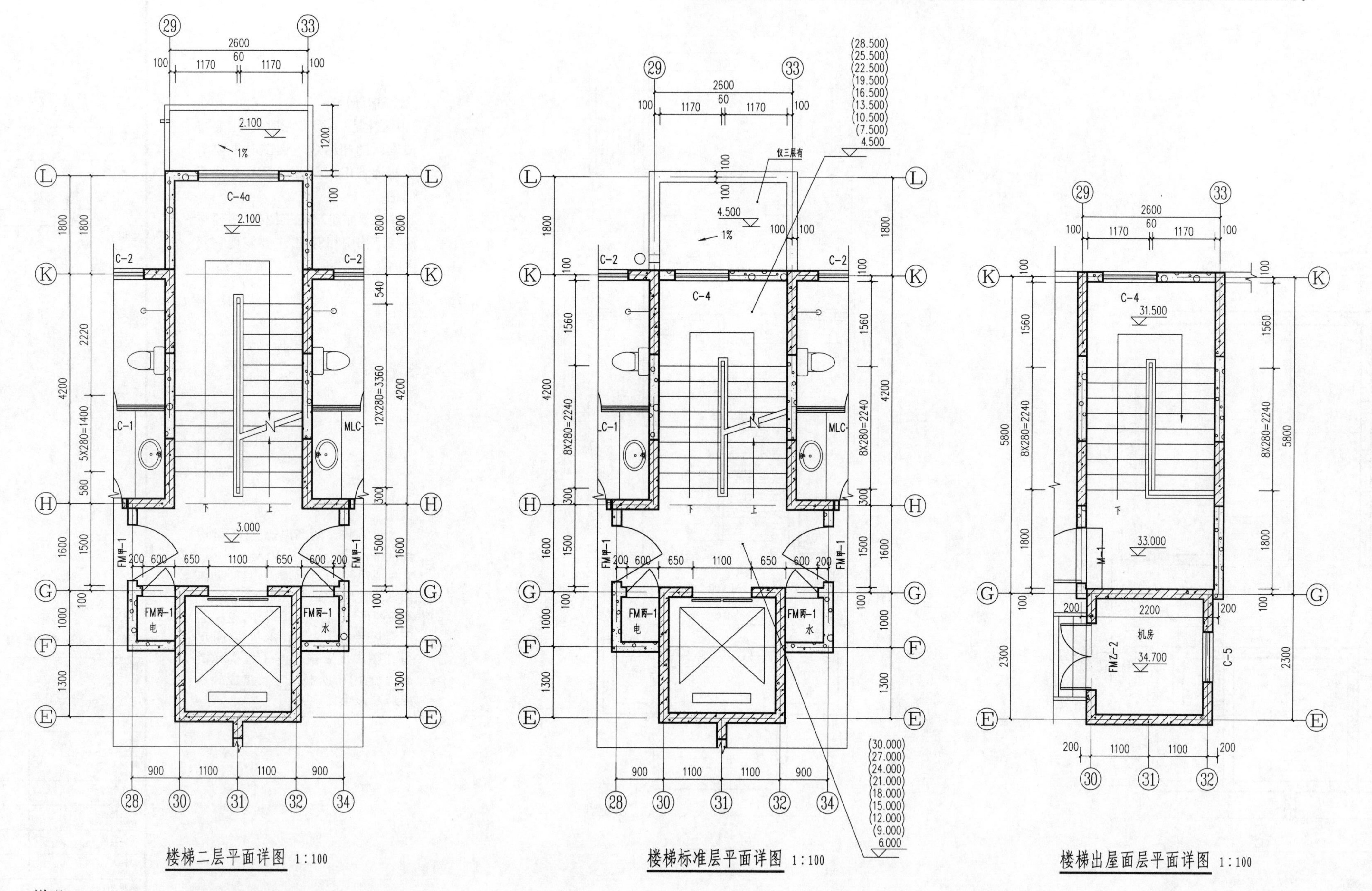

楼梯二层平面详图 1:100

楼梯标准层平面详图 1:100

楼梯出屋面层平面详图 1:100

说明:

1.本建筑共设两部电梯，载重量均为800kg，乘客人数为10人。

2.两部电梯均为无障碍电梯，具体做法详见05YJ13第28页。

3.参照所选电梯公司样本，电梯的所有尺寸必须先由厂家提供，机房留孔图由厂家根据本工程实际情况另行出图，所有尺寸及预埋必须由厂家核定后施工。

会签: COUNTERSIGN		
建筑	结构	电气
给排水	暖通	

盖章: SEAL

工程名称: PROJECT NAME
××××小区高层住宅楼

图名: TITLES OF DRAWINGS
楼梯平面详图（二）

审定人 AUTHORIZED BY	
审核人 CHECKED BY	
总工程师 CHIEF ENGINEER	
项目负责人 PROJECT LEADER	
专业负责人 LEAD DISCIPLINE ENGINEER	
设计人 DESIGNED BY	
制图人 MAPPERS	
设计号: PROJECT No.	
校对人 PRESS CORRECTOR	设计阶段: DESIGN PHASE 施工图
专业: DISCIPLINE 建筑	图号: DRAWING No. 17
出图日期: ISSUE DATE	专业张数: SPECIALTY No. 19

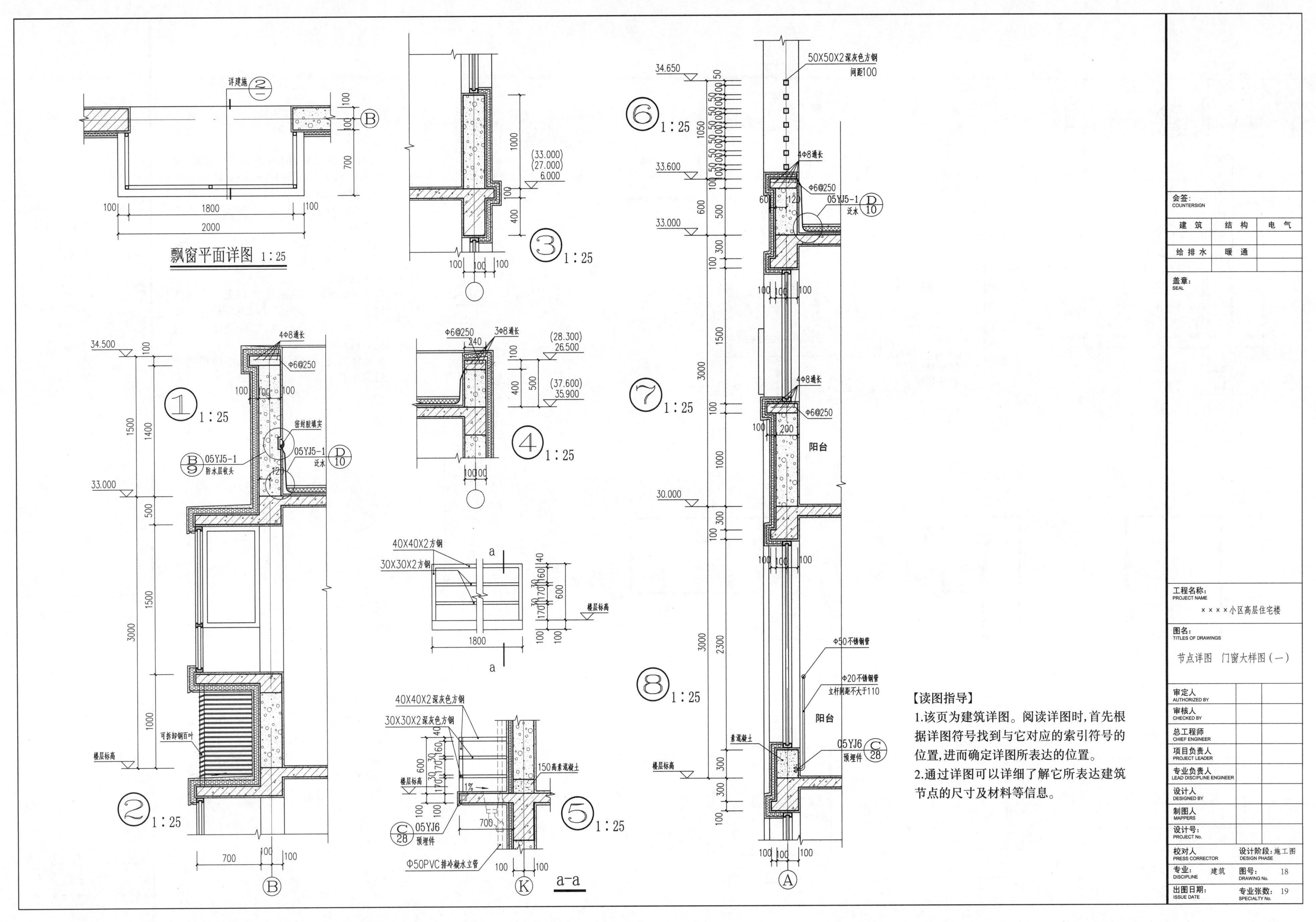

【读图指导】

1.该页为建筑详图。阅读详图时,首先根据详图符号找到与它对应的索引符号的位置,进而确定详图所表达的位置。

2.通过详图可以详细了解它所表达建筑节点的尺寸及材料等信息。

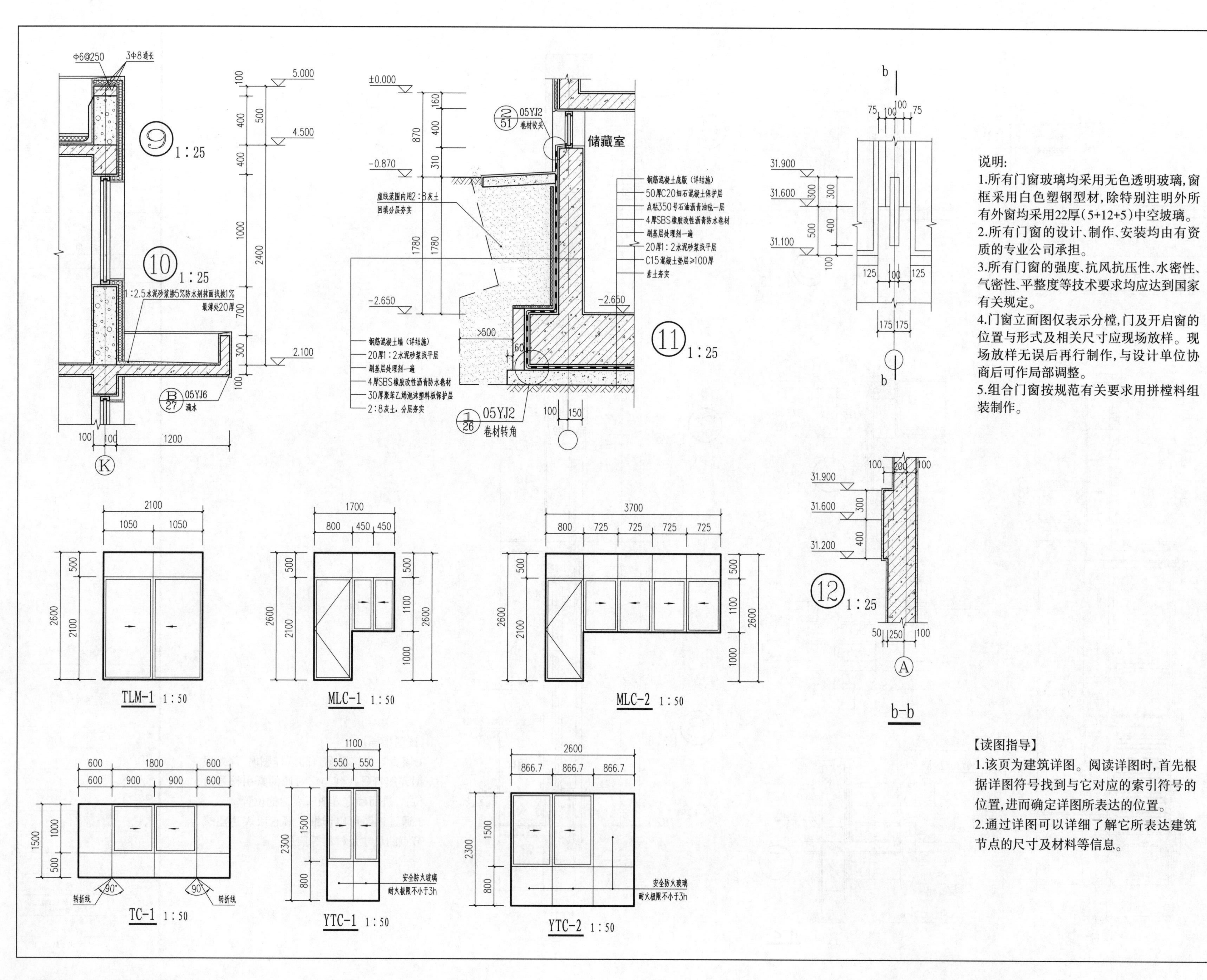

说明:

1.所有门窗玻璃均采用无色透明玻璃，窗框采用白色塑钢型材，除特别注明外所有外窗均采用22厚(5+12+5)中空玻璃。

2.所有门窗的设计、制作、安装均由有资质的专业公司承担。

3.所有门窗的强度、抗风抗压性、水密性、气密性、平整度等技术要求均应达到国家有关规定。

4.门窗立面图仅表示分樘，门及开启窗的位置与形式及相关尺寸应现场放样。现场放样无误后再行制作，与设计单位协商后可作局部调整。

5.组合门窗按规范有关要求用拼樘料组装制作。

【读图指导】

1.该页为建筑详图。阅读详图时，首先根据详图符号找到与它对应的索引符号的位置，进而确定详图所表达的位置。

2.通过详图可以详细了解它所表达建筑节点的尺寸及材料等信息。

会签: COUNTERSIGN

建筑	结构	电气
给排水	暖通	

盖章: SEAL

工程名称: PROJECT NAME ××××小区高层住宅楼

图名: TITLES OF DRAWINGS 节点详图 门窗大样图（二）

审定人 AUTHORIZED BY

审核人 CHECKED BY

总工程师 CHIEF ENGINEER

项目负责人 PROJECT LEADER

专业负责人 LEAD DISCIPLINE ENGINEER

设计人 DESIGNED BY

制图人 MAPPERS

设计号: PROJECT No.

校对人 PRESS CORRECTOR

设计阶段: DESIGN PHASE 施工图

专业: DISCIPLINE 建筑

图号: DRAWING No. 19

出图日期: ISSUE DATE

专业张数: SPECIALTY No. 19

结构设计总说明

一、工程概况及一般说明

1.1 本工程为 ×××× 小区高层住宅楼，位于 ×× 县，西邻 ×× 大道，为地下一层、地上十一层的剪力墙结构，建筑物总高度为 33.870m。

1.2 本图中所注尺寸除标高以m 为单位外，其余均以 mm 为单位。

1.3 本工程室内外高差 -0.87m，标高 ±0.000 相对于绝对标高及平面位置由现场定。

1.4 未经技术鉴定或设计许可，不得改变房间的使用功能、用途和使用环境。

二、工程结构设计依据

2.1 本工程建筑结构安全等级为二级，结构重要性系数为 1.0，相应的设计基准期为 50 年，设计使用年限为 50 年，其混凝土结构耐久性的要求详见《混凝土结构设计规范》（GB 50010—2021）3.4.2 条的规定。

2.2 基本风压：W_0=0.40kN/m²，基本雪压：S_0=0.40kN/m²，地面粗糙度为 B 类。

2.3 建筑抗震设防分类为丙类，剪力墙计算抗震等级为 4 级。

2.4 建筑抗震设防烈度为 6 度，设计基本地震加速度为 0.05g，设计地震分组第一组场地土类别为Ⅱ类。

2.5 本工程根据 ×× 岩土工程勘察有限公司提供的《×× 县 ×× 项目岩土工程勘察报告》等相关资料进行设计，地基基础设计等级为乙级。

2.6 楼面和屋面活荷载按《建筑结构荷载规范》（GB 50009—2019）取值。标准值如下表所示：

序 号	荷载类别	活荷载标准值(kN/m²)	分项系数	准永久值系数
1	不上人屋面	0.5	1.4	0.0
2	上人屋面	2.0	1.4	0.4
3	居室	2.0	1.4	0.4
4	卫生间	2.5	1.4	0.4
5	阳台、厨房	2.5	1.4	0.5
6	楼梯及楼梯前室	3.5	1.4	0.3
7	管道井	0.5	1.4	0.0
8	电梯机房及其他设备机房	7.0	1.3	0.8

2.7 设计遵循的主要规范、规定

《建筑工程抗震设防分类标准》（GB 50223—2015）
《建筑结构可靠性设计统一标准》（GB 50068—2018）
《建筑结构荷载规范》（GB 50009—2019）
《建筑抗震设计规范》（GB 50011—2019）
《建筑地基基础设计规范》（GB 50007—2021）
《混凝土结构设计规范》（GB 50010—2021）
《建筑地基处理技术规范》（JGJ 79—2012）
《高层建筑混凝土结构技术规程》（JGJ 3—2019）
《地下工程防水技术规范》（GB 50108—2011）
《建筑变形测量规程》（JGJ 8—2016）
《混凝土异形柱结构技术规程》（JGJ 149—2017）
《钢筋焊接及验收规程》（JGJ 18—2012）

本工程按现行国家设计标准设计的，施工时除应遵守本说明及单项设计说明外，尚应严格执行现行国家及工程所在地的有关规定或规程。

三、施工图选用图集

《混凝土结构施工图平面整体表示方法制图规则和构造详图》（16G101 系列）
《加气混凝土砌块墙》（05YJ3—4）（省标）
《2011 系列结构标准设计图集》（DBJT 19—01—2012）（省标）

四、设计计算程序

4.1 结构整体分析：PKPM 系列多层及高层建筑结构空间有限元分析与设计软件 SATWE（2021版）。

4.2 基础计算：PKPM 系列土木工程地基基础计算机辅助设计—基础 CAD（2021版）。

五、地基与基础

5.1 开挖基槽时不应扰动土的原状结构，机械挖土时应按有关规范要求进行，坑底应保留 200mm 厚的土层用人工开挖，如经扰动应挖出扰动部分，报设计人员处理方案。

5.2 施工时，应人工降低地下水位至施工面以下 500mm。开挖基坑时，应注意边坡稳定，定期观测其对周围道路市政设施和建筑物有无不利影响。非自然放坡开挖时，基坑护壁应做专门设计。

5.3 混凝土基础底板下(除注明外）设 100mm 厚 C15 素混凝土垫层，每边宽出基础边取值，具体数值为 200mm。

5.4 基础施工前应进行钎探、验槽，如发现土质与地质报告不符合时，须会同勘察、施工、设计、建设、监理单位共同协商研究处理。

5.5 基坑回填土及位于设备基础、地面、散水、踏步等基础之下的回填土，必须分层夯实，每层厚度不大于 250mm，压实系数应不小于 0.95。

5.6 基础底板与剪力墙应一次整体浇筑至底板面 500mm 以上。

5.7 筏板钢筋及柱墙插筋构造详图见图集 16G101—3。

5.8 筏板施工中应设置足够强度、刚度的马凳筋，以满足施工要求。

5.9 基础大体积混凝土施工时，应采取如下措施：合理选择混凝土配合比，宜选用水化热低的水泥，掺入适量粉煤灰和外加剂，控制水泥用量等。同时，做好养护和温度测量工作，混凝土内部温度与表面温度的差值不应超过 25℃。

5.10 地下室应采用掺加膨胀剂的补偿收缩混凝土，膨胀剂各项指标应符合《混凝土外加剂应用技术规范》（GB 50119—2013）的有关要求。混凝土的限制膨胀率水中 7 天不小于 0.02%，具体要求由提供方根据具体情况确定。膨胀剂供应方应提供详细的试验数据，同时应提供详细的施工方案和技术要求，以保证外加剂的正确使用和预防混凝土干裂。

5.11 沉降观测本工程应设沉降观测点（位置见结施 -8 中▲）。施工期间每层（每月）观测一次（不少于 4 次），竣工后第一年观测不少于 5 次，第二年观测不少 2 次，以后每年观测不少于 1 次，直到沉降稳定，如有异常应通知有关单位。沉降观测点见详图。沉降观测应按《建筑变形测量规程》（JCJ 8—2016）的要求进行。

5.12 其他未注明者详见基础图。

六、主要结构材料（详图中注明者除外）

6.1 混凝土强度等级

基础底板及地下室外墙混凝土为 C30；垫层混凝土为 C15；抗渗等级为 P6。

混凝土墙、梁、板、楼梯：5.970m 标高及以下为 C30，5.970 以上为 C25，悬挑板为 C30；构造柱、圈梁、过梁为 C20。

6.2 钢筋及钢材

HPB300 钢筋为ф，HRB335 钢筋为ф，HRB400 钢筋为ф，结构所用钢筋应符合《混凝土结构工程施工质量验收规范》（GB 50204—2021）及国家有关其他规范。

型钢、钢板、钢管：Q235-B。

吊钩、吊环：均采用 HPB300 级钢筋，不得采用冷加工钢筋。

焊条：E43（HPB300 钢筋、Q235-B 钢焊接），E55（HPB400 钢筋焊接）。钢筋与型钢焊接随钢筋定焊条。

注：本工程采用的钢筋强度标准值应具有不小于 95% 的保证率。

6.3 砌体材料

填充墙：±0.000 以下采用 MU10 实心混凝土砖，±0.000 以上采用体积密度为 B06、强度等级为 A3.5 的加气混凝土砌块，干容重不大于 7.0kN/m³。

砂浆：±0.000 以下采用 M10 水泥砂浆，±0.000 以上采用 M5.0 混合砂浆。

七、构造要求

7.1 混凝土结构的环境类别：地下室底板、地下室外墙 、露天构件及地下覆土以下构件为二 b 类，厨房、卫生间、阳台为二 a 类，其他为Ⅰ类环境。

7.2 混凝土保护层厚度按图集 16G101—1 第 56 页选用。

7.3 各部位混凝土耐久性要求见下表：

环境类别	最大水胶比	最小水泥用量（kg/m³）	最大氯离子含量	最大碱含量（kg/m³）
一	0.65	225	1%	不限制
二 a	0.60	250	0.3%	3.0
二 b	0.55	275	0.2%	3.0

7.4 受拉钢筋的最小锚固长度按图集 16G101—1 第 57、58 页。

7.5 钢筋接头

（1）本工程框架梁、柱、剪力墙柱内纵向受力钢筋应优先采用机械连接接头，机械连接无法实现时，可采用焊接连接。其余可采用绑扎搭接。

（2）剪力墙柱及剪力墙柱钢筋的接头详见图集 16G101—1。

（3）梁纵筋如果有接头上部钢筋可在跨中连接，下部钢筋可在支座内连接，梁纵筋在框架柱内的锚固详参见图集 16G101—1 第 74 页。

（4）受力钢筋的接头位置应设在受力较小处，接头应相互错开并要避开梁端、柱端箍筋加密区，否则应采用机械连接，接头应满足强度、变形性能，且钢筋的接头面积的百分率（有接头的受力钢筋与全部受力钢筋的面积之比，下同）不应超过下表：

接头形式	受拉区		受压区
绑扎搭接接头	梁、板、墙	25%	不限
	柱	50%	—
焊接接头	50%		不限
机械连接接头	50%		不限

当采用绑扎搭接接头时，从任一搭接接头中心至 1.3 倍搭接长度的区段范围内或采用机械连接；任一接头中心至钢筋直径 35 倍（受力钢筋较大直径）范围内，有接头受力钢筋截面面积和全部纵向受力钢筋截面面积的比值应符合上表。钢筋采用焊接或机械连接必须符合相应规范并经过检验。

会签：COUNTERSIGN		
建 筑	结 构	电 气
给 排 水	暖 通	

盖章：SEAL

工程名称：PROJECT NAME ××××小区高层住宅楼

图名：TITLES OF DRAWINGS 结构设计总说明

审定人 AUTHORIZED BY
审核人 CHECKED BY
总工程师 CHIEF ENGINEER
项目负责人 PROJECT LEADER
专业负责人 LEAD DISCIPLINE ENGINEER
设计人 DESIGNED BY
制图人 MAPPERS
校对人 PRESS CORRECTOR

设计号：PROJECT No.	设计阶段：DESIGN PHASE 施工图
专业：DISCIPLINE 结构	图号：DRAWING No. 1
出图日期：ISSUE DATE	专业张数：SPECIALTY No. 21

7.6 混凝土现浇板

（1）双向板（或异形板）钢筋的放置，板底短向筋置于下层，长向在上；板顶短向筋置于上层，长向在下。现浇板施工时，应采取措施保证钢筋位置。现浇板跨度不小于 4.0m 的板施工时，应按规范要求起拱。

（2）当钢筋长度不够时，楼板、梁及屋面板、梁上部筋应在跨中 1/3 范围内搭接，梁、板下部筋应在支座 1/3 范围内搭接；地梁、防水底板下部筋应在跨中搭接，上部筋应在支座外搭接。

（3）分布钢筋除注明外均为φ 6@200。各板角负筋，纵横两向必须重叠设置成网格状。当板底与梁底平时板底筋伸入梁内须置于梁下部纵筋之上。

（4）结构施工时，应与各专业施工图密切配合，所有穿梁、穿楼板的管洞与其他专业校对无误后方可施工，不得后凿；对于洞宽≤ 300mm 的管洞可按各专业图纸提供的位置预留，但结构的板筋不得截断，钢筋应在洞边绕过；对于 300mm< 洞宽（直径）≤ 300mm 且洞边无集中荷载时，钢筋于洞口边可截断并弯曲锚固。洞口每边配置两根直径不小于 12mm 且不小于同向被切断纵向钢筋总面积 1/2 的补强钢筋；补强钢筋的强度等级与被切断钢筋相同并布置在同一层面。补强钢筋的长度为洞口宽 $+2l_a$；两根补强钢筋之间的净跨为 30mm。具体做法详见图集 16G101—1 第110、111页。

（5）管道井内钢筋在预留洞口处不得切断，做好防锈，待管道安装后用同一等级混凝土浇筑。

（6）隔墙下未设梁时，应在墙下板内底部增设加强筋（图中另有要求者除外），当板跨不大于 1.9m 时，为 2 φ 14，钢筋强度等级与板筋同；当板跨大于 1.9m 时，详见单项设计。

（7）楼板高差不同时，板钢筋应分别锚固。板内负筋锚入梁内及混凝土墙内长度不小于 l_a。

（8）卫生间现浇板及有防水要求的部位遇墙周边翻起 150mm 厚（建筑完成面以上 150mm 高）的止水带（门口除外），并与板同时浇筑。

（9）现浇板中预埋管时，要限在板厚中部的 1/3 范围内。

（10）未经设计人员同意，不提随意打洞、剔凿。

7.7 框架梁、剪力墙

（1）剪力墙加强区高度从基础顶至地上二层楼板面。

（2）框架梁、剪力墙构造要求及未注明处均详见图集 16G101—1 抗震等级为 4 级。

（3）梁边与墙柱边相齐时，梁的钢筋从墙柱纵向钢筋内侧绕过。

（4）主次梁高相等时，次梁上、下筋应置于主梁上、下筋之上。

（5）剪力墙与圈梁过梁相连时，宜由柱墙预留出相应钢筋。

（6）框架梁一端支撑在竖向构件，另一端支撑在主梁上时，支撑在竖向构件端按框架梁构造，支撑在主梁端按一般梁构造；当井字梁或次梁两端支撑在竖向构件上时，支撑端按框架梁的构造要求施工。

（7）梁的跨度不小于 4m 时，梁跨中应按规范要求起拱，未注明时起拱高度为 0.3%。

（8）梁上下有构造柱时，应按构造柱位置预留插筋，柱两侧梁内箍筋各加密 3 根 @50 做法详见图 b。主次梁交接处两侧主梁各附加 3@50 箍筋，箍筋直径同主梁箍筋。

（9）剪力墙开洞，洞口直径或洞宽不大于 300mm 时，墙内钢筋不应截断而绕过洞边，每侧附加 2 φ 12。洞口直径、洞宽大于 300mm 不大于 800mm 时，未注明洞口补强纵筋构造详见图集 16G101—1 第 83 页。

7.8 其他要求

（1）在施工安装过程中，应采取有效措施保证结构的稳定性，确保施工安全。

（2）材料代用时应征得设计单位同意。当需要以强度等级较高的钢筋替代原设计中的纵向钢筋时，应按照钢筋承载力设计值相等的原则换算，并满足最小配筋率、抗裂验算等要求。

（3）悬挑构件需待混凝土设计强度达到 100%，方可拆除底模。

（4）外围构件及有水房间因施工产生的孔洞，采用掺适量高效膨胀剂的混凝土封堵密实。

（5）冬季施工时应满足相关规范的要求。

（6）施工期间不得超负荷堆放材料和施工垃圾。特别注意梁板上集中负荷时，对结构受力和变形的不利影响。

（7）弧形梁或梁与墙柱斜交时，梁的纵向钢筋应放样下料，满足钢筋的锚固长度。

（8）为防止屋顶温度裂缝，除做好屋顶保温分区外，楼板混凝土内掺适量膨胀剂，采用低水化热的水泥配置混凝土；施工时应严格控制水灰比，加强养护，采用合理的施工工序。

八、填充墙与框架柱剪力墙的连接及过梁、构造柱的要求

8.1 填充墙体应在主体结构全部施工完成后，由上而下逐层砌筑，每层砌至板底或梁底附近时，应待砌块沉实后（一般为5 天），再斜砌此部分墙体，逐块敲紧砌实。砌筑施工质量控制等级为 B 级。

8.2 加气混凝土砌块的砌筑及门洞口构造做法见 05YJ3—4，窗洞口构造参门洞口。

8.3 后砌填充墙与剪力墙柱、梁、板的拉接构造详见图集 2011YG002—P42 ~ 46。

8.4 后砌填充墙应沿剪力墙、柱全高每隔 500mm 设 2 φ 6 拉筋，拉筋伸入墙内的长度不应小于墙长的 1/5 且不小于 700mm，锚入剪力墙内不小于 200mm，阳台、飘窗侧隔墙锚拉筋通长布置。

8.5 后砌隔墙墙高超过 4m 时，须在此墙高中部设通长水平系梁，截面为墙厚 ×150 配筋为 4 φ 10（纵筋）+6@200（箍筋）。

8.6 除图中注明外，墙长大于层高两倍时的墙中及悬墙端头、外墙阳角、砖墙内外墙交接处设构造柱，构造柱截面为墙厚 ×200，纵筋为 4 φ 12 箍筋为 φ6@200。

8.7 门窗过梁荷载等级除注明外均采用 2 级，按建筑图所示洞口尺寸选用 11YG301 中 TGL；当洞口顶距离结构梁（板）底小于过梁高度时，过梁改为现浇，纵筋参见图集选用。当过梁与框架柱、剪力墙相交时改为现浇，如图 b 所示。

8.8 构造柱：后砌填充墙内构造柱可不留马牙槎，构造柱应在主体完工后施工，必须先砌墙后浇构造柱，并沿墙高每隔 500mm 设 2 φ 6 锚拉筋，伸入墙内不小于 1000 mm，构造做法详见图集 2011YG002。

8.9 填充墙与混凝土构件交接处，应在抹灰前设置细钢丝（φ4 b）网片（网片宽 400mm，接缝两侧各延伸 200mm）。

8.10 砖砌女儿墙内均应设置构造柱，构造柱间距不应大于 3m，构造柱截面为墙厚 ×250；配筋为 4 φ 12（纵筋）+ 6@200（箍筋）；构造柱生根于屋面梁、墙终止于女儿墙压顶，生根于梁构造参见（图 a）。构造柱锚拉筋贯通女儿墙体。

九、其他

9.1 凡预留洞、预埋件或吊钩等应严格按照结构图并配合其他工种图纸进施工，严禁擅自留洞、留设水平槽或事后凿洞。

9.2 电梯井预埋件与厂家配合施工。

9.3 防雷接地要求详见有关图纸及电气施工图并严格施工。

9.4 本工程地下室部分按人防施工图施工。

9.5 本工程开工前应由建设、施工、设计三方进行图纸会审工作，弄清设计意图错漏及时提出，复核无误后方可施工。

9.6 图纸说明中凡与本说明不符者均以单项设计说明为准。

9.7 本图纸说明未尽之处，按相关施工及验收规范规程要求认真施工。

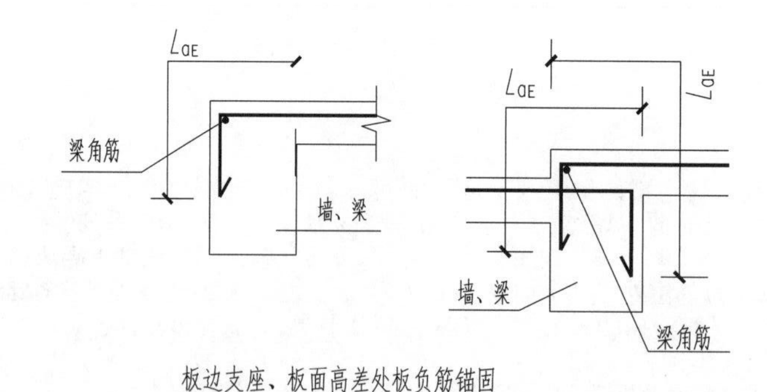

板边支座、板面高差处板负筋锚固

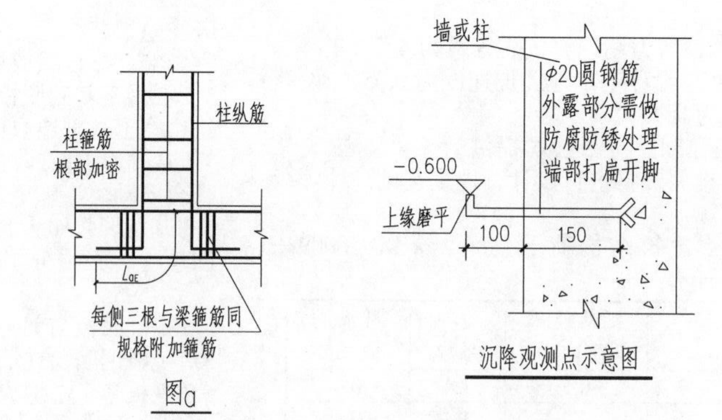

现浇板钢筋图例

图a

沉降观测点示意图

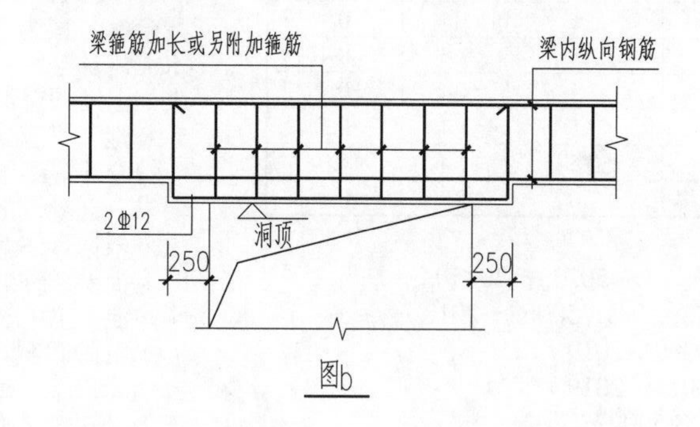

图b

【读图指导】

1.通过本图应了解本工程结构的基本概况、抗震设防烈度及抗震等级等信息。

2.熟悉本图所列的结构规范、规程及标准。

3.本图所表示的各项构造做法及要求应结合后面的各张图纸来看。

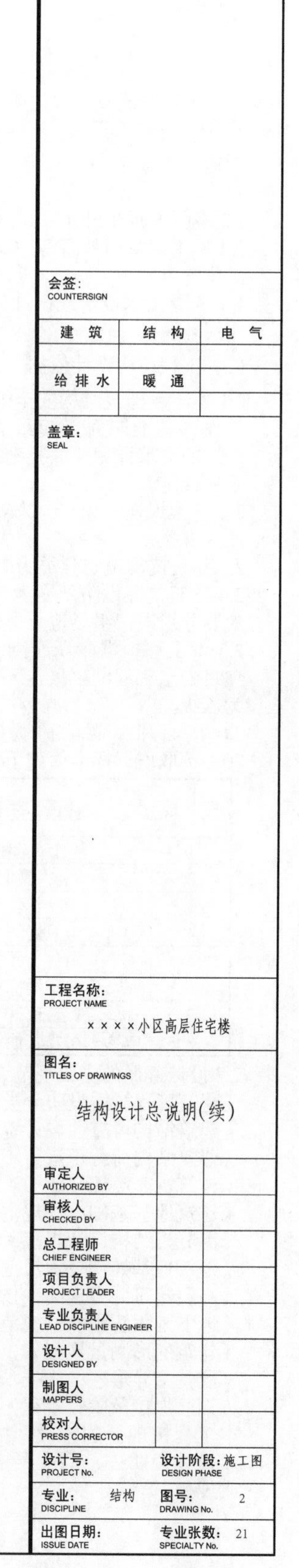

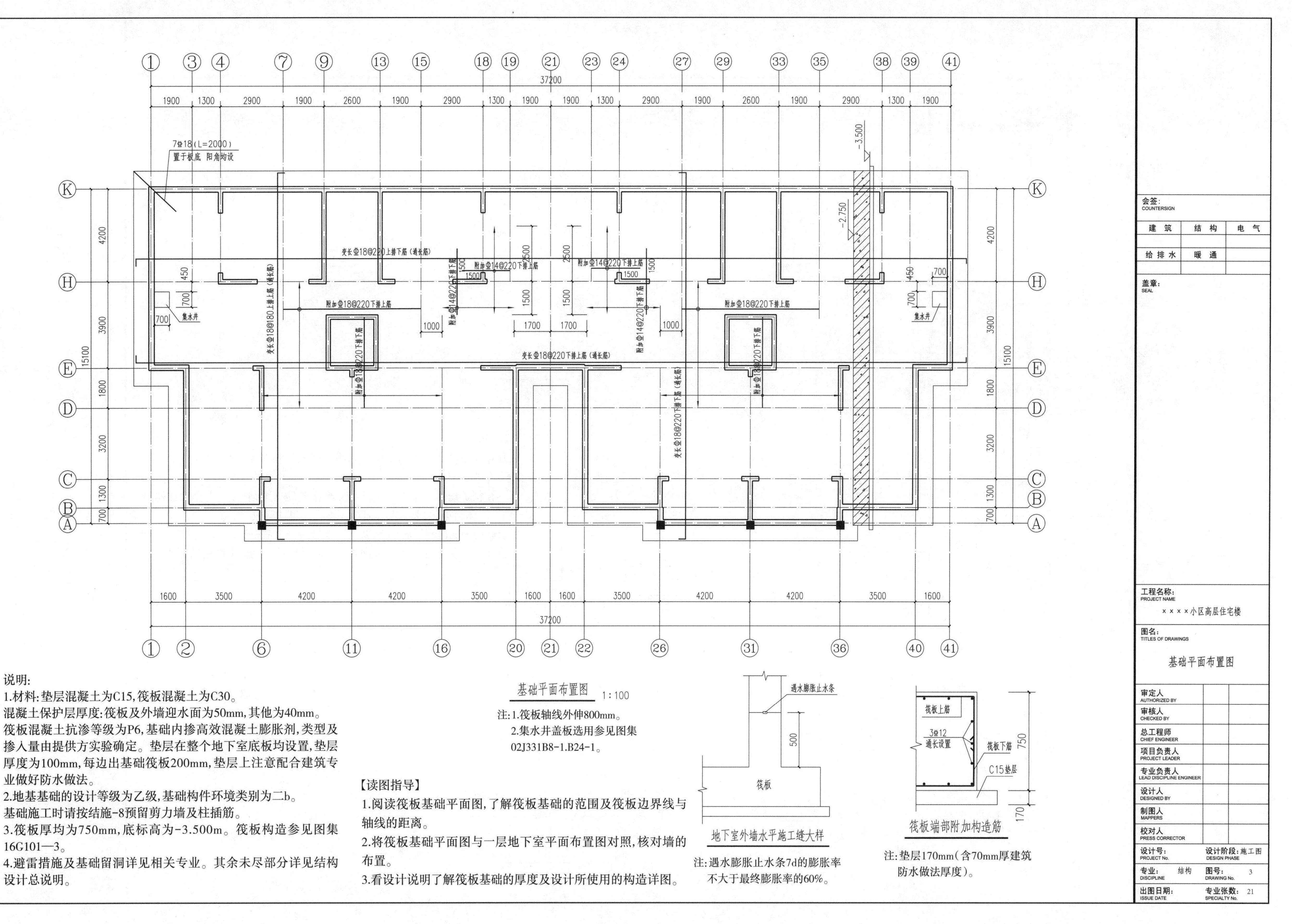

会签:
COUNTERSIGN
建 筑
结 构
电 气
给 排 水
暖 通
盖章:
SEAL
工程名称:
PROJECT NAME
××××小区高层住宅楼
图名:
TITLES OF DRAWINGS
基础平面布置图
审定人
审核人
总工程师
项目负责人
专业负责人
设计人
制图人
校对人
设计号:
设计阶段:施工图
专业: 结构
图号: 3
出图日期:
专业张数: 21
7⌀18(L=2000)
置于板底 阳角均设
变长⌀18@220上排下筋(通长筋)
附加⌀14@220下排上筋
附加⌀18@220下排上筋
集水井
37200
15100
基础平面布置图 1:100
注:1.筏板轴线外伸800mm。
2.集水井盖板选用参见图集02J331B8-1.B24-1。
说明:
1.材料:垫层混凝土为C15,筏板混凝土为C30。
混凝土保护层厚度:筏板及外墙迎水面为50mm,其他为40mm。
筏板混凝土抗渗等级为P6,基础内掺高效混凝土膨胀剂,类型及掺入量由提供方实验确定。垫层在整个地下室底板均设置,垫层厚度为100mm,每边出基础筏板200mm,垫层上注意配合建筑专业做好防水做法。
2.地基基础的设计等级为乙级,基础构件环境类别为二b。
基础施工时请按结施-8预留剪力墙及柱插筋。
3.筏板厚均为750mm,底标高为-3.500m。筏板构造参见图集16G101—3。
4.避雷措施及基础留洞详见相关专业。其余未尽部分详见结构设计总说明。
【读图指导】
1.阅读筏板基础平面图,了解筏板基础的范围及筏板边界线与轴线的距离。
2.将筏板基础平面图与一层地下室平面布置图对照,核对墙的布置。
3.看设计说明了解筏板基础的厚度及设计所使用的构造详图。
遇水膨胀止水条
筏板
地下室外墙水平施工缝大样
注:遇水膨胀止水条7d的膨胀率不大于最终膨胀率的60%。
筏板上筋
3⌀12
通长设置
筏板下筋
C15垫层
筏板端部附加构造筋
注:垫层170mm(含70mm厚建筑防水做法厚度)。

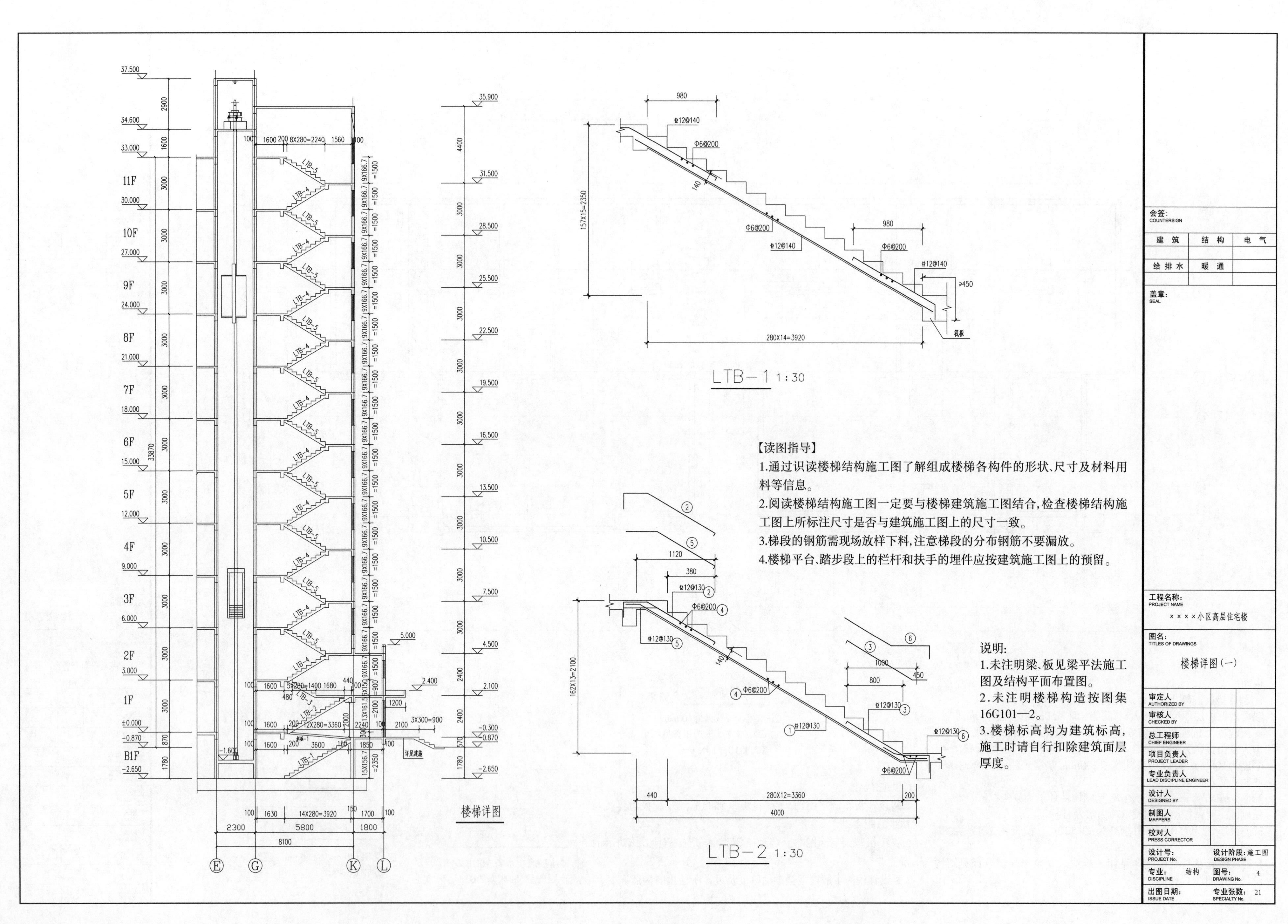

楼梯详图
LTB－1 1:30
LTB－2 1:30
【读图指导】
1.通过识读楼梯结构施工图了解组成楼梯各构件的形状、尺寸及材料用料等信息。
2.阅读楼梯结构施工图一定要与楼梯建筑施工图结合，检查楼梯结构施工图上所标注尺寸是否与建筑施工图上的尺寸一致。
3.梯段的钢筋需现场放样下料，注意梯段的分布钢筋不要漏放。
4.楼梯平台、踏步段上的栏杆和扶手的埋件应按建筑施工图上的预留。
说明：
1.未注明梁、板见梁平法施工图及结构平面布置图。
2.未注明楼梯构造按图集16G101—2。
3.楼梯标高均为建筑标高，施工时请自行扣除建筑面层厚度。
工程名称：
××××小区高层住宅楼
图名：
楼梯详图（一）
设计阶段：施工图
专业：结构
图号：4
专业张数：21

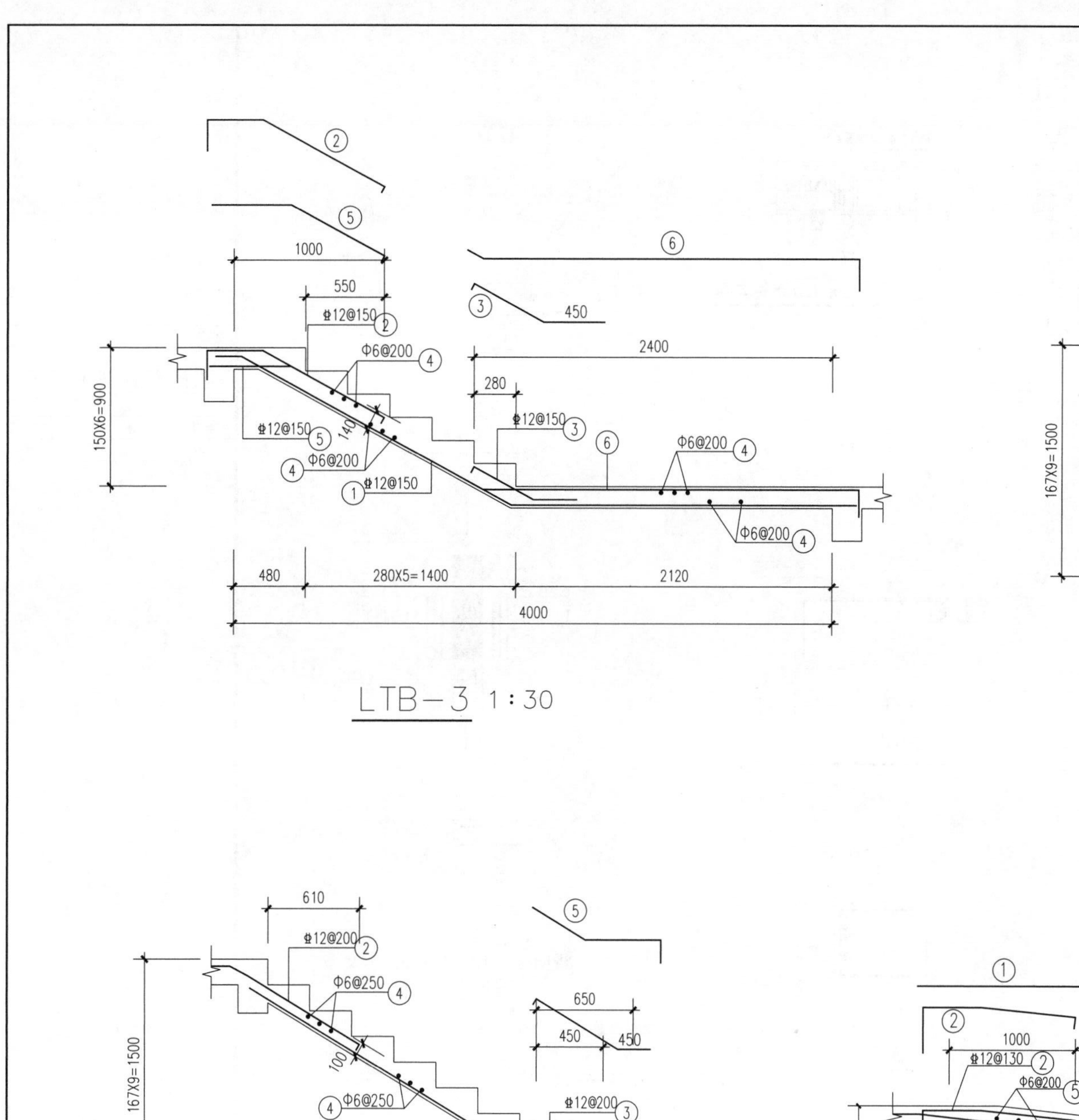

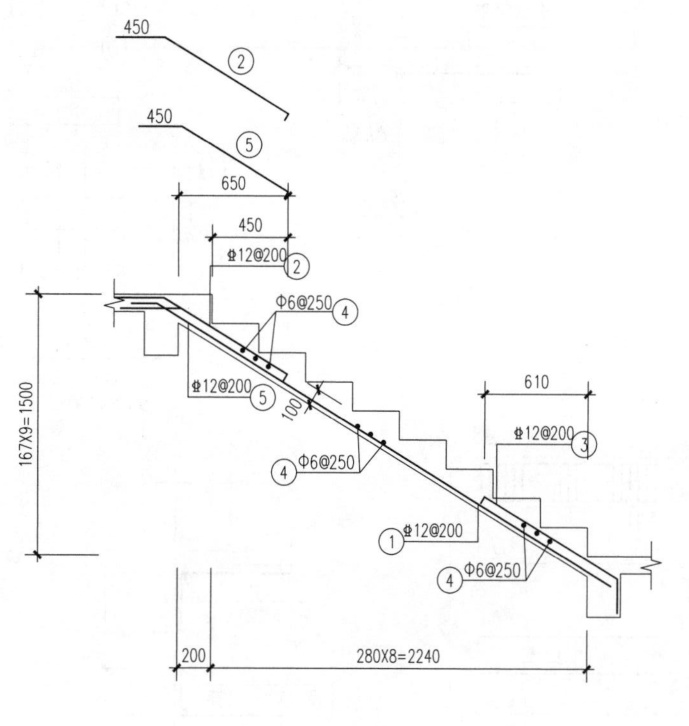

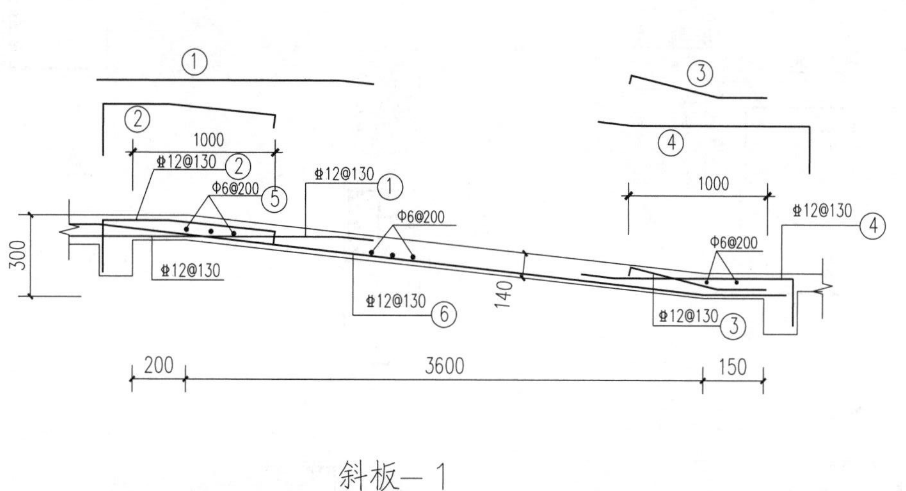

【读图指导】

1.通过识读楼梯结构施工图了解组成楼梯各构件的形状、尺寸及材料用料等信息。

2.阅读楼梯结构施工图一定要与楼梯建筑施工图结合，检查楼梯结构施工图上所标注尺寸是否与建筑施工图上的尺寸一致。

3.梯段的钢筋需现场放样下料，注意梯段的分布钢筋不要漏放。

4.楼梯平台、踏步段上的栏杆和扶手的埋件应按建筑施工图上的预留。

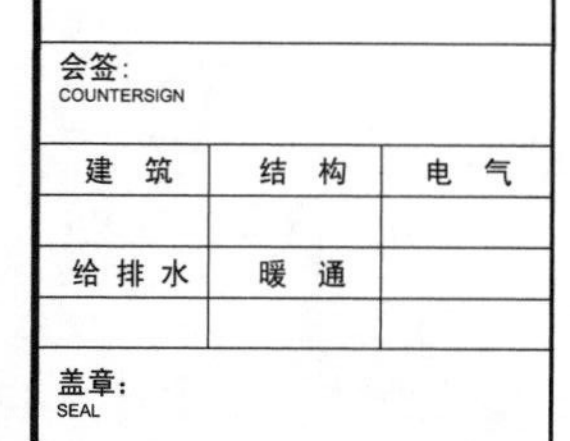

说明：

1.未注明梁、板见梁平法施工图及结构平面布置图。

2.未注明楼梯构造按图集16G101—2。

3.楼梯标高均为建筑标高，施工时请自行扣除建筑面层厚度。

工程名称：PROJECT NAME	××××小区高层住宅楼
图名：TITLES OF DRAWINGS	楼梯详图（二）
审定人 AUTHORIZED BY	
审核人 CHECKED BY	
总工程师 CHIEF ENGINEER	
项目负责人 PROJECT LEADER	
专业负责人 LEAD DISCIPLINE ENGINEER	
设计人 DESIGNED BY	
制图人 MAPPERS	
校对人 PRESS CORRECTOR	
设计号：PROJECT No.	设计阶段：施工图 DESIGN PHASE
专业：DISCIPLINE 结构	图号：DRAWING No. 5
出图日期：ISSUE DATE	专业张数：SPECIALTY No. 21

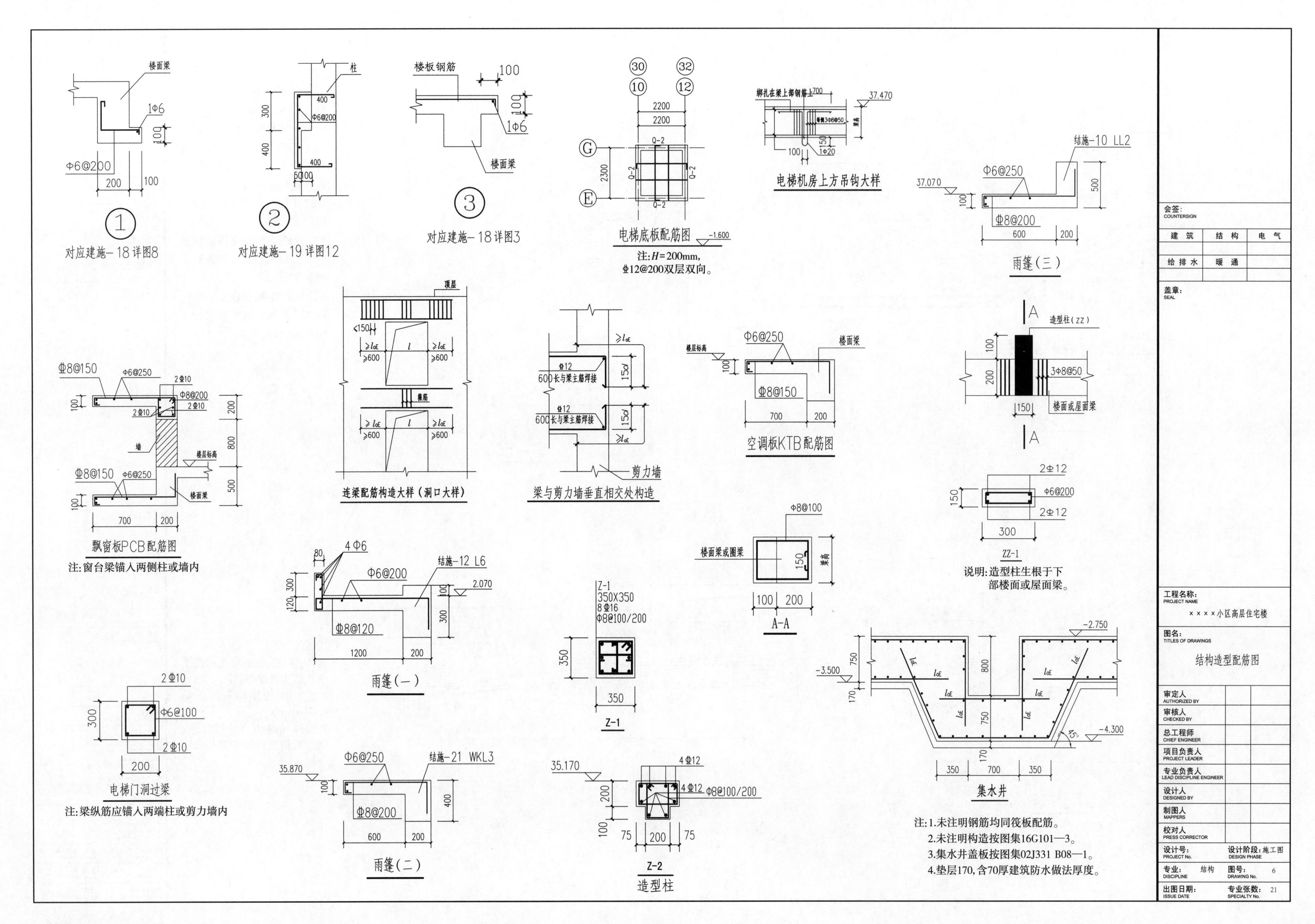

楼面梁
1Φ6
Φ6@200
200
100
对应建施-18详图8
柱
400
Φ6@200
300
400
50100
对应建施-19详图12
楼板钢筋
100
1Φ6
楼面梁
对应建施-18详图3
30
32
10
12
2200
2200
G
E
2300
Q-2
电梯底板配筋图
-1.600
注:H=200mm,
Φ12@200双层双向。
37.470
150
1Φ20
电梯机房上方吊钩大样
结施-10 LL2
Φ6@250
37.070
Φ8@200
600
200
500
雨篷(三)
会签:
COUNTERSIGN
建 筑
结 构
电 气
给 排 水
暖 通
盖章:
SEAL
顶层
150
l
≥600
箍筋
连梁配筋构造大样(洞口大样)
Φ12
600长与梁主筋焊接
15d
剪力墙
梁与剪力墙垂直相交处构造
楼层标高
Φ6@250
楼面梁
Φ8@150
700
200
空调板KTB配筋图
A
造型柱(ZZ)
3Φ8@50
楼面或屋面梁
Φ8@150
Φ6@250
2Φ10
Φ8@200
墙
楼层标高
楼面梁
800
500
700
200
飘窗板PCB配筋图
注:窗台梁锚入两侧柱或墙内
2Φ12
Φ6@200
300
ZZ-1
说明:造型柱生根于下
部楼面或屋面梁。
Φ8@100
楼面梁或圈梁
100
200
A-A
4Φ6
80
Φ6@200
结施-12 L6
2.070
Φ8@120
1200
200
雨篷(一)
Z-1
350X350
8Φ16
Φ8@100/200
350
Z-1
工程名称:
PROJECT NAME
××××小区高层住宅楼
图名:
TITLES OF DRAWINGS
结构造型配筋图
-2.750
-3.500
-4.300
45°
350
700
350
集水井
2Φ10
Φ6@100
200
电梯门洞过梁
注:梁纵筋应锚入两端柱或剪力墙内
Φ6@250
结施-21 WKL3
35.870
Φ8@200
600
200
雨篷(二)
35.170
4Φ12
Φ8@100/200
75
200
Z-2
造型柱
注:1.未注明钢筋均同筏板配筋。
2.未注明构造按图集16G101—3。
3.集水井盖板按图集02J331 B08—1。
4.垫层170,含70厚建筑防水做法厚度。
审定人
AUTHORIZED BY
审核人
CHECKED BY
总工程师
CHIEF ENGINEER
项目负责人
PROJECT LEADER
专业负责人
LEAD DISCIPLINE ENGINEER
设计人
DESIGNED BY
制图人
MAPPERS
校对人
PRESS CORRECTOR
设计号:
PROJECT No.
设计阶段:施工图
DESIGN PHASE
专业:
DISCIPLINE
结构
图号:
DRAWING No.
6
出图日期:
ISSUE DATE
专业张数:
SPECIALTY No.
21

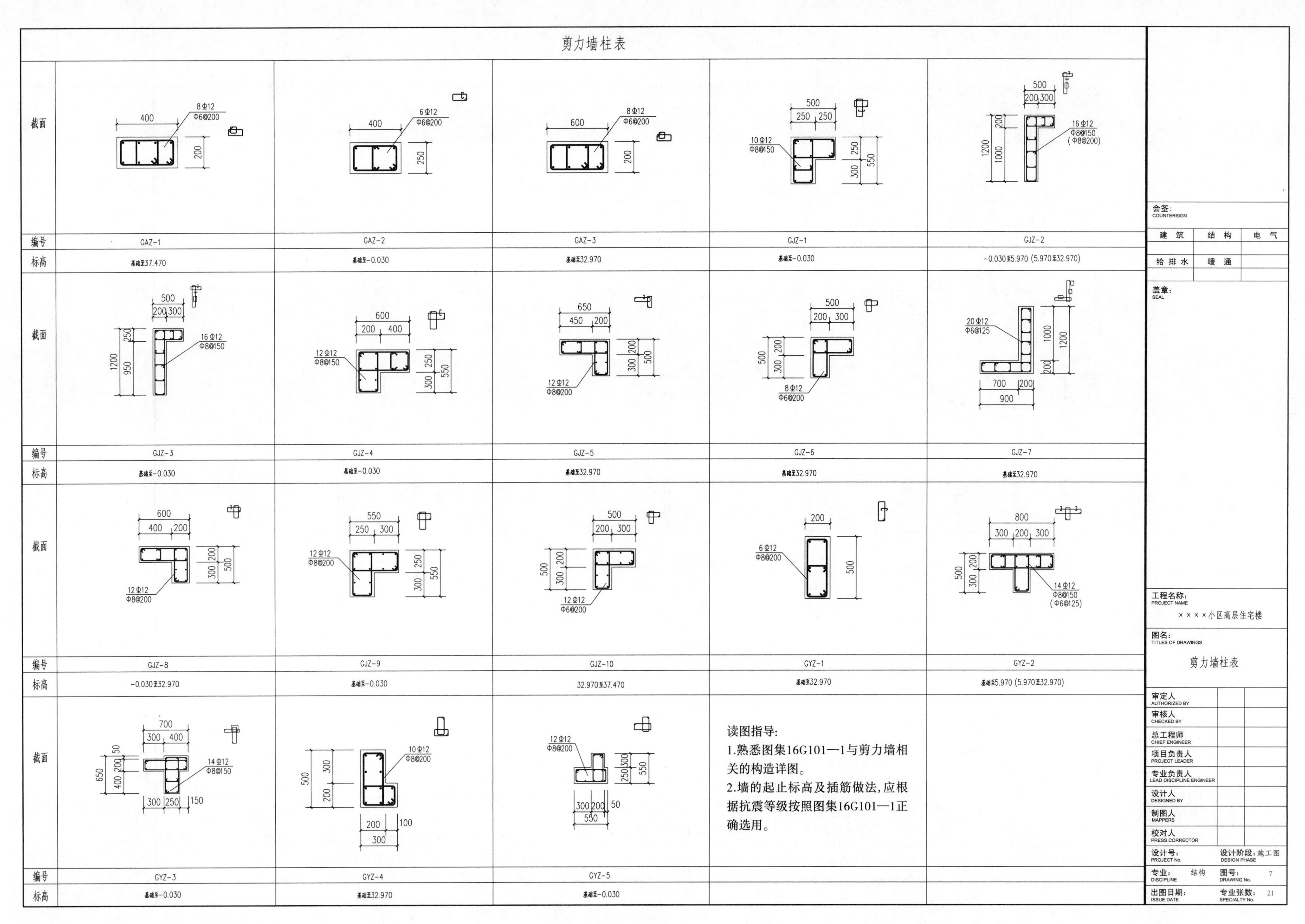
剪力墙柱表
截面
编号
标高
GAZ-1
基础至37.470
8Φ12
Φ6@200
GAZ-2
基础至-0.030
6Φ12
Φ6@200
GAZ-3
基础至32.970
8Φ12
Φ6@200
GJZ-1
基础至-0.030
10Φ12
Φ8@150
GJZ-2
-0.030至5.970 (5.970至32.970)
16Φ12
Φ8@150
(Φ8@200)
GJZ-3
基础至-0.030
16Φ12
Φ8@150
GJZ-4
基础至-0.030
12Φ12
Φ8@150
GJZ-5
基础至32.970
12Φ12
Φ8@200
GJZ-6
基础至32.970
8Φ12
Φ6@200
GJZ-7
基础至32.970
20Φ12
Φ6@125
GJZ-8
-0.030至32.970
12Φ12
Φ8@200
GJZ-9
基础至-0.030
12Φ12
Φ8@200
GJZ-10
32.970至37.470
12Φ12
Φ6@200
GYZ-1
基础至32.970
6Φ12
Φ8@200
GYZ-2
基础至5.970 (5.970至32.970)
14Φ12
Φ8@150
(Φ6@125)
GYZ-3
基础至-0.030
14Φ12
Φ8@150
GYZ-4
基础至32.970
10Φ12
Φ8@200
GYZ-5
基础至-0.030
12Φ12
Φ8@200
读图指导:
1.熟悉图集16G101—1与剪力墙相关的构造详图。
2.墙的起止标高及插筋做法,应根据抗震等级按照图集16G101—1正确选用。
会签:
COUNTERSIGN
建 筑
结 构
电 气
给 排 水
暖 通
盖章:
SEAL
工程名称:
PROJECT NAME
××××小区高层住宅楼
图名:
TITLES OF DRAWINGS
剪力墙柱表
审定人
AUTHORIZED BY
审核人
CHECKED BY
总工程师
CHIEF ENGINEER
项目负责人
PROJECT LEADER
专业负责人
LEAD DISCIPLINE ENGINEER
设计人
DESIGNED BY
制图人
MAPPERS
校对人
PRESS CORRECTOR
设计号:
PROJECT No.
设计阶段:施工图
DESIGN PHASE
专业: 结构
DISCIPLINE
图号: 7
DRAWING No.
出图日期:
ISSUE DATE
专业张数: 21
SPECIALTY No.

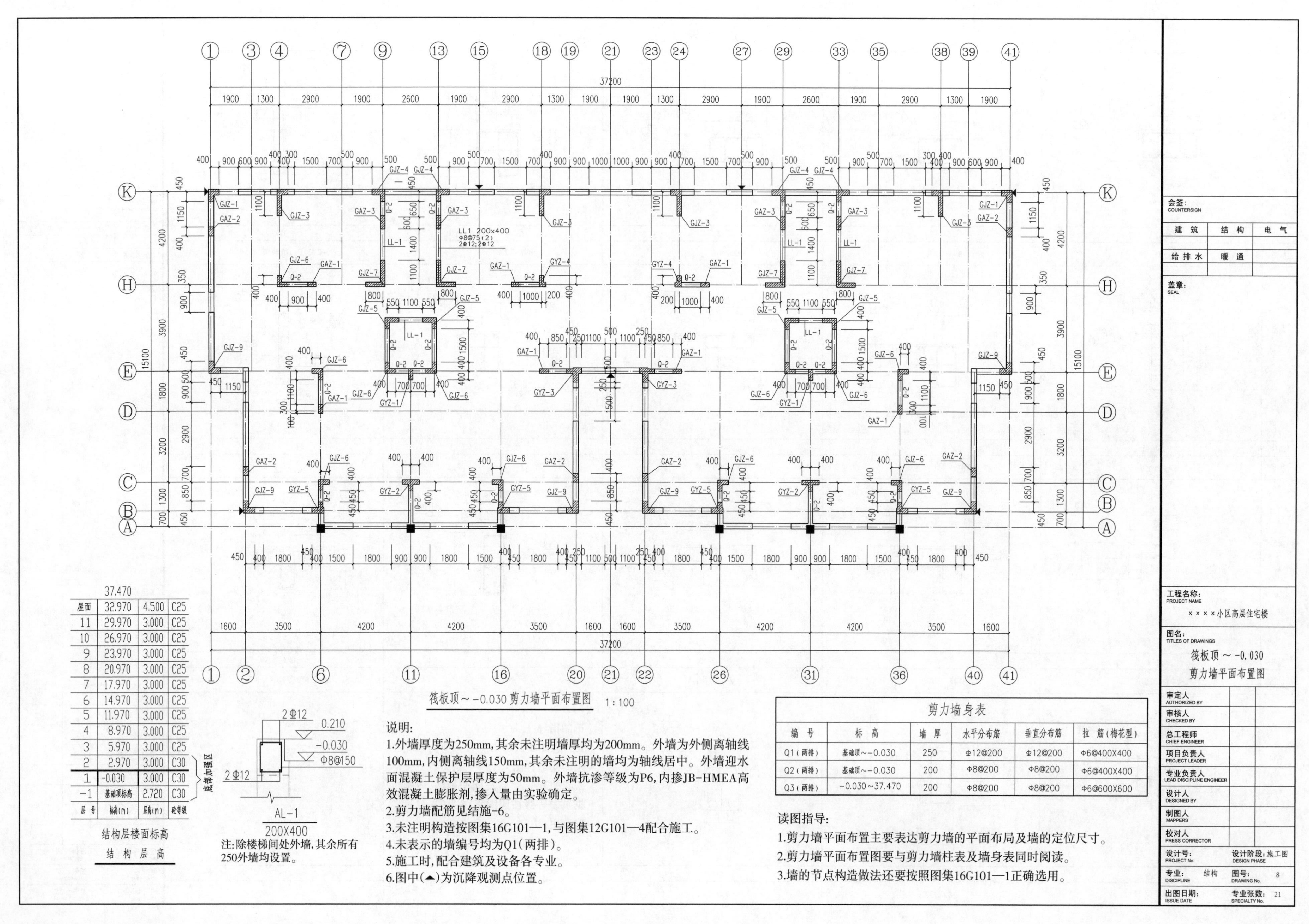

层号	标高(m)	层高(m)	砼等级
	37.470		
屋面	32.970	4.500	C25
11	29.970	3.000	C25
10	26.970	3.000	C25
9	23.970	3.000	C25
8	20.970	3.000	C25
7	17.970	3.000	C25
6	14.970	3.000	C25
5	11.970	3.000	C25
4	8.970	3.000	C25
3	5.970	3.000	C25
2	2.970	3.000	C30
1	-0.030	3.000	C30
-1	基础顶标高	2.720	C30

结构层楼面标高

结构层高

说明:

1.外墙厚度为250mm,其余未注明墙厚均为200mm。外墙为外侧离轴线100mm,内侧离轴线150mm,其余未注明的墙均为轴线居中。外墙迎水面混凝土保护层厚度为50mm。外墙抗渗等级为P6,内掺JB-HMEA高效混凝土膨胀剂,掺入量由实验确定。

2.剪力墙配筋见结施-6。

3.未注明构造按图集16G101—1,与图集12G101—4配合施工。

4.未表示的墙编号均为Q1(两排)。

5.施工时,配合建筑及设备各专业。

6.图中(▲)为沉降观测点位置。

剪力墙身表

编号	标高	墙厚	水平分布筋	垂直分布筋	拉筋(梅花型)
Q1(两排)	基础顶～-0.030	250	Φ12@200	Φ12@200	Φ6@400X400
Q2(两排)	基础顶～-0.030	200	Φ8@200	Φ8@200	Φ6@400X400
Q3(两排)	-0.030～37.470	200	Φ8@200	Φ8@200	Φ6@600X600

读图指导:

1.剪力墙平面布置主要表达剪力墙的平面布局及墙的定位尺寸。

2.剪力墙平面布置图要与剪力墙柱表及墙身表同时阅读。

3.墙的节点构造做法还要按照图集16G101—1正确选用。

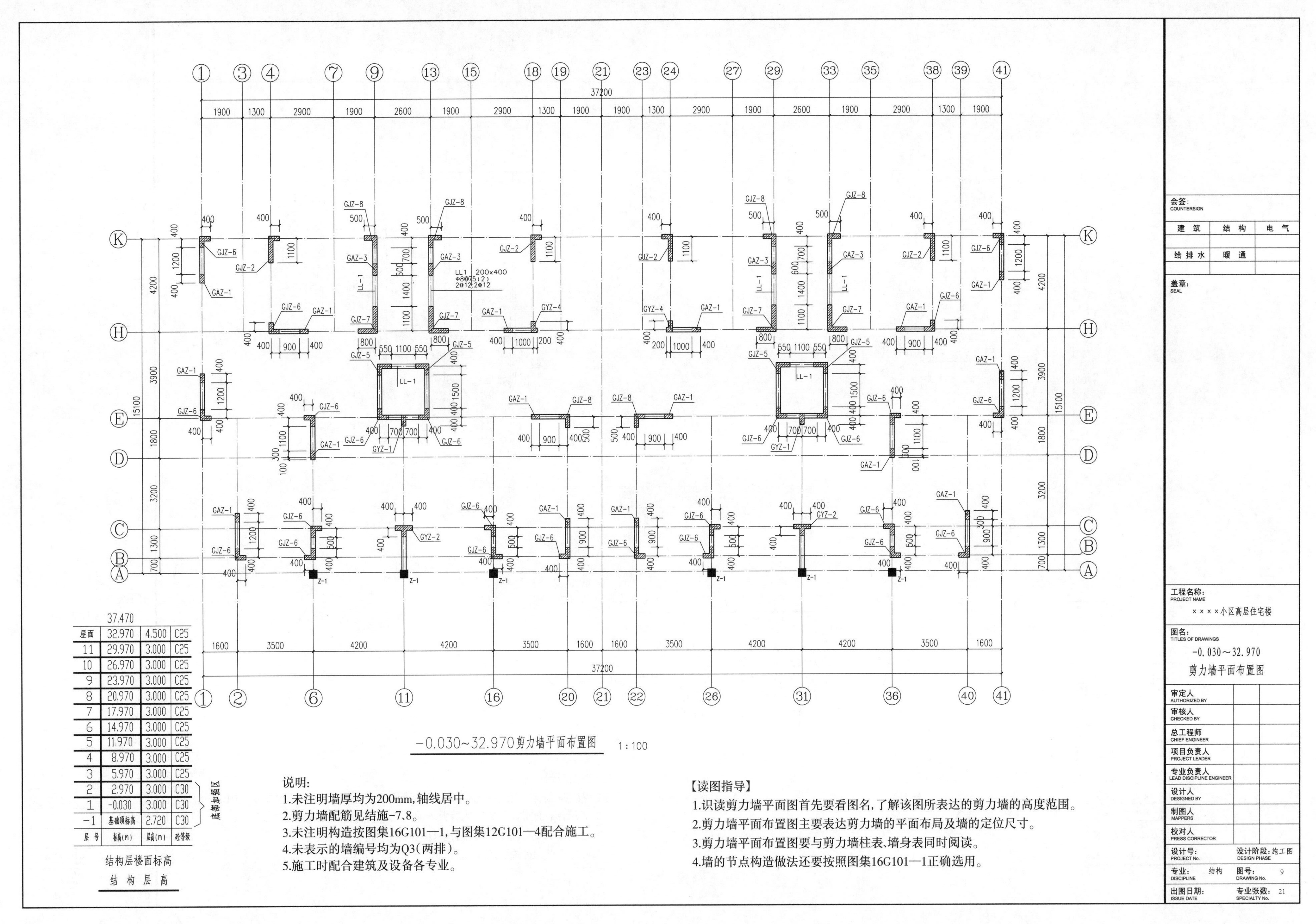

37.470

层号	标高(m)	层高(m)	砼等级
屋面	32.970	4.500	C25
11	29.970	3.000	C25
10	26.970	3.000	C25
9	23.970	3.000	C25
8	20.970	3.000	C25
7	17.970	3.000	C25
6	14.970	3.000	C25
5	11.970	3.000	C25
4	8.970	3.000	C25
3	5.970	3.000	C25
2	2.970	3.000	C30
1	-0.030	3.000	C30
-1	基础顶标高	2.720	C30

底部加强区（2层、1层、-1层）

结构层楼面标高

结构层高

说明:

1.未注明墙厚均为200mm,轴线居中。

2.剪力墙配筋见结施-7、8。

3.未注明构造按图集16G101—1,与图集12G101—4配合施工。

4.未表示的墙编号均为Q3(两排)。

5.施工时配合建筑及设备各专业。

【读图指导】

1.识读剪力墙平面图首先要看图名,了解该图所表达的剪力墙的高度范围。

2.剪力墙平面布置图主要表达剪力墙的平面布局及墙的定位尺寸。

3.剪力墙平面布置图要与剪力墙柱表、墙身表同时阅读。

4.墙的节点构造做法还要按照图集16G101—1正确选用。

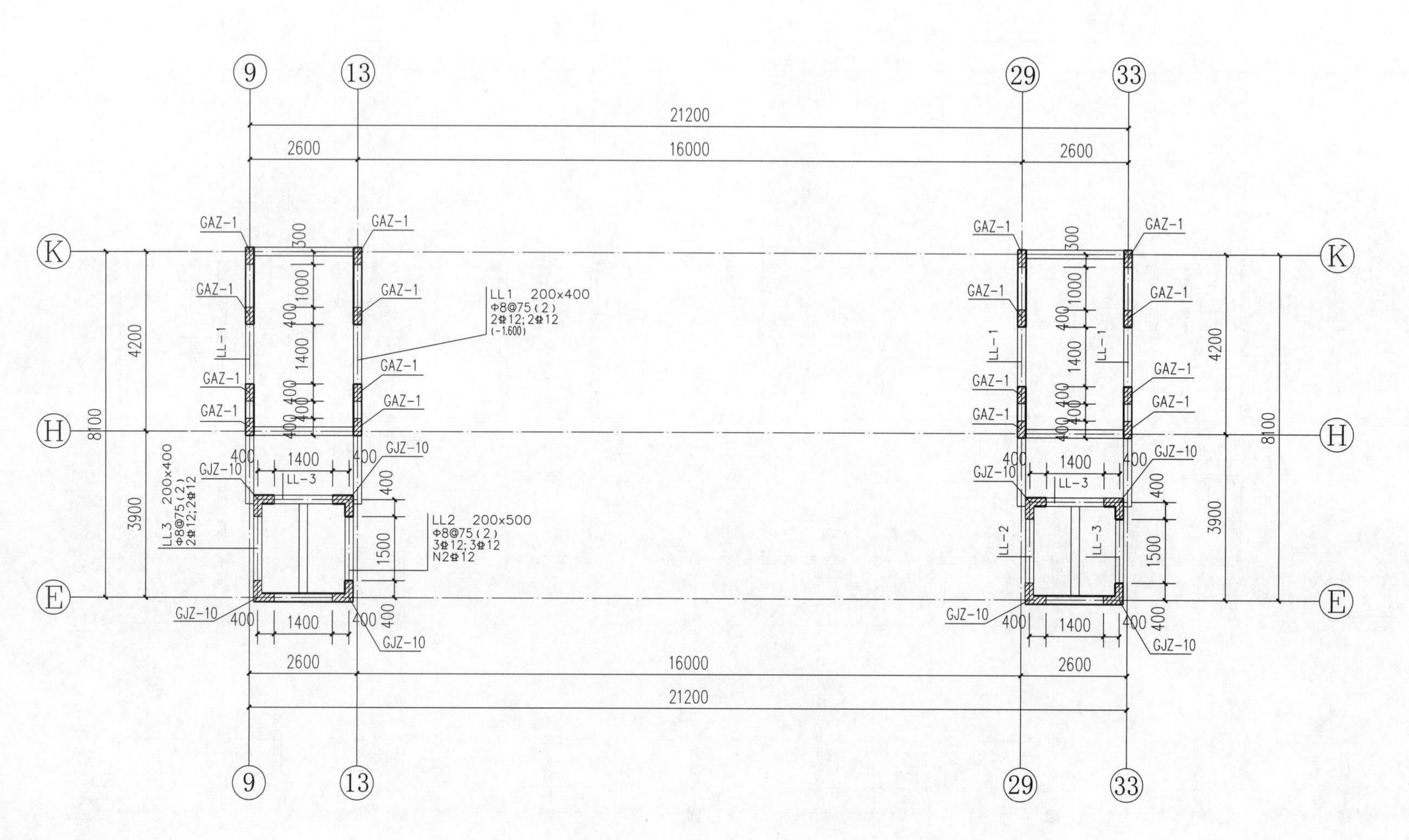

32.970~37.470剪力墙平面布置图 1:100

说明:

1.未注明墙厚均为200mm,轴线居中。
2.剪力墙配筋见结施—7、8。
3.未注明构造按图集16G101—1,与图集12G101—4配合施工。
4.未表示的墙编号均为Q4(两排)。
5.施工时配合建筑及设备各专业。

37.470

层号	标高(m)	层高(m)	砼等级
屋面	32.970	4.500	C25
11	29.970	3.000	C25
10	26.970	3.000	C25
9	23.970	3.000	C25
8	20.970	3.000	C25
7	17.970	3.000	C25
6	14.970	3.000	C25
5	11.970	3.000	C25
4	8.970	3.000	C25
3	5.970	3.000	C25
2	2.970	3.000	C30
1	-0.030	3.000	C30
-1	基础顶标高	2.720	C30

底部加强区

结构层楼面标高
结构层高

【读图指导】

1.识读剪力墙平面图首先要看图名,了解该图所表达的剪力墙的高度范围。
2.剪力墙平面布置主要表达剪力墙的平面布局及墙的定位尺寸。
3.剪力墙平面布置图要与剪力墙柱表及墙身表同时阅读。
4.墙的节点构造做法还要按照图集16G101—1正确选用。

会签: COUNTERSIGN		
建筑	结构	电气
给排水	暖通	

盖章: SEAL

工程名称: PROJECT NAME
××××小区高层住宅楼

图名: TITLES OF DRAWINGS
32.970~37.470
剪力墙平面布置图

审定人 AUTHORIZED BY	
审核人 CHECKED BY	
总工程师 CHIEF ENGINEER	
项目负责人 PROJECT LEADER	
专业负责人 LEAD DISCIPLINE ENGINEER	
设计人 DESIGNED BY	
制图人 MAPPERS	
校对人 PRESS CORRECTOR	

设计号: PROJECT No.	设计阶段: 施工图 DESIGN PHASE
专业: 结构 DISCIPLINE	图号: 10 DRAWING No.
出图日期: ISSUE DATE	专业张数: 21 SPECIALTY No.

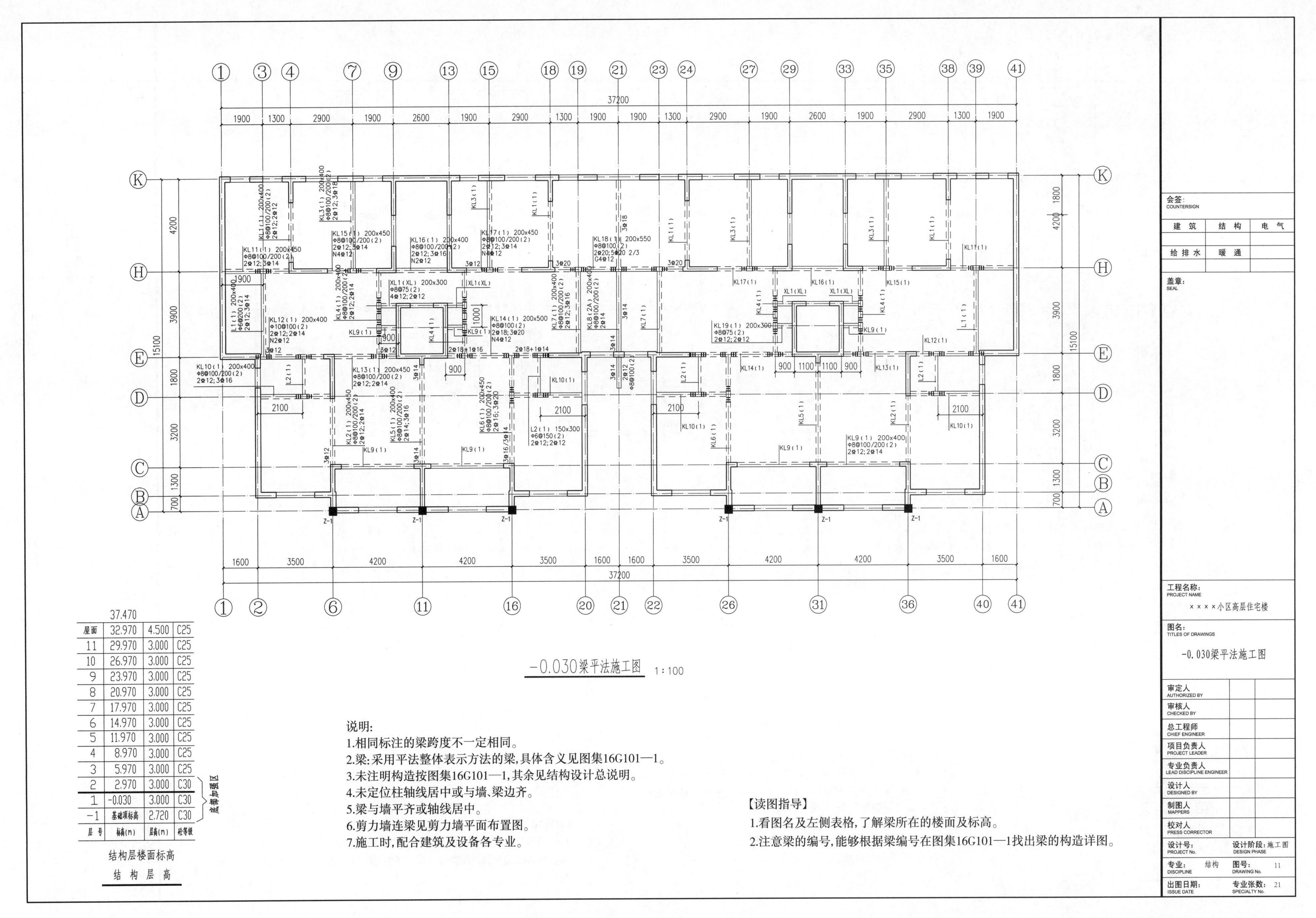
-0.030梁平法施工图 1:100
说明:
1.相同标注的梁跨度不一定相同。
2.梁:采用平法整体表示方法的梁,具体含义见图集16G101—1。
3.未注明构造按图集16G101—1,其余见结构设计总说明。
4.未定位柱轴线居中或与墙、梁边齐。
5.梁与墙平齐或轴线居中。
6.剪力墙连梁见剪力墙平面布置图。
7.施工时,配合建筑及设备各专业。
【读图指导】
1.看图名及左侧表格,了解梁所在的楼面及标高。
2.注意梁的编号,能够根据梁编号在图集16G101—1找出梁的构造详图。
37.470
屋面 32.970 4.500 C25
11 29.970 3.000 C25
10 26.970 3.000 C25
9 23.970 3.000 C25
8 20.970 3.000 C25
7 17.970 3.000 C25
6 14.970 3.000 C25
5 11.970 3.000 C25
4 8.970 3.000 C25
3 5.970 3.000 C25
2 2.970 3.000 C30
1 -0.030 3.000 C30
-1 基础顶标高 2.720 C30
层号 标高(m) 层高(m) 砼等级
底部加强区
结构层楼面标高
结构层高
37200
1900 1300 2900 1900 2600 1900 2900 1300 1900 1900 1300 2900 1900 2600 1900 2900 1300 1900
1600 3500 4200 4200 3500 1600 1600 3500 4200 4200 3500 1600
4200 3900 1800 3200 1300 700 15100
Z-1
会签:
COUNTERSIGN
建筑 结构 电气
给排水 暖通
盖章:
SEAL
工程名称:
PROJECT NAME
××××小区高层住宅楼
图名:
TITLES OF DRAWINGS
-0.030梁平法施工图
审定人
AUTHORIZED BY
审核人
CHECKED BY
总工程师
CHIEF ENGINEER
项目负责人
PROJECT LEADER
专业负责人
LEAD DISCIPLINE ENGINEER
设计人
DESIGNED BY
制图人
MAPPERS
校对人
PRESS CORRECTOR
设计号:
PROJECT No.
设计阶段:施工图
DESIGN PHASE
专业: 结构
DISCIPLINE
图号: 11
DRAWING No.
出图日期:
ISSUE DATE
专业张数: 21
SPECIALTY No.

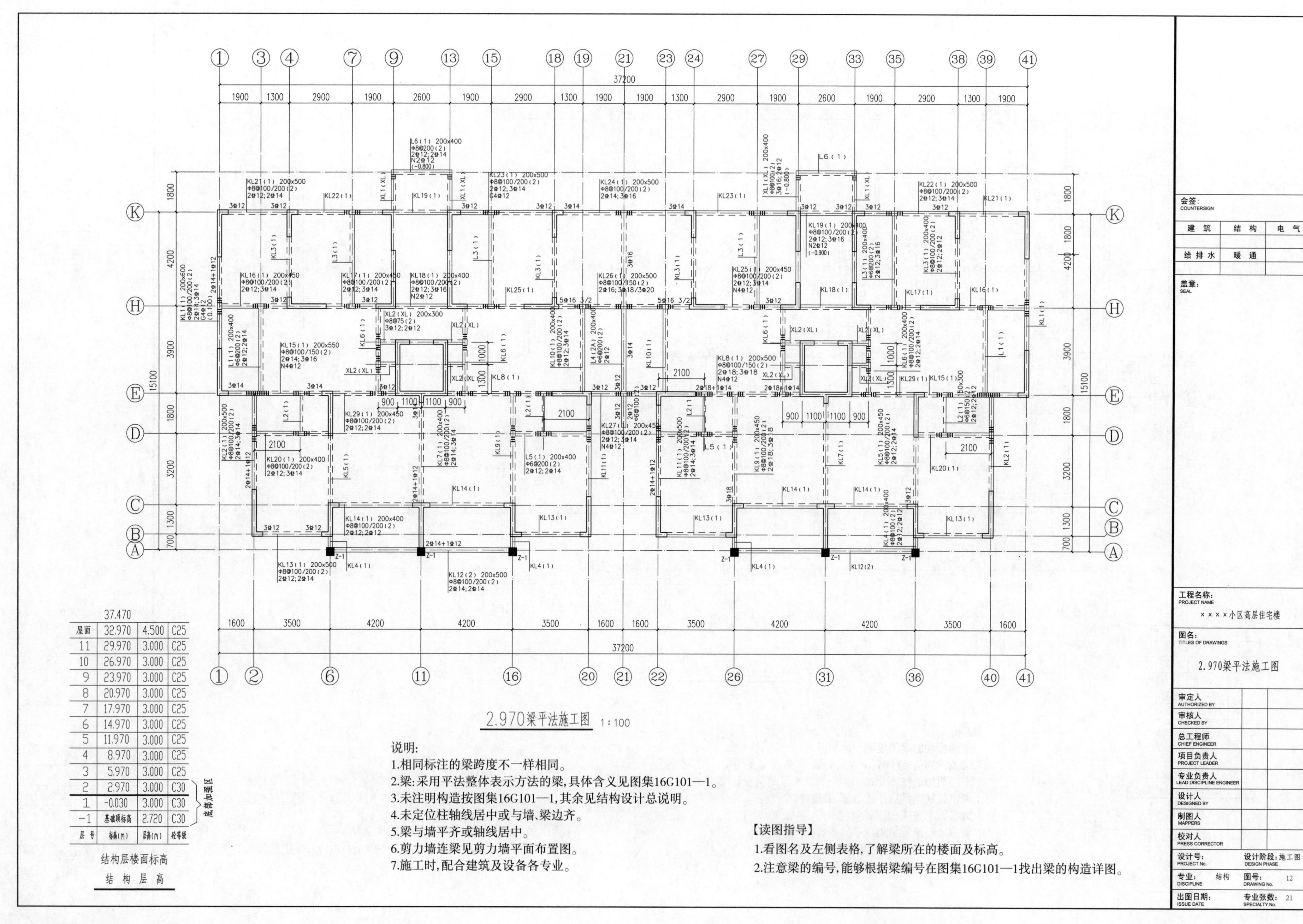

层号	标高(m)	层高(m)	砼等级
屋面	32.970	4.500	C25
11	29.970	3.000	C25
10	26.970	3.000	C25
9	23.970	3.000	C25
8	20.970	3.000	C25
7	17.970	3.000	C25
6	14.970	3.000	C25
5	11.970	3.000	C25
4	8.970	3.000	C25
3	5.970	3.000	C25
2	2.970	3.000	C30
1	-0.030	3.000	C30
-1	基础顶标高	2.720	C30

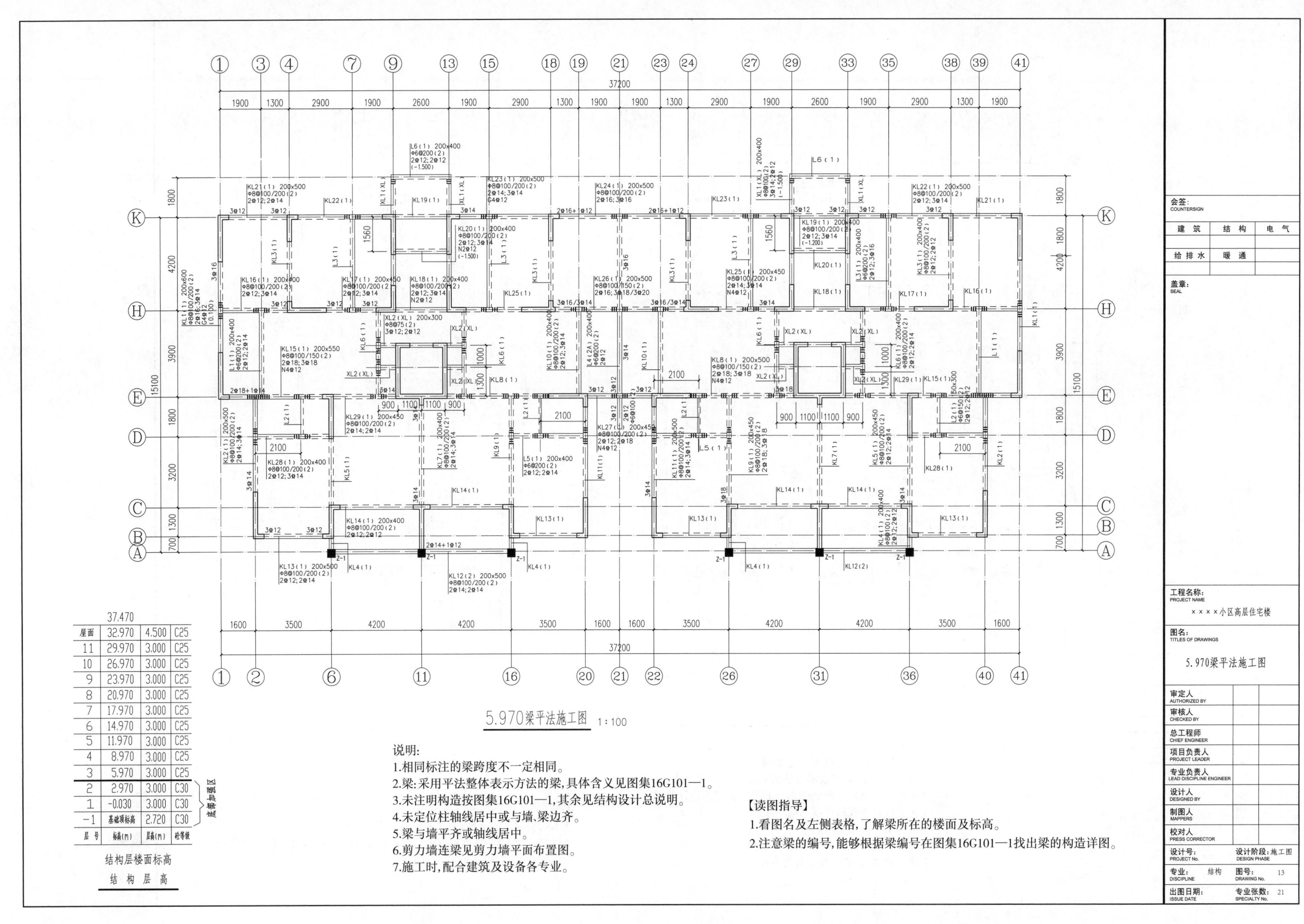
5.970梁平法施工图 1:100
说明:
1.相同标注的梁跨度不一定相同。
2.梁:采用平法整体表示方法的梁,具体含义见图集16G101—1。
3.未注明构造按图集16G101—1,其余见结构设计总说明。
4.未定位柱轴线居中或与墙、梁边齐。
5.梁与墙平齐或轴线居中。
6.剪力墙连梁见剪力墙平面布置图。
7.施工时,配合建筑及设备各专业。
【读图指导】
1.看图名及左侧表格,了解梁所在的楼面及标高。
2.注意梁的编号,能够根据梁编号在图集16G101—1找出梁的构造详图。
37.470
屋面 32.970 4.500 C25
11 29.970 3.000 C25
10 26.970 3.000 C25
9 23.970 3.000 C25
8 20.970 3.000 C25
7 17.970 3.000 C25
6 14.970 3.000 C25
5 11.970 3.000 C25
4 8.970 3.000 C25
3 5.970 3.000 C25
2 2.970 3.000 C30
1 -0.030 3.000 C30
-1 基础顶标高 2.720 C30
层号 标高(m) 层高(m) 砼等级
底部加强区
结构层楼面标高
结构层高
37200
1900 1300 2900 1900 2600 1900 2900 1300 1900 1900 1300 2900 1900 2600 1900 2900 1300 1900
1600 3500 4200 4200 3500 1600 1600 3500 4200 4200 3500 1600
1800 4200 3900 1800 3200 1300 700 15100
会签:
COUNTERSIGN
建筑 结构 电气
给排水 暖通
盖章:
SEAL
工程名称:
PROJECT NAME
××××小区高层住宅楼
图名:
TITLES OF DRAWINGS
5.970梁平法施工图
审定人
AUTHORIZED BY
审核人
CHECKED BY
总工程师
CHIEF ENGINEER
项目负责人
PROJECT LEADER
专业负责人
LEAD DISCIPLINE ENGINEER
设计人
DESIGNED BY
制图人
MAPPERS
校对人
PRESS CORRECTOR
设计号:
PROJECT No.
设计阶段:施工图
DESIGN PHASE
专业: 结构
DISCIPLINE
图号: 13
DRAWING No.
出图日期:
ISSUE DATE
专业张数: 21
SPECIALTY No.

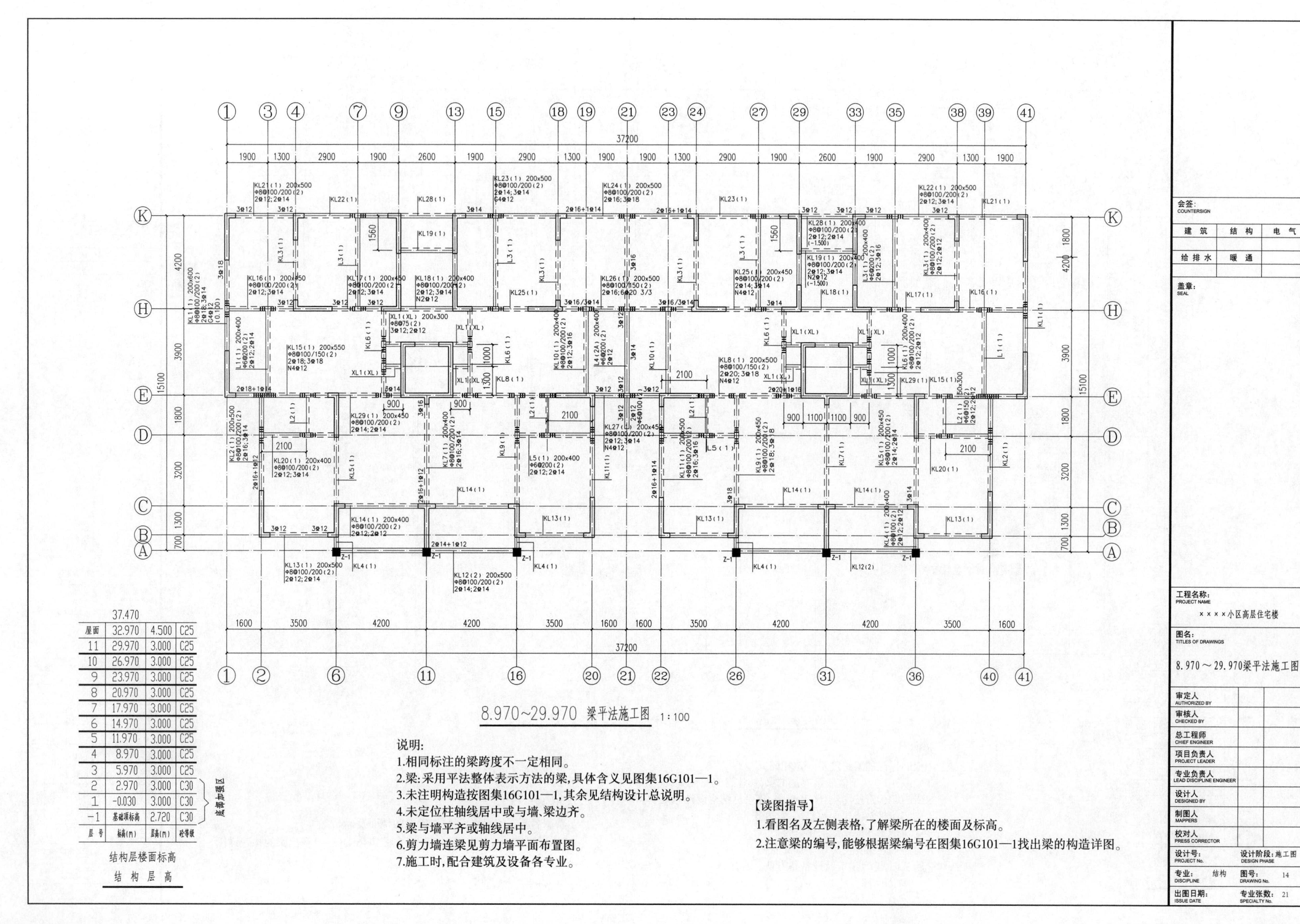
8.970~29.970 梁平法施工图 1:100
37200
37.470
屋面 32.970 4.500 C25
11 29.970 3.000 C25
10 26.970 3.000 C25
9 23.970 3.000 C25
8 20.970 3.000 C25
7 17.970 3.000 C25
6 14.970 3.000 C25
5 11.970 3.000 C25
4 8.970 3.000 C25
3 5.970 3.000 C25
2 2.970 3.000 C30
1 -0.030 3.000 C30
-1 基础顶标高 2.720 C30
底部加强区
层号 标高(m) 层高(m) 砼等级
结构层楼面标高
结构层高
说明:
1.相同标注的梁跨度不一定相同。
2.梁:采用平法整体表示方法的梁,具体含义见图集16G101—1。
3.未注明构造按图集16G101—1,其余见结构设计总说明。
4.未定位柱轴线居中或与墙、梁边齐。
5.梁与墙平齐或轴线居中。
6.剪力墙连梁见剪力墙平面布置图。
7.施工时,配合建筑及设备各专业。
【读图指导】
1.看图名及左侧表格,了解梁所在的楼面及标高。
2.注意梁的编号,能够根据梁编号在图集16G101—1找出梁的构造详图。
会签: COUNTERSIGN
建筑 结构 电气
给排水 暖通
盖章: SEAL
工程名称: PROJECT NAME
××××小区高层住宅楼
图名: TITLES OF DRAWINGS
8.970～29.970梁平法施工图
审定人 AUTHORIZED BY
审核人 CHECKED BY
总工程师 CHIEF ENGINEER
项目负责人 PROJECT LEADER
专业负责人 LEAD DISCIPLINE ENGINEER
设计人 DESIGNED BY
制图人 MAPPERS
校对人 PRESS CORRECTOR
设计号: PROJECT No.
设计阶段: 施工图 DESIGN PHASE
专业: 结构 DISCIPLINE
图号: 14 DRAWING No.
出图日期: ISSUE DATE
专业张数: 21 SPECIALTY No.

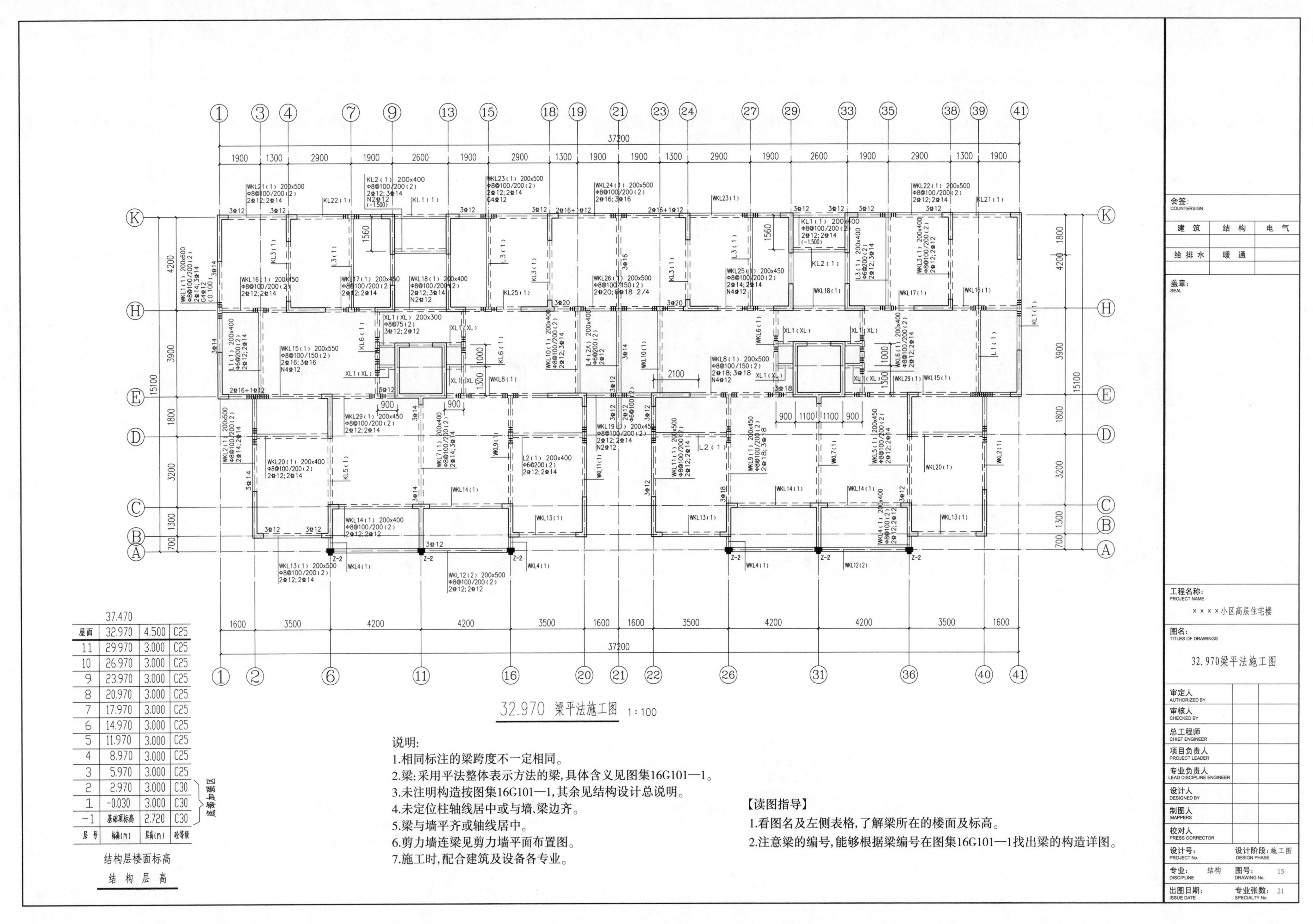

	37.470		
屋面	32.970	4.500	C25
11	29.970	3.000	C25
10	26.970	3.000	C25
9	23.970	3.000	C25
8	20.970	3.000	C25
7	17.970	3.000	C25
6	14.970	3.000	C25
5	11.970	3.000	C25
4	8.970	3.000	C25
3	5.970	3.000	C25
2	2.970	3.000	C30
1	-0.030	3.000	C30
-1	基础顶标高	2.720	C30
层号	标高(m)	层高(m)	砼等级

底部加强区

结构层楼面标高

结构层高

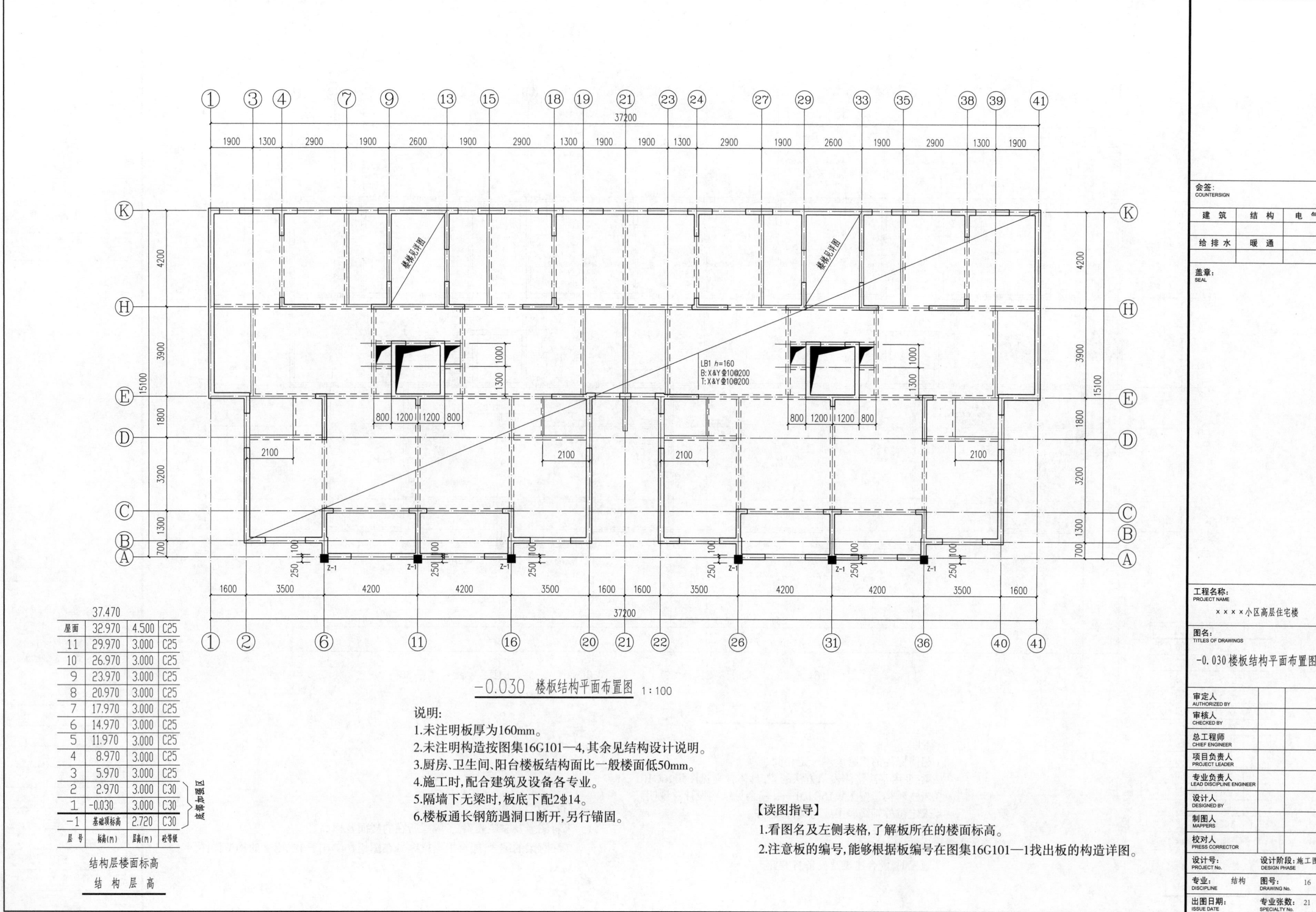
-0.030 楼板结构平面布置图 1:100
说明:
1.未注明板厚为160mm。
2.未注明构造按图集16G101—4,其余见结构设计说明。
3.厨房、卫生间、阳台楼板结构面比一般楼面低50mm。
4.施工时,配合建筑及设备各专业。
5.隔墙下无梁时,板底下配2ф14。
6.楼板通长钢筋遇洞口断开,另行锚固。
【读图指导】
1.看图名及左侧表格,了解板所在的楼面标高。
2.注意板的编号,能够根据板编号在图集16G101—1找出板的构造详图。
LB1 h=160
B: X&Y ⌀10@200
T: X&Y ⌀10@200
楼梯见详图
37200
37.470
屋面 32.970 4.500 C25
11 29.970 3.000 C25
10 26.970 3.000 C25
9 23.970 3.000 C25
8 20.970 3.000 C25
7 17.970 3.000 C25
6 14.970 3.000 C25
5 11.970 3.000 C25
4 8.970 3.000 C25
3 5.970 3.000 C25
2 2.970 3.000 C30
1 -0.030 3.000 C30
-1 基础顶标高 2.720 C30
层号 标高(m) 层高(m) 砼等级
底部加强区
结构层楼面标高
结构层高
会签: COUNTERSIGN
建筑 结构 电气
给排水 暖通
盖章: SEAL
工程名称: PROJECT NAME
××××小区高层住宅楼
图名: TITLES OF DRAWINGS
-0.030楼板结构平面布置图
审定人 AUTHORIZED BY
审核人 CHECKED BY
总工程师 CHIEF ENGINEER
项目负责人 PROJECT LEADER
专业负责人 LEAD DISCIPLINE ENGINEER
设计人 DESIGNED BY
制图人 MAPPERS
校对人 PRESS CORRECTOR
设计号: PROJECT No.
设计阶段: 施工图 DESIGN PHASE
专业: 结构 DISCIPLINE
图号: 16 DRAWING No.
出图日期: ISSUE DATE
专业张数: 21 SPECIALTY No.

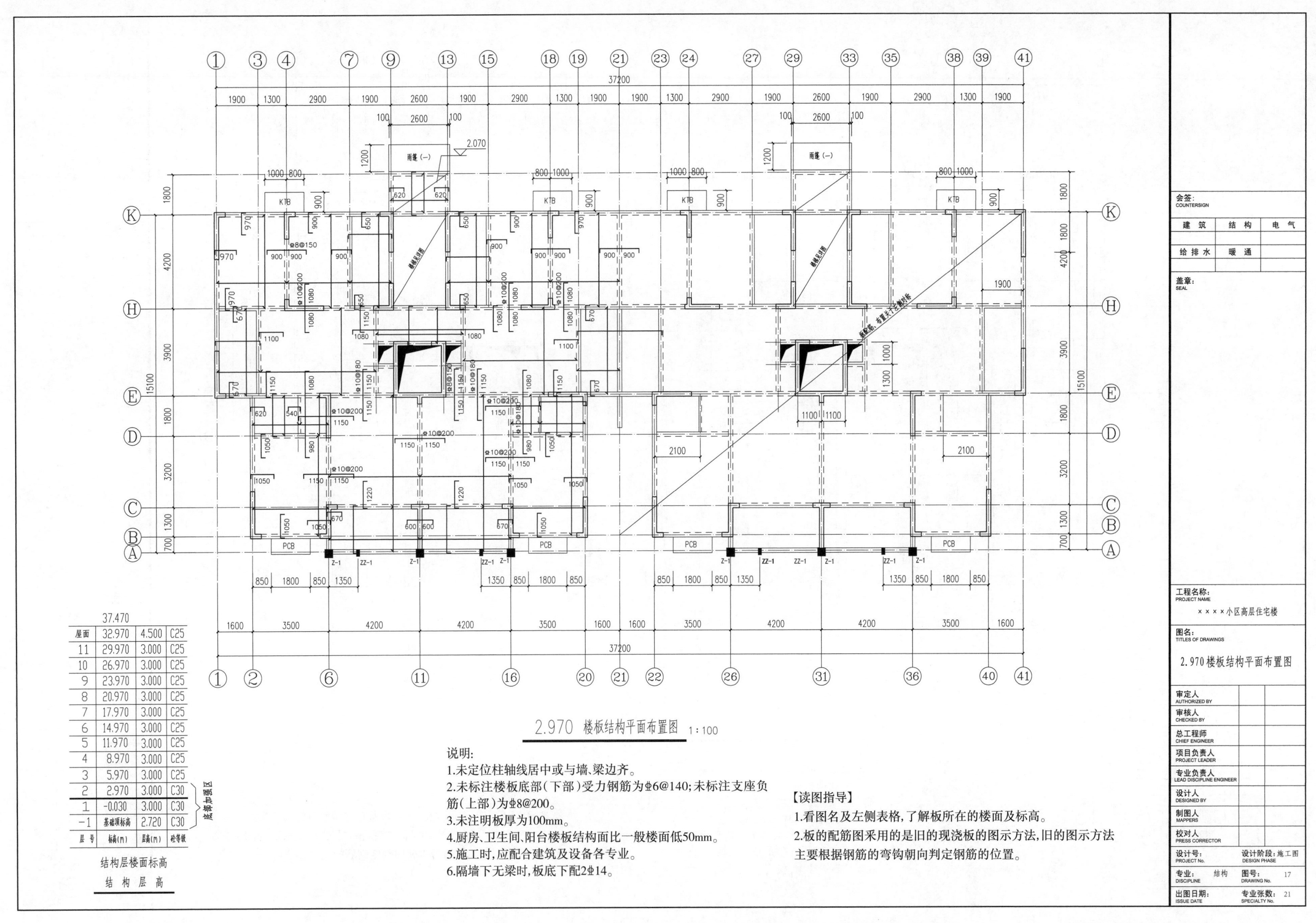

层号	标高(m)	层高(m)	砼等级
	37.470		
屋面	32.970	4.500	C25
11	29.970	3.000	C25
10	26.970	3.000	C25
9	23.970	3.000	C25
8	20.970	3.000	C25
7	17.970	3.000	C25
6	14.970	3.000	C25
5	11.970	3.000	C25
4	8.970	3.000	C25
3	5.970	3.000	C25
2	2.970	3.000	C30
1	-0.030	3.000	C30
-1	基础顶标高	2.720	C30

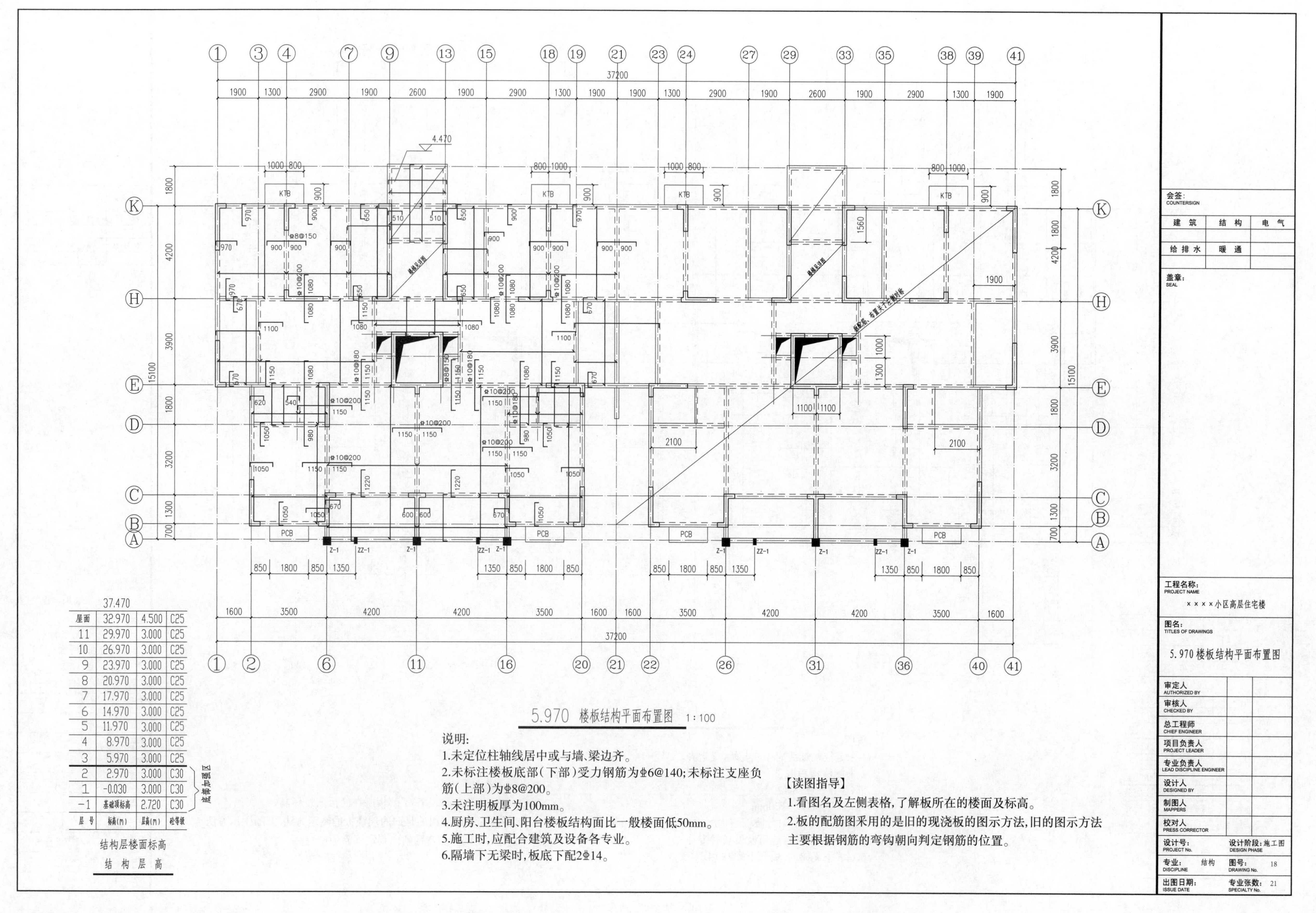
5.970 楼板结构平面布置图 1：100
说明:
1.未定位柱轴线居中或与墙、梁边齐。
2.未标注楼板底部(下部)受力钢筋为ф6@140;未标注支座负筋(上部)为ф8@200。
3.未注明板厚为100mm。
4.厨房、卫生间、阳台楼板结构面比一般楼面低50mm。
5.施工时,应配合建筑及设备各专业。
6.隔墙下无梁时,板底下配2ф14。
【读图指导】
1.看图名及左侧表格,了解板所在的楼面及标高。
2.板的配筋图采用的是旧的现浇板的图示方法,旧的图示方法主要根据钢筋的弯钩朝向判定钢筋的位置。
37.470
屋面 32.970 4.500 C25
11 29.970 3.000 C25
10 26.970 3.000 C25
9 23.970 3.000 C25
8 20.970 3.000 C25
7 17.970 3.000 C25
6 14.970 3.000 C25
5 11.970 3.000 C25
4 8.970 3.000 C25
3 5.970 3.000 C25
2 2.970 3.000 C30
1 -0.030 3.000 C30
-1 基础顶标高 2.720 C30
层号 标高(m) 层高(m) 砼等级
底部加强区
结构层楼面标高
结构层高
会签: COUNTERSIGN
建筑 结构 电气
给排水 暖通
盖章: SEAL
工程名称: PROJECT NAME
××××小区高层住宅楼
图名: TITLES OF DRAWINGS
5.970楼板结构平面布置图
审定人 AUTHORIZED BY
审核人 CHECKED BY
总工程师 CHIEF ENGINEER
项目负责人 PROJECT LEADER
专业负责人 LEAD DISCIPLINE ENGINEER
设计人 DESIGNED BY
制图人 MAPPERS
校对人 PRESS CORRECTOR
设计号: PROJECT No.
设计阶段: 施工图 DESIGN PHASE
专业: DISCIPLINE 结构
图号: DRAWING No. 18
出图日期: ISSUE DATE
专业张数: SPECIALTY No. 21
37200
4.470
KTB
PCB
Z-1
ZZ-1

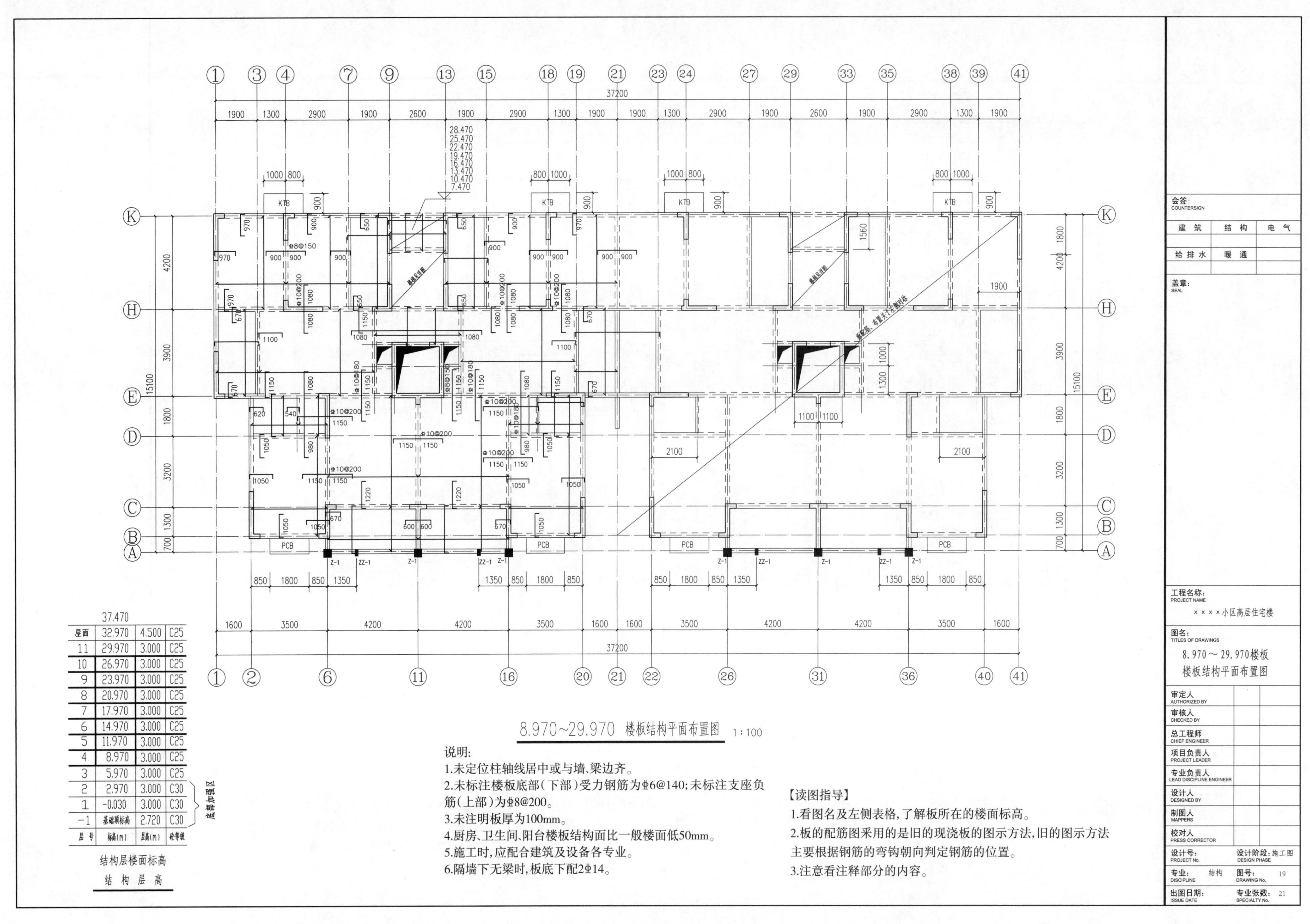
8.970~29.970 楼板结构平面布置图 1:100
说明:
1.未定位柱轴线居中或与墙、梁边齐。
2.未标注楼板底部(下部)受力钢筋为φ6@140;未标注支座负筋(上部)为φ8@200。
3.未注明板厚为100mm。
4.厨房、卫生间、阳台楼板结构面比一般楼面低50mm。
5.施工时,应配合建筑及设备各专业。
6.隔墙下无梁时,板底下配2φ14。
【读图指导】
1.看图名及左侧表格,了解板所在的楼面标高。
2.板的配筋图采用的是旧的现浇板的图示方法,旧的图示方法主要根据钢筋的弯钩朝向判定钢筋的位置。
3.注意看注释部分的内容。
37.470
屋面 32.970 4.500 C25
11 29.970 3.000 C25
10 26.970 3.000 C25
9 23.970 3.000 C25
8 20.970 3.000 C25
7 17.970 3.000 C25
6 14.970 3.000 C25
5 11.970 3.000 C25
4 8.970 3.000 C25
3 5.970 3.000 C25
2 2.970 3.000 C30
1 -0.030 3.000 C30
-1 基础顶标高 2.720 C30
层号 标高(m) 层高(m) 砼等级
底部加强区
结构层楼面标高
结构层高
37200
会签: COUNTERSIGN
建筑 结构 电气
给排水 暖通
盖章: SEAL
工程名称: PROJECT NAME
××××小区高层住宅楼
图名: TITLES OF DRAWINGS
8.970~29.970楼板
楼板结构平面布置图
审定人 AUTHORIZED BY
审核人 CHECKED BY
总工程师 CHIEF ENGINEER
项目负责人 PROJECT LEADER
专业负责人 LEAD DISCIPLINE ENGINEER
设计人 DESIGNED BY
制图人 MAPPERS
校对人 PRESS CORRECTOR
设计号: PROJECT No.
设计阶段: 施工图 DESIGN PHASE
专业: 结构 DISCIPLINE
图号: 19 DRAWING No.
出图日期: ISSUE DATE
专业张数: 21 SPECIALTY No.

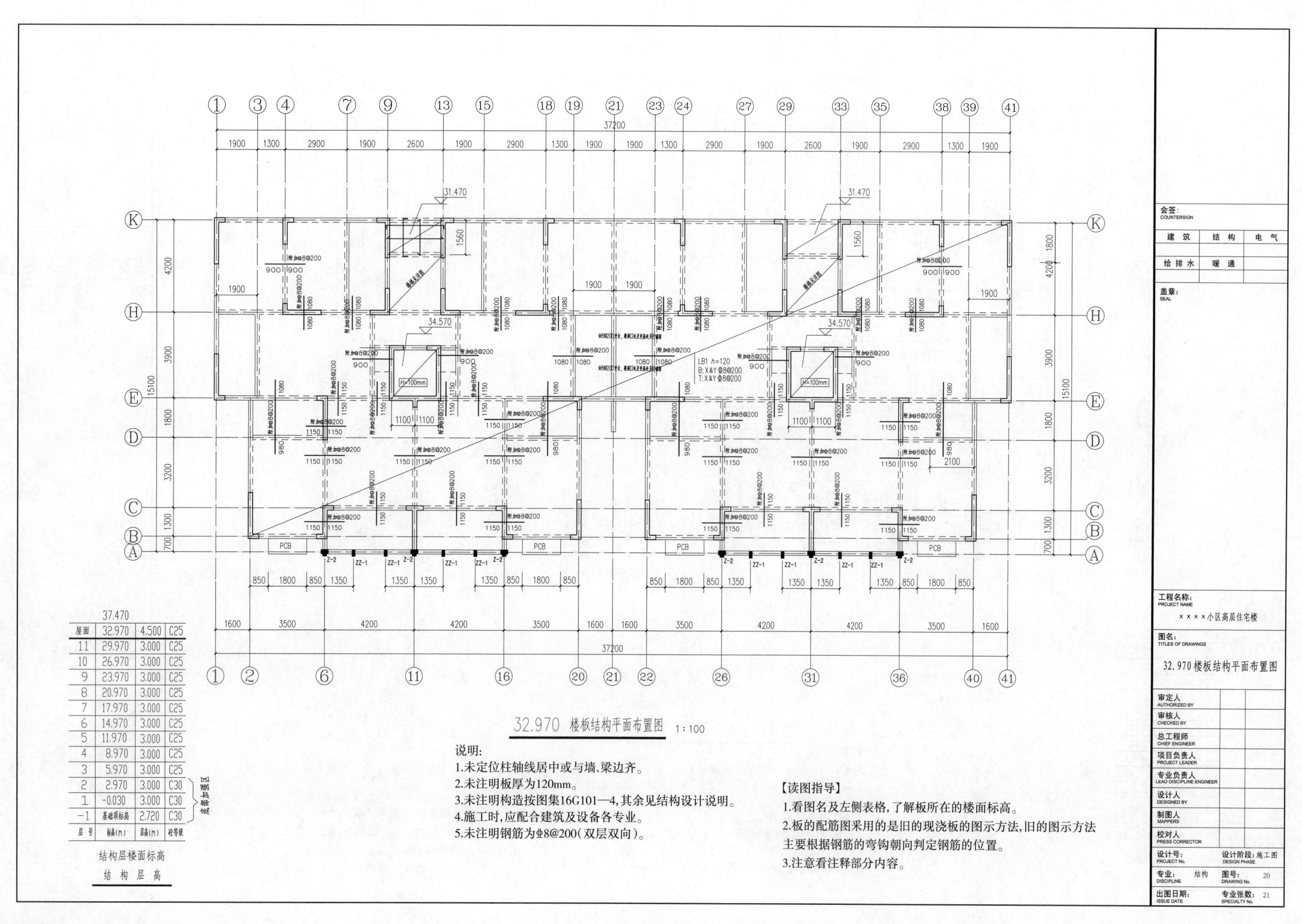

37.470

层号	标高(m)	层高(m)	砼等级
屋面	32.970	4.500	C25
11	29.970	3.000	C25
10	26.970	3.000	C25
9	23.970	3.000	C25
8	20.970	3.000	C25
7	17.970	3.000	C25
6	14.970	3.000	C25
5	11.970	3.000	C25
4	8.970	3.000	C25
3	5.970	3.000	C25
2	2.970	3.000	C30
1	-0.030	3.000	C30
-1	基础顶标高	2.720	C30

底部加强区

结构层楼面标高

结构层高

32.970 楼板结构平面布置图 1:100

说明:

1.未定位柱轴线居中或与墙、梁边齐。
2.未注明板厚为120mm。
3.未注明构造按图集16G101—4,其余见结构设计说明。
4.施工时,应配合建筑及设备各专业。
5.未注明钢筋为⌀8@200(双层双向)。

【读图指导】

1.看图名及左侧表格,了解板所在的楼面标高。
2.板的配筋图采用的是旧的现浇板的图示方法,旧的图示方法主要根据钢筋的弯钩朝向判定钢筋的位置。
3.注意看注释部分内容。

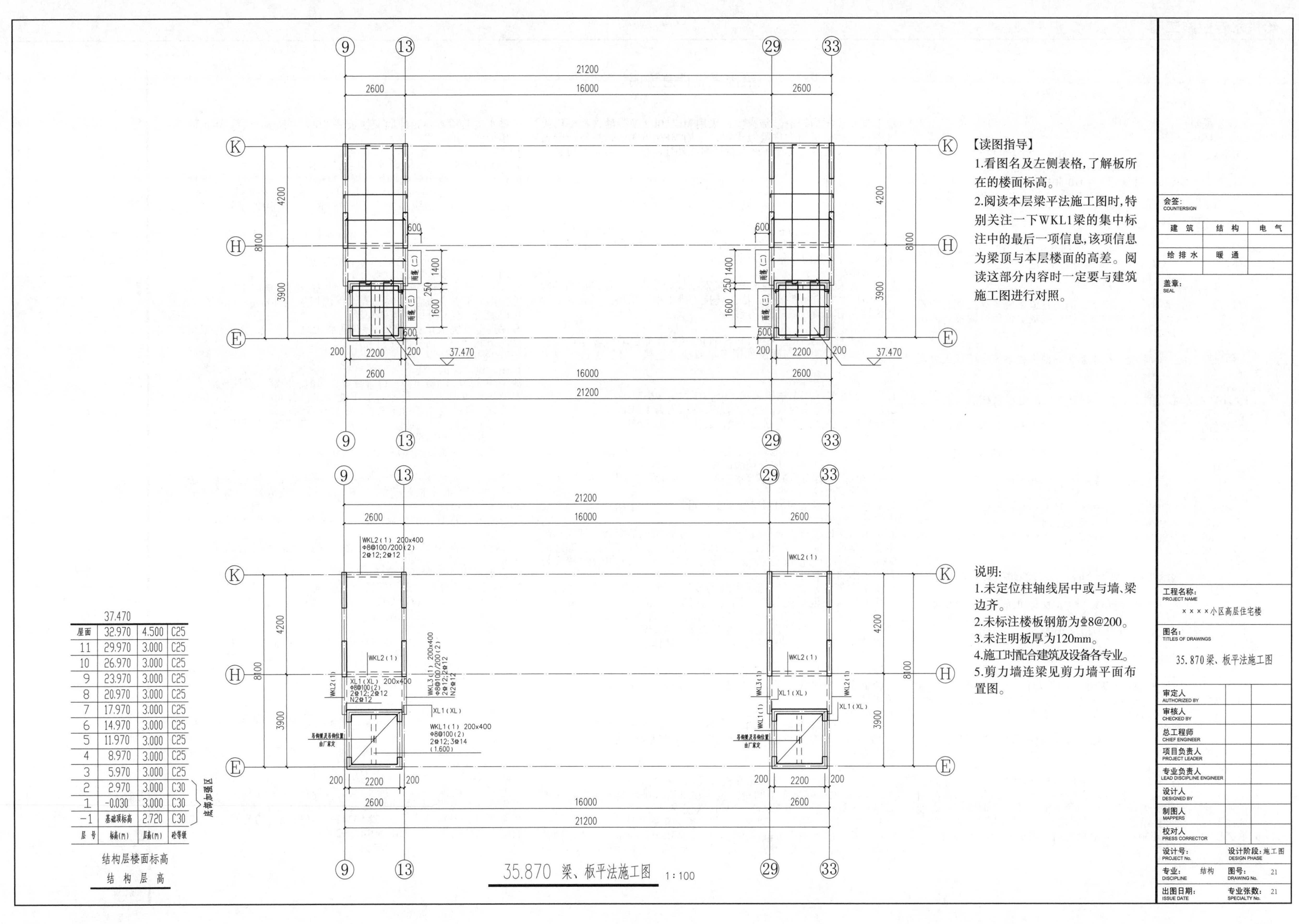

	37.470		
屋面	32.970	4.500	C25
11	29.970	3.000	C25
10	26.970	3.000	C25
9	23.970	3.000	C25
8	20.970	3.000	C25
7	17.970	3.000	C25
6	14.970	3.000	C25
5	11.970	3.000	C25
4	8.970	3.000	C25
3	5.970	3.000	C25
2	2.970	3.000	C30
1	-0.030	3.000	C30
-1	基础顶标高	2.720	C30
层号	标高(m)	层高(m)	砼等级

结构层楼面标高
结构层高

给排水设计总说明

一、设计说明

（一）设计依据

1.《建筑给水排水设计规范》（GB 50015—2021）。

2.《建筑设计防火规范》（GB 50016—2014）。

3.《建筑灭火器配置设计规范》（GB 50140—2005）。

4.《建筑给水聚丙烯管道工程设计规范》（GB/T 50349—2005）。

5. 其他相关的现行法律、法规。

6. 土建专业提供的作业图。

（二）工程概况

本工程为二类高层住宅，地上 11 层，地下一层。建筑面积为 6101.9m^2，高度为 33.0m。耐火等级为二级。地下室防火等级为一级。结构形式为剪力墙结构。

（三）设计内容

本设计为本楼的室内给水、排水、消防管道系统及灭火器的配置设计，空调凝结水管道外墙预留（待空调板定位后可调整具体位置），雨水为外排水详见建施图。

（四）管道系统

本工程设有生活给水系统、排水系统、消火栓系统、建筑灭火器配置。

1. 生活给水系统

（1）小区给水系统的水源为市政自来水，给水系统引入点水压不小于 0.32MPa。

（2）本楼的最高日生活用水量为 30.8m^3/d，最大小时用水量为 3.21m^3/h。

（3）给水系统分区：

a.1 ~ 5 层为低区，由市政给水管网直接供水，管网进口压力不小于 0.32MPa。

b.6 ~ 11 层为高区，由本小区高压供水管网供水。

2. 生活排水系统

（1）本工程的污、废水采用合流制。最大小时排水量为 3.05m^3/d。

（2）污水经化粪池处理后，排入市政污水管。

（3）排水立管设伸顶通气，通气帽距上人屋面距离为 2.0m，不上人屋面为 0.7m。

3. 消火栓给水系统

（1）本工程室内消防用水量为 10L/s，室外消防用水量为 15L/s，火灾延续时间为 2h。

（2）本工程消防用水由 10# 楼消防水池及加压泵房联合供水，消防水箱及稳压设备设于 10# 楼屋顶。

（3）为保证消火栓栓口压力不超过 0.5MPa，一至四层采用减压稳压消火栓。

（4）室外设一套地上式消防水泵接合器，在其 15 ~ 40m 范围内设室外消火栓。

（5）消火栓给水泵控制：火灾时，应按动任一消火栓处启泵按钮或消防水泵房处启泵按钮均可启动消防泵并报警。启泵后，反馈信号至消火栓处和消防控制中心，动消防泵并报警。

（6）室内消火栓系统：

a. 室内消火栓的布置：以“被保护范围内任何部位都有两股充实水柱能同时到达”为原则。

b. 室内消防管道：成环状布置。

c. 室内消火栓箱：除地下室及屋顶选用 SG20B65 型消火栓箱外，其余均为 SG20A65-J，消防箱均采用铁质箱体、铝合金面框配白色玻璃。室内消火栓的出水方向与设置消火栓的墙面垂直，高度距地面 1.1m。消火栓箱箱门上设有“消火栓”或火警“119”标志。

d. 消火栓给水泵的控制：消火栓箱的启泵按钮；消防中心启动；水泵房就地启动。

4. 灭火器的配置

地下室及住宅为轻危险级火灾，采用 MF/ABC2 型磷酸铵盐干粉灭火器；电梯机房为中危险级火灾，采用 MF/ABC3 型磷酸铵盐干粉灭火器。灭火器均设置在灭火器箱内或外挂墙壁上，数量及位置详见各层平面图。

二、施工说明

（一）管材

1. 生活给水管

除住宅入户管水表为 S3.2 系列无规共聚聚丙烯管，热熔连接外，其余均采用建筑给水钢塑复合管（涂塑），丝接。管道与设备、阀门、水表等配件连接处应采用专用管件连接。

2. 生活排水管

排水立管采用建筑排水硬聚氯乙烯双壁螺旋管道，每层设加强型旋流（CHT）特殊配件接头，法兰连接。排水横管采用挤出成氯型的建筑排水用硬聚乙烯，粘结连接。

3. 消防给水管

室内消火栓给水管道采用 PP-S 钢套一体消防专用钢塑复合管，焊接；阀门及需拆卸部位采用卡箍或法兰连接。管道工作压力为 1.0MPa。

（二）阀门及附件

1. 生活给水管采用全铜质闸阀，公称压力为 1.6MPa。

2. 消防给水管道采用双向型蝶阀，公称压力为 1.6MPa。

3. 止回阀：生活给水管道止回阀，公称压力为 1.6MPa。

4. 附件：

（1）卫生间采用普通地漏，地漏水封高度不小于 50mm。

（2）地面清扫口表面应与地表面相平。

（3）全部给水配件均采用节水型产品，不得采用淘汰产品。

（三）管道敷设

1. 除地下室、卫生间和厨房给水支管明装外，其余给水管道均暗设于管井和找平层内。

2. 给水管穿楼板时，应预设套管。安装于楼板内的套管，其顶部高出装修地面 20mm，安装在卫生间内的套管，其顶部高出装饰地面 50mm，底部应与楼板底相平；套管与管道之间缝隙应用阻燃密实材料和防水油膏填实，端面光滑。

3. 排水立管穿楼板时设带止水环的专用套管，套管与管道之间缝隙用 C20 细石混凝土分二次捣实，并结合地面找平层在管道周围围筑成厚度不小于 20mm，宽度不小于 30mm 的阻水圈。立管管径≥ 110mm 时，在楼板贯穿部位应设置防火套管或阻火圈。

4. 横管穿越防火分区隔墙时，在管道穿越墙体处两侧均设置防火套管或阻火圈。

5. 管道穿钢筋混凝土墙和楼板、梁时，应根据所注管道标高、位置配合土建工种预留孔洞或预埋套管；管道穿地下室外墙时，应预埋防水套管。

6. 管道坡度：

（1）给水管、消防给水管均按 0.2% 的坡度坡向立管或泄水装置。

（2）排水立管应有坡度，除注明外，排水横支管坡度为 0.26%，排出管为 1%。

7. 管道支架：

（1）管道支架或管卡应固定在楼板或承重结构上。

（2）钢管水平安装支架间距，按《建筑给水排水及采暖工程施工质量验收规范》（GB 50242—2013）规定施工。

（3）给水立管每层装一管卡，安装高度为距地（楼）面 1.5m。

8. 排水管上的吊钩或卡箍应固定在承重结构上，固定件间距：横管不得大于 2m，立管不得大于 3m，层高≤ 4m，立管中部可安一个固定件。

9. 排水立管检查口距地面或楼板面 1.00m，消火栓涮口距地面或楼板面 1.10m。

10. 排水管道的连接应符合下列要求：

a. 卫生间排水与排水横管垂直连接应采用 90° 斜三通。

b. 排水立管与排出管端部的连接，宜采用两个 45° 弯头或弯曲半径不小于 4 倍管径的 90° 弯头，且立管底部弯管处应设支墩。

c. 排水管应避免轴线偏置，当条件受限时，宜用乙字管或两个 45° 弯头连接。

d. 地下室水流偏转角大于 45° 的排水横管上，应设检查口，可采用带清扫口的配件代替转角。

11. 阀门安装时应将手柄留在易于操作处。

（四）管道和设备保温

1. 外露的给水管道均应做保温，且均应采取防结露措施。

2. 保温材料采用橡胶塑料管壳，保温厚度为 40mm；保护层采用玻璃布缠绕，外刷两道调和漆。

3. 保温应在完成试压合格及除锈防腐处理后进行；保护层采用玻璃布缠绕，外刷两道调和漆。

（五）防腐及油漆

1. 在涂刷底漆前，应清除表面的灰尘、污垢，锈斑、焊渣等物。涂刷油漆厚度应均匀，不得有脱皮、起泡、流淌和漏涂现象。

2. 消防管道埋地部分外刷冷底子油一道，石油沥青二道，并缠玻璃布；明装管刷银粉漆二道，最后立管每层做红环标志。

3. 保温管道进行保温后，外壳再刷防火漆二道。给水管外刷蓝色环，排水管外刷黑环。

4. 管道支架除锈后刷樟丹二道，银粉漆二道。

（六）管道试压

1. 户内生活给水试压压力为 0.90MPa，其他给水管道试压方法应按《建筑给水排水及采暖工程施工质量验收规范》（GB 50242—2013）规定执行。

2. 消火栓给水管道的试验压力为 1.4MPa，保持 2h 无明显渗漏为合格。

3. 水压试验的实验压力表应位于系统或实验部分的最低部位。

（七）管道冲洗

1. 给水管道在系统运行前须用水冲洗和消毒，要求以不小于 1.5m/s 的流速进行冲洗，并符合《建筑给水排水及采暖工程施工质量验收规范》（GB 50242—2013）中 4.2.3 条的规定。

2. 排水管冲洗以管道通畅为合格。

3. 消防给水管道的冲洗：

（1）室内消火栓给水系统与室外给水管连接前，必须将室外给水管冲洗干净，其冲洗强度应达到消防时的最大设计流量。

（2）室内消火栓系统在交付使用前，必须冲洗干净，其冲洗强度应达到消防时的最大设计流量。

（八）其他

1. 图中所注尺寸除管道标高以 m 计外，其余以 mm 计。

2. 本图所注管道标高：压力流管道指管道中心，重力流管道和无水流的通气管指管内底。

3. 本设计施工说明与图纸有同等效力，二者有矛盾时，业主及施工单位应及时提出，并以设计单位解释为准。

4. 施工中应与土建公司及其他专业公司密切合作，合理安排施工进度，及时预留孔洞及预埋套管，以防碰撞和返工。

5. 除本设计说明外，施工中还应遵守《建筑给水排水及采暖工程施工质量验收规范》（GB 50242—2013）及《给水排水构筑物施工及验收规范》（GB 50141—2008）。

会签：COUNTERSIGN

建筑	结构	电气
给排水	暖通	

盖章：SEAL

工程名称：PROJECT NAME ××××小区高层住宅楼

图名：TITLES OF DRAWINGS 给排水设计总说明

审定人 AUTHORIZED BY	
审核人 CHECKED BY	
总工程师 CHIEF ENGINEER	
项目负责人 PROJECT LEADER	
专业负责人 LEAD DISCIPLINE ENGINEER	
设计人 DESIGNED BY	
制图人 MAPPERS	
校对人 PRESS CORRECTOR	

设计号：PROJECT No.	设计阶段：DESIGN PHASE 施工图
专业：DISCIPLINE 给水排水	图号：DRAWING No. 1
出图日期：ISSUE DATE	专业张数：SPECIALTY No. 10

选用图集一览表

设备安装	图集号	设备安装	图集号
洗脸盆	05YS1-40	PVC-U管穿楼板、屋面板楼面	05YS1-315
连体坐便器	05YS1-119	PVC-U管穿基础、楼板及墙基留洞	05YS1-314
单管淋浴器浴盆	05YS1-106	PVC-U管穿楼板、地下室外墙	05YS1-314
洗涤盆	05YS1-3	PVC-U伸缩节设置及安装	05YS1-2
厨房单槽洗涤盆	05YS1-4	单出口消火栓箱	05YS4-11-丁型
高水封地漏	05YS1-248	双出口消火栓箱	05YS4-13-甲型
给水管穿墙体	05YS1-278	阻火圈安装	05YS1-318
给水管穿地面、楼面	05YS1-277	管道及设备防腐保温	05YS8

图例、材料表

序号	图例	名称	规格	单位	数量	备注
1		坐便器	甲方自定	只	88	节水型
2		冷水龙头洗涤盆	甲方自定	个	44	节水型
3		单槽洗菜池	甲方自定	个	44	节水型
4		台式洗脸盆	甲方自定	个	88	
5		洗脸盆水龙头	DN15	个	88	
6		座便器角阀	DN15	个	88	
7		单管淋浴器	DN15	个	88	
8		普通龙头	DN15	个	88	
9		冷水表	LXS-20	个	44	
10		圆地漏	DN50	个	132	
11		洗衣机专用地漏	DN50	个	44	
12		蝶阀	DN100	个	9	
13		双出口消火栓	SN65	套	20	
14		单出口消火栓	SN65	套	3	
15		试验消火栓	SN65	套	1	
16		水泵结合器组	SQS100-B	套	1	
17		给水管线及管径	图详	m	图详	
18		排水管线及管径	图详	m	图详	
19		消防管线及管径	图详	m	图详	
20		自动排气阀	ZP-II型	个	5	
21		磷酸氨盐干粉灭火器	FM/ABC2	具	50	用于楼梯间
22		磷酸氨盐干粉灭火器	FM/ABC3	具	4	用于电梯机房
23		消能检查口	DN100	个	图详	
24		金属管波纹管补偿器		个	图详	
25		潜水排污泵	50QWDL-1.5 Q=20m^3/h, H=10m P=1.5kW	套	2	移动式潜水泵

会签: COUNTERSIGN

建筑	结构	电气
给排水	暖通	

盖章: SEAL

工程名称: PROJECT NAME
××××小区高层住宅楼

图名: TITLES OF DRAWINGS
图例、材料表 选用国标

审定人 AUTHORIZED BY
审核人 CHECKED BY
总工程师 CHIEF ENGINEER
项目负责人 PROJECT LEADER
专业负责人 LEAD DISCIPLINE ENGINEER
设计人 DESIGNED BY
制图人 MAPPERS
校对人 PRESS CORRECTOR

设计号: PROJECT No. 设计阶段: 施工图 DESIGN PHASE
专业: DISCIPLINE 给水排水 图号: DRAWING No. 2
出图日期: ISSUE DATE 专业张数: SPECIALTY No. 10

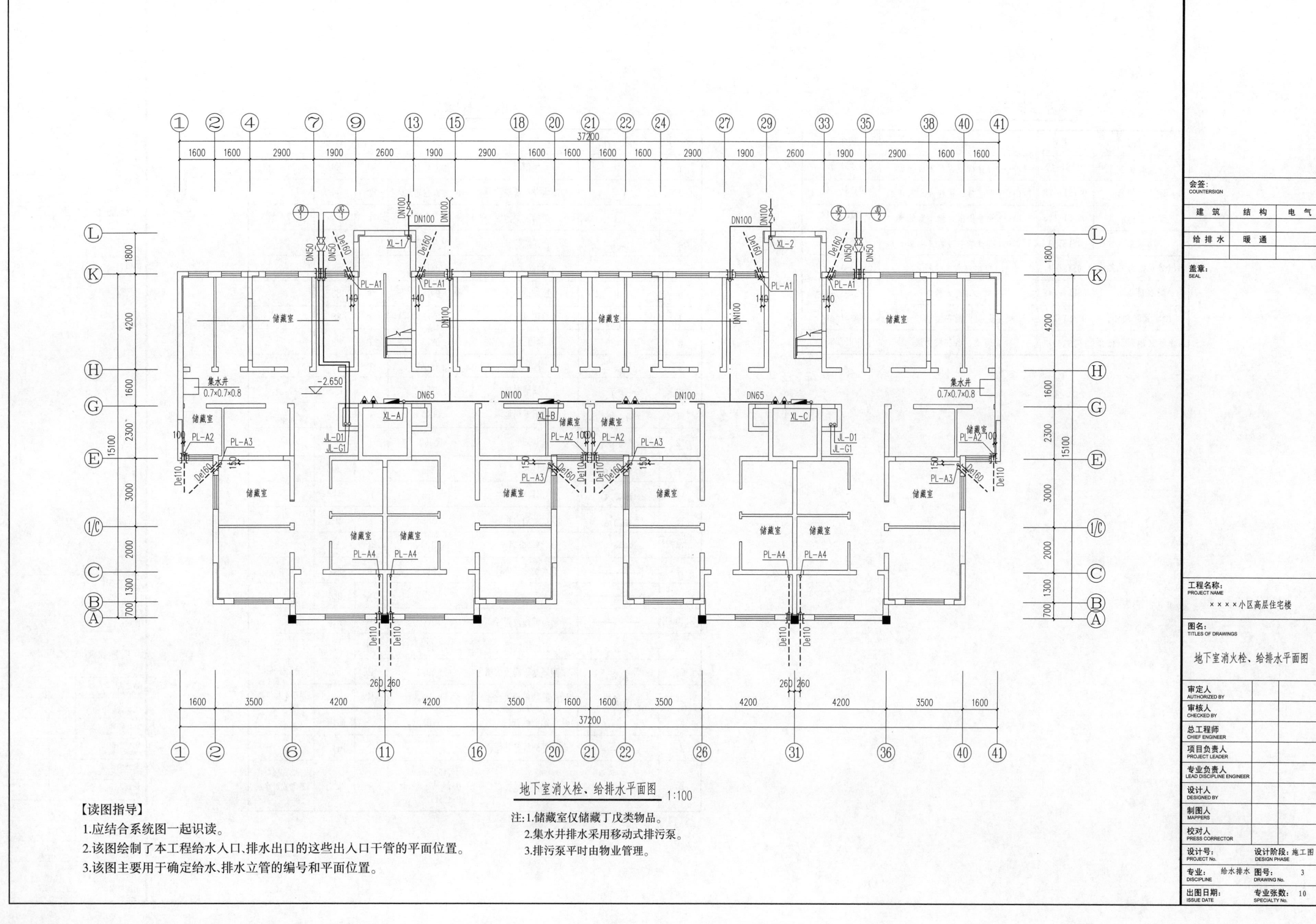

地下室消火栓、给排水平面图 1:100

注:1.储藏室仅储藏丁戊类物品。
2.集水井排水采用移动式排污泵。
3.排污泵平时由物业管理。

【读图指导】

1.应结合系统图一起识读。

2.该图绘制了本工程给水入口、排水出口的这些出入口干管的平面位置。

3.该图主要用于确定给水、排水立管的编号和平面位置。

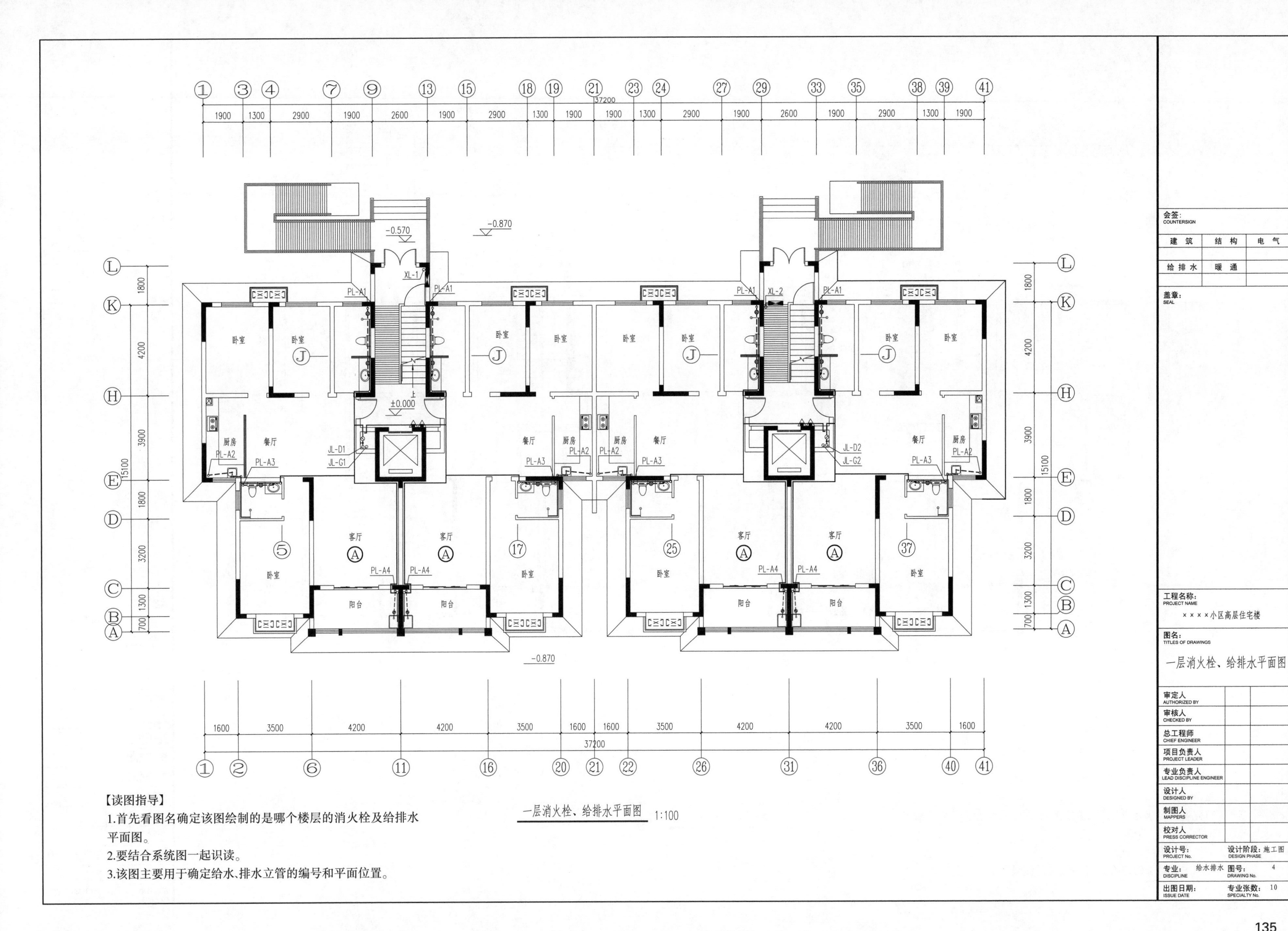

【读图指导】

1.首先看图名确定该图绘制的是哪个楼层的消火栓及给排水平面图。

2.要结合系统图一起识读。

3.该图主要用于确定给水、排水立管的编号和平面位置。

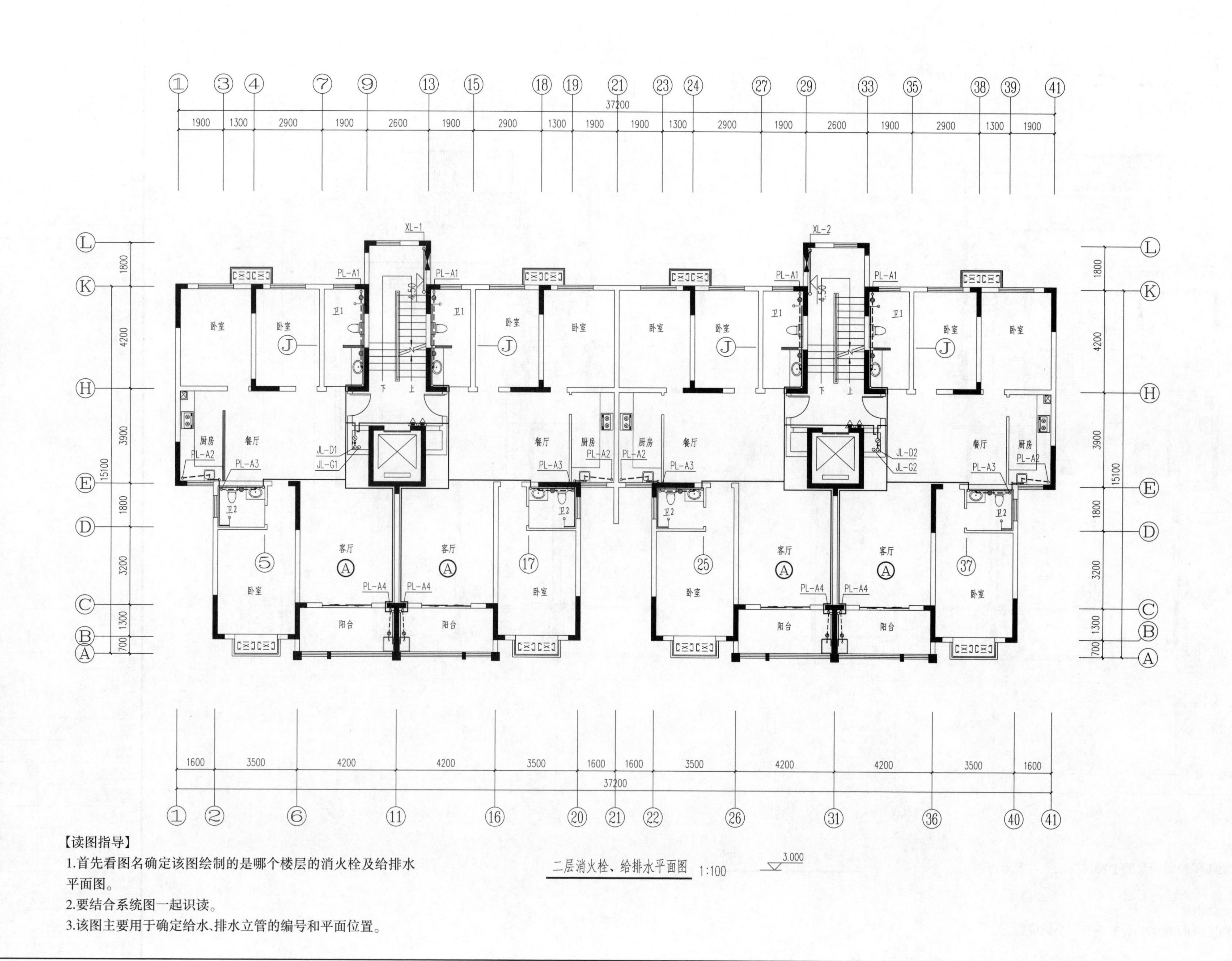

【读图指导】

1.首先看图名确定该图绘制的是哪个楼层的消火栓及给排水平面图。

2.要结合系统图一起识读。

3.该图主要用于确定给水、排水立管的编号和平面位置。

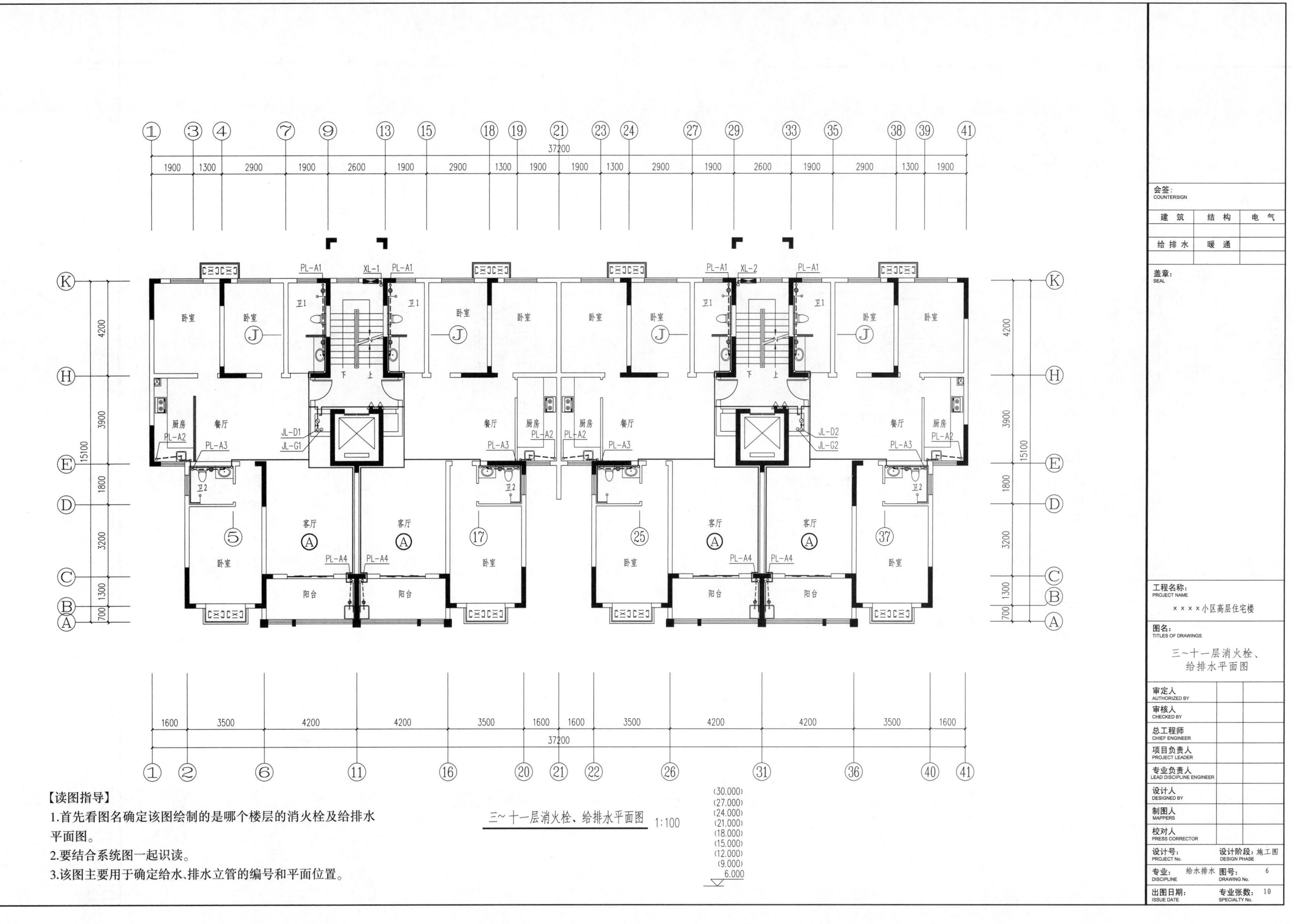
37200
1900 1300 2900 1900 2600 1900 2900 1300 1900 1900 1300 2900 1900 2600 1900 2900 1300 1900
PL-A1
XL-1
XL-2
卫1
卧室
厨房
餐厅
下
上
JL-D1
JL-G1
JL-D2
JL-G2
PL-A2
PL-A3
卫2
客厅
卧室
PL-A4
阳台
4200
3900
1800
3200
1300
700
15100
1600 3500 4200 4200 3500 1600 1600 3500 4200 4200 3500 1600
【读图指导】
1.首先看图名确定该图绘制的是哪个楼层的消火栓及给排水平面图。
2.要结合系统图一起识读。
3.该图主要用于确定给水、排水立管的编号和平面位置。
三~十一层消火栓、给排水平面图 1:100
(30.000)
(27.000)
(24.000)
(21.000)
(18.000)
(15.000)
(12.000)
(9.000)
6.000
会签:
COUNTERSIGN
建筑
结构
电气
给排水
暖通
盖章:
SEAL
工程名称:
PROJECT NAME
××××小区高层住宅楼
图名:
TITLES OF DRAWINGS
三~十一层消火栓、给排水平面图
审定人
AUTHORIZED BY
审核人
CHECKED BY
总工程师
CHIEF ENGINEER
项目负责人
PROJECT LEADER
专业负责人
LEAD DISCIPLINE ENGINEER
设计人
DESIGNED BY
制图人
MAPPERS
校对人
PRESS CORRECTOR
设计号:
PROJECT No.
设计阶段:施工图
DESIGN PHASE
专业:给水排水
DISCIPLINE
图号:6
DRAWING No.
出图日期:
ISSUE DATE
专业张数:10
SPECIALTY No.

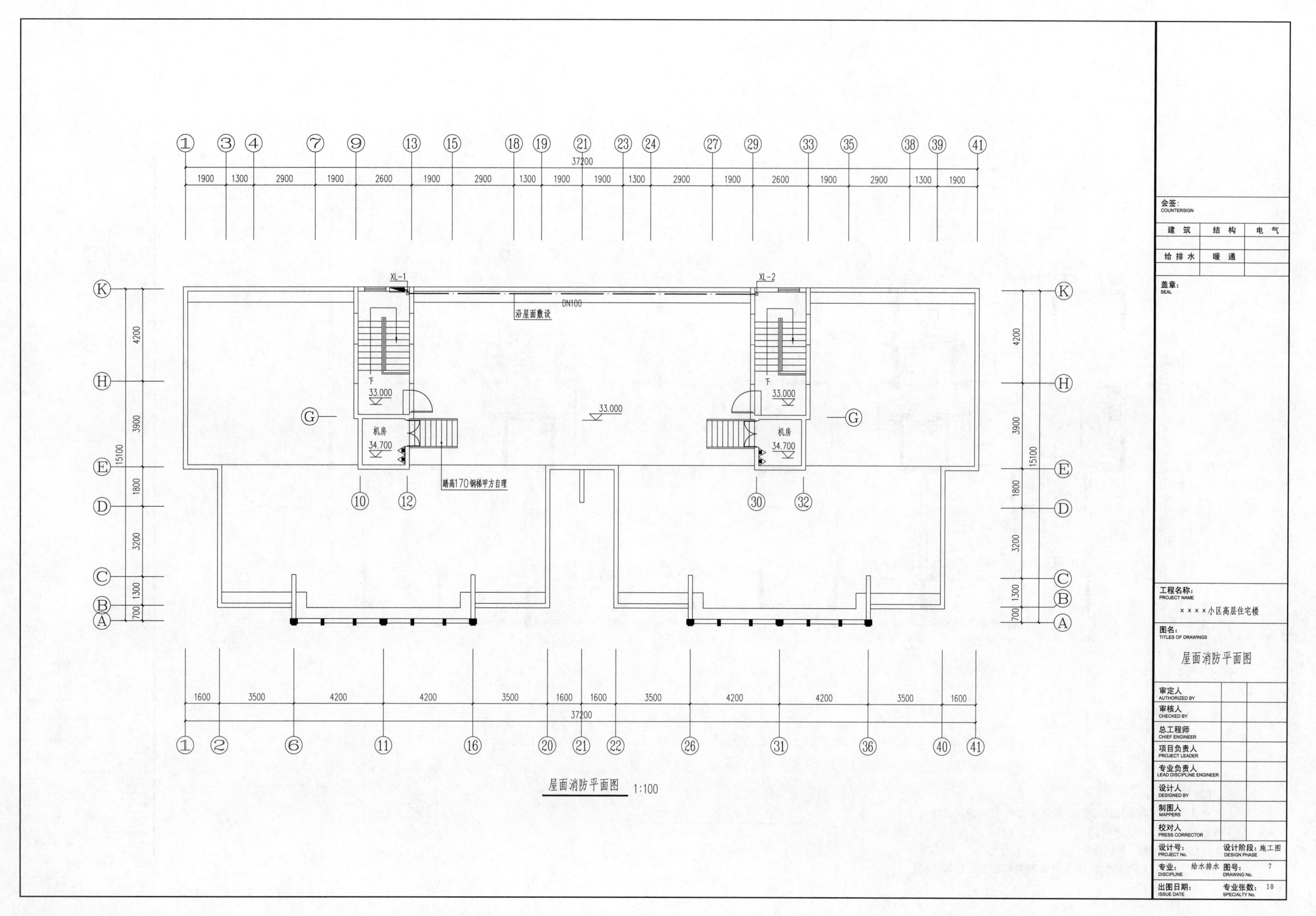
37200
1900
1300
2900
2600
XL-1
XL-2
DN100
沿屋面敷设
下
33.000
机房
34.700
踏高170钢梯甲方自理
4200
3900
15100
1800
3200
700
1600
3500
会签:
COUNTERSIGN
建 筑
结 构
电 气
给 排 水
暖 通
盖章:
SEAL
工程名称:
PROJECT NAME
××××小区高层住宅楼
图名:
TITLES OF DRAWINGS
屋面消防平面图
审定人
AUTHORIZED BY
审核人
CHECKED BY
总工程师
CHIEF ENGINEER
项目负责人
PROJECT LEADER
专业负责人
LEAD DISCIPLINE ENGINEER
设计人
DESIGNED BY
制图人
MAPPERS
校对人
PRESS CORRECTOR
设计号:
PROJECT No.
设计阶段: 施工图
DESIGN PHASE
专业: 给水排水
DISCIPLINE
图号: 7
DRAWING No.
出图日期:
ISSUE DATE
专业张数: 10
SPECIALTY No.
屋面消防平面图 1:100

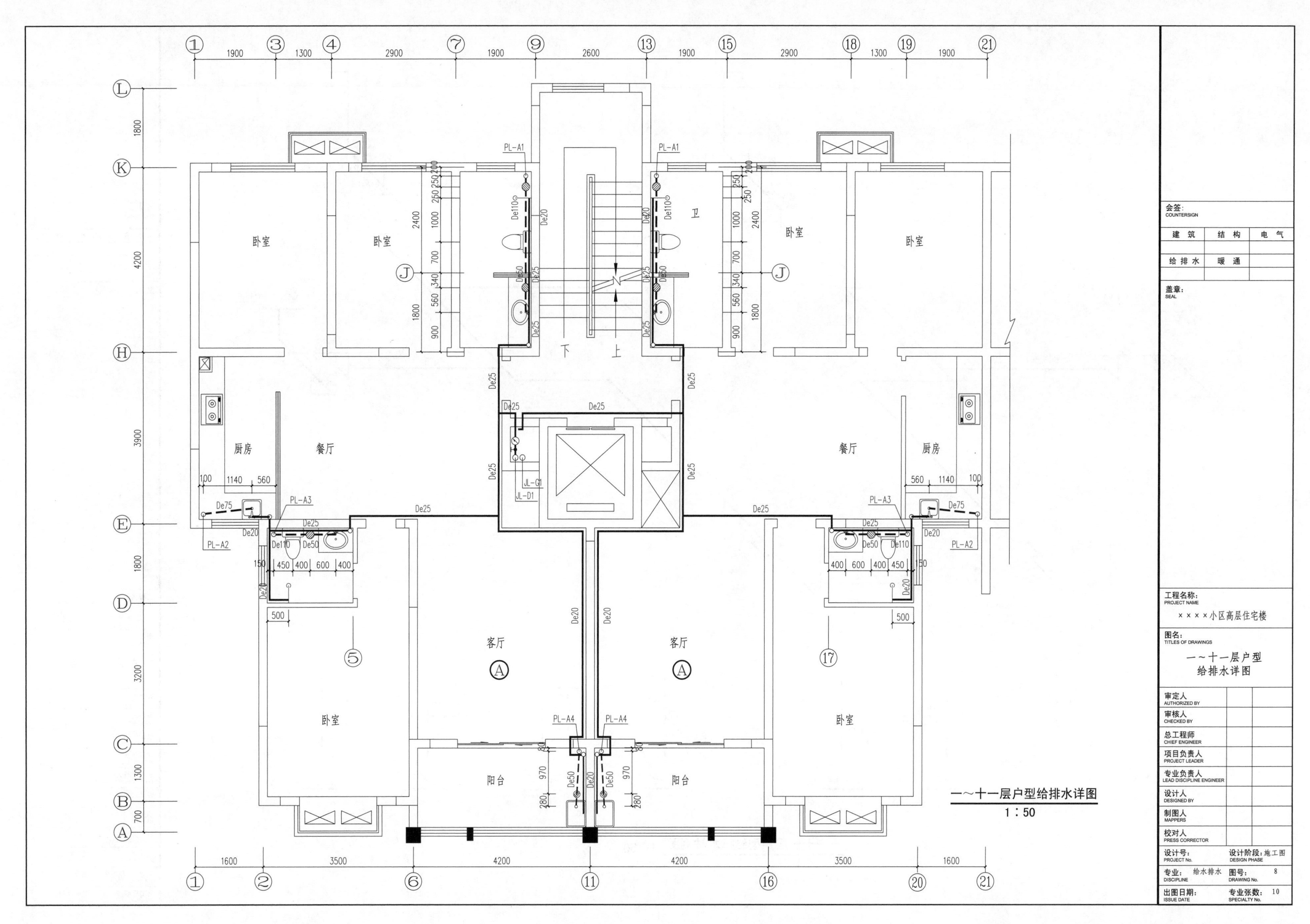
卧室
卧室
卫
卧室
卧室
厨房
餐厅
餐厅
厨房
客厅
客厅
卧室
卧室
阳台
阳台
下
上
PL-A1
PL-A1
PL-A2
PL-A2
PL-A3
PL-A3
PL-A4
PL-A4
JL-G1
JL-D1
一～十一层户型给排水详图
1：50
会签：
COUNTERSIGN
建 筑
结 构
电 气
给 排 水
暖 通
盖章：
SEAL
工程名称：
PROJECT NAME
××××小区高层住宅楼
图名：
TITLES OF DRAWINGS
一～十一层户型
给排水详图
审定人
AUTHORIZED BY
审核人
CHECKED BY
总工程师
CHIEF ENGINEER
项目负责人
PROJECT LEADER
专业负责人
LEAD DISCIPLINE ENGINEER
设计人
DESIGNED BY
制图人
MAPPERS
校对人
PRESS CORRECTOR
设计号：
PROJECT No.
设计阶段：施工图
DESIGN PHASE
专业：给水排水
DISCIPLINE
图号：8
DRAWING No.
出图日期：
ISSUE DATE
专业张数：10
SPECIALTY No.

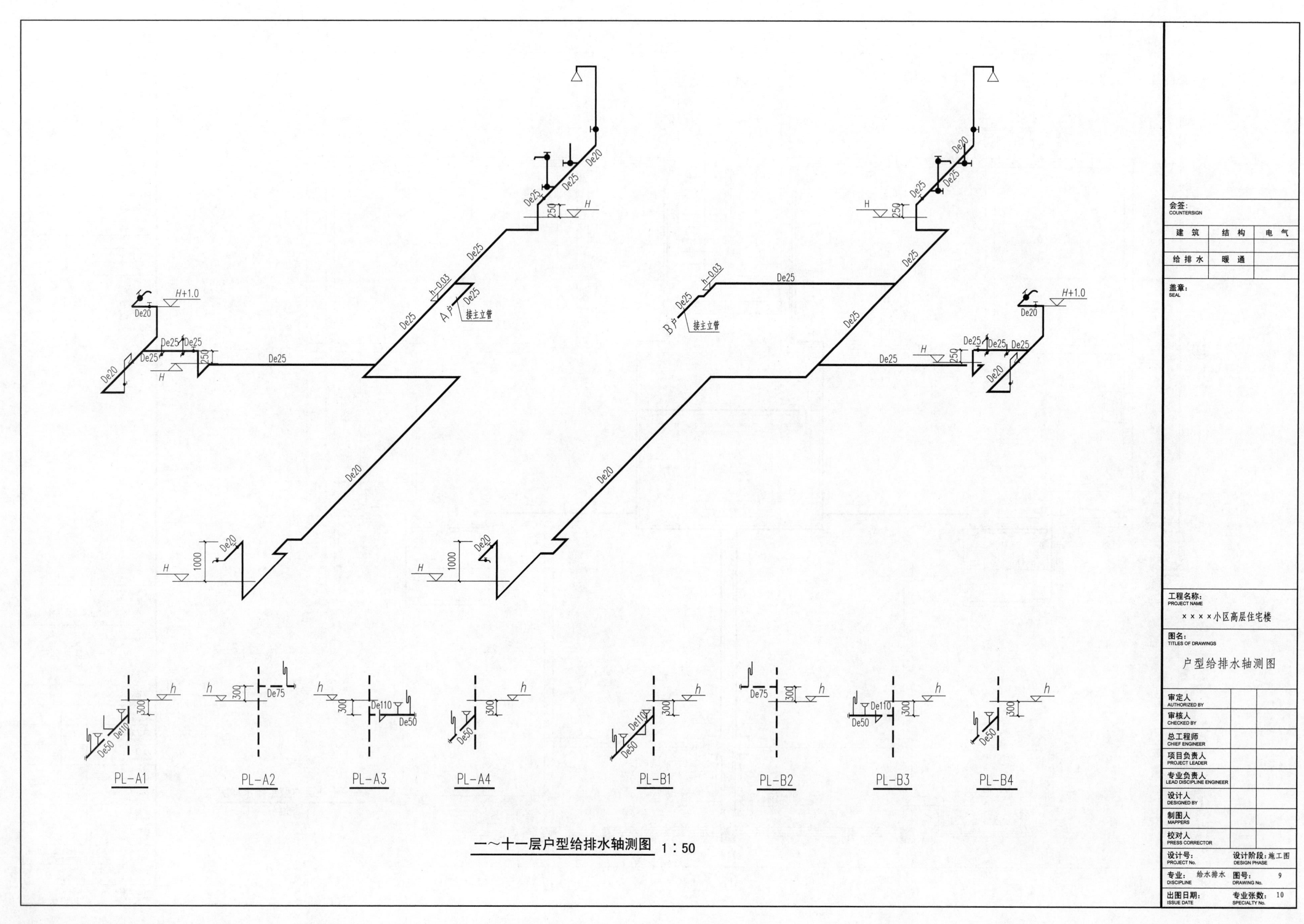
De20
De25
h-0.03
A户
接主立管
B户
H+1.0
H
250
1000
De50
De110
De75
300
PL-A1
PL-A2
PL-A3
PL-A4
PL-B1
PL-B2
PL-B3
PL-B4
一～十一层户型给排水轴测图 1：50
会签:
COUNTERSIGN
建 筑
结 构
电 气
给 排 水
暖 通
盖章:
SEAL
工程名称:
PROJECT NAME
××××小区高层住宅楼
图名:
TITLES OF DRAWINGS
户型给排水轴测图
审定人
AUTHORIZED BY
审核人
CHECKED BY
总工程师
CHIEF ENGINEER
项目负责人
PROJECT LEADER
专业负责人
LEAD DISCIPLINE ENGINEER
设计人
DESIGNED BY
制图人
MAPPERS
校对人
PRESS CORRECTOR
设计号:
PROJECT No.
设计阶段: 施工图
DESIGN PHASE
专业: 给水排水
DISCIPLINE
图号: 9
DRAWING No.
出图日期:
ISSUE DATE
专业张数: 10
SPECIALTY No.

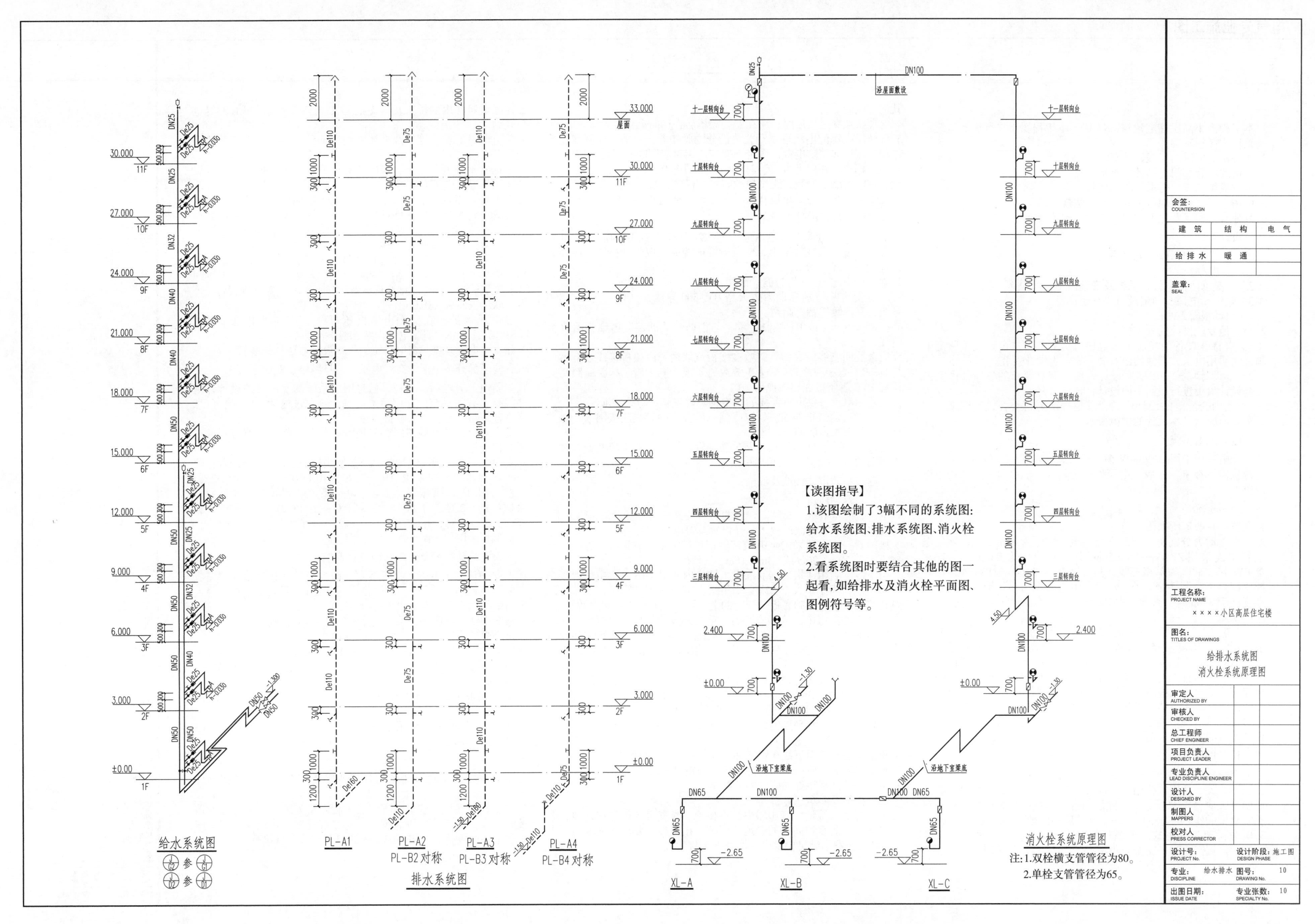

【读图指导】
1.该图绘制了3幅不同的系统图：给水系统图、排水系统图、消火栓系统图。
2.看系统图时要结合其他的图一起看，如给排水及消火栓平面图、图例符号等。
给水系统图
排水系统图
PL-A1
PL-A2
PL-B2 对称
PL-A3
PL-B3 对称
PL-A4
PL-B4 对称
消火栓系统原理图
注：1.双栓横支管管径为80。
2.单栓支管管径为65。
XL-A
XL-B
XL-C
沿屋面敷设
沿地下室梁底
工程名称：
××××小区高层住宅楼
图名：
给排水系统图
消火栓系统原理图
设计阶段：施工图
专业：给排水
图号：10
专业张数：10

电气设计总说明

一、工程概况

1. 本工程为小高层住宅建筑，11层；本工程属于二类住宅建筑，基础形式筏板基础。
2. 相关专业提供的工程设计资料。
3. 各市政主管部门对设计的审批意见。
4. 甲方提供的设计要求及工程资料。
5. 中华人民共和国现行主要标准及法规（略）。
6. 其他有关国家及地方的现行规程、规范及标准（略）。

二、设计范围

1. 本工程设计包括以下电气系统：
（1）照明系统；
（2）建筑物防雷、接地系统及安全措施；
（3）电视、电话、网络及对讲系统；
（4）自动报警系统。
2. 与其他专业设计的分工：
（1）有特殊设备的场所（如电梯机房等），本设计仅预留配电箱并注明用电量，其他均由有关厂家负责设计安装。
（2）本设计均按一般照明设计，如有装修要求的场所，由室内装修设计负责进行照明平面设计，预留负荷。
（3）室内变配电的设计应结合其他楼房另行委托，本图纸仅为示意，但应满足本设计的供电要求。

三、电力配电系统

低压配电系统采用220/380V树干式方式供电；一级负荷：采用双电源供电，在末端一级配电箱处进行切换。三级负荷：采用单电源供电。

四、照明系统

1. 光源：一般场所采用普通灯。
2. 照明、动力分别由不同的支路供电，照明为单相二线，除配电电箱出线采用ZRBV—3×2.5mm^{2}外，其他均为BV—2×2.5mm^{2}穿PVC16；插座为单相三线，其线为BV—3×4mm^{2}PVC20，所有插座回路（空调插座除外）均设漏电电流短路器保护。灯具安装高度低于2.4m时，需加一根PE线，图中不再标注。
3. 应急照明：
（1）消防水箱间等应设置应急照明，其他公共场所应急照明一般按正常的10% ~ 15%设置。
（2）在商铺间用房、走廊、楼梯间，主要出入口等场所设置疏散照明、出口标志灯、疏散指示灯，疏散楼梯、走道应急照明采用浮充式蓄电池式应急照明灯具，应急持续供电时间大于60min。
4. 装饰用灯具需与装修设计及甲方商定，功能性灯具（如普通灯、出口标志灯、疏散指示类）需有国家主管部门的检测报告，达到设计要求的方可投入使用。

五、设备选择及安装

1. 电表箱、控制箱除室外为明装外，其他均为暗装。
2. 照明开关、插座均为暗装，除注明者外，均为250V/10A。应急照明开关应带电源指示灯，除注明者外，插座均为单相两孔＋三孔安全型插座，底边距地0.3m。开关底边距地1.4m，距门框0.2m。
3. 电缆桥架为托盘式。电缆桥架水平安装时，支架间距不大于1.5m；垂直安装时，支架间距不大于2m。桥架施工时，应注意与其他专业的配合。
4. 电缆桥架穿过楼层时，应在安装完毕后，用防火材料封堵。
5. 各楼层电源配电箱进线开关装设分励脱扣器，由消防控制室控制停相关区域非消防电源，固定支架应选用对应厂家的配套支架。
6. 出口标志灯在门上方安装时，底边距门框0.2m；若门上无法安装时，在门旁墙上安装，距吊顶50cm；出口标志灯（明）装；疏散诱导灯（暗）装，底边距地0.3m。管吊时，底边距地2.5m。

六、电缆、导线的选型及附设

1. 低压非消防电源电缆室内选用VV22-0.6/1kV或BV-0.6/1kV电力电缆；电缆明敷在桥架上，应急电源电缆应采取隔断措施，应穿热镀锌钢管（SC）敷设。
2. 本工程中的SC管均为镀锌钢管。
3. 所有支线除特别标识为耐火型BV-500导线，其他均为BV-500导线，穿热镀锌钢管暗敷。
4. 控制线为VV或BV控制电缆，与消防有关的控制电缆为耐火型电缆。
5. 应急照明支线应穿钢管暗敷在楼板或墙内，由顶板接线盒至吊顶灯具一段线路穿钢质（耐火）波纹管（或普利卡管），普通照明支线穿PVC管暗敷在楼板或吊顶内。
6. 消防用电设备供电电缆线的选型及敷设应满足防火要求。
7. 所有穿过建筑物伸缩缝、沉降缝、后浇带的管线应按国家、地方标准图集有关做法施工。
8. 平面图中所有回路均按回路单独穿管，不同支路不应共管敷设。各回路的N、PE线均从箱内引出。

七、建筑物防雷、接地及安全

（一）建筑物防雷

1. 本工程防雷等级为三类。建筑的防雷装置满足防直击雷、侧击雷、防雷电感应及雷电波的侵入，并设置总等电位联结。
2. 接闪器：在屋顶采用ϕ 10镀锌圆钢作避雷带，屋顶避雷连接线网格不大于20m×20m或24m×16m。
3. 引下线：利用建筑物钢筋混凝土柱子内两根ϕ 16以上主筋焊接作为引下线，间距不大于25m，引下线上端与避雷带焊接，下端与建筑物基础底梁和基础底板轴线上的上下两层主筋等电位可靠焊接。
4. 为防止侧向雷击，从五层开始，第二层设均压环。均压环为该层外墙上的所有金属窗、构件、引下线连接；外挂石材的预埋件及龙骨的上下端均应与防雷引下线焊接。均压环利用圈梁内两根ϕ 16以上主筋连通。
5. 接地极：接地极为建筑物基础底板轴线上的上下两层主筋中的两根ϕ 16以上通根上焊接形成的基础接地网，并连接室外人工接地装置组成。室外接地极距建筑物大于3m，埋深不小于1m。用40×4镀锌扁钢连接成水平接地装置，垂直接地极为镀锌角钢L50×5，长2.5m。
6. 建筑物的外墙引下线在距室外地面上0.5m处设测试卡子。
7. 凡突出屋面的所有金属构件均应与避雷带可靠焊接。
8. 室外接地凡焊接处均应刷沥青防腐。

（二）接地及安全

1. 本工程防雷接地、变压器中性点接地、电气设备的保护接地、电梯机房、消防水箱间等的接地共用统一接地极，要求接地电阻不大于1Ω，实测不满足要求时，增补人工接地极。
2. 在强电竖井内的桥架及其支架全长应于接地网做可靠的等电位联结。
3. 垂直敷设的金属管道及金属物的底端及顶端应与防雷装置连接。
4. 凡正常不带电，而当绝缘破坏有可能呈现电压的一切电气设备金属外壳均应可靠接地。
5. 本工程采用总等电位联结，应将建筑物内保护干线、设备进线总管、建筑物金属构件进行联结。总等电位联结线采用BV-1×25mm^{2}穿PC32，总等电位联结均采用各种型号的等电位卡子，不允许在金属管道上焊接。
有洗浴设备的卫生间、淋浴间采用局部等电位联结，从适当的地方引出两根大于ϕ 16结构钢筋至局部等电位联结，将卫生间所有金属管道、构件联结。具体做法参考国家建筑标准设计《等电位联结安装》（02D501—2）。
6. 过电压保护：在变配电室低压母线上装一级电涌保护器（SPD），室外照明配电箱内装二级电涌保护。
7. 计算机电源系统、弱电系统引入端设过电压保护装置。

八、弱电部分（电话、有线电视、信息网络、对讲系统）

1. 该弱电部分电话、电视、信息网络系统的室内线路设计，室外线路由有关系统的部门负责考虑，每户进电话、电视、信息网络各一路引至各户弱电智能箱。
2. 楼宇对讲系统在施工时，只埋管做预留工作，预留应到各户弱电智能箱。
3. 室内电话和电视线缆均穿PC管沿墙或楼板暗配，穿线管径除注明电视线路一根采用D16，二根采用D20，三根采用D25，四根采用D32，五根采用D40；电话系统的管线配合参见如下数据：1 ~ 2对，穿PC16；3 ~ 4对，穿PC20；5 ~ 6对，穿PC25；7 ~ 8对，穿PC32。
4. 本工程采用总线制可视门铃系统。

九、火灾自动报警及消防联动控制系统

1. 火灾确认后，由声光报警器发出警报信号，并自动联动完成控制。启动消火栓泵，可以切断一般照明电源，使电梯迫降，向消防控制室和119发出警报等。
2. 除图中特别注明外，系统线路穿管规格均为SC20。
3. 报警总线采用RVS-2×1.0mm^{2}导线。
楼层显示器线路中通信二总线采用RVVP-2×1.0mm^{2}导线。
消防广播线采用BV-6×1.5mm^{2}导线，消防电话线采用RVVP-2×1.0mm^{2}导线。
联动总线采用BV-4×1.5mm^{2}导线，消火栓按钮直接起泵线采用BV-3×1.5mm^{2}导线。
消防水泵喷淋水泵至报警联动控制柜的硬启动线采用BV-7×1.5mm^{2}导线。

十、其他

1. 本工程在施工时应注意与各专业密切配合，做好预留预埋工作。
2. 本工程可参照《建筑电气安装工程图集》施工，不详之处请及时与设计和建设方协商解决。未尽事宜按《建筑电气工程施工质量验收规范》（GB 50303—2015）相关条款执行。

会签：COUNTERSIGN

建 筑	结 构	电 气
给 排 水	暖 通	

盖章：SEAL

工程名称：PROJECT NAME ××××小区高层住宅楼

图名：TITLES OF DRAWINGS 电气设计总说明

审定人 AUTHORIZED BY

审核人 CHECKED BY

总工程师 CHIEF ENGINEER

项目负责人 PROJECT LEADER

专业负责人 LEAD DISCIPLINE ENGINEER

设计人 DESIGNED BY

制图人 MAPPERS

校对人 PRESS CORRECTOR

设计号：PROJECT No. 设计阶段：DESIGN PHASE 施工图

专业：DISCIPLINE 电气 图号：DRAWING No. 1

出图日期：ISSUE DATE 专业张数：SPECIALTY No. 19

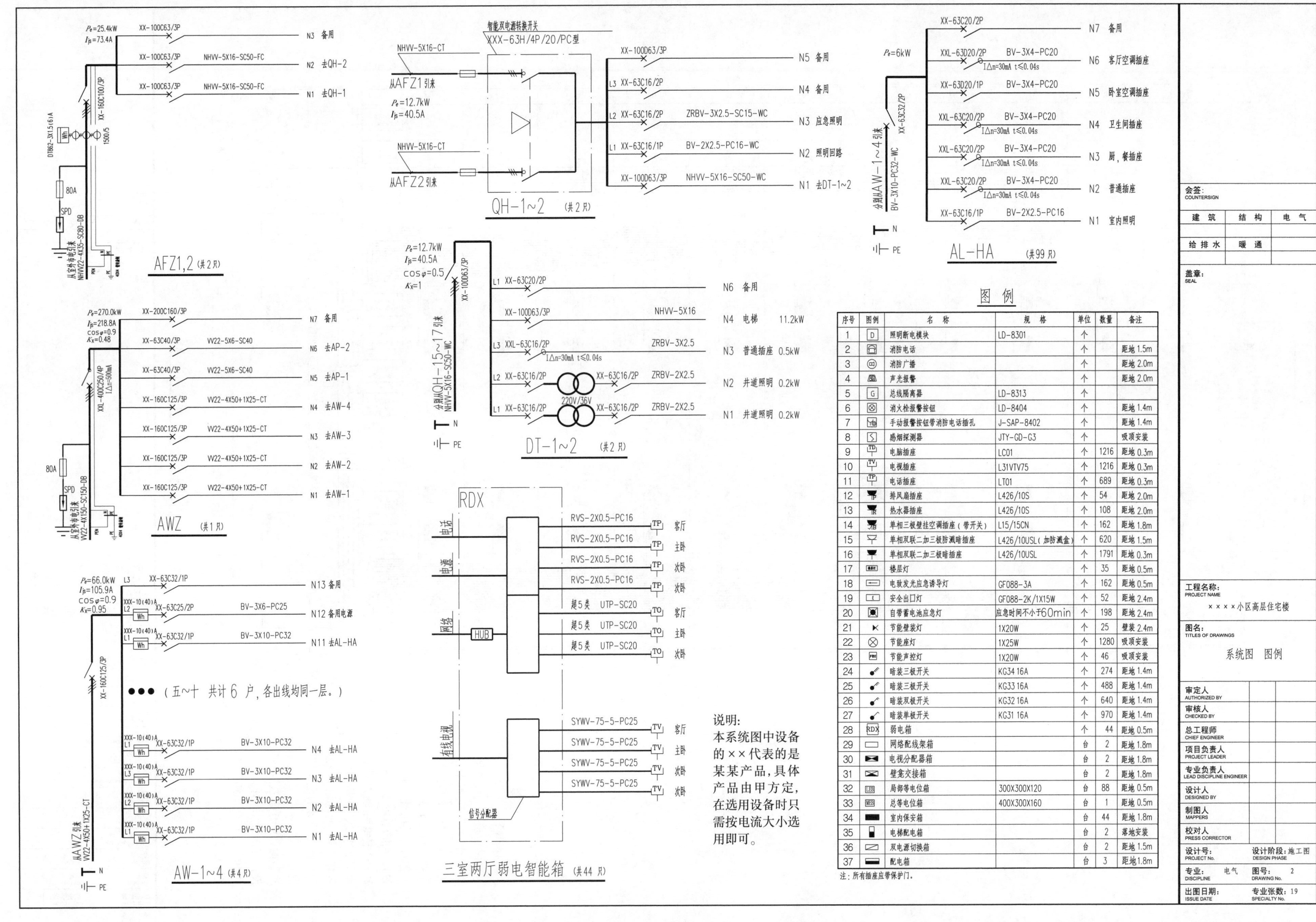

图 例

序号	图例	名 称	规 格	单位	数量	备注
1	D	照明断电模块	LD-8301	个		
2		消防电话		个		距地 1.5m
3		消防广播		个		距地 2.0m
4		声光报警		个		距地 2.0m
5	G	总线隔离器	LD-8313	个		
6		消火栓报警按钮	LD-8404	个		距地 1.4m
7		手动报警按钮带消防电话插孔	J-SAP-8402	个		距地 1.4m
8		感烟探测器	JTY-GD-G3	个		吸顶安装
9	TD	电脑插座	LC01	个	1216	距地 0.3m
10	TV	电视插座	L31VTV75	个	1216	距地 0.3m
11	TP	电话插座	LT01	个	689	距地 0.3m
12		排风扇插座	L426/10S	个	54	距地 2.0m
13		热水器插座	L426/10S	个	108	距地 2.0m
14		单相三极壁挂空调插座(带开关)	L15/15CN	个	162	距地 1.8m
15		单相双联二加三极防溅暗插座	L426/10USL(加防溅盒)	个	620	距地 1.5m
16		单相双联二加三极暗插座	L426/10USL	个	1791	距地 0.3m
17		楼层灯		个	35	距地 0.5m
18		电致发光应急诱导灯	GF088-3A	个	162	距地 0.5m
19		安全出口灯	GF088-2K/1X15W	个	52	距地 2.4m
20		自带蓄电池应急灯	应急时间不小于60min	个	198	距地 2.4m
21		节能壁装灯	1X20W	个	25	壁装 2.4m
22		节能座灯	1X25W	个	1280	吸顶安装
23		节能声控灯	1X20W	个	46	吸顶安装
24		暗装三极开关	KG34 16A	个	274	距地 1.4m
25		暗装三极开关	KG33 16A	个	488	距地 1.4m
26		暗装双极开关	KG32 16A	个	640	距地 1.4m
27		暗装单极开关	KG31 16A	个	970	距地 1.4m
28	RDX	弱电箱		个	44	距地 0.5m
29		网络配线架箱		台	2	距地 1.8m
30		电视分配器箱		台	2	距地 1.8m
31		壁龛交接箱		台	2	距地 1.8m
32	LEB	局部等电位箱	300X300X120	台	88	距地 0.5m
33	MEB	总等电位箱	400X300X160	台	1	距地 0.5m
34		室内保安箱		台	44	距地 1.8m
35		电梯配电箱		台	2	落地安装
36		双电源切换箱		台	2	距地 1.5m
37		配电箱		台	3	距地1.8m

注:所有插座应带保护门。

说明:
本系统图中设备的××代表的是某某产品,具体产品由甲方定,在选用设备时只需按电流大小选用即可。

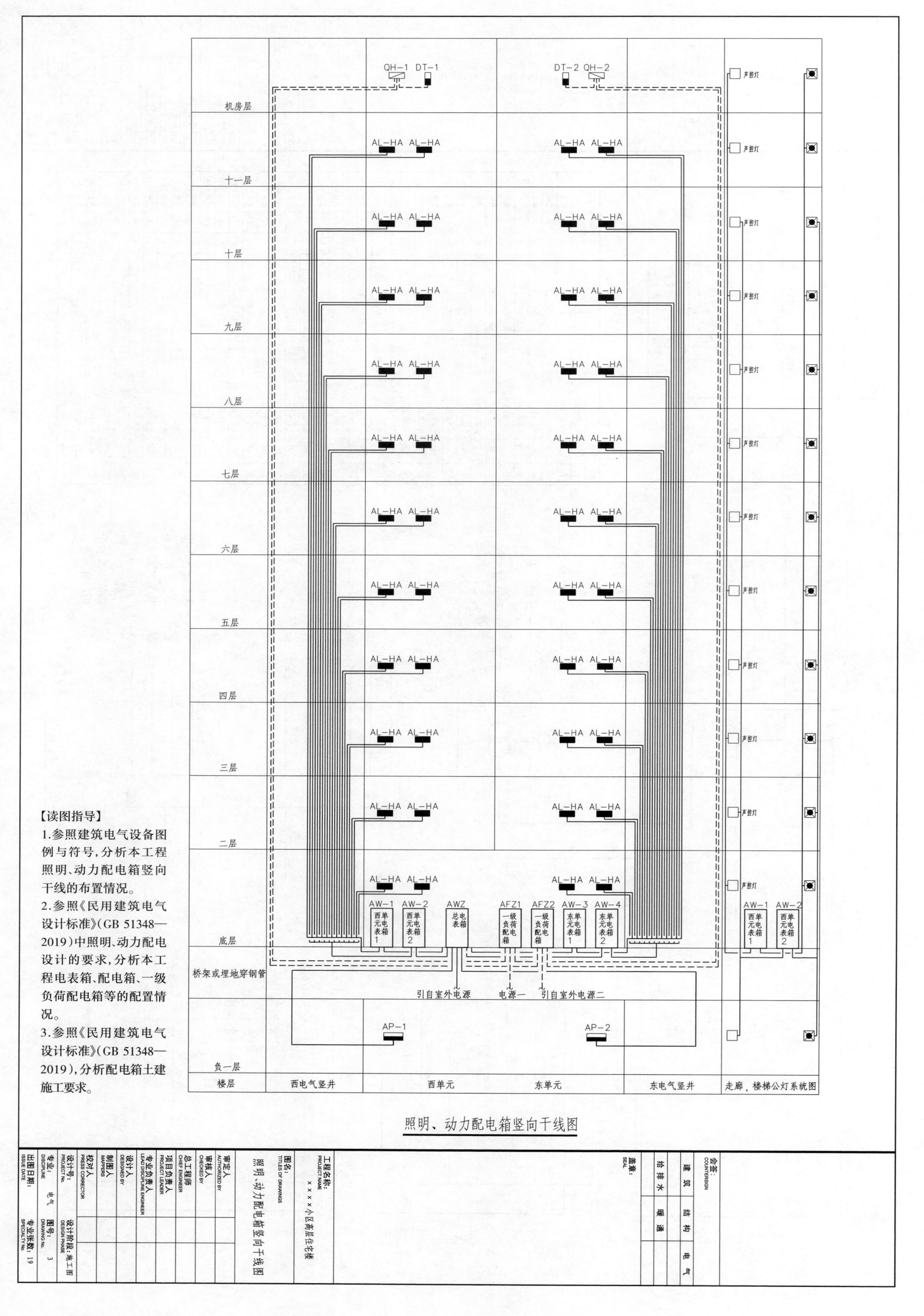

【读图指导】

1.参照建筑电气设备图例与符号，分析本工程照明、动力配电箱竖向干线的布置情况。

2.参照《民用建筑电气设计标准》(GB 51348—2019)中照明、动力配电设计的要求，分析本工程电表箱、配电箱、一级负荷配电箱等的配置情况。

3.参照《民用建筑电气设计标准》(GB 51348—2019)，分析配电箱土建施工要求。

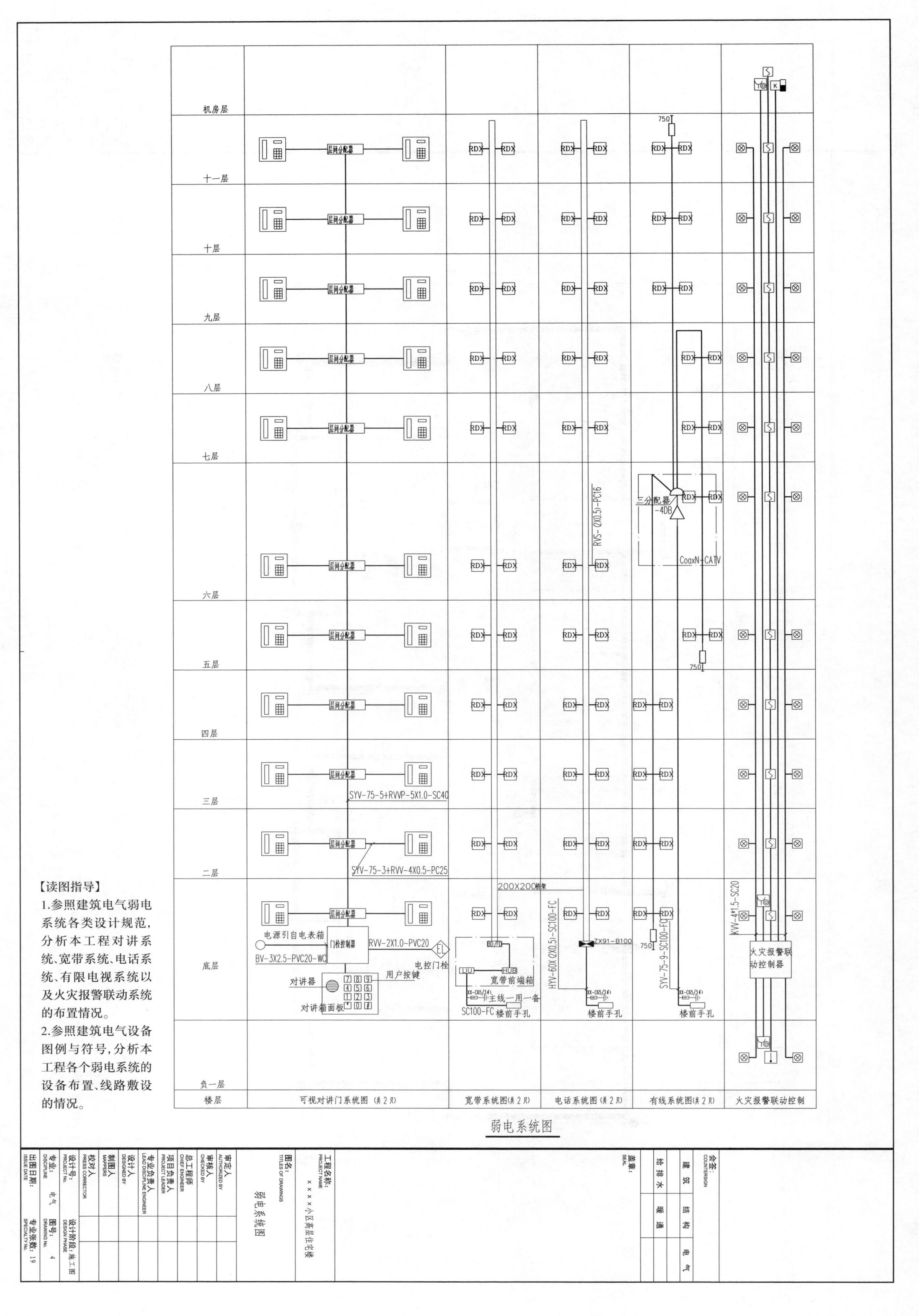

【读图指导】

1.参照建筑电气弱电系统各类设计规范，分析本工程对讲系统、宽带系统、电话系统、有限电视系统以及火灾报警联动系统的布置情况。

2.参照建筑电气设备图例与符号，分析本工程各个弱电系统的设备布置、线路敷设的情况。

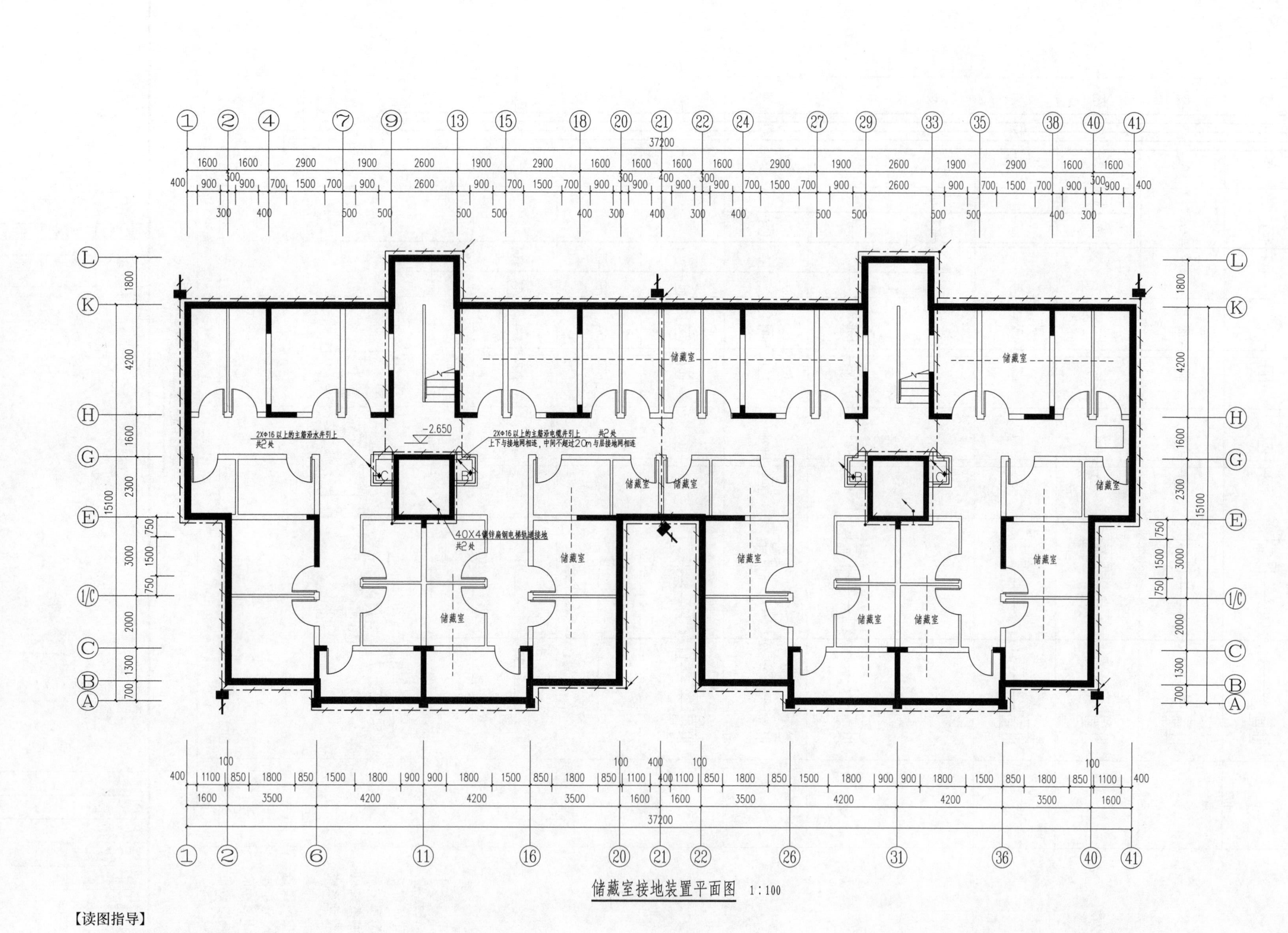

储藏室接地装置平面图 1:100

会签: COUNTERSIGN		
建 筑	结 构	电 气
给排水	暖 通	

盖章: SEAL

工程名称: PROJECT NAME
××××小区高层住宅楼

图名: TITLES OF DRAWINGS
储藏室接地装置平面图

审定人 AUTHORIZED BY	
审核人 CHECKED BY	
总工程师 CHIEF ENGINEER	
项目负责人 PROJECT LEADER	
专业负责人 LEAD DISCIPLINE ENGINEER	
设计人 DESIGNED BY	
制图人 MAPPERS	
校对人 PRESS CORRECTOR	
设计号: PROJECT No.	设计阶段: 施工图 DESIGN PHASE
专业: DISCIPLINE 电气	图号: DRAWING No. 5
出图日期: ISSUE DATE	专业张数: SPECIALTY No. 19

【读图指导】

1.认真阅读本工程的接地装置设计说明。

2.参照电气设计对接地及安全的要求,分析储藏室接地装置的布置情况。

3.对照建筑电气安全设计规范,了解土建施工措施与建筑电气接地安全的协调关系。

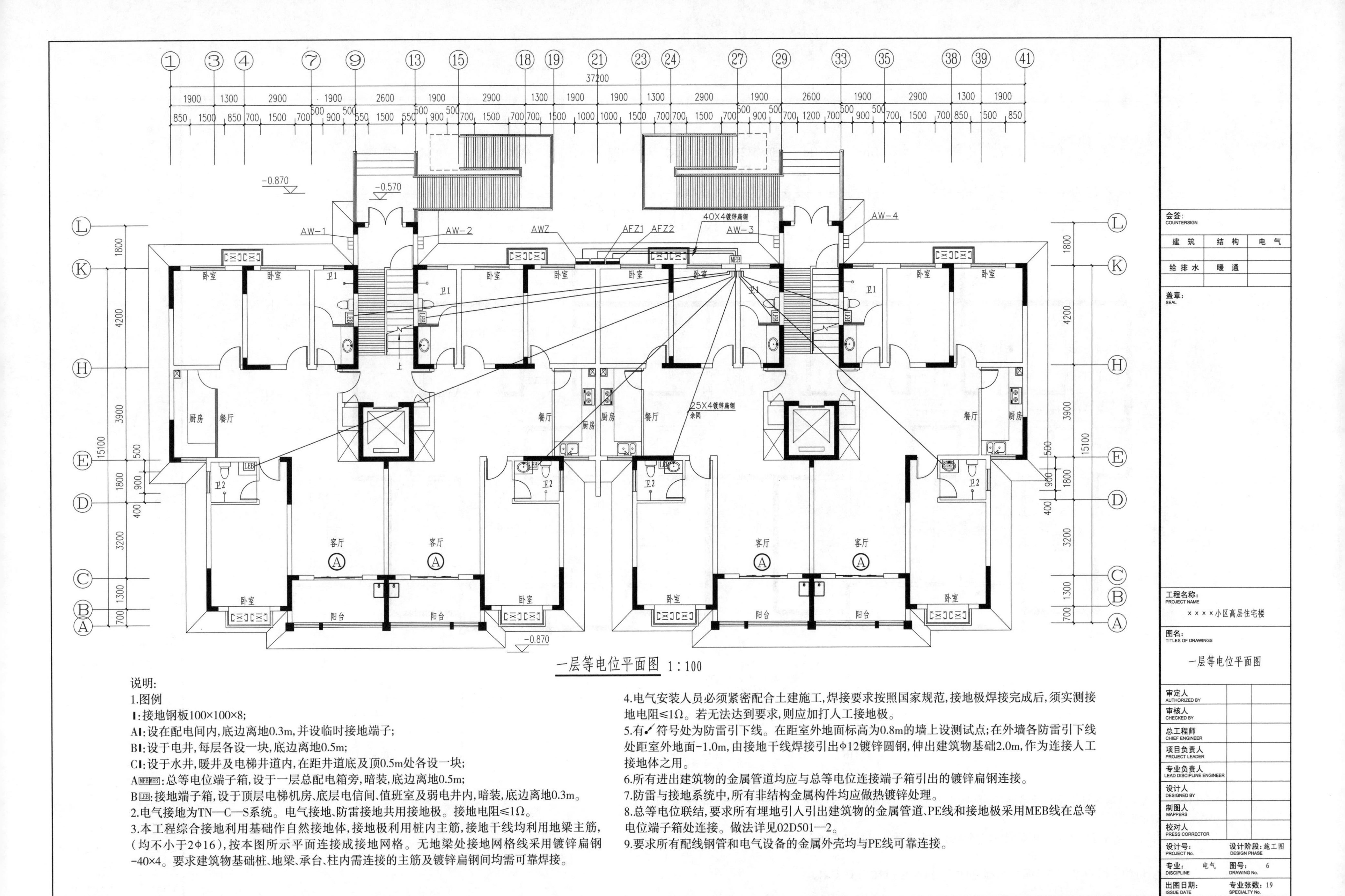
一层等电位平面图 1：100
40X4镀锌扁钢
25X4镀锌扁钢
AW-1
AW-2
AW-3
AW-4
AWZ
AFZ1
AFZ2
MEB
卧室
卫1
卫2
厨房
餐厅
客厅
阳台
-0.870
-0.570
37200
说明：
1.图例
▮：接地钢板100×100×8；
A▮：设在配电间内，底边离地0.3m，并设临时接地端子；
B▮：设于电井，每层各设一块，底边离地0.5m；
C▮：设于水井，暖井及电梯井道内，在距井道底及顶0.5m处各设一块；
A MEB：总等电位端子箱，设于一层总配电箱旁，暗装，底边离地0.5m；
B LEB：接地端子箱，设于顶层电梯机房、底层电信间、值班室及弱电井内，暗装，底边离地0.3m。
2.电气接地为TN—C—S系统。电气接地、防雷接地共用接地极。接地电阻≤1Ω。
3.本工程综合接地利用基础作自然接地体，接地极利用桩内主筋，接地干线均利用地梁主筋，（均不小于2φ16），按本图所示平面连接成接地网格。无地梁处接地网格线采用镀锌扁钢-40×4。要求建筑物基础桩、地梁、承台、柱内需连接的主筋及镀锌扁钢间均需可靠焊接。
4.电气安装人员必须紧密配合土建施工，焊接要求按照国家规范，接地极焊接完成后，须实测接地电阻≤1Ω。若无法达到要求，则应加打人工接地极。
5.有↙符号处为防雷引下线。在距室外地面标高为0.8m的墙上设测试点；在外墙各防雷引下线处距室外地面-1.0m，由接地干线焊接引出φ12镀锌圆钢，伸出建筑物基础2.0m，作为连接人工接地体之用。
6.所有进出建筑物的金属管道均应与总等电位连接端子箱引出的镀锌扁钢连接。
7.防雷与接地系统中，所有非结构金属构件均应做热镀锌处理。
8.总等电位联结，要求所有埋地引入引出建筑物的金属管道、PE线和接地极采用MEB线在总等电位端子箱处连接。做法详见02D501—2。
9.要求所有配线钢管和电气设备的金属外壳均与PE线可靠连接。
会签：COUNTERSIGN
建筑 结构 电气
给排水 暖通
盖章：SEAL
工程名称：PROJECT NAME
××××小区高层住宅楼
图名：TITLES OF DRAWINGS
一层等电位平面图
审定人 AUTHORIZED BY
审核人 CHECKED BY
总工程师 CHIEF ENGINEER
项目负责人 PROJECT LEADER
专业负责人 LEAD DISCIPLINE ENGINEER
设计人 DESIGNED BY
制图人 MAPPERS
校对人 PRESS CORRECTOR
设计号：PROJECT No.
设计阶段：施工图 DESIGN PHASE
专业：电气 DISCIPLINE
图号：6 DRAWING No.
出图日期：ISSUE DATE
专业张数：19 SPECIALTY No.

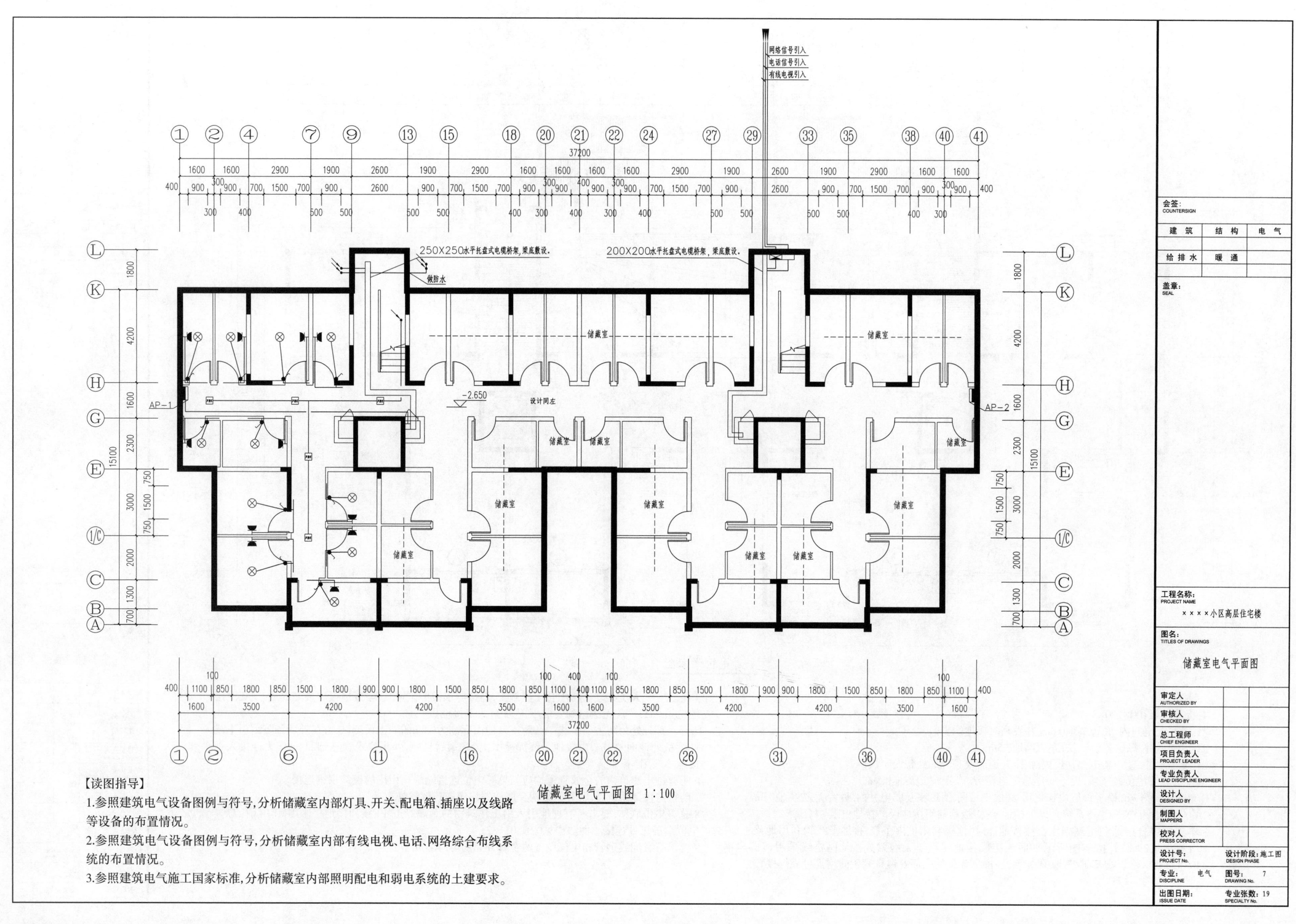

储藏室电气平面图 1:100

【读图指导】

1.参照建筑电气设备图例与符号,分析储藏室内部灯具、开关、配电箱、插座以及线路等设备的布置情况。

2.参照建筑电气设备图例与符号,分析储藏室内部有线电视、电话、网络综合布线系统的布置情况。

3.参照建筑电气施工国家标准,分析储藏室内部照明配电和弱电系统的土建要求。

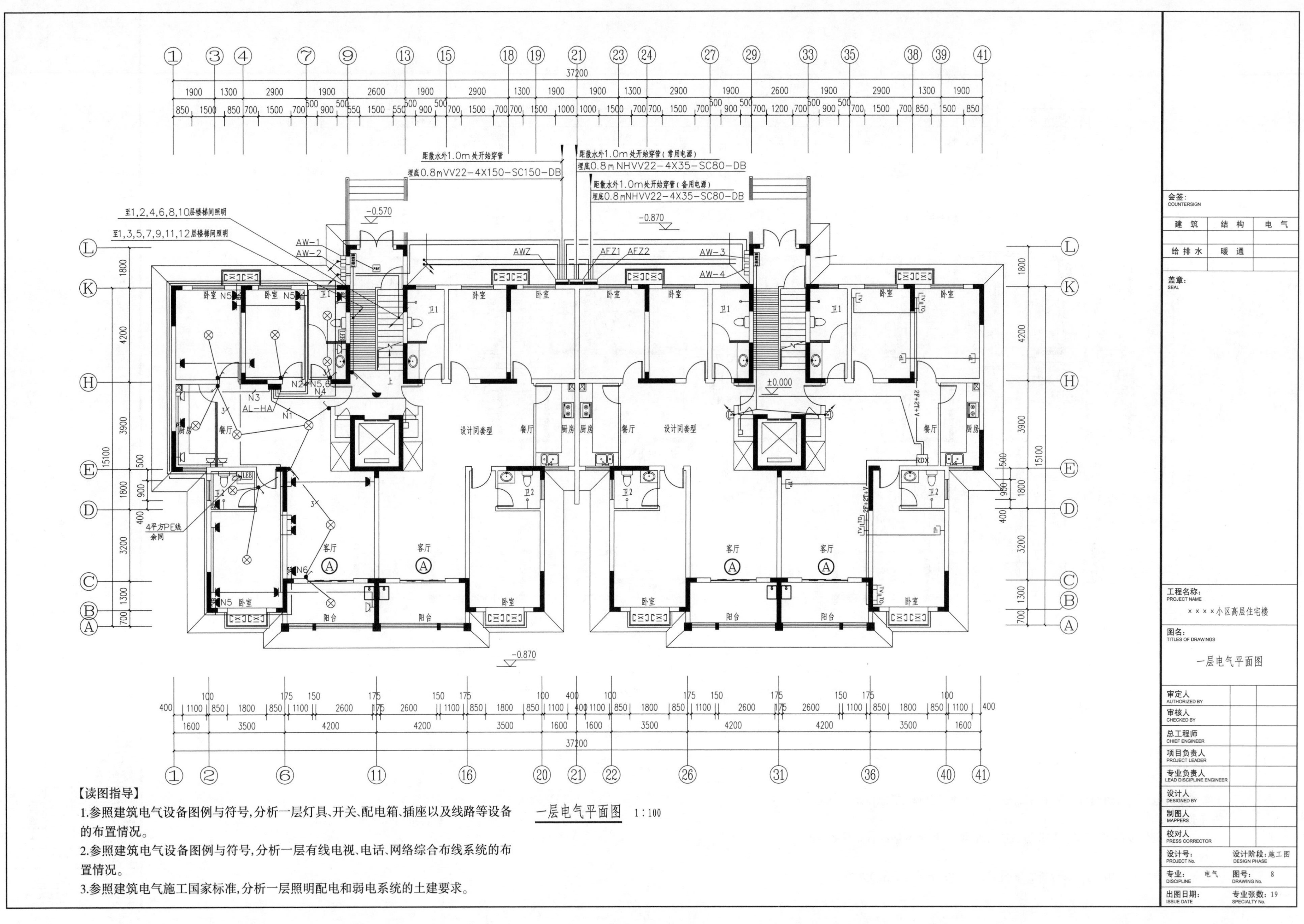

【读图指导】

1.参照建筑电气设备图例与符号,分析一层灯具、开关、配电箱、插座以及线路等设备的布置情况。

2.参照建筑电气设备图例与符号,分析一层有线电视、电话、网络综合布线系统的布置情况。

3.参照建筑电气施工国家标准,分析一层照明配电和弱电系统的土建要求。

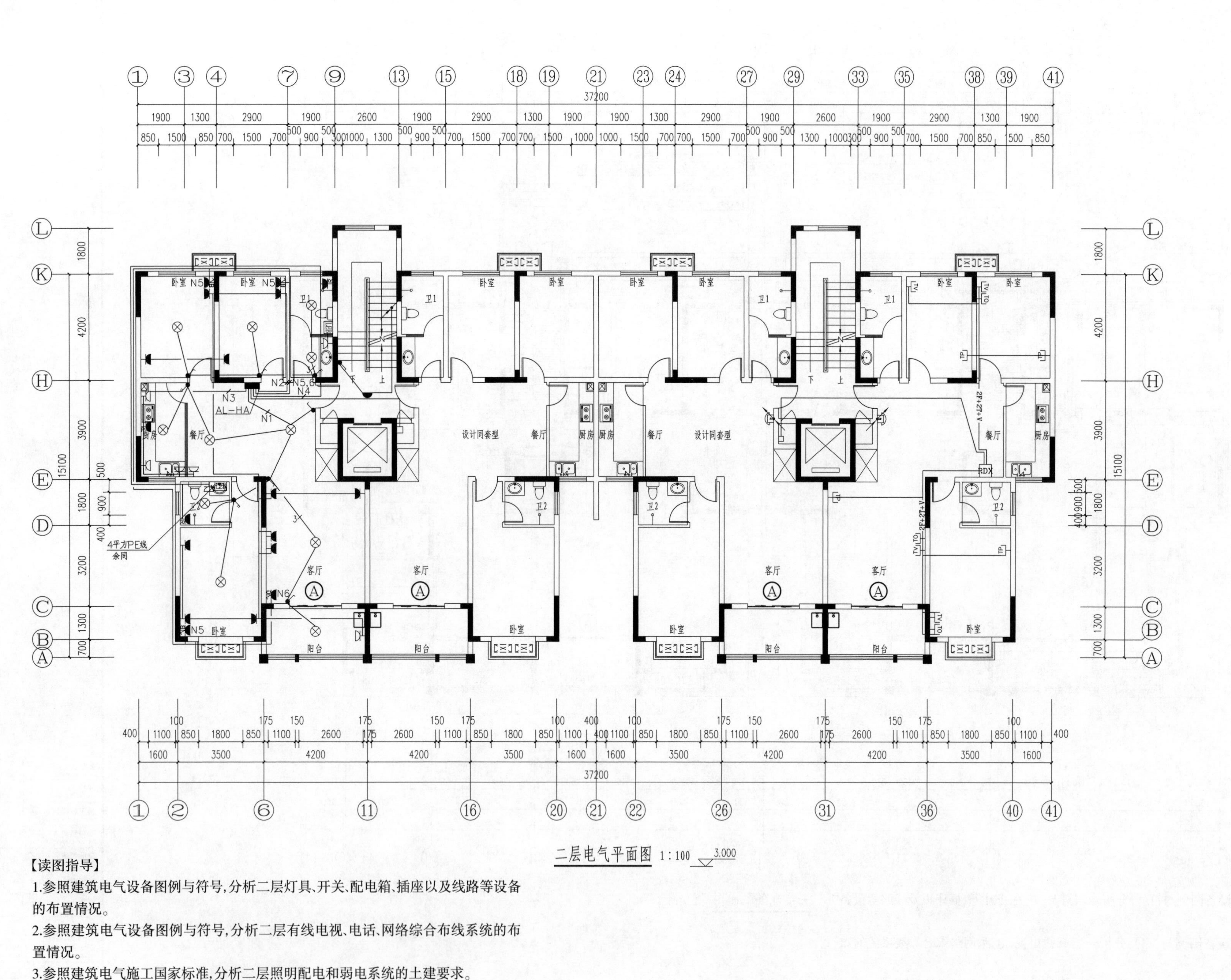

【读图指导】

1.参照建筑电气设备图例与符号，分析二层灯具、开关、配电箱、插座以及线路等设备的布置情况。

2.参照建筑电气设备图例与符号，分析二层有线电视、电话、网络综合布线系统的布置情况。

3.参照建筑电气施工国家标准，分析二层照明配电和弱电系统的土建要求。

会签：COUNTERSIGN		
建　筑	结　构	电　气
给排水	暖　通	

盖章：SEAL

工程名称：PROJECT NAME

××××小区高层住宅楼

图名：TITLES OF DRAWINGS

二层电气平面图

审定人 AUTHORIZED BY	
审核人 CHECKED BY	
总工程师 CHIEF ENGINEER	
项目负责人 PROJECT LEADER	
专业负责人 LEAD DISCIPLINE ENGINEER	
设计人 DESIGNED BY	
制图人 MAPPERS	
校对人 PRESS CORRECTOR	
设计号：PROJECT No.	设计阶段：施工图 DESIGN PHASE
专业：电气 DISCIPLINE	图号：9 DRAWING No.
出图日期：ISSUE DATE	专业张数：19 SPECIALTY No.

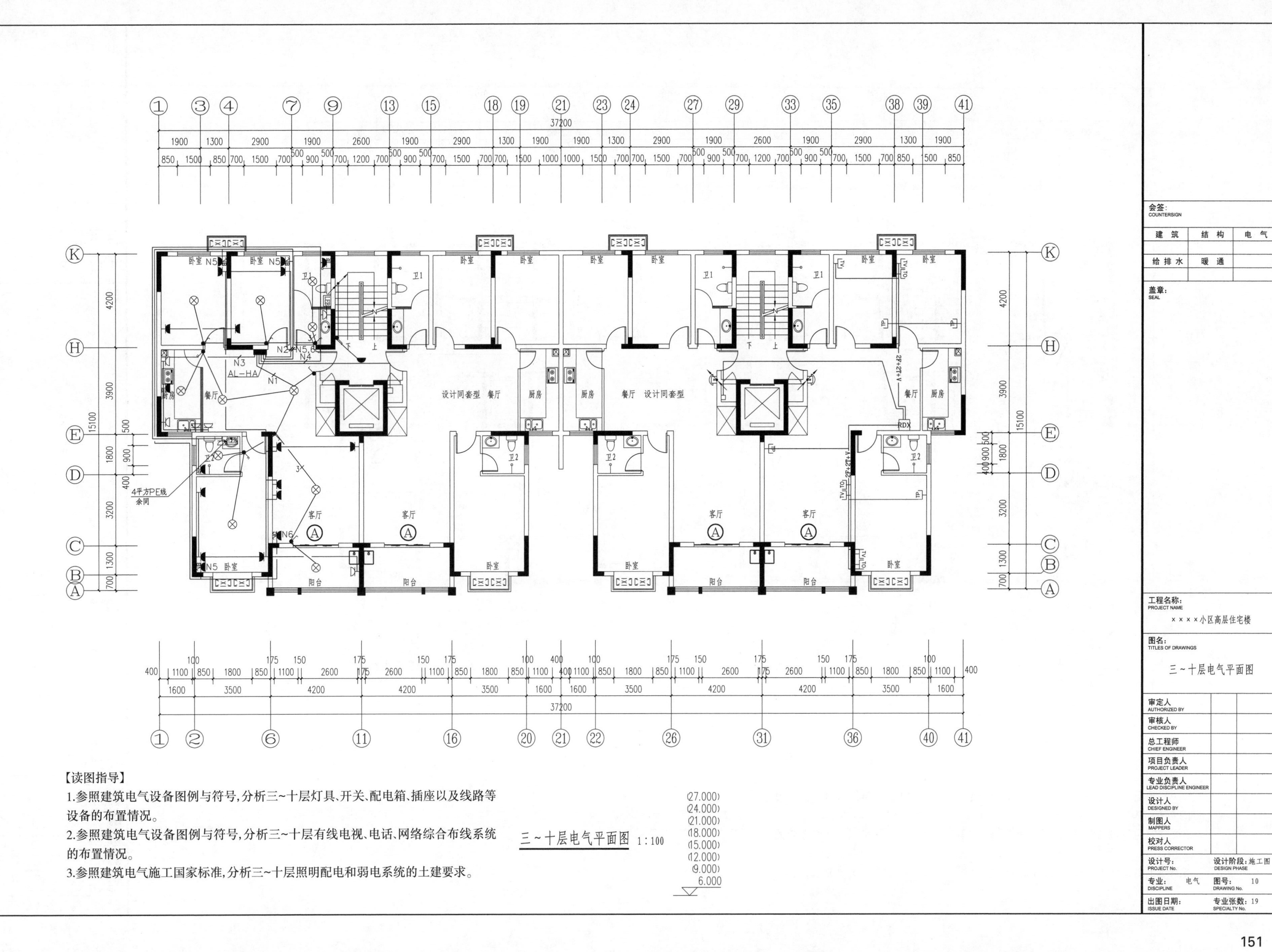

【读图指导】

1.参照建筑电气设备图例与符号,分析三~十层灯具、开关、配电箱、插座以及线路等设备的布置情况。

2.参照建筑电气设备图例与符号,分析三~十层有线电视、电话、网络综合布线系统的布置情况。

3.参照建筑电气施工国家标准,分析三~十层照明配电和弱电系统的土建要求。

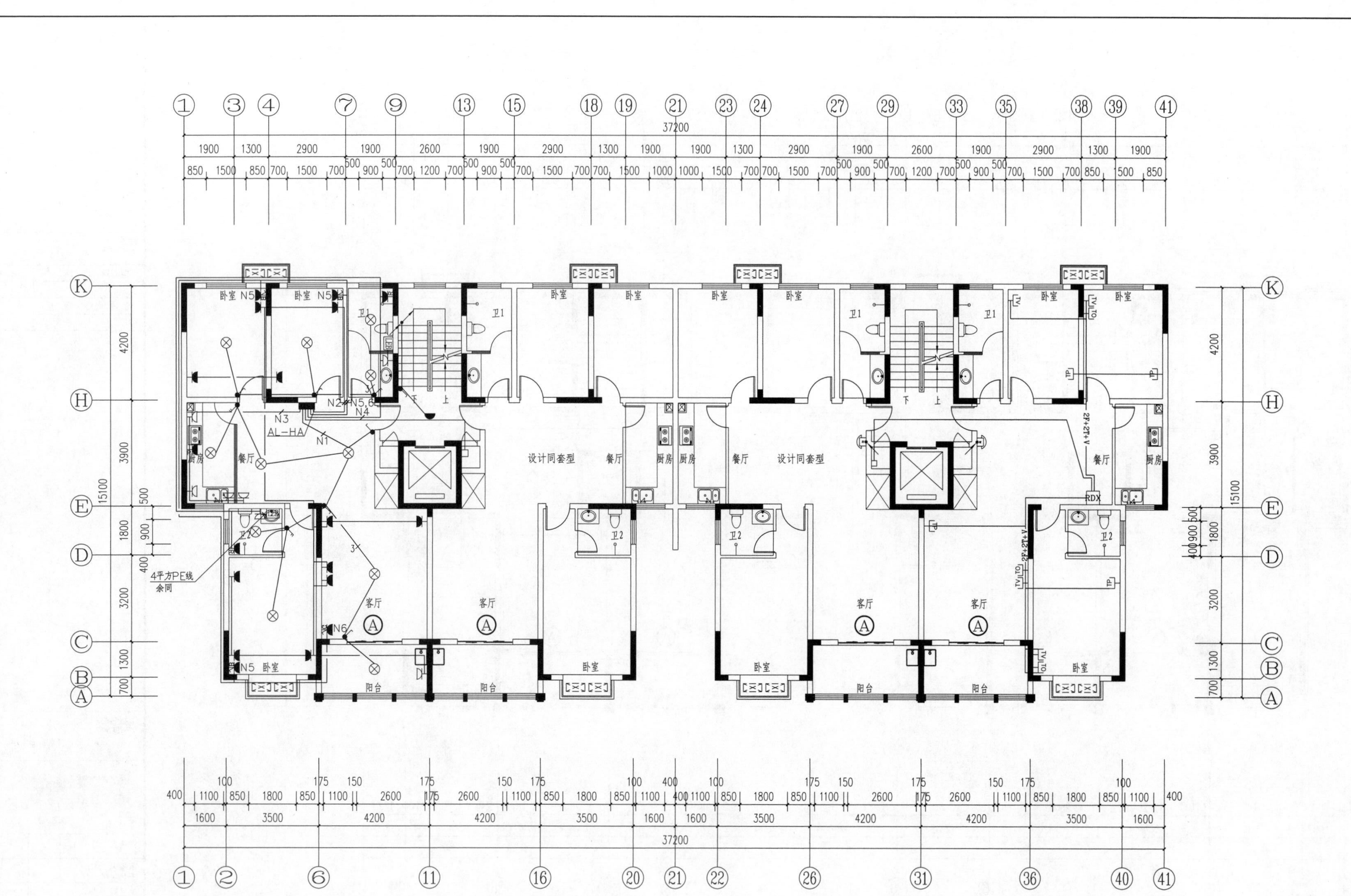

【读图指导】

1.参照建筑电气设备图例与符号,分析十一层灯具、开关、配电箱、插座以及线路等设备的布置情况。

2.参照建筑电气设备图例与符号,分析十一层有线电视、电话、网络综合布线系统的布置情况。

3.参照建筑电气施工国家标准,分析十一层照明配电和弱电系统的土建要求。

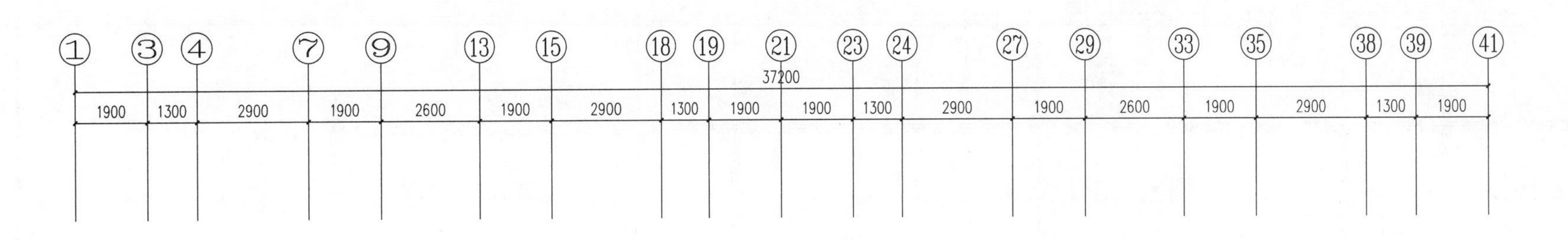

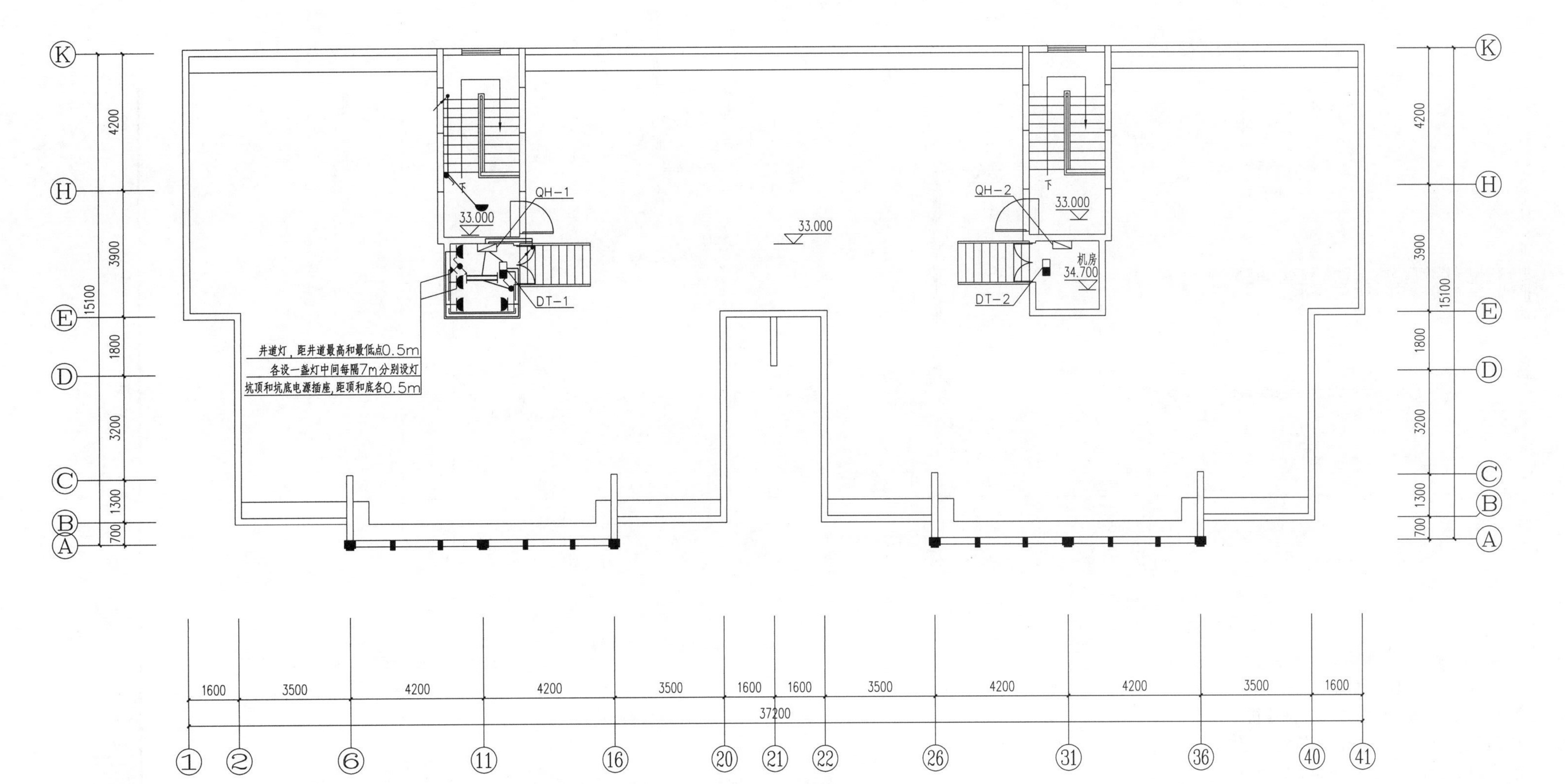

电梯出屋面电气平面图 1:100

【读图指导】

1.参照建筑电气设备图例与符号，分析电梯出屋面灯具、开关、配电箱、插座以及线路等设备的布置情况。

2.参照建筑电气施工国家标准，分析楼梯电梯出屋面内部照明配电系统的土建要求以及安装方式。

3.参照建筑电气线路敷设要求，分析楼梯电梯出屋面电气设备线路敷设情况。

会签: COUNTERSIGN		
建 筑	结 构	电 气
给 排 水	暖 通	

盖章: SEAL

工程名称: PROJECT NAME ××××小区高层住宅楼

图名: TITLES OF DRAWINGS 电梯出屋面电气平面图

审定人 AUTHORIZED BY
审核人 CHECKED BY
总工程师 CHIEF ENGINEER
项目负责人 PROJECT LEADER
专业负责人 LEAD DISCIPLINE ENGINEER
设计人 DESIGNED BY
制图人 MAPPERS
校对人 PRESS CORRECTOR

设计号: PROJECT No.	设计阶段: 施工图 DESIGN PHASE
专业: DISCIPLINE 电气	图号: DRAWING No. 12
出图日期: ISSUE DATE	专业张数: SPECIALTY No. 19

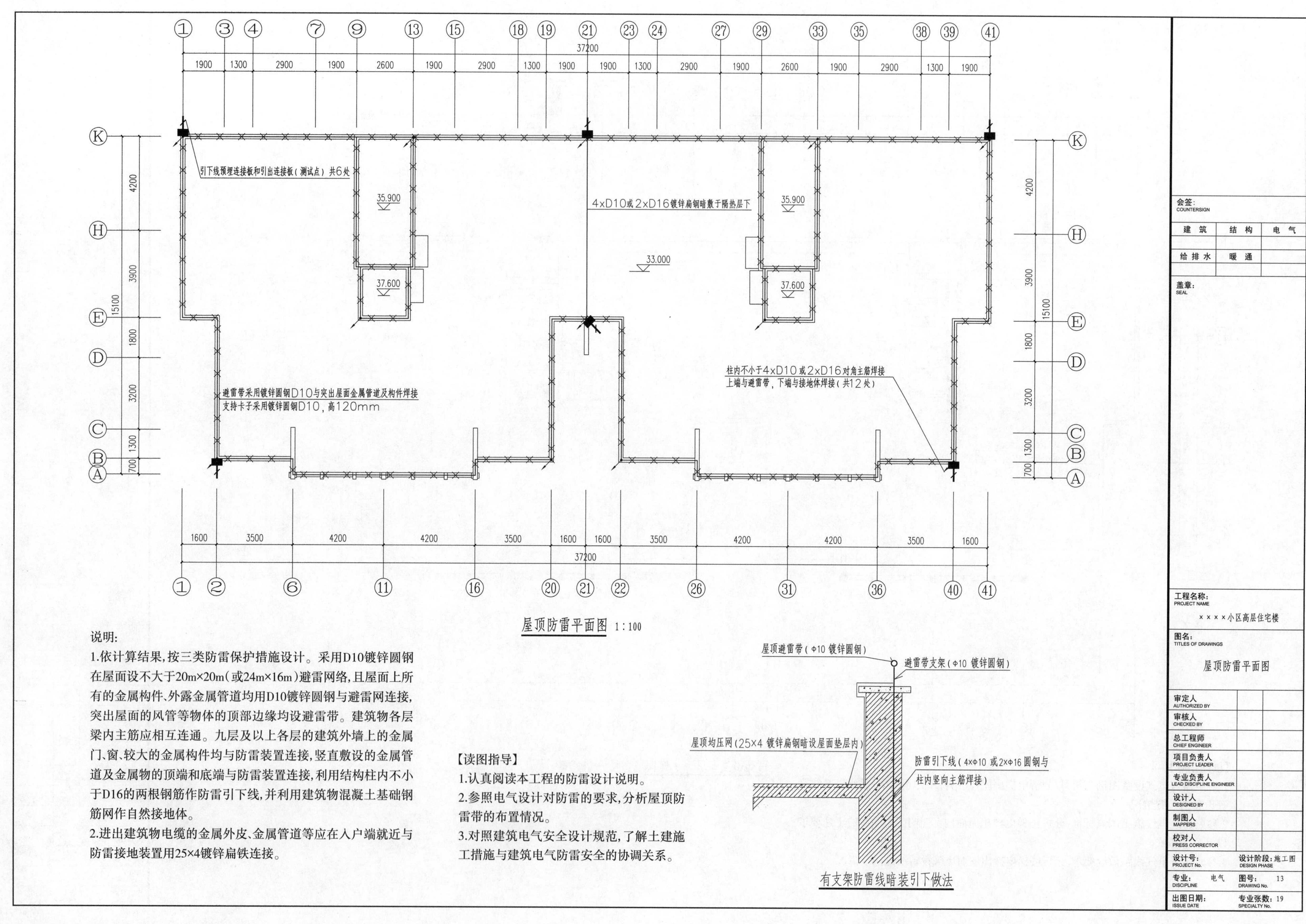

引下线预埋连接板和引出连接板（测试点）共6处
4xD10或2xD16镀锌扁钢暗敷于隔热层下
35.900
37.600
33.000
柱内不小于4xD10或2xD16对角主筋焊接
上端与避雷带，下端与接地体焊接（共12处）
避雷带采用镀锌圆钢D10与突出屋面金属管道及构件焊接
支持卡子采用镀锌圆钢D10，高120mm
37200
屋顶防雷平面图 1:100
说明：
1.依计算结果，按三类防雷保护措施设计。采用D10镀锌圆钢在屋面设不大于20m×20m（或24m×16m）避雷网络，且屋面上所有的金属构件、外露金属管道均用D10镀锌圆钢与避雷网连接，突出屋面的风管等物体的顶部边缘均设避雷带。建筑物各层梁内主筋应相互连通。九层及以上各层的建筑外墙上的金属门、窗、较大的金属构件均与防雷装置连接，竖直敷设的金属管道及金属物的顶端和底端与防雷装置连接，利用结构柱内不小于D16的两根钢筋作防雷引下线，并利用建筑物混凝土基础钢筋网作自然接地体。
2.进出建筑物电缆的金属外皮、金属管道等应在入户端就近与防雷接地装置用25×4镀锌扁铁连接。
【读图指导】
1.认真阅读本工程的防雷设计说明。
2.参照电气设计对防雷的要求，分析屋顶防雷带的布置情况。
3.对照建筑电气安全设计规范，了解土建施工措施与建筑电气防雷安全的协调关系。
屋顶避雷带（Φ10镀锌圆钢）
避雷带支架（Φ10镀锌圆钢）
屋顶均压网（25×4镀锌扁钢暗设屋面垫层内）
防雷引下线（4×Φ10或2×Φ16圆钢与柱内竖向主筋焊接）
有支架防雷线暗装引下做法
会签：COUNTERSIGN
建筑 结构 电气
给排水 暖通
盖章：SEAL
工程名称：PROJECT NAME
××××小区高层住宅楼
图名：TITLES OF DRAWINGS
屋顶防雷平面图
审定人 AUTHORIZED BY
审核人 CHECKED BY
总工程师 CHIEF ENGINEER
项目负责人 PROJECT LEADER
专业负责人 LEAD DISCIPLINE ENGINEER
设计人 DESIGNED BY
制图人 MAPPERS
校对人 PRESS CORRECTOR
设计号：PROJECT No.
设计阶段：施工图 DESIGN PHASE
专业：电气 DISCIPLINE
图号：13 DRAWING No.
出图日期：ISSUE DATE
专业张数：19 SPECIALTY No.

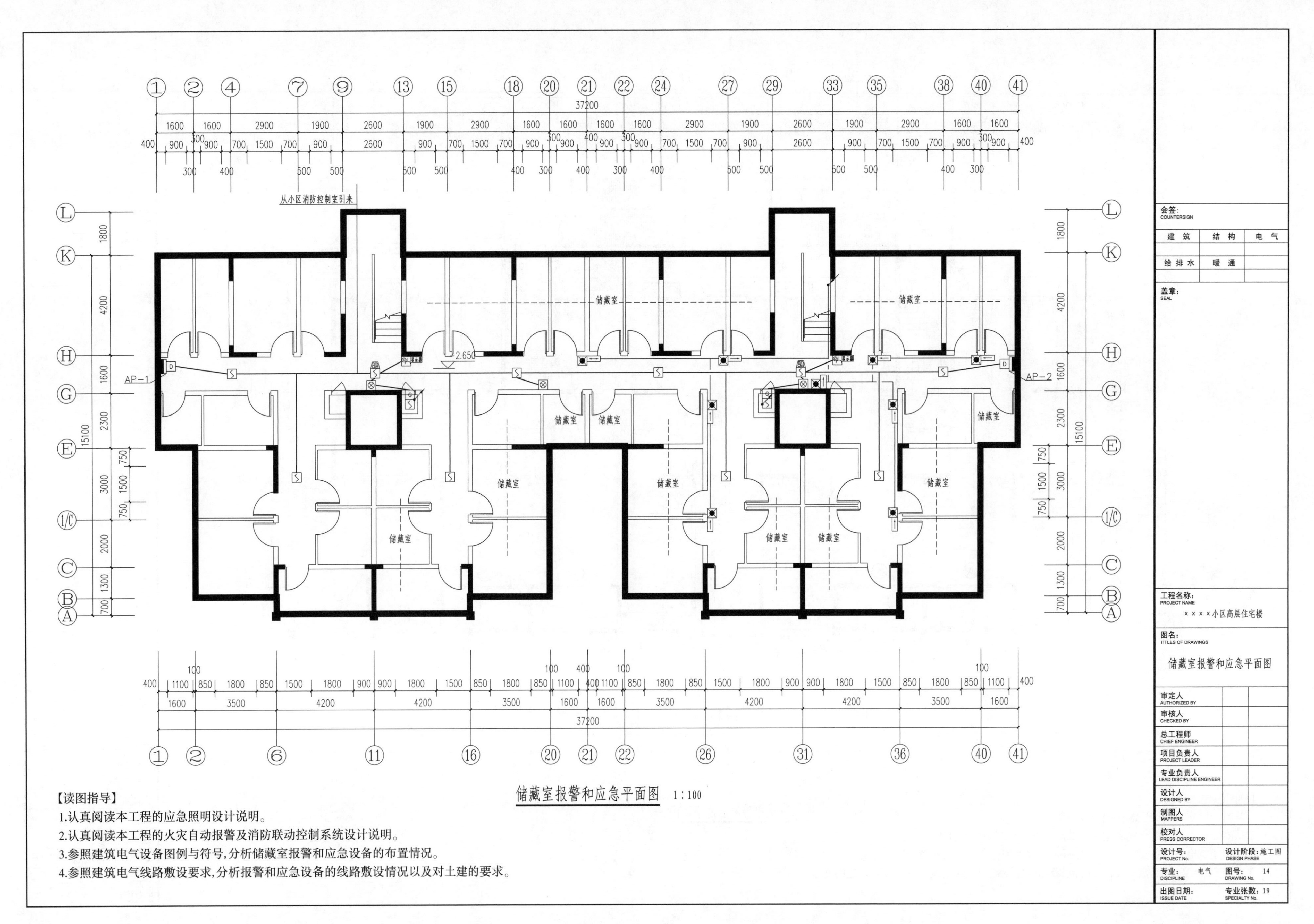

储藏室报警和应急平面图 1:100

【读图指导】

1.认真阅读本工程的应急照明设计说明。

2.认真阅读本工程的火灾自动报警及消防联动控制系统设计说明。

3.参照建筑电气设备图例与符号，分析储藏室报警和应急设备的布置情况。

4.参照建筑电气线路敷设要求，分析报警和应急设备的线路敷设情况以及对土建的要求。

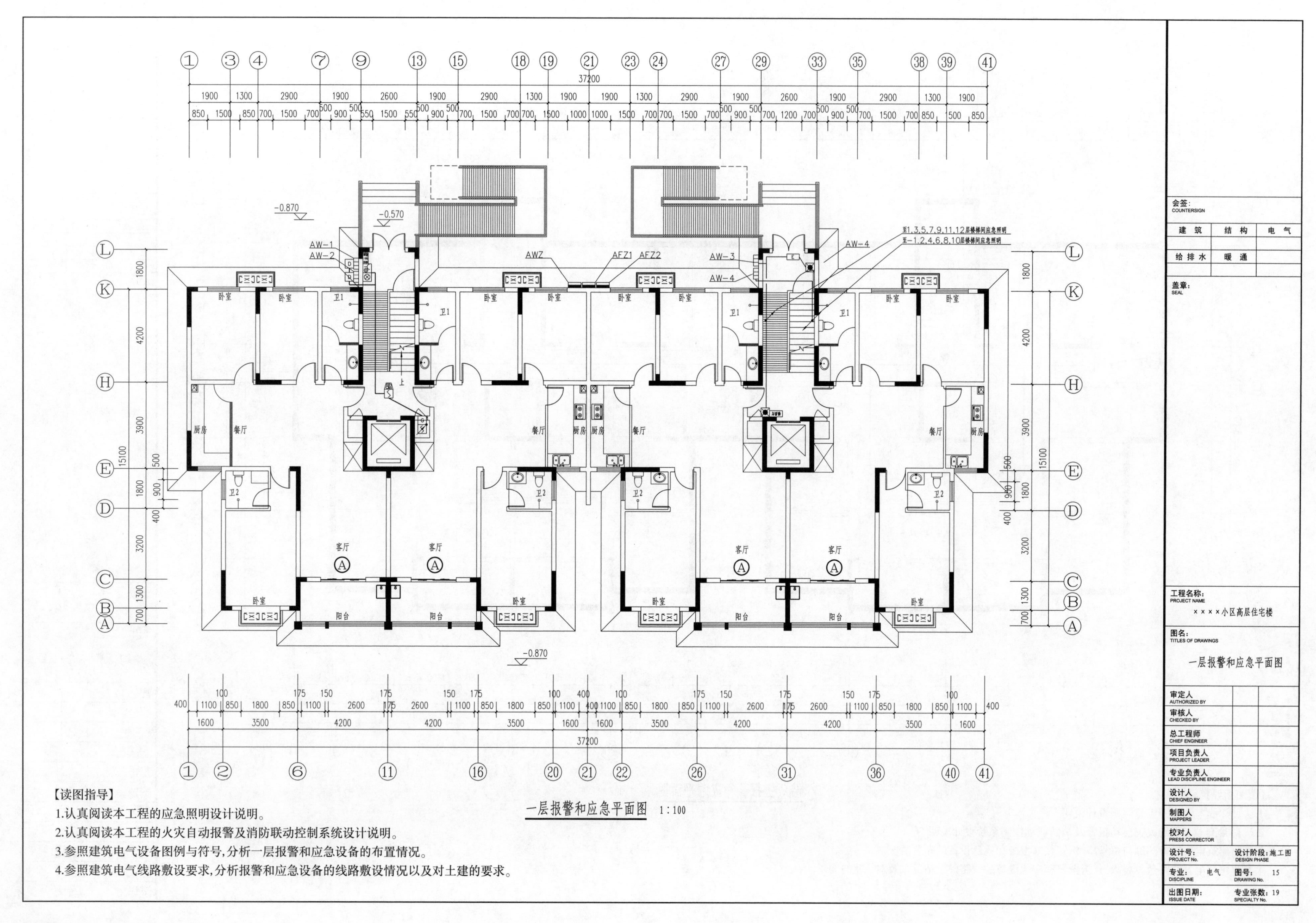
至1,3,5,7,9,11,12层楼梯间应急照明
至-1,2,4,6,8,10层楼梯间应急照明
AW-1
AW-2
AW-3
AW-4
AWZ
AFZ1
AFZ2
-0.870
-0.570
卧室
卫1
卫2
厨房
餐厅
客厅
阳台
37200
一层报警和应急平面图 1:100
【读图指导】
1.认真阅读本工程的应急照明设计说明。
2.认真阅读本工程的火灾自动报警及消防联动控制系统设计说明。
3.参照建筑电气设备图例与符号,分析一层报警和应急设备的布置情况。
4.参照建筑电气线路敷设要求,分析报警和应急设备的线路敷设情况以及对土建的要求。
会签:
COUNTERSIGN
建筑
结构
电气
给排水
暖通
盖章:
SEAL
工程名称:
PROJECT NAME
××××小区高层住宅楼
图名:
TITLES OF DRAWINGS
一层报警和应急平面图
审定人
AUTHORIZED BY
审核人
CHECKED BY
总工程师
CHIEF ENGINEER
项目负责人
PROJECT LEADER
专业负责人
LEAD DISCIPLINE ENGINEER
设计人
DESIGNED BY
制图人
MAPPERS
校对人
PRESS CORRECTOR
设计号:
PROJECT No.
设计阶段:施工图
DESIGN PHASE
专业: 电气
DISCIPLINE
图号: 15
DRAWING No.
出图日期:
ISSUE DATE
专业张数: 19
SPECIALTY No.

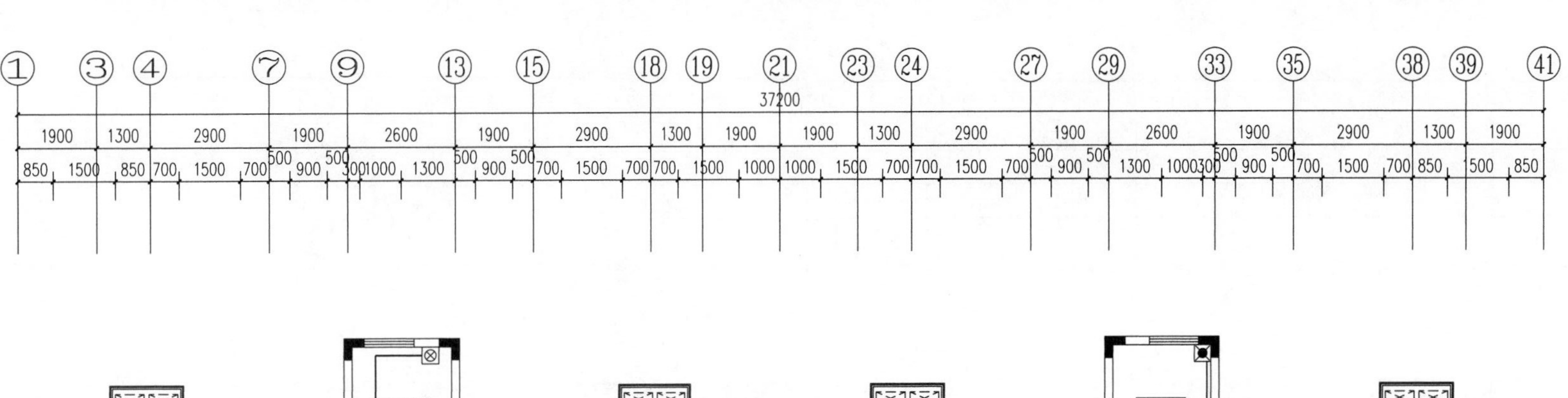

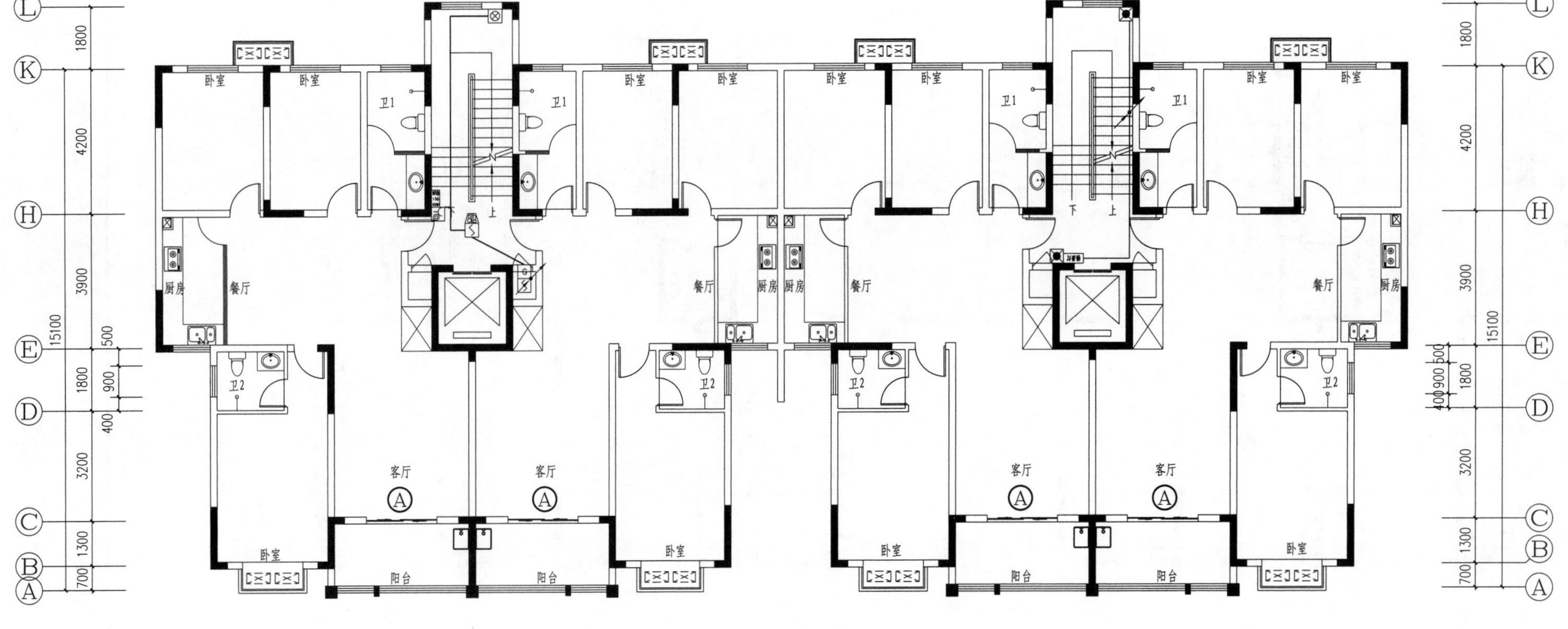

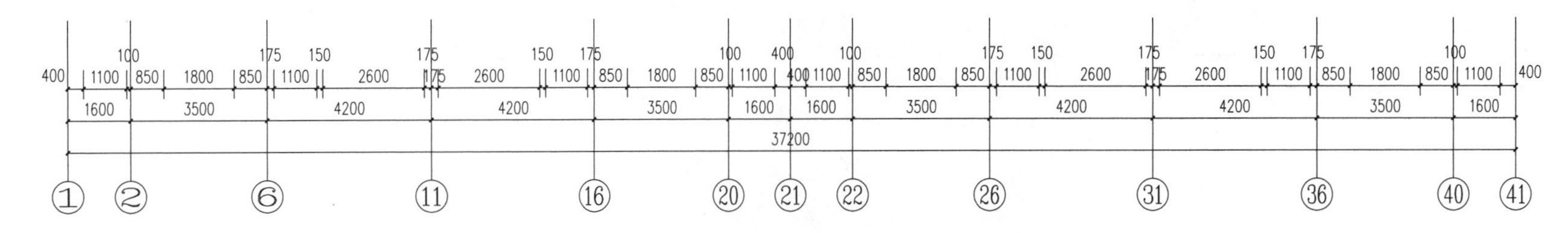

二层报警和应急平面图 1:100 3.000

【读图指导】

1.认真阅读本工程的应急照明设计说明。

2.认真阅读本工程的火灾自动报警及消防联动控制系统设计说明。

3.参照建筑电气设备图例与符号,分析二层报警和应急设备的布置情况。

4.参照建筑电气线路敷设要求,分析报警和应急设备的线路敷设情况以及对土建的要求。

会签: COUNTERSIGN		
建 筑	结 构	电 气
给 排 水	暖 通	

盖章: SEAL

工程名称: PROJECT NAME
××××小区高层住宅楼

图名: TITLES OF DRAWINGS
二层报警和应急平面图

审定人 AUTHORIZED BY	
审核人 CHECKED BY	
总工程师 CHIEF ENGINEER	
项目负责人 PROJECT LEADER	
专业负责人 LEAD DISCIPLINE ENGINEER	
设计人 DESIGNED BY	
制图人 MAPPERS	
校对人 PRESS CORRECTOR	
设计号: PROJECT No.	设计阶段: DESIGN PHASE 施工图
专业: DISCIPLINE 电气	图号: DRAWING No. 16
出图日期: ISSUE DATE	专业张数: SPECIALTY No. 19

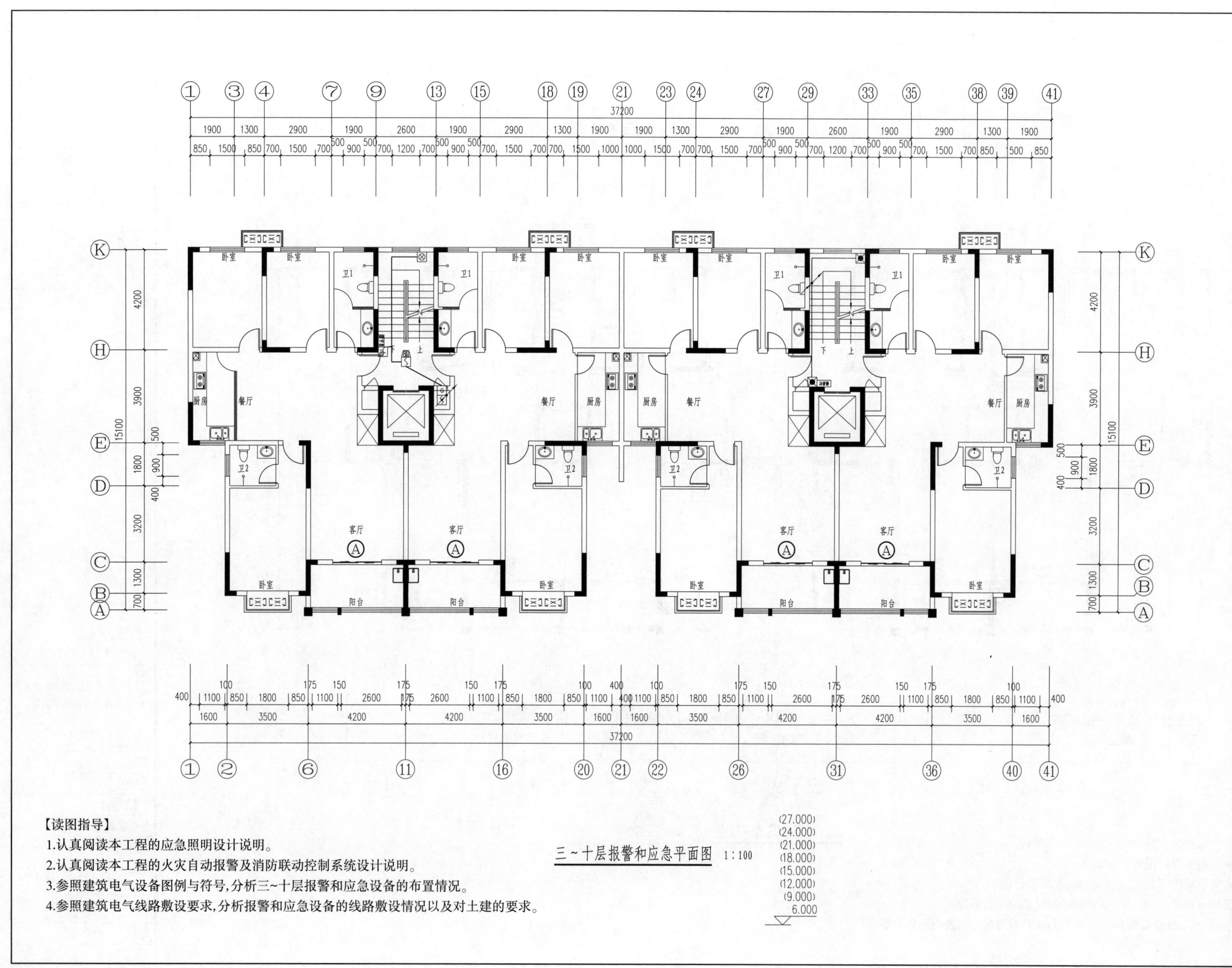

三~十层报警和应急平面图 1:100
【读图指导】
1.认真阅读本工程的应急照明设计说明。
2.认真阅读本工程的火灾自动报警及消防联动控制系统设计说明。
3.参照建筑电气设备图例与符号,分析三~十层报警和应急设备的布置情况。
4.参照建筑电气线路敷设要求,分析报警和应急设备的线路敷设情况以及对土建的要求。
(27.000)
(24.000)
(21.000)
(18.000)
(15.000)
(12.000)
(9.000)
6.000
会签: COUNTERSIGN
建筑
结构
电气
给排水
暖通
盖章: SEAL
工程名称: PROJECT NAME
××××小区高层住宅楼
图名: TITLES OF DRAWINGS
三~十层报警和应急平面图
审定人 AUTHORIZED BY
审核人 CHECKED BY
总工程师 CHIEF ENGINEER
项目负责人 PROJECT LEADER
专业负责人 LEAD DISCIPLINE ENGINEER
设计人 DESIGNED BY
制图人 MAPPERS
校对人 PRESS CORRECTOR
设计号: PROJECT No.
设计阶段: DESIGN PHASE 施工图
专业: DISCIPLINE 电气
图号: DRAWING No. 17
出图日期: ISSUE DATE
专业张数: SPECIALTY No. 19

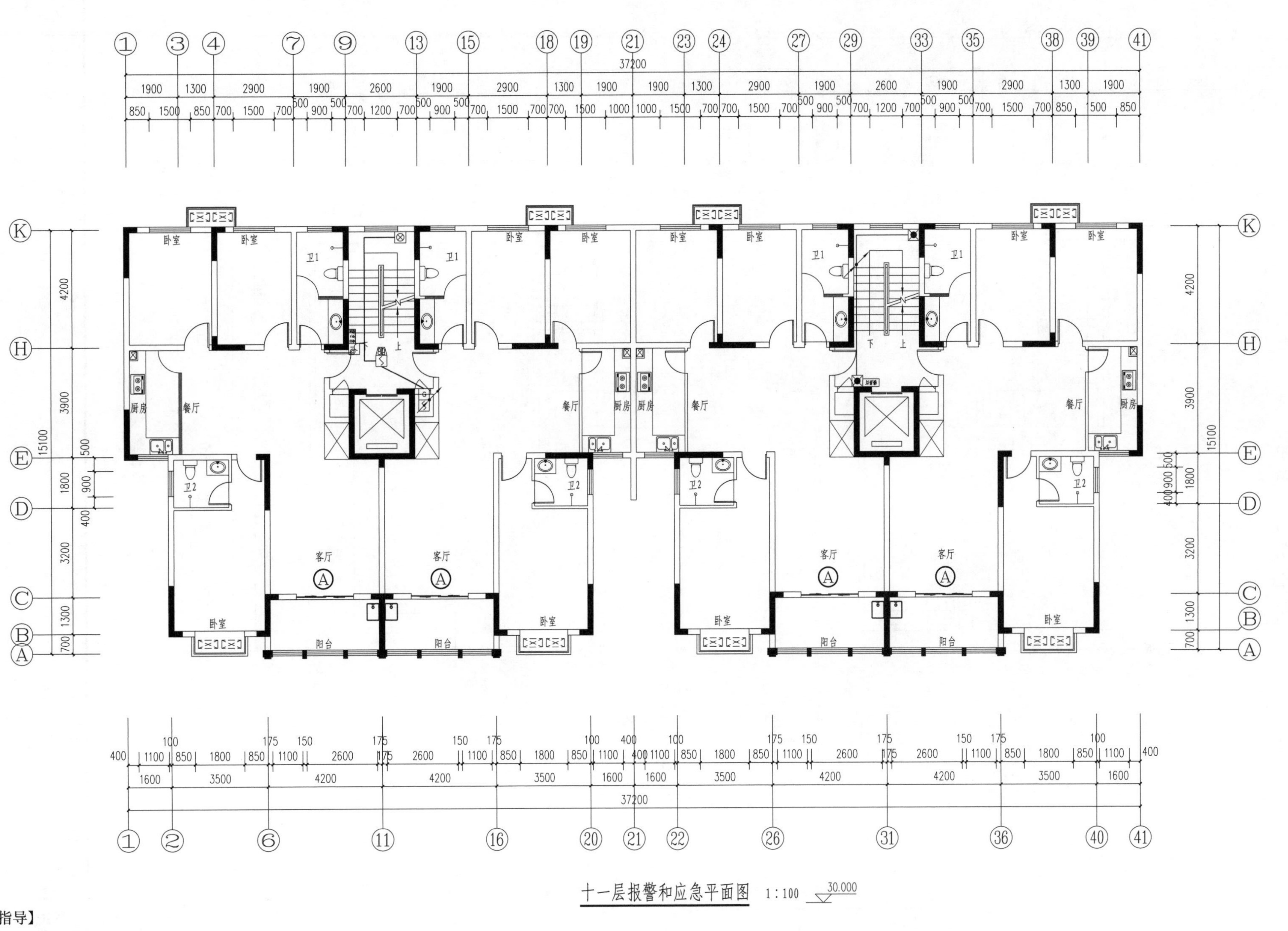

会签:
COUNTERSIGN

建筑	结构	电气
给排水	暖通	

盖章:
SEAL

工程名称:
PROJECT NAME
××××小区高层住宅楼

图名:
TITLES OF DRAWINGS
十一层报警和应急平面图

审定人
AUTHORIZED BY

审核人
CHECKED BY

总工程师
CHIEF ENGINEER

项目负责人
PROJECT LEADER

专业负责人
LEAD DISCIPLINE ENGINEER

设计人
DESIGNED BY

制图人
MAPPERS

校对人
PRESS CORRECTOR

设计号: PROJECT No. 设计阶段: 施工图 DESIGN PHASE

专业: 电气 DISCIPLINE 图号: 18 DRAWING No.

出图日期: ISSUE DATE 专业张数: 19 SPECIALTY No.

【读图指导】

1.认真阅读本工程的应急照明设计说明。

2.认真阅读本工程的火灾自动报警及消防联动控制系统设计说明。

3.参照建筑电气设备图例与符号,分析十一层报警和应急设备的布置情况。

4.参照建筑电气线路敷设要求,分析报警和应急设备的线路敷设情况以及对土建的要求。

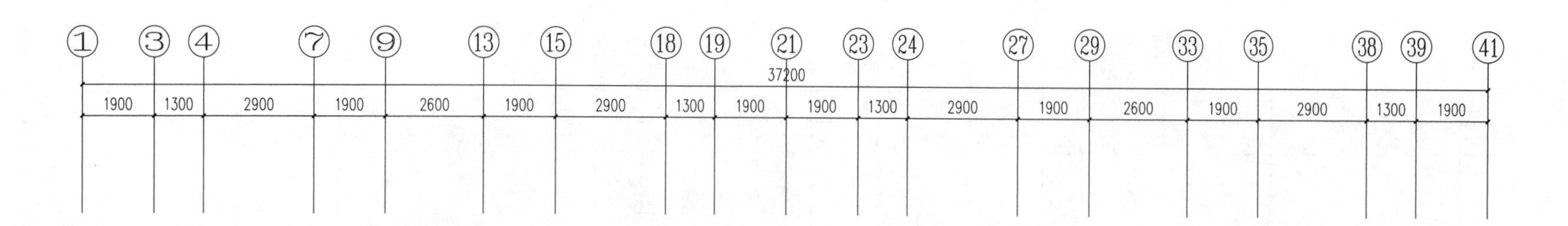

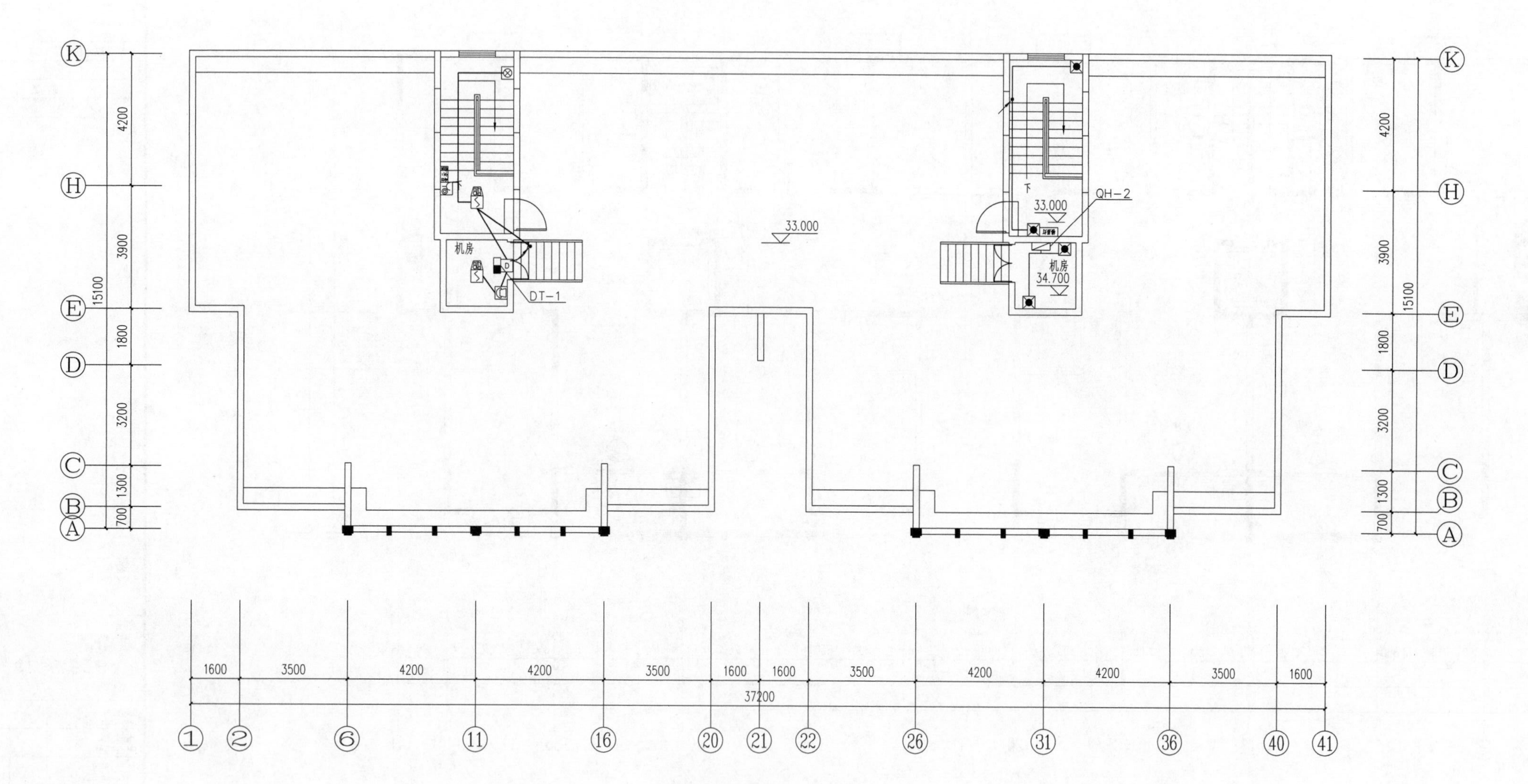

电梯出屋面报警和应急平面图 1:100

【读图指导】

1.认真阅读本工程的应急照明设计说明。

2.认真阅读本工程的火灾自动报警及消防联动控制系统设计说明。

3.参照建筑电气设备图例与符号,分析电梯出屋面报警和应急设备的布置情况。

4.参照建筑电气线路敷设要求,分析报警和应急设备的线路敷设情况以及对土建的要求。

会签:
COUNTERSIGN

建筑	结构	电气
给排水	暖通	

盖章:
SEAL

工程名称:
PROJECT NAME
××××小区高层住宅楼

图名:
TITLES OF DRAWINGS
电梯出屋面报警和应急平面图

审定人 AUTHORIZED BY

审核人 CHECKED BY

总工程师 CHIEF ENGINEER

项目负责人 PROJECT LEADER

专业负责人 LEAD DISCIPLINE ENGINEER

设计人 DESIGNED BY

制图人 MAPPERS

校对人 PRESS CORRECTOR

设计号: PROJECT No. 设计阶段: 施工图 DESIGN PHASE

专业: 电气 DISCIPLINE 图号: 19 DRAWING No.

出图日期: ISSUE DATE 专业张数: 19 SPECIALTY No.

项目4　某学院实训车间（钢结构）

1. 图纸目录

序　号	图　号	图纸目录	图　幅
1		图纸目录　读图总指导	1#
2	建施 -1	建筑设计总说明　工程做法　门窗表	1#
3	建施 -2	立面图　1—1 剖面图	1#
4	建施 -3	平面图	1#
5	建施 -4	屋面图	1#
6	钢施 -1	钢结构设计总说明(轻钢部分)	1#
7	钢施 -2	基础平面布置图	1#
8	钢施 -3	基础详图	1#
9	钢施 -4	屋面结构布置图	1#
10	钢施 -5	GJ-1(一)	1#
11	钢施 -6	GJ-1(二)	1#
12	钢施 -7	墙架及柱间支撑布置图	1#
13	钢施 -8	节点详图	1#
14	电气 -1	照明平面图(一)	1#
15	电气 -2	照明平面图(二)	1#

【读图总指导】

该项目为 ×××× 学院实训车间,结构类型为钢结构。钢结构因其材料本身具有轻质、高强的特性,在高层建筑及大跨度建筑中得到广泛应用,很多城市采用钢结构作标志性建筑。另外,钢结构还因具有良好的抗震性能,在高烈度地震区使用广泛。

钢结构建筑与其他结构类型的建筑在制图原理方面完全相同,因此阅读其建筑及设备专业的施工图时所用的方法和其他类型的建筑基本一样。钢结构施工图的阅读难点在于其结构图纸的识读,要想看懂钢结构施工图,首先要熟悉钢结构的结构骨架、节点构造、钢结构所用型材的符号和标注方法,以及钢结构的焊缝符号、标注方法等。现将钢结构施工图的看图方法及看图时需要注意的问题归纳如下:

(1)由整体往局部看:看图过程中,首先要对整个工程的概况及结构特点在头脑里有个大致印象,然后再针对局部位置进行细看。

(2)从上往下,从左往右看:在施工图的某页图纸上,往往左边或上边是构件正面图、正立面图或平面图,而这些构件的背面或某些节点的具体做法往往是不能表达清楚的。这就需要通过一些剖面图或节点详图来表示,而这些剖面图和节点详图一般是在构件图的下方或右方。因此,就需要从上往下、从左往右结合起来看。

(3)图样对照说明看。在施工图中除了设计总说明外,其他图纸上也会出现一些简单的说明。这些说明是针对本页图纸中的一些共性问题,可以通过这些说明表示清楚,避免同一问题一一标注的麻烦,也方便图纸的识读。

(4)有联系地看。初学者在读图时,很容易孤立地看某一张图纸,往往忽视这张图纸与其他图纸之间的联系。例如,建筑施工图与结构施工图要结合看,必要时还要结合设备施工图看;结构体系的平面布置图和构件详图往往不会出现在同一张图纸上,此时就要根据索引符号将这两张图纸联系起来,这样才能准确理解图纸表达的意思。

建筑设计总说明

1. 设计依据

1.1 本工程建设方所提供的工艺条件要求、设计合同、认可的建筑方案。
1.2 经建设方认可的本工程建筑方案。
1.3 现行的国家有关建筑设计规范、规程和规定：
《05 系列工程建设标准设计图集》（DBJT 20—2005）
《建筑设计防火规范》（GB 50016—2014）
《压型钢板、夹芯板屋面及墙体建筑构造》（01J925—1）
1.4 结构、水、电、暖通等相关专业提出的施工图设计资料。

2. 项目概况

2.1 本工程为 ×××× 学院实训车间，位于 ×××× 学院所属用地内。由 ×××× 学院投资兴建。本次设计的范围为实训车间的土建部分及配套的给、排水、消防和建筑电气（照明）部分，不包含建筑的精装修部分及电气的动力部分。
2.2 本工程总建筑面积为 1784m^2，建筑基底面积为 1784m^2。
2.3 本建筑为单层，建筑檐高为 6.4m，室内外高差 0.3m，总高为 8.9m。
2.4 建筑结构形式为单层轻钢结构，设计合理使用年限为 50 年，抗震设防烈度为 7 度。
2.5 本工程为丙类通用厂房，耐火等级为二级。跨度为 1 跨 24m，柱距为 6m（共 12 个），无吊车。柱及屋架梁采用钢柱、钢梁，檩条采用钢檩条，屋面采用蓝色轻钢夹芯板屋面。围护结构 1.0m 以下砖砌体，以上为夹芯彩板外墙。屋面采用双坡屋面，坡度为 1 ：10，内天沟排水。地面采用耐磨水泥地面，窗采用白色塑钢窗。

3. 设计标高

3.1 本工程室内地面 ±0.000 相对实地标高由甲方、设计方现场确定。
3.2 各层标注标高为建筑完成面标高，屋面标高为结构面标高。
3.3 本工程标高以 m 为单位，其他尺寸均以 mm 为单位。

4. 墙体工程

4.1 墙体的基础部分详见钢施图。
4.2 构造柱详见钢施图。
4.3 标高 1.0m 以下墙为砌体墙，未注明墙厚者均为 240。
4.4 标高 1.0m 以上墙为压型钢板夹芯板墙体，墙体做法选用图集 01J925—1 中 JJB-Qb1000 型夹芯板，板厚 80、面板厚 0.5、白色。聚苯乙烯夹芯板应用阻燃型（ZR），氧指数不小于 30%。
4.5 墙身防潮层：在室内地坪下约 60 处做 20 厚 1 ：2 水泥砂浆内加 3% ~ 5% 防水剂的墙身防潮层（在此标高为钢筋混凝土构造时，可不做）。
4.6 洗手池附近 600 范围内墙体内侧均做 20 厚水泥砂浆找平层，10 厚聚合物水泥砂浆防水层。
4.7 砌筑墙留洞待管道设备安装完毕后，用 C20 细石混凝土填实。
4.8 两种材料的墙体交接处，应依据饰面材质在做饰面前加钉金属网或在施工中加贴玻璃丝网格布，防止裂缝。

5. 屋面工程

5.1 本工程的屋面采用压型钢板夹芯板屋面板，屋面板做法选用图集 01J925—1 中 JJB-333-1000 型夹芯板，板厚 80、面板厚 0.5、蓝色。聚苯乙烯夹芯板应采用阻燃型（ZR），氧指数不小于 30%。
5.2 屋面做法、屋面节点及雨篷索引见屋面图及有关详图。
5.3 屋面排水组织见建施 -4 的屋面图，雨水管采用 PVC 白色塑料雨水管，除图中另有注明者外，雨水管的公称直径均为 DN100。

6. 门窗工程

6.1 建筑外门窗抗风压性能为 2 级，气密性为 3 级，水密性为 3 级，保温性为 6 级，隔声性为 5 级。
6.2 门窗玻璃的选用应遵照《建筑玻璃应用技术规程》（JGJ 113—2015）和《建筑安全玻璃管理规定》（发改运行〔2003〕2116号）的有关规定。
6.3 门窗立面均表示洞口尺寸，门窗加工尺寸要按照装修面厚度由承包商予以调整。
6.4 门窗立樘位置除图中另有注明者外均居墙中。
6.5 门窗选料、颜色、玻璃详见建施 -1 的门窗表。
6.6 窗的开启扇均加与窗同材质的纱扇，门窗的五金零件按要求配齐。
6.7 单块玻璃面积超过 1.5m 以及易受撞击部位的玻璃均应用安全玻璃。

7. 外装修工程

7.1 外装修设计和做法索引见“立面图”及外墙详图。
7.2 外装修选用的各项材料的材质、规格、颜色等，均由施工单位提供样板，经建设和设计单位确认后进行封样，并据此验收。

8. 内装修工程

8.1 内装修工程执行《建筑内部装修设计防火规范》（GB 50222—2011），楼地面部分执行《建筑地面设计规范》（GB 50037—2013），室内一般装修详见建施 -1 的工程做法。
8.2 洗手池处设地漏，在地漏周围 1m 范围内做 1% ~ 2% 坡度坡向地漏。
8.3 内装修所用的各项装饰材料的材质、规格、颜色，均由施工单位提供样板，建设单位及设计单位认可后进行封样，并据此验收。

9. 油漆涂料工程

9.1 室内外露明金属件的油漆为刷防锈漆两道后，再做同室内紧临处部位相同颜色的金属调和漆。
9.2 钢柱及钢梁外表面涂防火漆保护，防火漆厚度应满足钢柱耐火极限不小于 2.0h 的要求，钢梁耐火极限不小于 1.5h 的要求。
9.3 各项金属调和漆及防火漆均由施工单位制作样板，经确认后进行封样，并据此进行验收。

10. 室外工程（室外设施）

雨篷、室外坡道、散水等做法详见平面图及相关详图。

11. 建筑设备、设施工程

11.1 卫生洁具由建设单位与设计单位商定，并应与施工配合。
11.2 灯具等影响美观的器具须经建设单位与设计单位确认样品后，方可批量加工、安装。

12. 其他施工注意事项

12.1 图中所选用标准图中有对结构工种的预埋件、预留洞，如楼梯、钢栏杆、门窗、建筑配件等。本图所标注的各种留洞与预埋件应与各工种密切配合后，确认无误后方可施工。
12.2 预埋木砖及贴临墙体的木质面均做防腐处理，露明铁件均做防锈处理。
12.3 门窗、过梁及构造柱设置详见钢施图。
12.4 施工中，应严格执行国家现行的各项施工质量验收规范。
12.5 钢柱安装调整完毕后，外露螺栓及柱底部 120 范围内用 C20 细石混凝土保护。
12.6 彩板包角板、泛水板采用与屋面同材质同厚度的彩板制作。
12.7 本工程彩板围护系统详图由工程承包方依据本施工图的相关条件作出大样设计图，应经设计方和甲方认可后方可施工。
12.8 本说明未详尽之处，请按照国家现行各项相关设计及验收规范执行。

工程做法

分部工程	分项工程	构造做法	选用图集	备注
屋面	屋面 1	压型钢板夹芯板	01J925—1	JJB-333-1000 型夹芯板,板厚 80.面板厚 0.5.蓝色,用于屋面
外墙装修	墙 1	压型钢板夹芯板	01J925—1	JJB-Qb1000 型夹芯板,板厚 80.面板厚 0.5.白色,用于标高 1.0m 以上墙体
	墙 2	面砖外墙面	05YJ1 外墙 12（第 48 页）	灰色仿毛石面砖,规格 200×300,横贴,用于标高 1.0m 以下砌体墙外墙面
室内装修	内墙	水泥砂浆墙面	05YJ1 内墙 6（第 39 页）	外罩白色内墙乳胶漆,用于标高 1.0m 以下砌体墙内墙面
	踢脚	水泥砂浆踢脚	05YJ1 踢脚 3（第 59 页）	外罩红色乳胶漆,用于车间踢脚
	地面	特殊骨料耐磨地面	05YJ1 地 8（第 12 页）	特殊骨料采用矿物骨料,浅墨绿色。室内地坪混凝土标号由原 C10 改为 C20,厚度改为 200 厚,地坪下部增加 300 厚 3 ：7 灰土。地坪分格缝不应大于 6m×6m,用于车间地面
详图选用	散水	混凝土散水	05YJ1 散 1（第 113 页）	用于车间散水
	坡道	斩假石坡道	05YJ1 坡 14（第 119 页）	用于车间坡道,混凝土标号由原C10 改为 C20,厚度改为 200 厚,地坪下部增加300厚 3 ：7 灰土

门窗表

类别	编号	洞口尺寸		总樘数	选用图	备注
		宽度	高度		选用图及页次编号	
彩钢夹芯板大门	M-1	4200	3600	4	03J611-4 SPM-4236	面板为亚白色 1.2 厚压型钢板的硬质聚氨酯夹芯板门,门边梃深蓝色
塑钢窗	C-1	34000	2400	2	白色推拉窗分格见建施 -2(　)各立面图	
	C-2	9000	2400	4	白色推拉窗分格见建施 -2(　)各立面图	
	GC-1	68000	1200	2	白色推拉窗分格见建施 -2(　)各立面图	
	GC-2	20000	1200	2	白色推拉窗分格见建施 -2(　)各立面图	

注:所有可开启外窗内侧均加纱窗扇。

×××× 设计院有限公司 证书等级：　编　号：				×××× 学院实训车间				
总工程师		审核		建筑设计总说明 工程做法　门窗表	专业	建筑	阶段	施工图
项目负责人		校对			比例	1 ：100		
		设计			张次	第 1 张	共 4 张	
专业负责人		制图		项目编号　日期	图号	建施 -1		

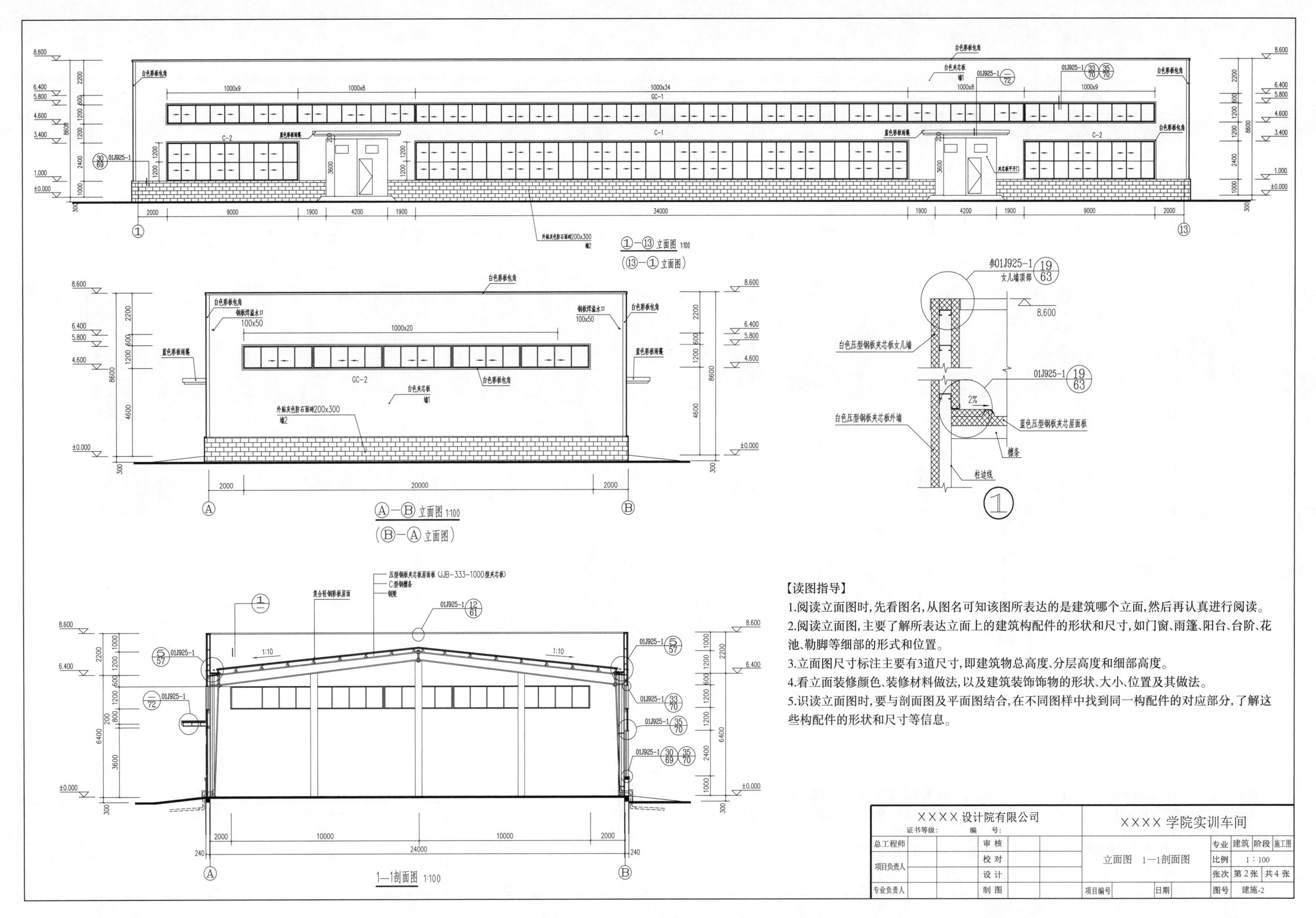

【读图指导】

1.阅读立面图时,先看图名,从图名可知该图所表达的是建筑哪个立面,然后再认真进行阅读。

2.阅读立面图,主要了解所表达立面上的建筑构配件的形状和尺寸,如门窗、雨篷、阳台、台阶、花池、勒脚等细部的形式和位置。

3.立面图尺寸标注主要有3道尺寸,即建筑物总高度、分层高度和细部高度。

4.看立面装修颜色、装修材料做法,以及建筑装饰饰物的形状、大小、位置及其做法。

5.识读立面图时,要与剖面图及平面图结合,在不同图样中找到同一构配件的对应部分,了解这些构配件的形状和尺寸等信息。

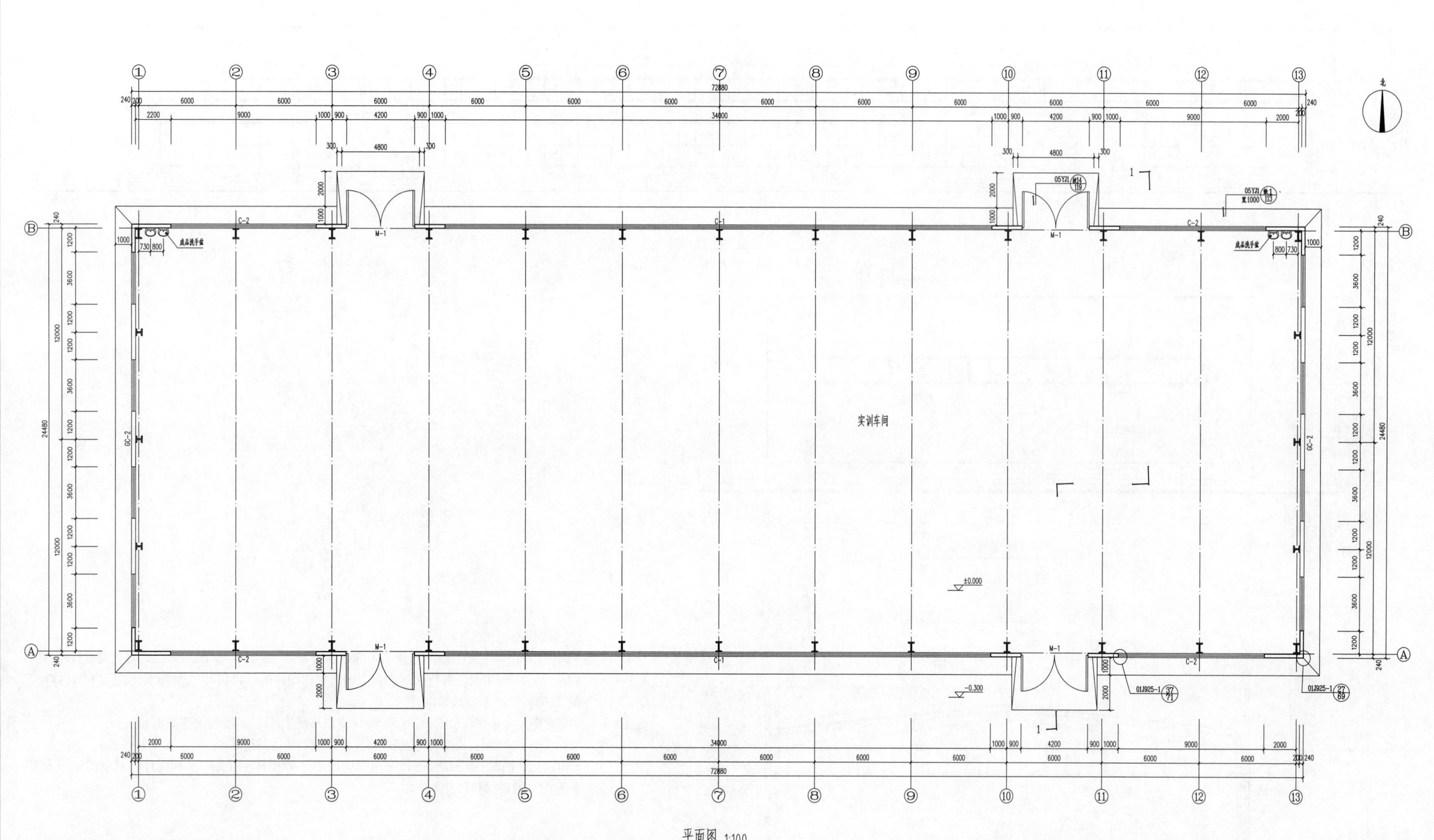

平面图 1:100

注：建筑面积：1784m²。

【读图指导】

1.这是一个单层的实训车间建筑，楼层平面布置图仅此一个。该图非常重要，阅读此建筑平面图，可以了解该建筑的朝向（主要通过右上角的指北针）、车间平面布局、门窗洞口的宽度及门窗与轴线之间的关系等信息。

2.该平面图上还有剖切符号，根据剖切符号找到对应的剖面图，两图对照进行识读。

XXXX 设计院有限公司 证书等级： 编 号：					XXXX 学院实训车间			
总工程师		审 核			平面图	专业	建筑	阶段 施工图
项目负责人		校 对				比例	1：100	
		设 计				张次	第3张	共4张
专业负责人		制 图			项目编号 日期	图号	建施-3	

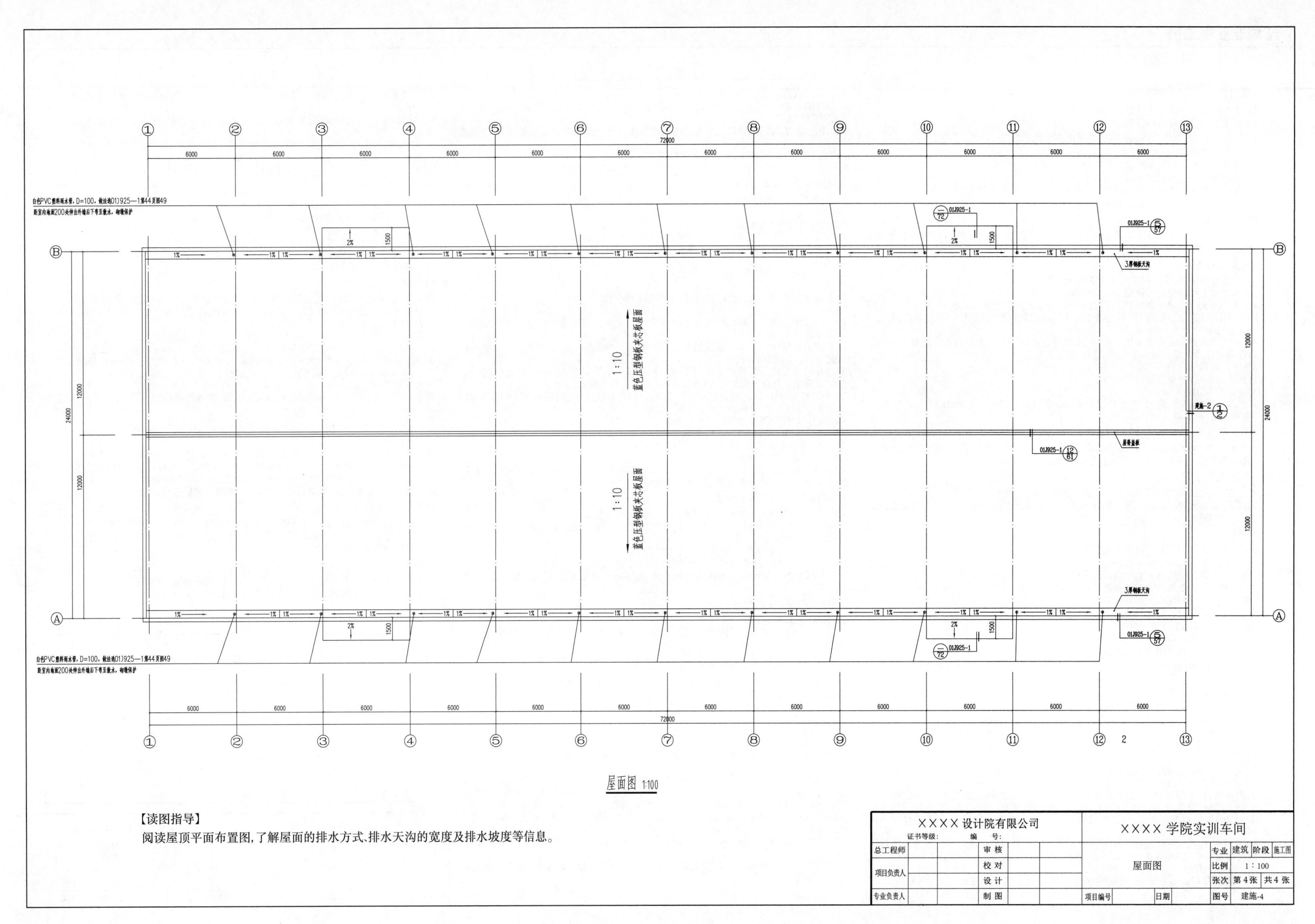

【读图指导】

阅读屋顶平面布置图，了解屋面的排水方式、排水天沟的宽度及排水坡度等信息。

钢结构设计总说明（轻钢部分）

1.设计依据

1.1本工程施工图按业主同意的方案进行设计。

1.2国家现行建筑结构设计规范、规程。

1.3钢结构设计、制作、安装、验收应遵循下列规范、规程：

《钢结构设计标准》（GB 50017—2017）。

《冷弯薄壁型钢结构技术规范》（GB 50018—2002）。

《门式刚架轻型房屋钢结构技术规范》（GB 51022—2015）。

《钢结构工程施工质量验收规范》（GB 50205—2020）。

《建筑钢结构焊接技术规程》（JGJ 81—2012）。

《钢结构高强度螺栓连接的设计、施工及验收规程》（JGJ 82—2011）。

2.本说明为本工程钢结构部分说明，基础及钢筋混凝土部分结构设计说明详见钢施-2。

3.主要设计条件

3.1按重要性分类，本工程结构安全等级为二级。

3.2本工程主体结构设计使用年限为50年。

3.3本地区50年一遇的基本风压值为0.40kN/m^2，地面粗糙度为B类。刚架、檩条、墙梁及围护结构体型系数按《门式刚架轻型房屋钢结构技术规范（GB 51022—2015）》。

3.4本工程建筑抗震设防类别为丙类，抗震设防烈度为7度，设计基本加速度为0.10g，所在场地设计地震分组为第一组，场地类别为Ⅱ类。

3.5屋面荷载标准值

屋面恒荷载（含檩条自重）：0.30kN/m^2。

屋面活荷载：0.50kN/m^2。

未经设计单位同意，施工、使用过程中荷载标准值不得超过上述荷载限值。

3.6基本雪压：0.40kN/m^2。

4.本工程室内±0.000相当于绝对标高详见建施。

本工程所有结构施工图中标注的尺寸，除标高以米（m）为单位外，其他尺寸均以毫米（mm）为单位。所有尺寸均以标注为准，不得以比例尺量取图中尺寸。

5.结构概况

本工程为单层钢结构门式刚架厂房，跨度为24.0m，柱距为6.0m。

屋面采用彩色金属压型板，围护墙体采用彩色金属压型板，基础采用钢筋混凝土独立基础及砖基础。

6.材料

6.1本工程钢结构材料应遵循下列材料规范：

《碳素结构钢》（GB/T 700—2006）。

《低合金高强度结构钢》（GB/T 1591—2018）。

《钢结构用扭剪型高强螺栓连接副》（GB 3632—2008）。

《碳素钢埋弧焊用焊丝和焊剂》（GB/T 5293—2018）。

《埋弧焊用低合金钢焊丝和焊剂》（GB/T 12470—2018）。

《碳钢焊条》（GB/T 5117—2012）。

《低合金钢焊条》（GB/T 5118—2012）。

《钢结构防火涂料应用技术规程》（T/CECS 24—2020）。

6.2本工程所采用的钢材除满足国家材料规范要求外，地震区尚应满足下列要求：

6.2.1钢材的抗拉强度实测值与屈服强度实测值的比值应不小于1.2。

6.2.2钢材应具有明显的屈服台阶，且伸长率应大于20%。

6.2.3钢材应具有良好的可焊性和合格的冲击韧性。

6.3本工程刚架梁、柱采用Q345，梁柱端头板采用Q345，加劲肋采用Q235。

6.4本工程屋面檩条采用Q235冷弯薄壁钢，隅撑采用Q235，柱间支撑采用Q235。屋面横向水平支撑采用Q235。檩条采用卷边槽形冷弯薄壁型钢，拉条采用圆钢，撑杆采用钢管和圆钢。

6.5除图中特殊注明外，所有结构加劲板、连接板厚度均为12mm。

6.6高强螺栓、螺母和垫圈采用《优质碳素结构钢技术条件》（GB/T 699—2015）中规定的钢材制作；其热处理、制作和技术要求应符合《钢结构用高强度大六角头螺栓、大六角头螺母、垫圈技术条件》（GB/T 1231—2006）的规定。本工程刚架构件现场连接采用10.9级扭剪型高强螺栓，高强螺栓结合面不得涂漆，采用喷砂处理法，摩擦面抗滑移系数为0.45。

6.7檩条与檩托、隅撑，隅撑与刚架斜梁等次要连接采用普通螺栓。普通螺栓应符合现行国家标准《六角头螺栓　C级》（GB 5780—2000）的规定，基础锚栓采用Q235。

6.8屋面压型钢板

6.8.1屋面及墙面部分采用双层彩色钢板t=0.6mm，波高≥60mm，波宽为365mm。彩色钢板收边泛水基材厚度0.6mm。

6.8.2钢板镀层：冷轧钢板经连续热浸镀铝锌处理，其镀铝锌量为150g/m^2（双面）。

6.8.3零配件：

（1）固定屋、墙面钢板的自攻螺丝应经镀锌处理，螺丝之帽盖用尼龙头覆盖，且钻尾能够自行钻孔固定在钢结构上。

（2）止水胶泥：应使用中性止水胶泥（硅胶）。

6.9本工程所有钢构件规格、型号未经本院同意严禁任意替换。

7.钢结构制作与加工

7.1钢结构构件制作时，应按照《钢结构工程施工及验收规范》（GB 50205—2020）进行制作。

7.2所有钢构件在制作前均放1∶1施工大样，复核无误后方可下料。

7.3钢材加工前应进行校正，使之平整，以免影响制作精度。

7.4除地脚螺栓外，钢结构构件上螺栓钻孔直径比螺栓直径大1.5～2.0mm。

7.5檩条及墙梁

7.5.1打孔处理：除图中特别注明外，打孔尺寸一律为13.5mm，并与M12镀锌螺栓配合使用。

7.5.2固定方式：以M12镀锌螺栓将檩条固定于檩托板。

7.6焊接

7.6.1焊接时应选择合理的焊接工艺及焊接顺序，以减小钢结构中产生的焊接应力和焊接变形。

7.6.2组合H型钢的腹板与翼缘的焊接应采用自动埋弧焊机焊，且四道连接焊缝均应双面满焊，不得单面焊接。

7.6.3组合H型钢因焊接产生的变形应以机械或火焰矫正调直，具体做法应符合《钢结构工程施工及验收规范》（GB 50205—2020）的相关规定。

7.6.4 Q345与Q345钢之间焊接应采用E50型焊条，Q235与Q235钢间焊接应采用E43型焊条，Q345与Q235钢之间焊接应采用E43型焊条。

7.6.5构件角焊缝厚度范围详见本页表1。

7.6.6焊缝质量等级：端板与柱、梁翼缘和腹板的连接焊缝为全熔透坡口焊，质量等级为二级，其他为三级。所有非施工图所示构件拼接用对接焊缝，质量应达到二级。

7.6.7图中未注明的焊缝高度均为6mm，一律满焊。

7.6.8应保证切割部位准确、切口整齐，切割前应将钢材切割区域表面的铁锈、污物等清除干净，切割后应清除毛刺、熔渣和飞溅物。

8.钢结构的运输、检验、堆放

8.1在运输及操作过程中应采取措施防止构件变形和损坏。

8.2结构安装前应对构件进行全面检查：如构件的数量、长度、垂直度，安装接头处螺栓孔间的尺寸是否符合设计要求等。

8.3构件堆放场地应事先平整夯实，并做好四周排水。

8.4构件堆放时，应先放置枕木垫平，不宜直接将构件放置于地面上。

8.5檩条卸货后，如因其他原因未及时安装，应用防水雨布覆盖，以防止檩条出现“白化”现象。

9.钢结构安装

9.1柱脚及基础锚栓：

9.1.1应在混凝土短柱上用墨线及经纬仪将各柱中心线弹出，用水准仪将标高引测到锚栓上。

9.1.2基础底板、锚栓尺寸经复验符合《钢结构工程施工及验收规范》（GB 50205—2020）要求，且基础混凝土强度等级达到设计强度等级的75%后方可进行钢柱安装。

9.1.3钢柱脚地脚螺栓采用螺母可调平方案。待刚架、支撑等配件安装就位，结构形成空间单元且经检测、校核尺寸确认无误后，应对柱底板和基础（或混凝土短柱）顶面间的空隙采用C30微膨胀自流性细石混凝土或专用灌浆料填实，可采用压力灌浆，应确保密实。锚栓采用双螺帽。

9.2结构安装

9.2.1钢梁应预起拱85mm。

9.2.2钢架安装顺序：应先安装靠近山墙的有柱间支撑的两榀刚架，而后安装其他刚架。

9.2.3头两榀刚架安装完毕后，应在两榀刚架间将水平系杆、檩条及柱间支撑、屋面水平支撑、隅撑全部安装完成后利用柱间支撑及屋面水平支撑调整构件垂直度及水平度；待调整正确后方可锁定支撑，而后安装其他刚架。

9.2.4除头两榀刚架外，其余榀的檩条、墙梁、隅撑的螺栓均应校准后再行拧紧。

9.2.5钢柱吊装：钢柱吊至基础短柱顶面后，采用经纬仪进行校正。

9.2.6刚架屋面斜梁组装：斜梁跨度较大，在地面组装时应尽量采用立拼，以防斜梁侧向变形。

9.2.7钢柱与屋面斜梁的接头，应在空中对接，预先将加工好的铝合金挂梯放于梁上以便空中穿孔。

9.2.8檩条的安装应待刚架主结构调整定位后进行，檩条安装后应用拉杆调整平直度。

9.2.9结构吊（安）装时，应采取有效措施，确保结构的稳定，并防止产生过大变形。

9.2.10结构安装完成后，应详细检查运输、安装过程中涂层的擦伤，并补刷油漆，对所有的连接螺栓应逐一检查，以防漏拧或松动。

9.2.11不得利用已安装就位的构件起吊其他重物，不得在构件上加焊非设计要求的其他物件。

9.3高强螺栓施工

9.3.1钢构件加工时，在钢构件高强螺栓结合部位表面除锈、喷砂后立即贴上胶带密封，待钢构件吊装拼接时用铲刀将胶带铲除干净。

9.3.2对于在现场发现的因加工误差而无法进行施工的构件螺拴孔，不得采用锤击螺栓强行穿入或用气割扩孔，应与设计单位及相关部门协商处理。

9.3.3高强螺栓拧断顺序应由中间向两端逐步交错呈Z字形拧断，拧断完成后，应检查尾长是否符合要求。

10.钢结构涂装

10.1除锈：除镀锌构件外，制作前钢构件表面均应进行喷砂（抛丸）除锈处理，不得手工除锈，除锈质量等级应达到《锻压机械精度检验通则》（GB 10923—2009）中Sa2.5级标准。

10.2防腐涂层

底漆一遍，铁红C53-31红丹醇酸防锈漆，涂层厚度25～30μm；中间漆二遍，云铁醇酸防锈漆，涂层厚度50～60μm；面漆二遍，灰色C04-42醇酸调和漆，涂层厚度40～50μm；修补漆共5遍，各层如上，涂层厚度115～140μm。

10.3下列情况免涂油漆

埋于混凝土中，与混凝土接触面，将焊接的位置，螺栓连接范围内、构件接触面。

11.钢结构防火工程

11.1本工程防火等级为二级，要求钢构件耐火极限为：钢柱2.0h，钢梁1.5h，屋面檩条等0.5h。

11.2钢结构耐火防护做法：防火涂料的性能、涂层厚度及质量要求应符合现行国家标准《钢结构防火涂料》（GB 14907—2002）和国家现行标准《钢结构防火涂料应用技术规程》（T/CECS 24—2020）的规定。所选用的钢结构防火涂料与防锈蚀油漆（涂料）之间应进行相容性试验，试验合格后方可使用。

12.钢结构维护

钢结构使用过程中，应根据材料特性（如涂装材料使用年限、结构使用环境条件等），定期对结构进行必要维护（如对钢结构重新进行涂装、更换损坏构件等），以确保使用过程中的结构安全。

13.其他

13.1本设计未考虑雨季施工，雨季施工时应采取相应的施工技术措施。

13.2未尽事宜应按照现行施工及验收规范、规程的有关规定进行施工。

表1

角焊缝的最小焊脚尺寸h_f			角焊缝的最大焊脚尺寸h_f	
较厚焊件的厚度（mm）	手工焊接h_f（mm）	埋弧焊接 h_f（mm）	较薄焊件的厚度（mm）	最大焊角尺寸 h_f（mm）
≤4	4	3	4	5
5～7	4	3	5	6
8～11	5	4	6	7
12～16	6	5	8	10
17～21	7	6	10	12
22～26	8	7	12	14
27～36	9	8	14	17

XXXX 设计院有限公司 证书等级：　　编　号：					XXXX 学院实训车间				
总工程师			审 核		钢结构设计总说明(轻钢部分)	专业	钢结构	阶段	施工
项目负责人			校 对			比例			
			设 计			张次	第1张	共8张	
专业负责人			制 图		项目编号　　日期	图号	钢施-1		

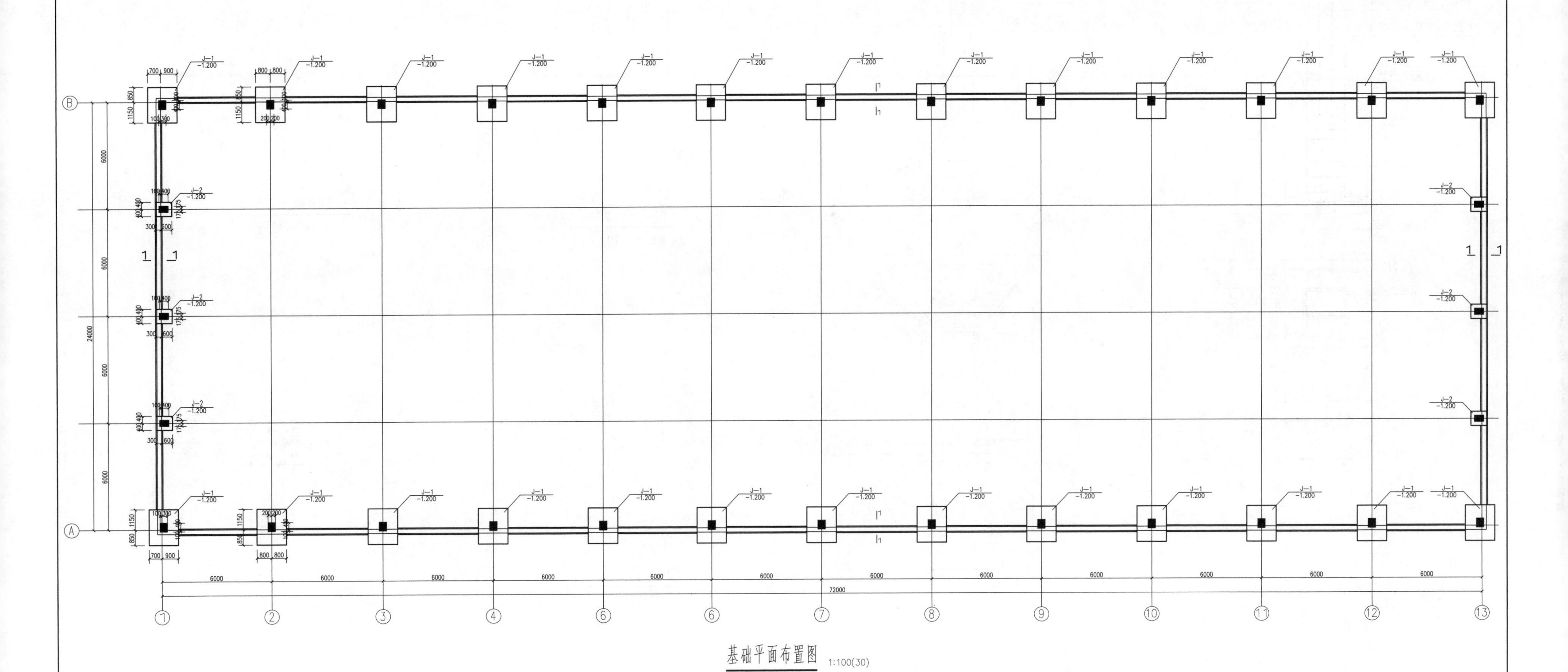

基础平面布置图 1:100(30)

说明:

1.本基础依据《××××学院实训车间岩土工程勘察报告》设计。基础坐于第二层粉土层上,地基承载力特征值为120kPa。地基基础设计等级为丙级。

2.J—1、J—2混凝土为C30,钢筋为HRB335(ф)、HPB300(ϕ)。

3.J—1、J—2砖基础垫层为100厚C10素混凝土,底板钢筋混凝土保护层为40。

4.建筑物四周围护墙:+0.000以下采用MU10密实混凝土砖,M10水泥沙浆;+0.000以上采用MU10烧结多孔砖(P型),M5混合砂浆。

【读图指导】

1.根据基础所注基础底标高及基础详图确定基坑的开挖深度。

2.通过阅读基础平面布置图,了解该工程柱下独立基础的编号及基础的定位尺寸。

3.阅读基础详图,了解各基础的形状及尺寸。

XXXX 设计院有限公司 证书等级: 编 号:					XXXX 学院实训车间				
总工程师		审 核			基础平面布置图	专业	钢结构	阶段	施工
项目负责人		校 对				比例			
		设 计				张次	第2张	共8张	
专业负责人		制 图			项目编号 日期	图号	钢施-2		

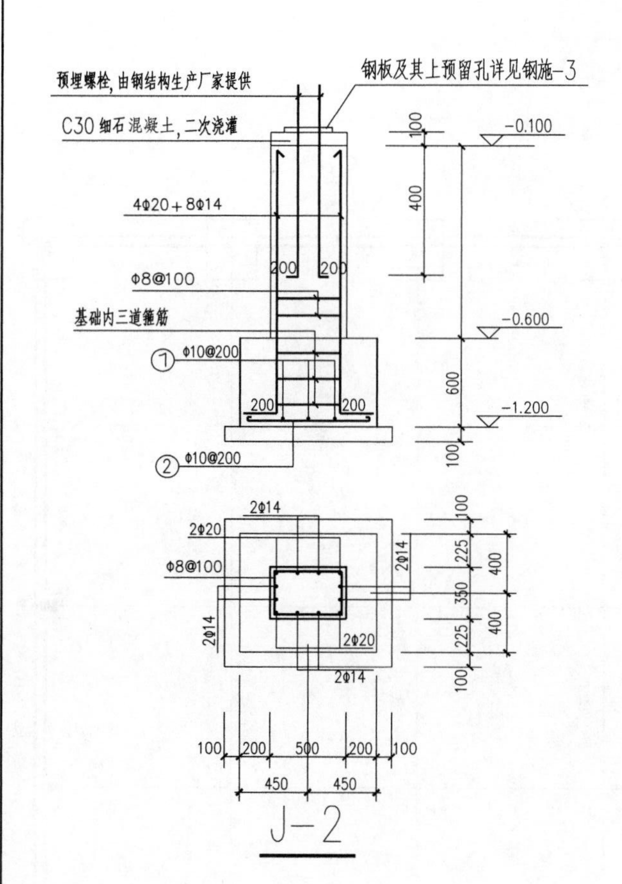

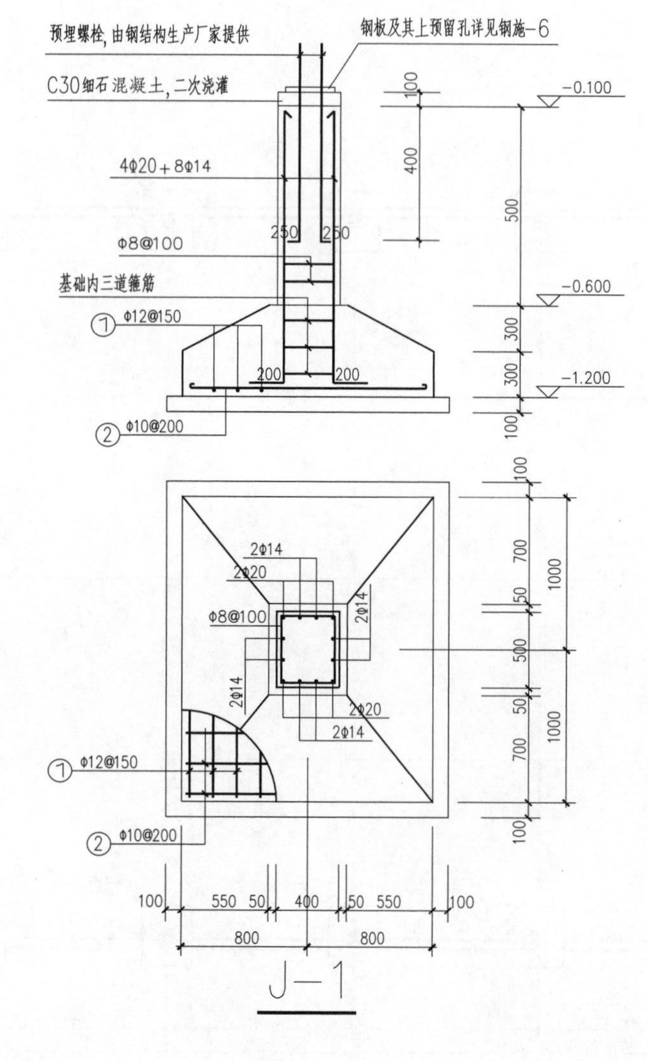

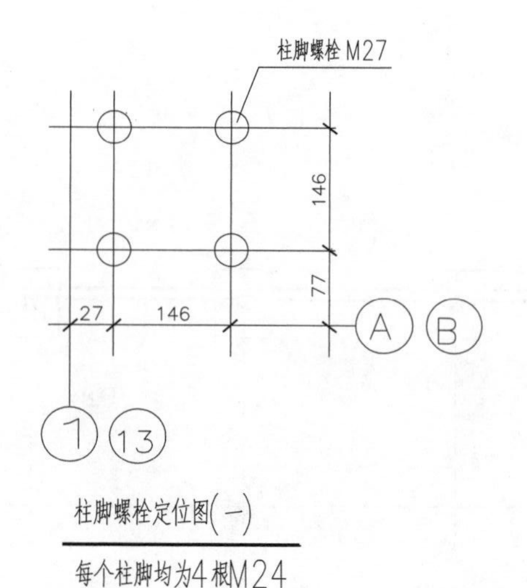

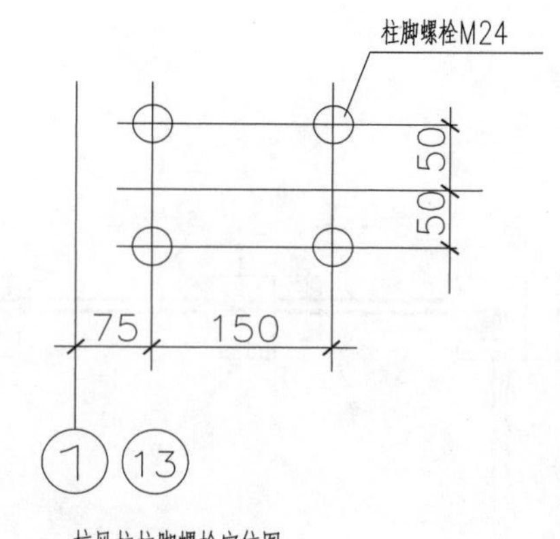

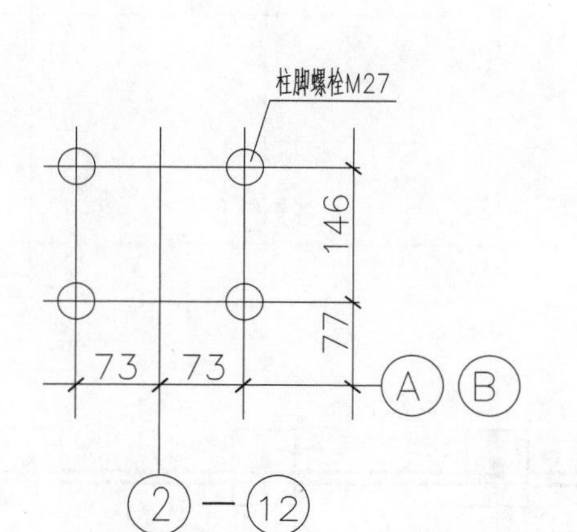

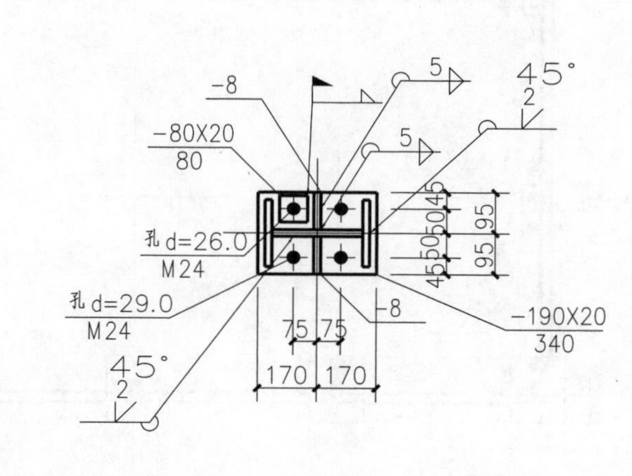

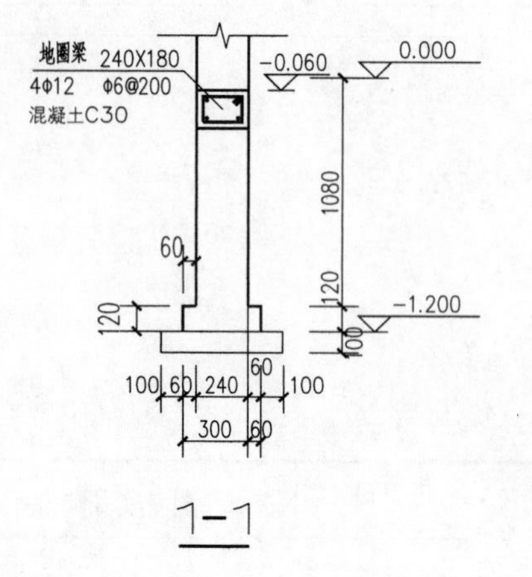

说明:

1.本基础依据《××××学院实训车间岩土工程勘察报告》设计。基础坐于第二层粉土层上,地基承载力特征值为120kPa。地基基础设计等级为丙级。

2.J—1、J—2混凝土为C30,钢筋为HRB335(Φ)、HPB300(Φ)。

3.J—1、J—2砖基础垫层为100厚C10素混凝土,底板钢筋混凝土保护层为40。

4.建筑物四周围护墙:+0.000以下采用MU10密实混凝土砖,M10水泥沙浆;+0.000以上采用MU10烧结多孔砖(P型),M5混合砂浆。

【读图指导】

1.根据基础所注基础底标高及基础详图确定基坑的开挖深度。

2.通过阅读基础平面布置图,了解该工程柱下独立基础的编号及基础的定位尺寸。

3.阅读基础详图,了解各基础的形状及尺寸。

XXXX 设计院有限公司				XXXX 学院实训车间				
证书等级:		编 号:						
总工程师		审 核		基础详图	专业	钢结构	阶段	施工
项目负责人		校 对			比例			
		设 计			张次	第3张	共8张	
专业负责人		制 图		项目编号 日期	图号	钢施-3		

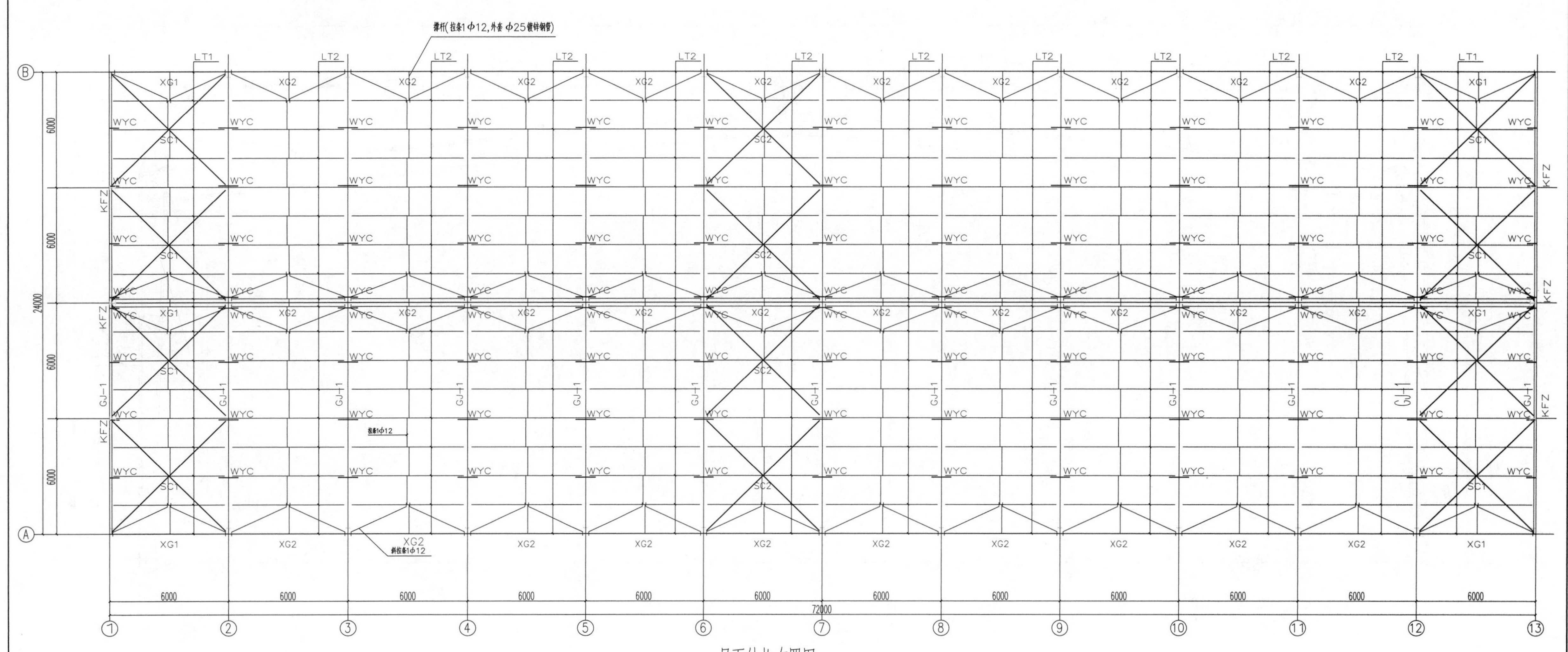

注:1.天沟板采用3mm镀锌钢板。
2.SC1、SC2采用φ20圆钢。
3.LT1、LT2采用C160×60×20×2。
4.XG1、XG2采用φ102圆钢管,壁厚3。

【读图指导】

1.阅读屋顶结构平面布置图,了解屋顶承重构件的组成及各承重构件的位置等信息。

2.根据屋顶各构件代号,确定屋顶构件的类型以及它们在整个屋面结构体系中的作用。

XXXX 设计院有限公司 证书等级: 编 号:						XXXX 学院实训车间			
总工程师			审 核			屋面结构布置图	专业	钢结构	阶段 施工
项目负责人			校 对				比例		
			设 计				张次	第4张	共8张
专业负责人			制 图			项目编号 日期	图号	钢施-4	

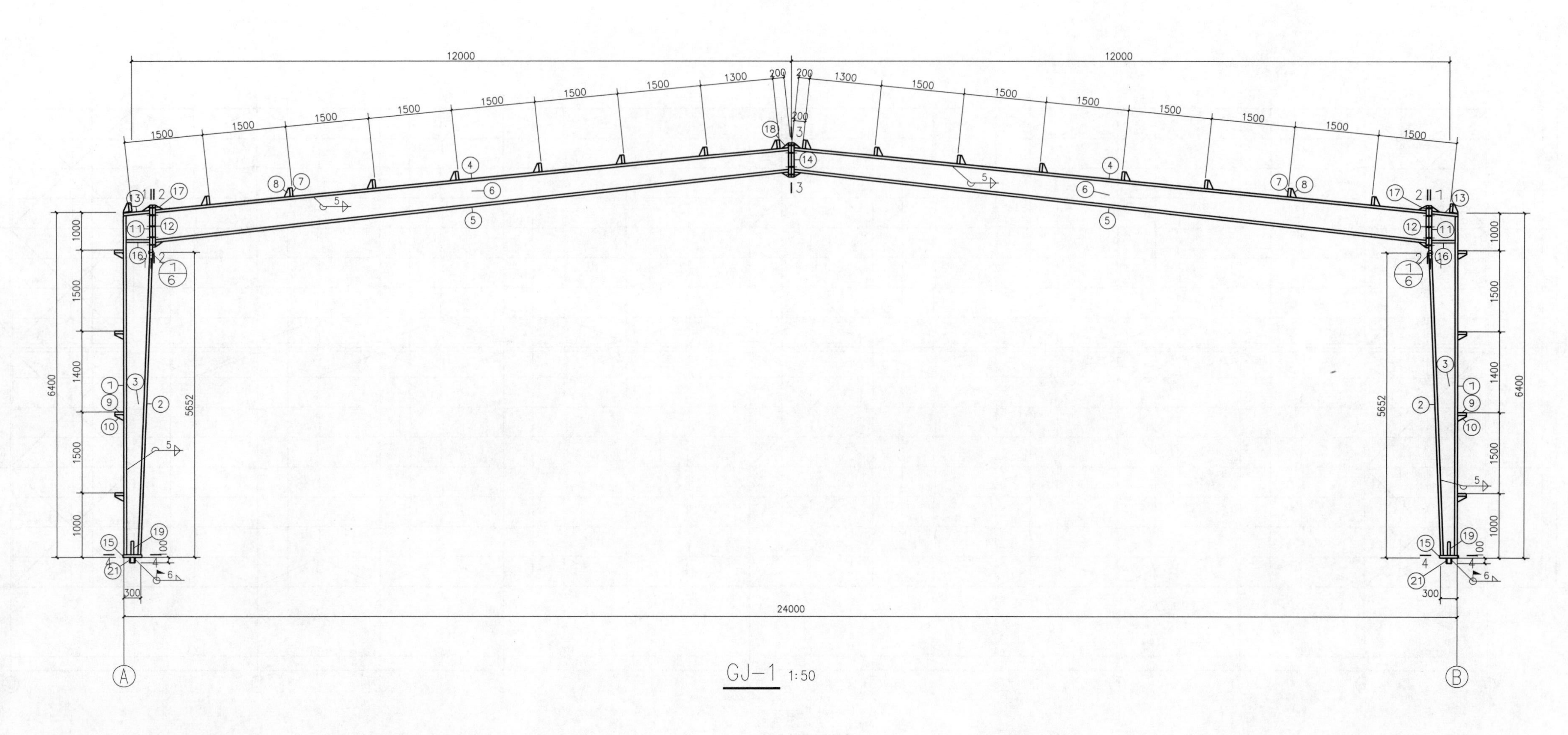

说明:

1.本设计按《钢结构设计标准》(GB 50017—2017)和《门式刚架轻型房屋钢结构技术规范》(GB 51022—2015)进行设计。

2.材料:未特殊注明的钢板及型钢为Q345钢,焊条为E50系列焊条。

3.构件的拼接连接采用10.9级摩擦型连接高强度螺栓,连接接触面的处理采用钢丝刷清除浮锈。

4.柱脚基础混凝土强度等级为C30,锚栓钢号为Q235钢。

5.图中未注明的角焊缝最小焊脚尺寸为6mm,一律满焊。

6.对接焊缝的焊缝质量不低于二级。

7.钢结构的制作和安装需按照《钢结构工程施工及验收规范》(GB 50205—2020)的有关规定进行施工。

8.钢构件表面除锈后用两道红丹打底,构件的防火等级按建筑要求处理。

9.材料表仅供施工单位参考。

10.抗风柱上需设柱檩托,同A、B轴。

【读图指导】

1.该页为钢架GJ-1详图。钢架详图包括钢架立面图及详细的节点大样图。

2.阅读钢架详图时,钢架立面图与节点大样图要结合看,重点了解组成钢架的各种型钢的形状(截面形状)及尺寸(截面尺寸及总尺寸),还有各型材之间的连接方法。例如,螺栓连接或焊接,若为焊接还要通过焊缝符号确定焊接的方式。

××××设计院有限公司 证书等级: 编 号:						××××学院实训车间			
总工程师			审 核			GJ-1(一)	专业	钢结构	阶段 施工
项目负责人			校 对				比例		
			设 计				张次	第5张	共8张
专业负责人			制 图			项目编号 日期	图号	钢施-5	

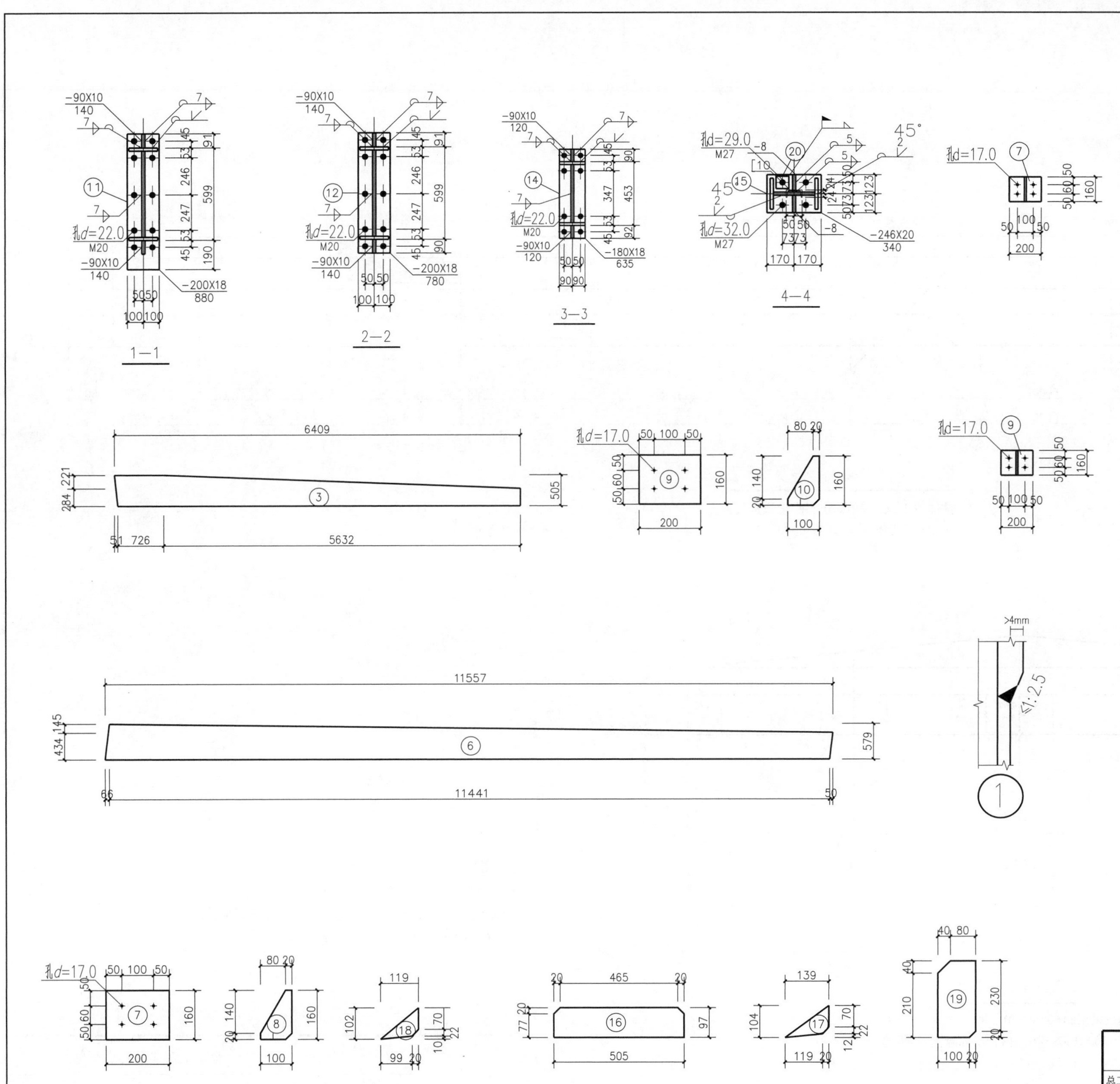

材料表

构件编号	零件编号	规格	长度(mm)	数量 正	数量 反	质量(kg) 单重	质量(kg) 共重	质量(kg) 总重	备注
GJ—1	1	-200X8	6358	2		79.9	159.7	1874.1	
	2	-200X8	5636	2		70.8	141.6		
	3	-505X6	6409	2		122.5	244.9		
	4	-180X8	11492	2		129.9	259.8		
	5	-180X8	11507	2		130.1	260.2		
	6	-579X6	11557	2		274.6	549.1		
	7	-160X6	200	16		1.5	24.1		
	8	-100X6	160	16		0.8	12.1		
	9	-160X6	200	8		1.5	12.1		
	10	-100X6	160	8		0.8	6.0		
	11	-200X18	880	2		24.9	49.7		
	12	-200X18	780	2		22.0	44.1		
	13	-200X8	515	2		6.5	12.9		
	14	-180X18	635	2		16.2	32.3		
	15	-246X20	340	2		13.1	26.3		
	16	-97X8	505	4		3.1	12.3		
	17	-90X10	140	6		1.0	5.9		
	18	-90X10	120	4		0.8	3.4		
	19	-120X8	250	4		1.9	7.5		
	20	-80X20	80	8		1.0	8.0		
	21	[10	100	2		1.0	2.0		

图例			
◆	高强度螺栓	◈	永久螺栓
◈	安装螺栓	●	螺栓孔

XXXX 设计院有限公司 证书等级： 编 号：				XXXX 学院实训车间			
总工程师		审 核		GJ-1（二）	专业	钢结构	阶段 施工
项目负责人		校 对			比例		
		设 计			张次	第 6 张	共 8 张
专业负责人		制 图		项目编号 日期	图号	钢施-6	

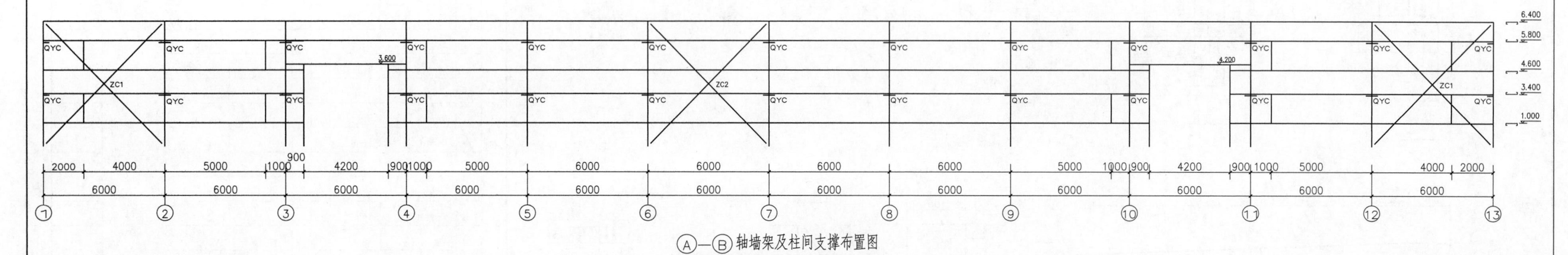

Ⓐ—Ⓑ轴墙架及柱间支撑布置图

注:1.ZC1、ZC2采用ϕ20圆钢,设张紧装置。
2.墙面檩条采用C160×60×20×2型。

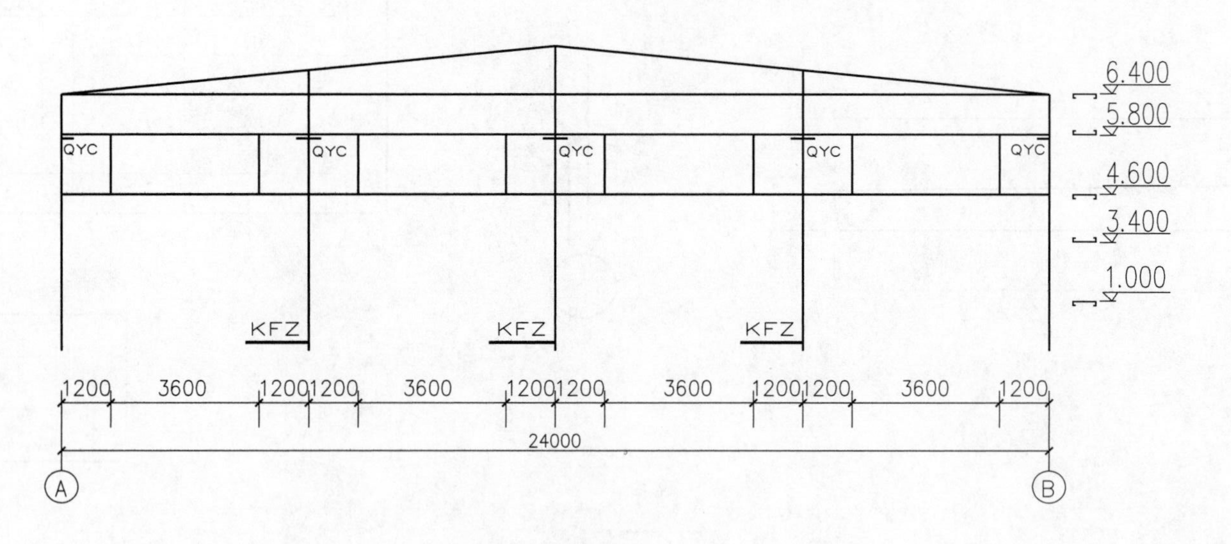

①-⑬轴墙架布置图

注:1.墙面檩条采用C160×60×20×2型。
2.KFZ采用300×150×5×6(总高度×翼缘宽×腹板厚×翼缘厚),Q345。

【读图指导】

1.该页为墙架及柱间支撑布置图。

2.阅读墙架布置图时,与建筑立面图进行对照,了解立面图上的门窗洞口与墙架布置是否存在相矛盾的地方。

XXXX 设计院有限公司 证书等级: 编 号:					XXXX 学院实训车间				
总工程师			审 核		墙架及柱间支撑布置图		专业	钢结构	阶段 施工
项目负责人			校 对				比例		
			设 计				张次	第7张	共8张
专业负责人			制 图		项目编号	日期	图号	钢施-7	

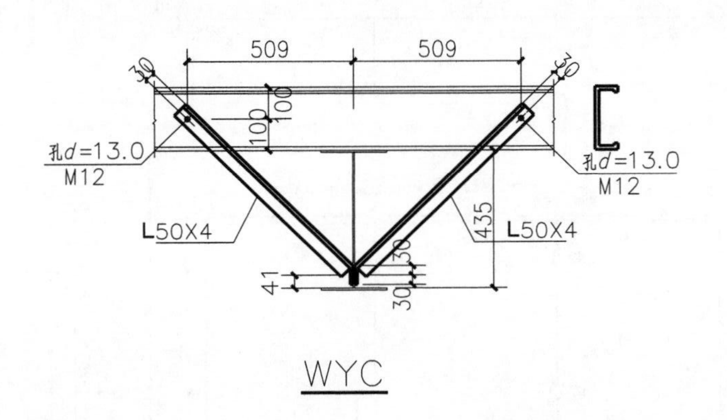

WYC

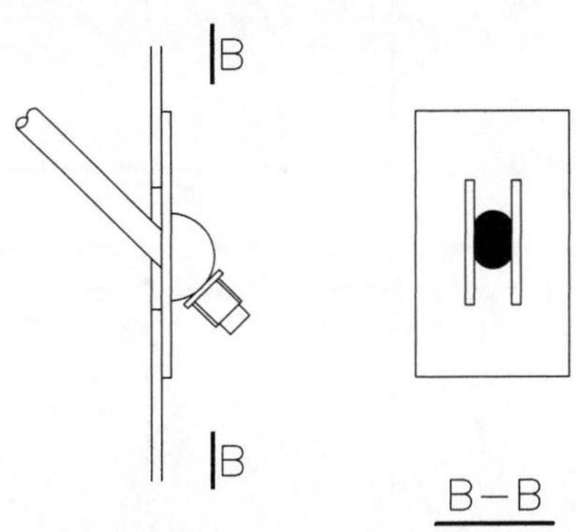

圆钢支撑与柱或梁连接大样图

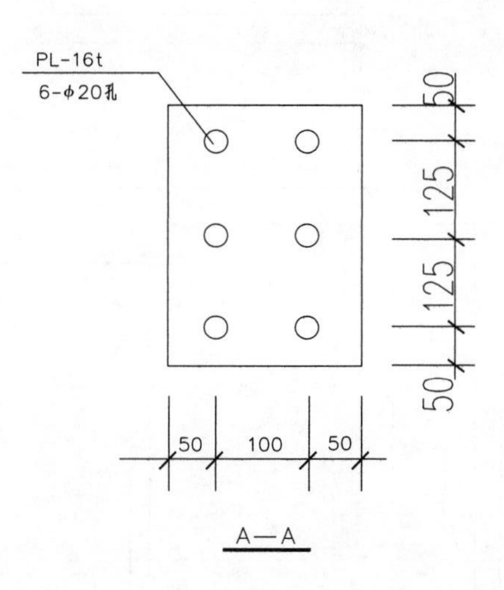

A—A

雨篷梁详图

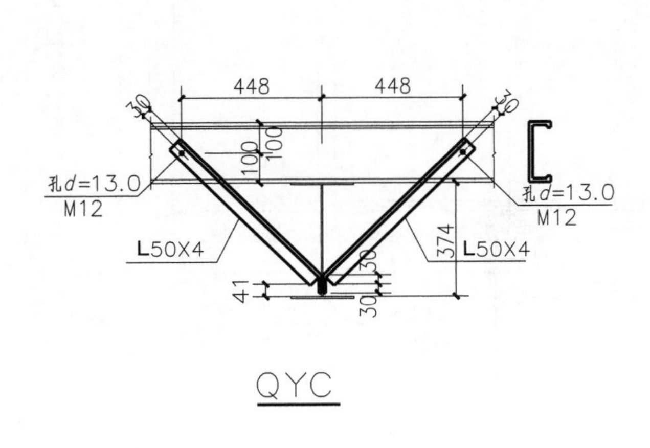

QYC

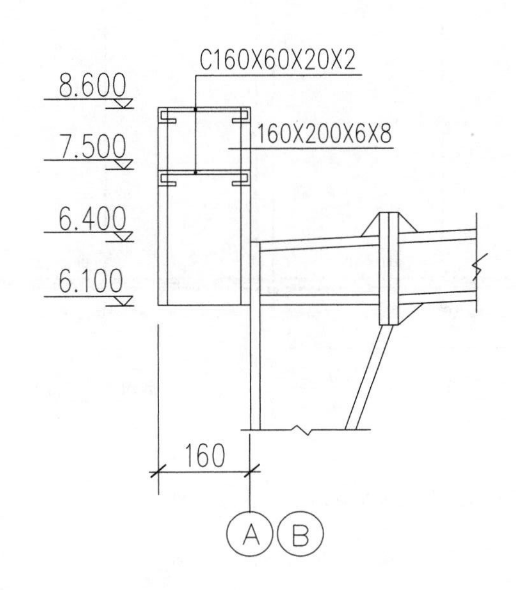

天沟节点详图

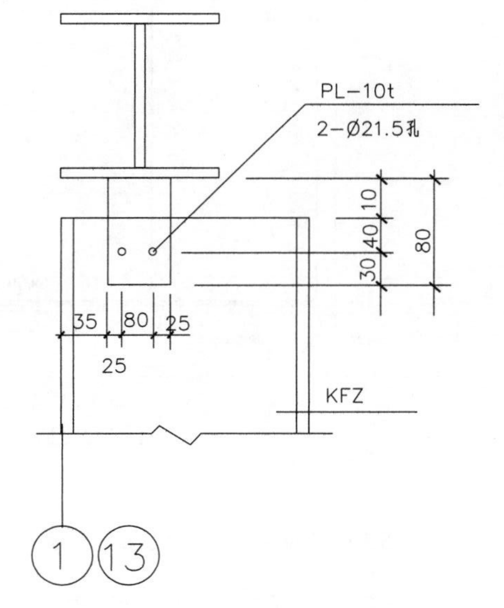

抗风柱节点详图

【读图指导】

1.该页为钢结构的部分节点详图。

2.阅读各节点详图时，首先看图名，与墙架及柱间支撑布置图对应了解所绘节点图所表达的位置。

XXXX 设计院有限公司 证书等级: 编 号:						XXXX 学院实训车间					
总工程师			审 核			节点详图		专业	钢结构	阶段	施工
项目负责人			校 对					比例			
			设 计					张次	第8张	共8张	
专业负责人			制 图			项目编号	日期	图号	钢施-8		

4. 电气专业施工图

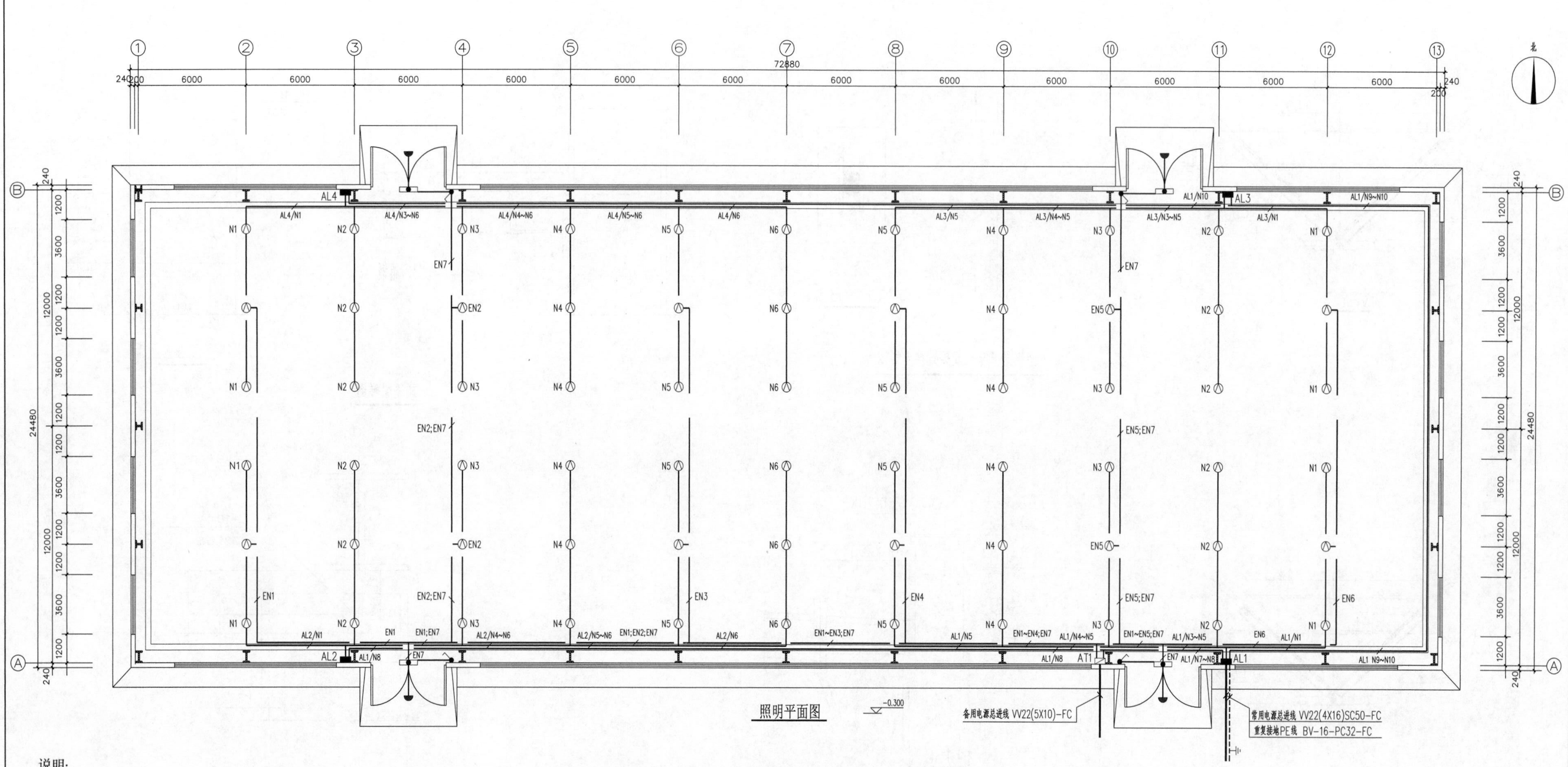

说明:

1.该实训车间为一层,层高梁下6.5m。根据甲方要求,本次设计只考虑厂房照明,动力配电后期考虑,预设金属镀锌槽式电缆桥架,规格暂定为300×100,安装高度距地5.0m。

2.该实训车间建筑设计照明用电总安装容量为17.00kW,采用一根电力电缆埋地引至车间东南角大门的照明配电箱AL1;另加一条事故备用电缆至事故照明电源自动切换箱AT1。

3.线路敷设方式:车间内配电主干线沿桥架敷设,车间配电各回路的配电导线分别由设在厂房内的配电箱引出沿配电桥架敷设,然后采用JDG型套接紧定式电线钢导管从桥架引出,沿构筑物柱、梁、墙明配至柱上或墙上明装的各照明配电箱。各照明配电箱引出至车间的照明灯具线路也是采用JDG型套接紧定式电线钢导管从各自照明配电箱沿柱或墙引出经桥架后再沿柱、墙、钢屋架配至,大门、雨篷灯配线方式为暗配。导线穿线管径见《建筑电气常用数据》(04DX101—1)P6-24~25页。

4.电气设备的安装方式:所有电气设备的安装方式及要求见图中标注和图例表中备注栏,灯具安装结合建筑结构实际情况配合安装,若有问题现场协商解决。

5.该配电采用TN-C-S接地保护系统,总进线做重复接地,接地电阻值要求不大于1Ω,所有用电设备正常不带电的金属外壳及穿线钢管、金属电缆桥架等都必须可靠接地。

6.施工参照图集:《等电位联结安装》(02D501—2)P14页和《接地装置安装》(03D501—4)有关章页。

7.其余未尽事宜按《建筑电气工程施工质量验收规范》(GB 50303—2015)执行。

【读图指导】

1.参照建筑电气设备图例与符号,分析该层的灯具、开关、配电箱、插座以及线路等设备的布置情况。

2.参照建筑电气施工国家标准,分析该层内部照明配电系统的土建要求以及安装方式。

3.参照建筑电气线路敷设要求,分析该层电气设备线路敷设情况。

×××× 设计院有限公司 证书等级: 编 号:				×××× 学院实训车间			
总工程师		审 核		照明平面图(一)	专业	电气	阶段 施工图
项目负责人		校 对			比例	1 : 100	
		设 计			张次	第1张	共2张
专业负责人		制 图		项目编号 日期	图号	电施-1	

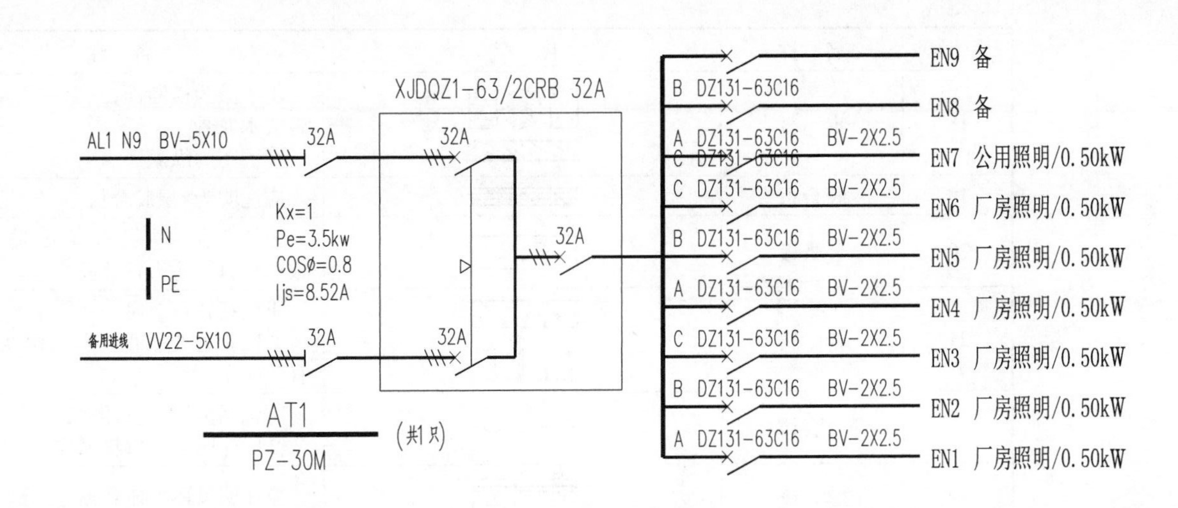

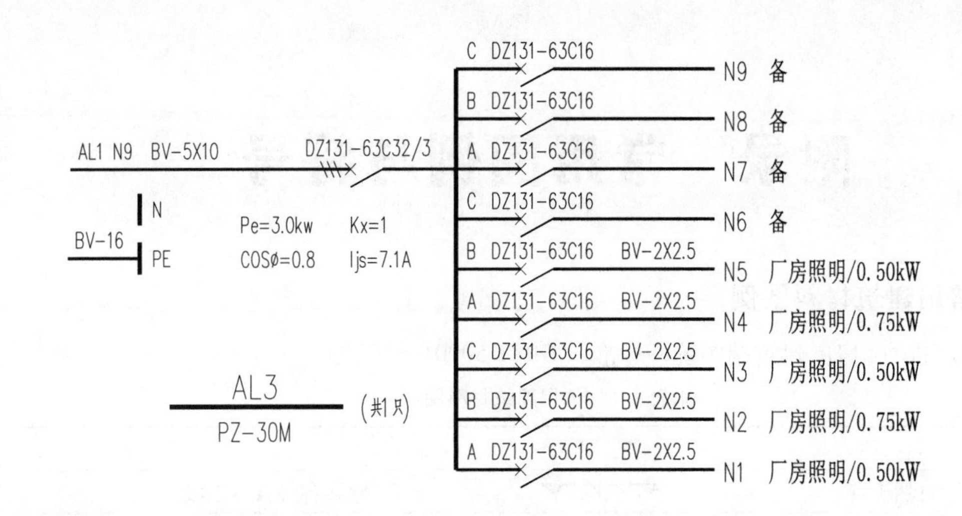

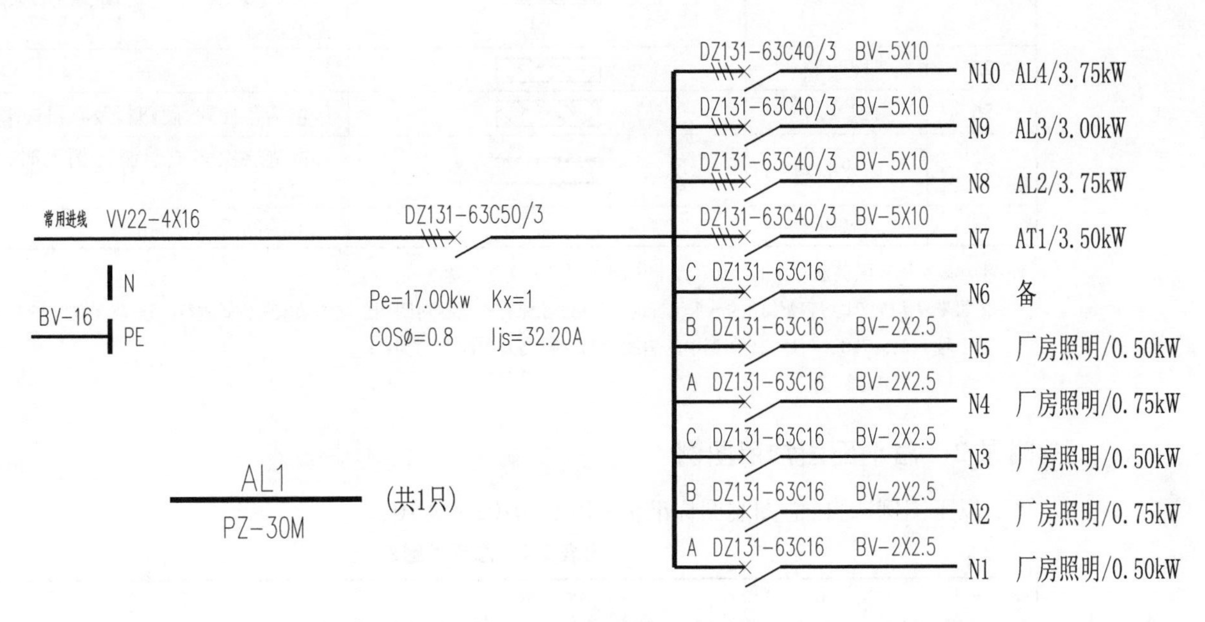

AL1 N8 (N10) BV-5X10 DZ131-63C32/3

N

BV-16 PE

Pe=3.75kw Kx=1

COSø=0.8 Ijs=7.1A

AL2 (AL4)

PZ-30M

(共2只)

C DZ131-63C16 N9 备

B DZ131-63C16 N8 备

A DZ131-63C16 N7 备

C DZ131-63C16 BV-2X2.5 N6 厂房照明/0.75kW

B DZ131-63C16 BV-2X2.5 N5 厂房照明/0.50kW

A DZ131-63C16 BV-2X2.5 N4 厂房照明/0.75kW

C DZ131-63C16 BV-2X2.5 N3 厂房照明/0.50kW

B DZ131-63C16 BV-2X2.5 N2 厂房照明/0.75kW

A DZ131-63C16 BV-2X2.5 N1 厂房照明/0.50kW

注：AT1中XJDQZ1-63/2CRB 32A改为落地式ZLY-D-6kW三相输入EPS照明应急电源箱（厂家——北京××××发展有限公司），标准应急备用时间90min，原备用进线取消。

【读图指导】

1.参照建筑电气设备图例与符号，分析该层的灯具、开关、配电箱、插座以及线路等设备的布置情况。

2.参照建筑电气施工国家标准，分析该层内部照明配电系统的土建要求以及安装方式。

3.参照建筑电气线路敷设要求，分析该层电气设备线路敷设情况。

图例设备材料表

序号	符号	设备名称	型号规格	单位	数量	备注
1		暗装单极开关	F86K11-10B	个	4	距地1.4m
2		吸顶灯	32W节能管	个	4	吸顶安装
3		明装安全出口灯	GF088K1-3W	个	4	门上方
4		大功率节能工厂灯	HL莲花型/250W-8U配19寸灯罩	个	66	吊杆距地5.5m
5		事故照明电源自动切换箱	AT1见系统图	个	1	明装距地1.5m
6		照明配电箱	AL1～AL4见系统图	个	4	明装距地1.5m

XXXX设计院有限公司				XXXX学院实训车间			
证书等级：	编号：						
总工程师		审核			专业	电气	阶段 施工图
项目负责人		校对		照明平面图(二)	比例	1：100	
		设计			张次	第2张	共2张
专业负责人		制图		项目编号　日期	图号	电施-2	

附录　常用图例与符号

附录1　常用建筑材料图例

以下图例选自《房屋建筑制图统一标准》(GB/T 50001—2017)。

附表1.1　常用建筑材料图例

序号	名称	图例	备注
1	自然土壤		包括各种自然土壤
2	夯实土壤		—
3	砂、灰土	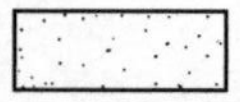	—
4	砂砾石、碎砖三合土	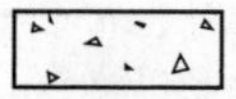	—
5	石材		—
6	毛石		—
7	实心砖、多孔砖		包括实心砖、多孔砖、混凝土砖等砌体
8	耐火砖		包括耐酸砖等砌体
9	空心砖、空心砌块	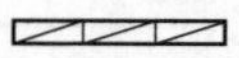	包括空心砖、普通或轻骨料混凝土小型空心砌块等砌体
10	加气混凝土	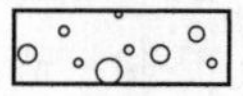	包括加气混凝土砌块砌体、加气混凝土墙板及加气混凝土材料制品等
11	饰面砖		包括铺地砖、玻璃马赛克、陶瓷锦砖、人造大理石等
12	焦渣、矿渣	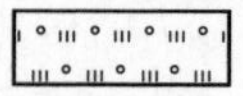	包括与水泥、石灰等混合而成的材料
13	混凝土	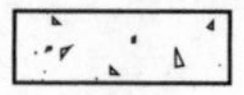	①包括各种强度等级、骨料、添加剂的混凝土 ②在剖面图上绘制表达钢筋时，则不需绘制图例线 ③断面图形小，不易绘制表达图例线时，可填黑或深灰(灰度宜70%)
14	钢筋混凝土		
15	多孔材料		包括水泥珍珠岩、沥青珍珠岩、泡沫混凝土、软木、蛭石制品等
16	纤维材料	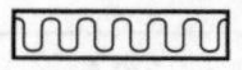	包括矿棉、岩棉、玻璃棉、麻丝、木丝板、纤维板等
17	泡沫塑料材料	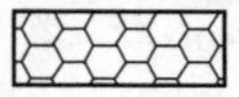	包括聚苯乙烯、聚乙烯、聚氨酯等多孔聚合物类材料

续表

序号	名称	图例	备注
18	木材		①上图为横断面，左上图为垫木、木砖或木龙骨 ②下图为纵断面
19	胶合板	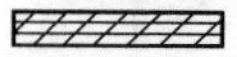	应注明为×层胶合板
20	石膏板	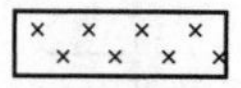	包括圆孔或方孔石膏板、防水石膏板、硅钙板、防火石膏板等
21	金属		①包括各种金属 ②图形小时，可填黑或深灰(灰度宜70%)
22	网状材料		①包括金属、塑料网状材料 ②应注明具体材料名称
23	液体		应注明具体液体名称
24	玻璃		包括平板玻璃、磨砂玻璃、夹丝玻璃、钢化玻璃、中空玻璃、夹层玻璃、镀膜玻璃等
25	橡胶		—
26	塑料		包括各种软、硬塑料及有机玻璃等
27	防水材料		构造层次多或绘制比例大时，采用上面图例
28	粉刷	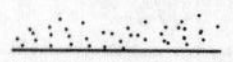	本图例采用较稀的点

注：①本表中所列图例通常在1∶50及以上比例的详图中绘制表达。

②如需表达砖、砌块等砌体墙的承重情况时，可通过在原有建筑材料图例上增加填灰等方式进行区分，灰度宜为25%左右。

③序号1,2,5,7,8,14,15,21图例中的斜线、短斜线、交叉斜线等均为45°。

附录2　总平面图常用图例

以下图例选自《总图制图标准》(GB/T 50103—2010)。

附表2.1　总平面图例

序号	名称	图例	备注
1	新建建筑物	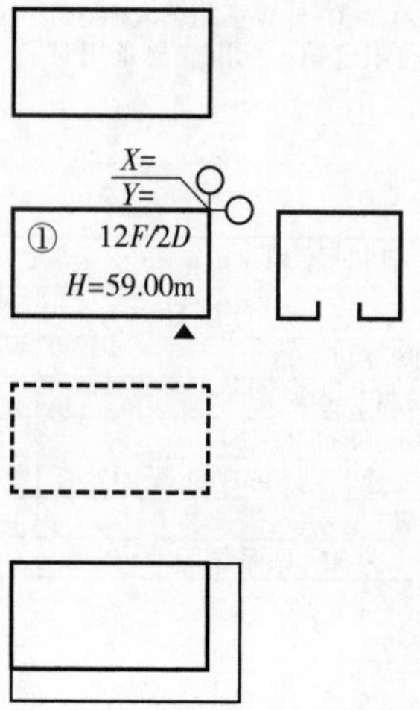 X= Y= ① 12F/2D H=59.00m	新建建筑物以粗实线表示与室外地坪相接处±0.00外墙定位轮廓线 建筑物一般以±0.00高度处的外墙定位轴线交叉点坐标定位。轴线用细实线表示，并标明轴线号 根据不同设计阶段标注建筑编号，地上、地下层数，建筑高度，建筑出入口位置(两种表示方法均可，但同一图纸采用一种表示方法) 地下建筑物以粗虚线表示其轮廓 建筑上部(±0.00以上)外挑建筑用细实线表示 建筑物上部连廊用细虚线表示并标注位置

续表

序号	名称	图例	备注
2	原有建筑物	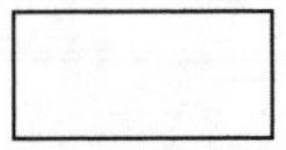	用细实线表示
3	计划扩建的预留地或建筑物		用中粗虚线表示
4	拆除的建筑物	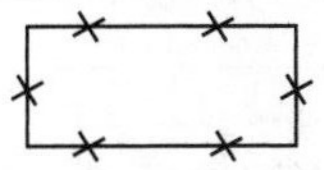	用细实线表示
5	建筑物下面的通道	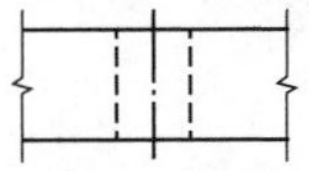	—
6	散状材料露天堆场	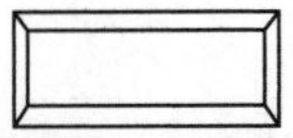	需要时可注明材料名称
7	其他材料露天堆场或露天作业场	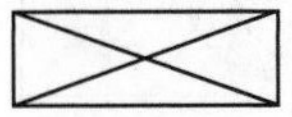	需要时可注明材料名称
8	铺砌场地	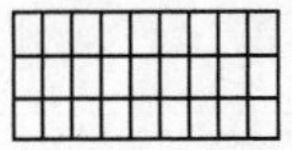	—
9	敞棚或敞廊	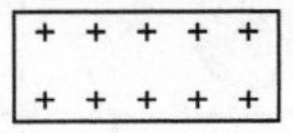	—
10	高架式料仓	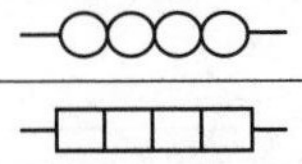	—
11	漏斗式贮仓		左、右图为底卸式 中图为侧卸式
12	冷却塔(池)		应注明冷却塔或冷却池
13	水塔、贮罐	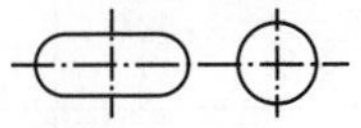	左图为卧式贮罐 右图为水塔或立式贮罐
14	水池、坑槽		也可以不涂黑
15	明溜矿槽(井)	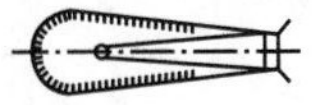	—
16	斜井或平洞	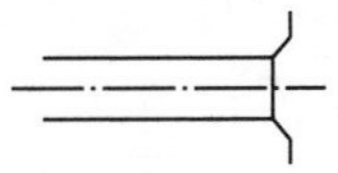	—
17	烟囱		实线为烟囱下部直径,虚线为基础,必要时可注写烟囱高度和上、下口直径
18	围墙及大门	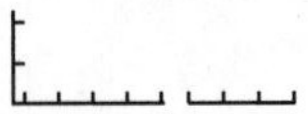	—
19	挡土墙	 5.00 1.50	挡土墙根据不同设计阶段的需要标注 墙顶标高 墙底标高

续表

序号	名称	图例	备注
20	挡土墙上设围墙		—
21	台阶及无障碍坡道	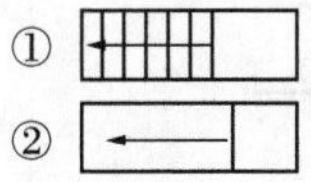 ① ②	①表示台阶(级数仅为示意) ②表示无障碍坡道
22	露天桥式起重机	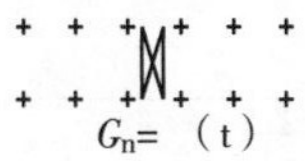 G_n= (t)	起重机起重量 G_n,以吨计算 "+"为柱子位置
23	露天电动葫芦	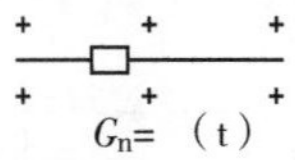 G_n= (t)	起重机起重量 G_n,以吨计算 "+"为支架位置
24	门式起重机	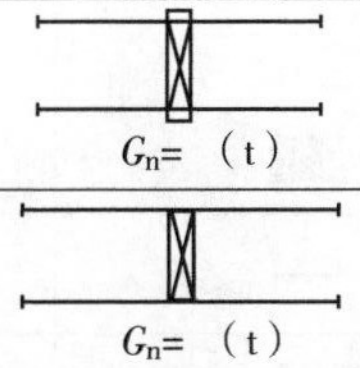 G_n= (t) G_n= (t)	起重机起重量 G_n,以吨计算 上图表示有外伸臂 下图表示无外伸臂
25	架空索道		"I"为支架位置
26	斜坡卷扬机道		—
27	斜坡栈桥(皮带廊等)	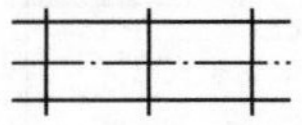	细实线表示支架中心线位置
28	坐标	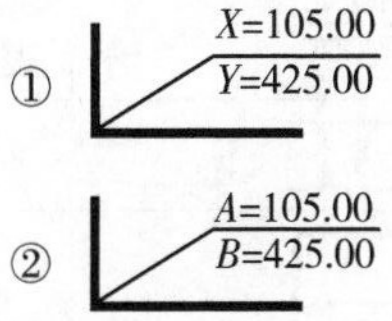 ① X=105.00 Y=425.00 ② A=105.00 B=425.00	①表示地形测量坐标系 ②表示自设坐标系 坐标数字平行于建筑标注
29	方格网交叉点标高	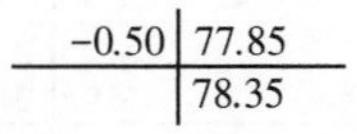 -0.50 | 77.85 78.35	"78.35"为原地面标高 "77.85"为设计标高 "-0.50"为施工高度 "-"表示挖方("+"表示填方)
30	填方区、挖方区、未整平区及零线	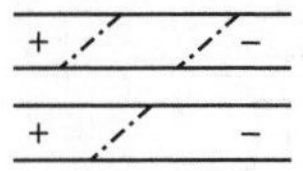 + - + -	"+"表示填方区 "-"表示挖方区 中间为未整平区 点画线为零点线
31	填挖边坡		—
32	分水脊线与谷线	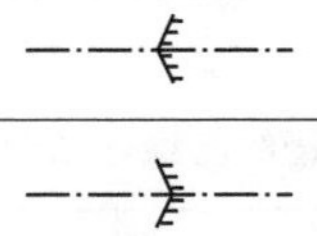	上图表示脊线 下图表示谷线
33	洪水淹没线		洪水最高水位以文字标注
34	地表排水方向		—
35	截水沟	 1 40.00	"1"表示1%的沟底纵向坡度,"40.00"表示变坡点间距离,箭头表示水流方向

续表

序号	名称	图例	备注
36	排水明沟	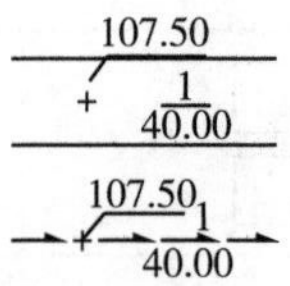 107.50 + 1 40.00 / 107.50 1 40.00	上图用于比例较大的图面，下图用于比例较小的图面 “1”表示1%的沟底纵向坡度，“40.00”表示变坡点间距离，箭头表示水流方向 “107.50”表示沟底变坡点标高（变坡点以“+”表示）
37	有盖板的排水沟	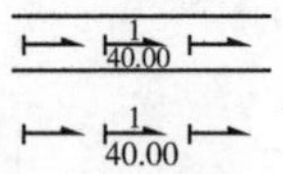 1 40.00 / 1 40.00	—
38	雨水口	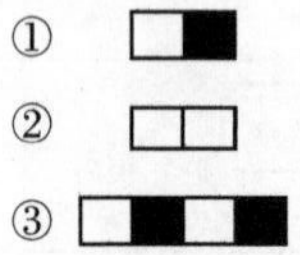 ① ② ③	①雨水口 ②原有雨水口 ③双落式雨水口
39	消火栓井		—
40	急流槽		箭头表示水流方向
41	跌　水		
42	拦水（闸）坝		—
43	透水路堤	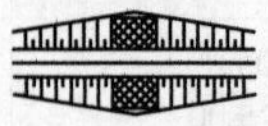	边坡较长时，可在一端或两端局部表示
44	过水路面		—
45	室内地坪标高	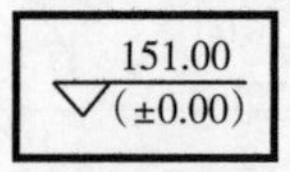 151.00 (±0.00)	数字平行于建筑物书写
46	室外地坪标高	 143.00	室外标高也可采用等高线
47	盲　道		—
48	地下车库入口	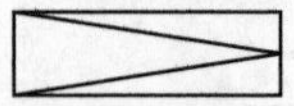	机动车停车场
49	地面露天停车场	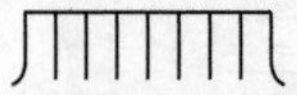	—
50	露天机械停车场	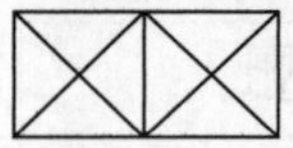	露天机械停车场

附表2.2　管线与绿化图例

序号	名称	图例	备注
1	管　线	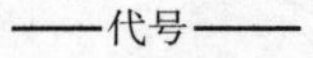 ——代号——	管线代号按国家现行有关标准的规定标注 线型宜以中粗线表示
2	地沟管线	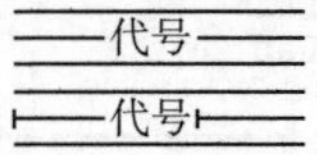 代号 / 代号	—

续表

序号	名称	图例	备注
3	管桥管线	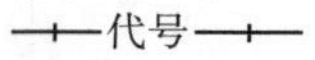 代号	管线代号按国家现行有关标准的规定标注
4	架空电力、电信线	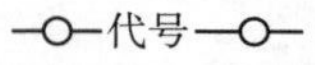 —○—代号—○—	“○”表示电杆 管线代号按国家现行有关标准的规定标注
5	常绿针叶乔木	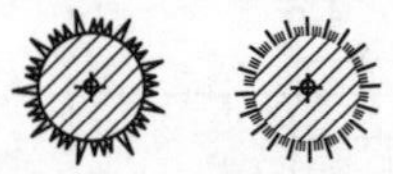	—
6	落叶针叶乔木	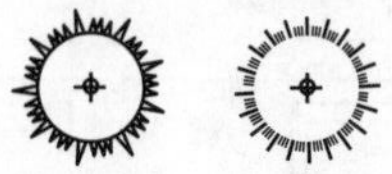	—
7	常绿阔叶乔木	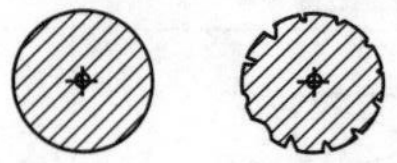	—
8	落叶阔叶乔木	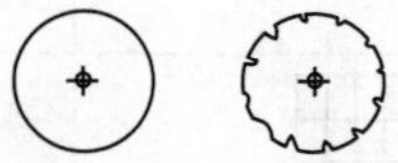	—
9	常绿阔叶灌木		—
10	落叶阔叶灌木	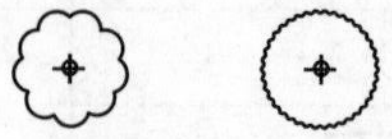	—
11	落叶阔叶乔木林		—
12	常绿阔叶乔木林		—
13	常绿针叶乔木林		—
14	落叶针叶乔木林		—
15	针阔混交林	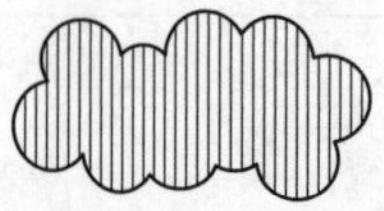	—
16	落叶灌木林	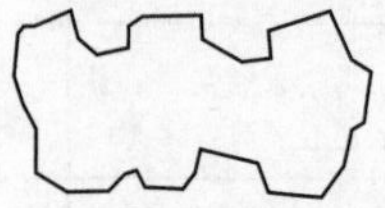	—
17	整形绿篱		—

续表

序　号	名　称	图　例	备　注
18	草　坪	① ② ③ 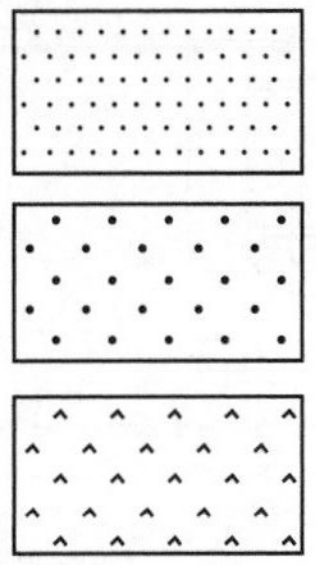	①草坪 ②表示自然草坪 ③表示人工草坪
19	花　卉		—
20	竹　丛	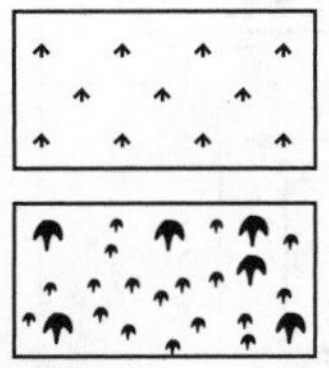	—
21	棕榈植物		—
22	水生植物	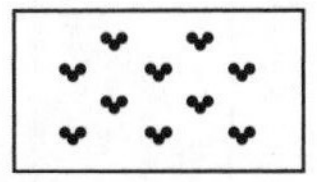	—
23	植草砖	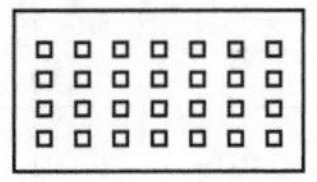	—
24	土石假山		包括"土包石""石抱土"及假山
25	独立景石		—
26	自然水体	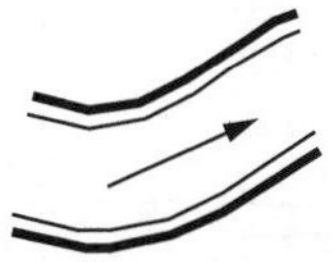	表示河流 以箭头表示水流方向
27	人工水体	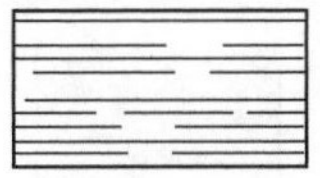	—
28	喷　泉		—

附录3　建筑、室内设计专业工程图常用图例

以下图例与符号选自《建筑制图标准》(GB/T 50104—2010)。

附表3.1　构造及配件图例

序　号	名　称	图　例	备　注
1	墙　体	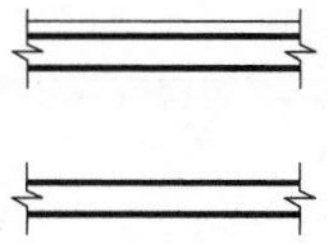	①上图为外墙,下图为内墙 ②外墙细线表示有保温层或有幕墙 ③应加注文字或涂色或图案填充表示各种材料的墙体 ④在各层平面图中防火墙宜着重以特殊图案填充表示
2	隔　断		①加注文字或涂色或图案填充表示各种材料的轻质隔断 ②适用于到顶与不到顶的隔断
3	玻璃幕墙		幕墙龙骨是否表示由项目设计决定
4	栏　杆		—
5	楼　梯	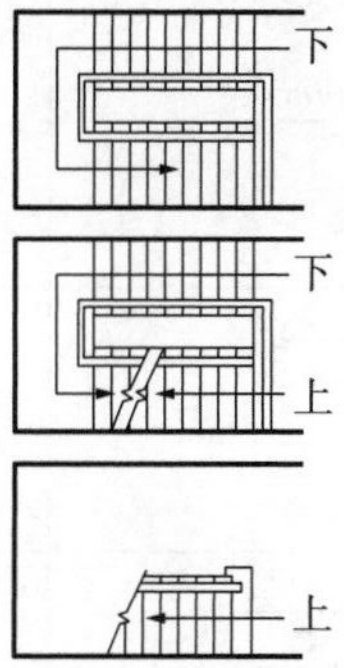 下 下 上 上	①上图为顶层楼梯平面,中图为中间层楼梯平面,下图为底层楼梯平面 ②需设置靠墙扶手或中间扶手时,应在图中表示
6	坡　道	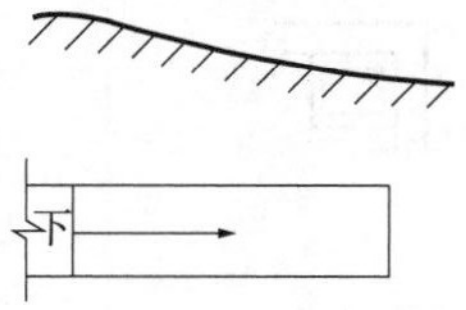 下	长坡道
		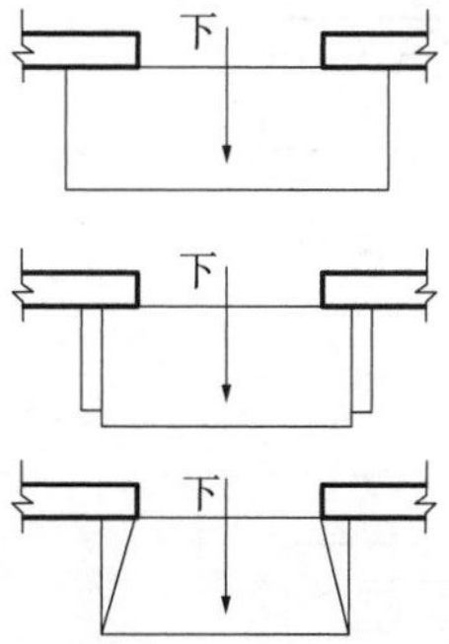 下 下 下	上图为两侧垂直的门口坡道,中图为有挡墙的门口坡道,下图为两侧找坡的门口坡道
7	台　阶	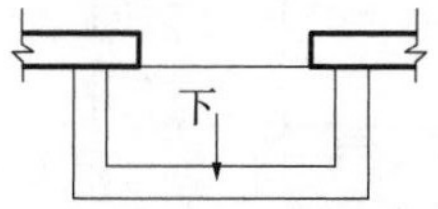 下	

续表

序号	名称	图例	备注
8	平面高差	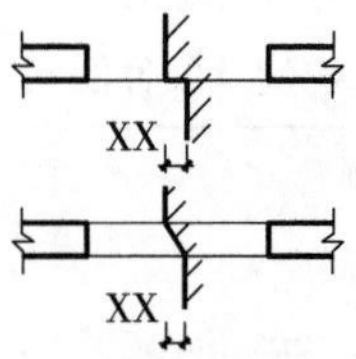 XX XX	用于高差小的地面或楼面交接处，并应与门的开启方向协调
9	检查口		左图为可见检查口，右图为不可见检查口
10	孔 洞		阴影部分亦可填充灰度或涂色代替
11	坑 槽		—
12	墙预留洞、槽	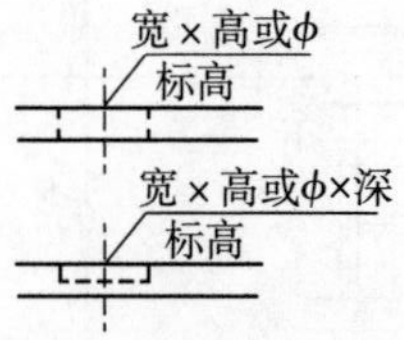 宽×高或ϕ 标高 宽×高或ϕ×深 标高	①上图为预留洞，下图为预留槽 ②平面以洞（槽）中心定位 ③标高以洞（槽）底或中心定位 ④宜以涂色区别墙体和预留洞（槽）
13	地 沟	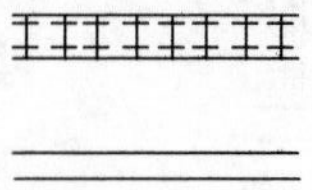	上图为有盖板地沟，下图为无盖板明沟
14	烟 道	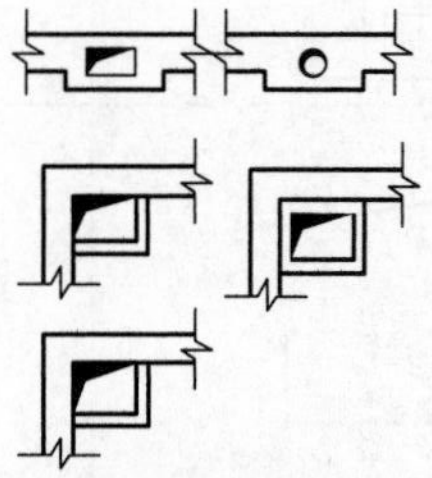	①阴影部分亦可填充灰度或涂色代替 ②烟道、风道与墙体为相同材料，其相接处墙身线应连通 ③烟道、风道根据需要增加不同材料的内衬
15	风 道	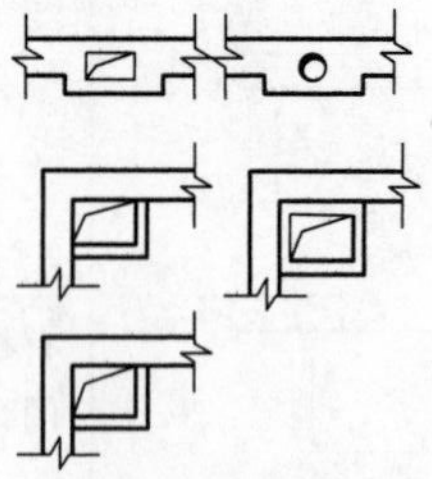	
16	新建的墙和窗	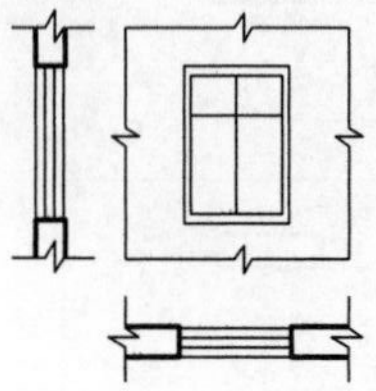	—

续表

序号	名称	图例	备注
17	改建时保留的墙和窗	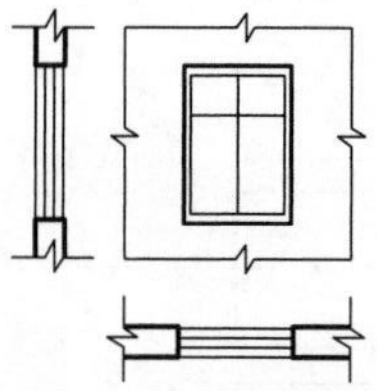	只更换窗，应加粗窗的轮廓线
18	拆除的墙	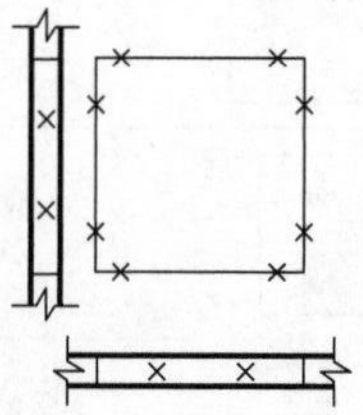	—
19	改建时在原有墙或楼板新开的洞	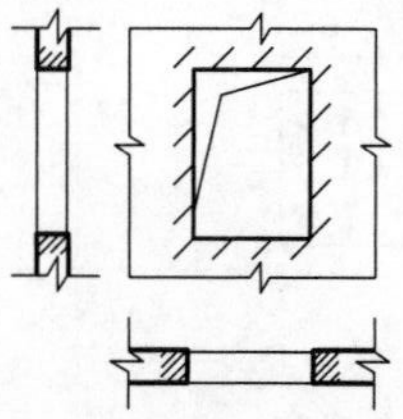	—
20	在原有墙或楼板洞旁扩大的洞	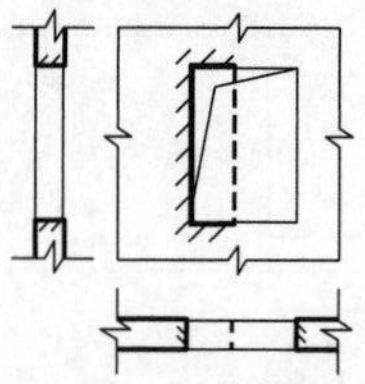	图示为洞口向左边扩大
21	在原有墙或楼板上全部填塞的洞	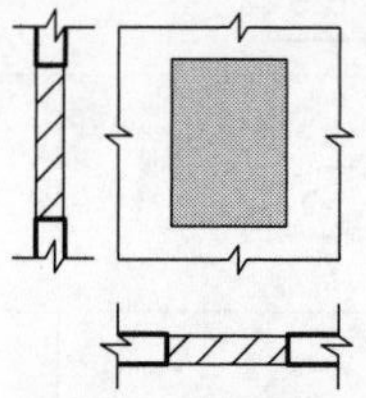	全部填塞的洞 图中立面填充灰度或涂色
22	在原有墙或楼板上局部填塞的洞	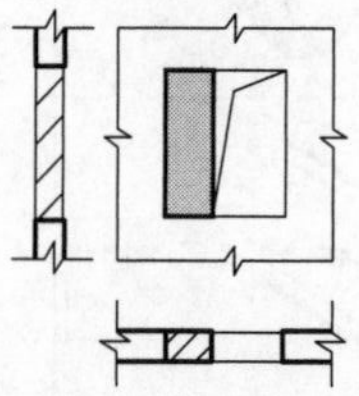	左侧为局部填塞的洞 图中立面图填充灰度或涂色
23	空门洞	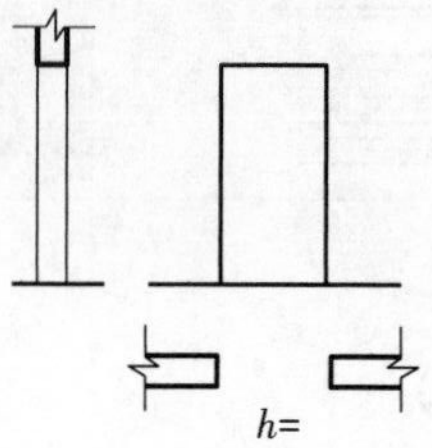 h=	h 为门洞高度

续表

序号	名称	图例	备注
24	单面开启单扇门（包括平开或单面弹簧）	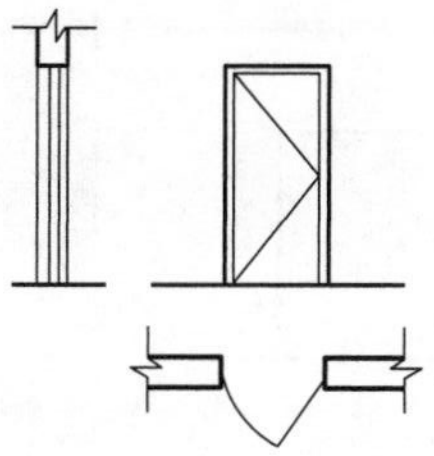	①门的名称代号用M表示 ②平面图中，下为外，上为内 门开启线为90°、60°或45°，开启弧线宜绘出 ③立面图中，开启线实线为外开，虚线为内开。开启线交角的一侧为安装合页一侧。开启线在建筑立面图中可不表示，在立面大样图中可根据需要绘出 ④剖面图中，左为外，右为内 ⑤附加纱扇应以文字说明，在平、立、剖面图中均不表示 ⑥立面形式应按实际情况绘制
	双面开启单扇门（包括双面平开或双面弹簧）	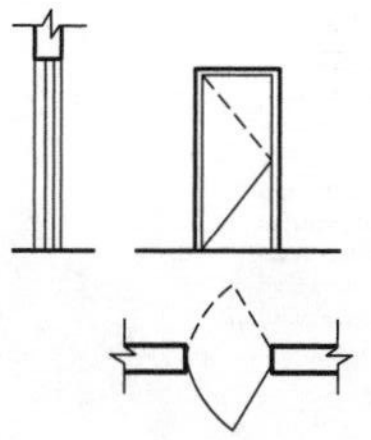	
	双层单扇平开门	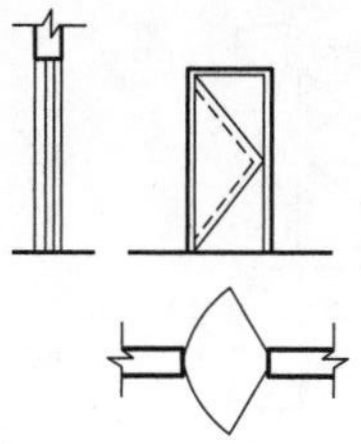	
25	单面开启双扇门（包括平开或单面弹簧）	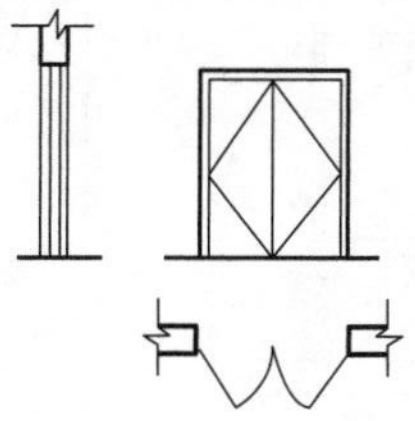	①门的名称代号用M表示 ②平面图中，下为外，上为内 门开启线为90°、60°或45°，开启弧线宜绘出 ③立面图中，开启线实线为外开，虚线为内开。开启线交角的一侧为安装合页一侧。开启线在建筑立面图中可不表示，在立面大样图中可根据需要绘出 ④剖面图中，左为外，右为内 ⑤附加纱扇应以文字说明，在平、立、剖面图中均不表示 ⑥立面形式应按实际情况绘制
	双面开启双扇门（包括双面平开或双面弹簧）	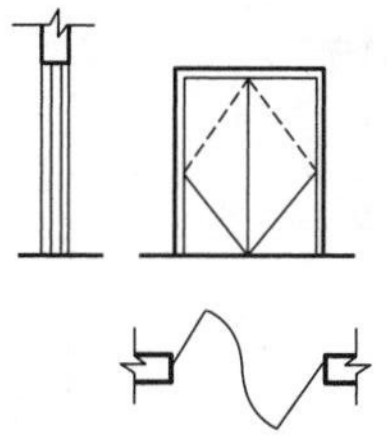	
	双层双扇平开门	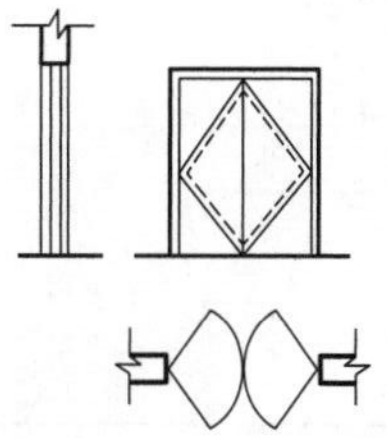	

续表

序号	名称	图例	备注
26	折叠门	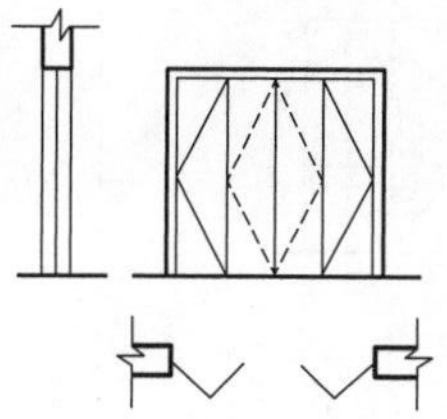	①门的名称代号用M表示 ②平面图中，下为外，上为内 ③立面图中，开启线实线为外开，虚线为内开。开启线交角的一侧为安装合页一侧 ④剖面图中，左为外，右为内 ⑤立面形式应按实际情况绘制
	推拉折叠门	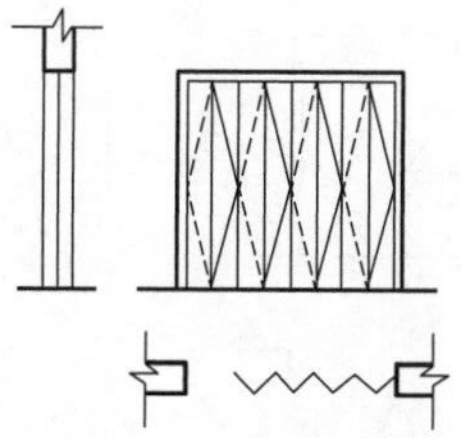	
27	墙洞外单扇推拉门	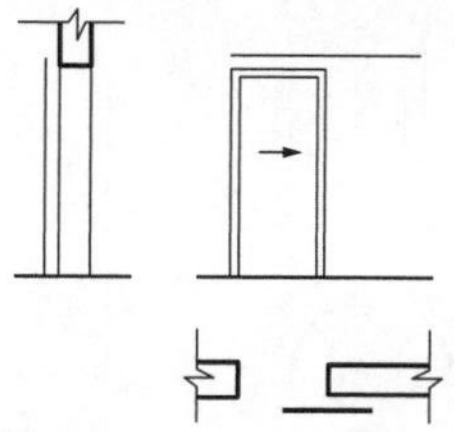	①门的名称代号用M表示 ②平面图中，下为外，上为内 ③剖面图中，左为外，右为内 ④立面形式应按实际情况绘制
	墙洞外双扇推拉门	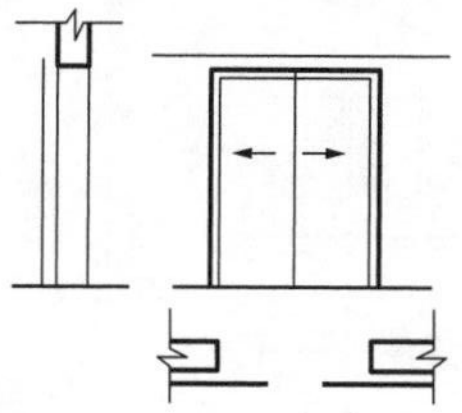	
	墙中单扇推拉门	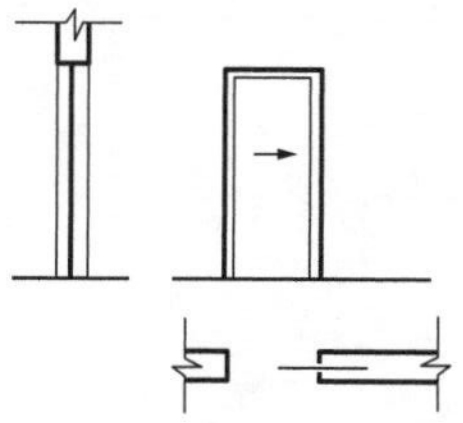	①门的名称代号用M表示 ②立面形式应按实际情况绘制
	墙中双扇推拉门	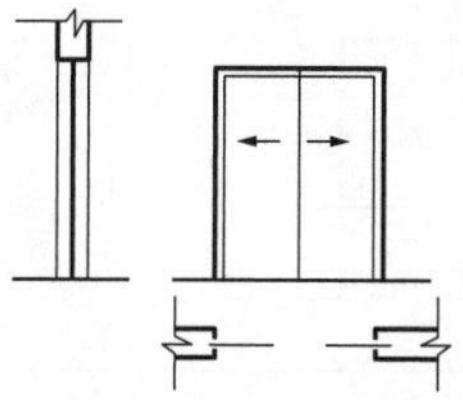	

续表

序号	名称	图例	备注
28	推杠门	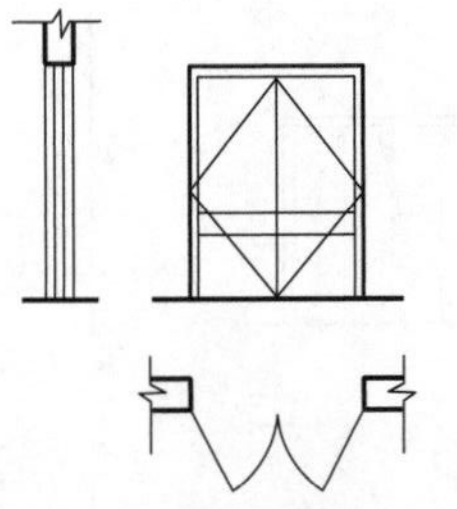	①门的名称代号用M表示 ②平面图中,下为外,上为内 门开启线为90°、60°或45° ③立面图中,开启线实线为外开,虚线为内开。开启线交角的一侧为安装合页一侧。开启线在建筑立面图中可不表示,在室内设计门窗立面大样图中需绘出 ④剖面图中,左为外,右为内 ⑤立面形式应按实际情况绘制
29	门连窗	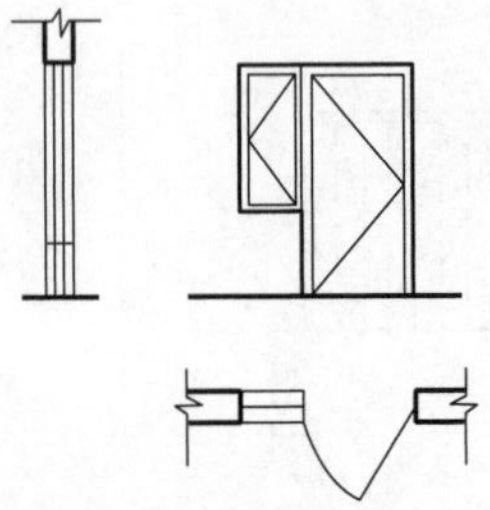	
30	旋转门	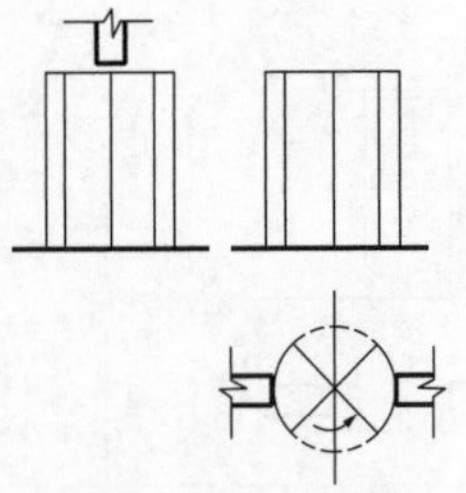	①门的名称代号用M表示 ②立面形式应按实际情况绘制
	两翼智能旋转门	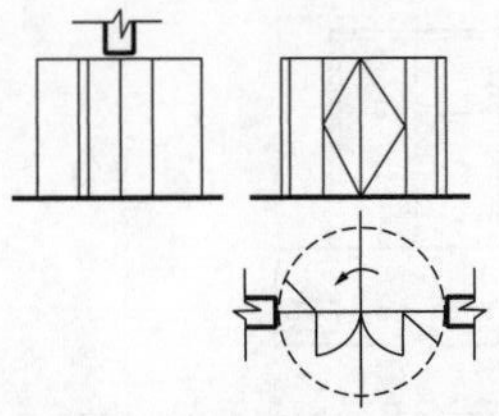	
31	自动门	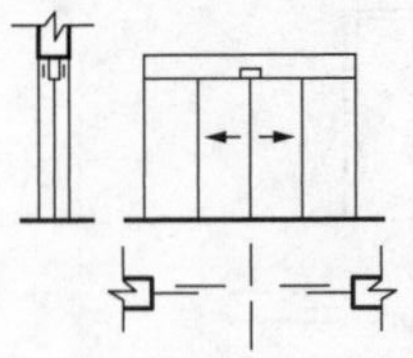	①门的名称代号用M表示 ②立面形式应按实际情况绘制
32	折叠上翻门	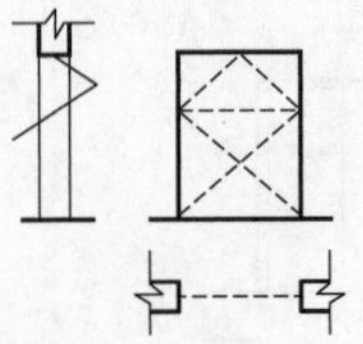	①门的名称代号用M表示 ②平面图中,下为外,上为内 ③剖面图中,左为外,右为内 ④立面形式应按实际情况绘制

续表

序号	名称	图例	备注
33	提升门	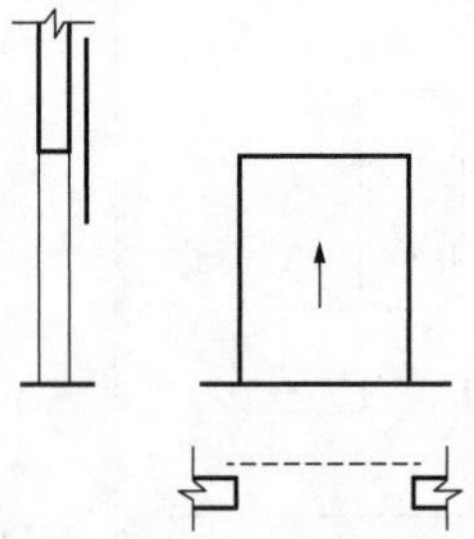	①门的名称代号用M表示 ②立面形式应按实际情况绘制
34	分节提升门	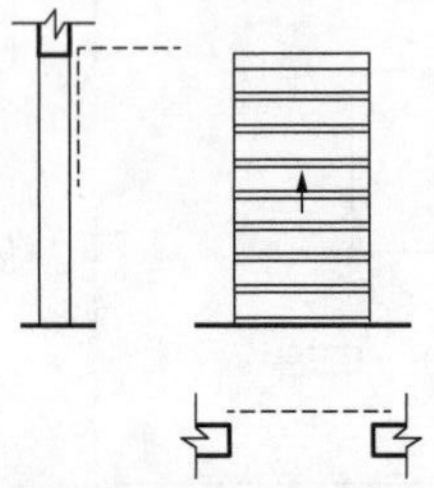	
35	人防单扇防护密闭门	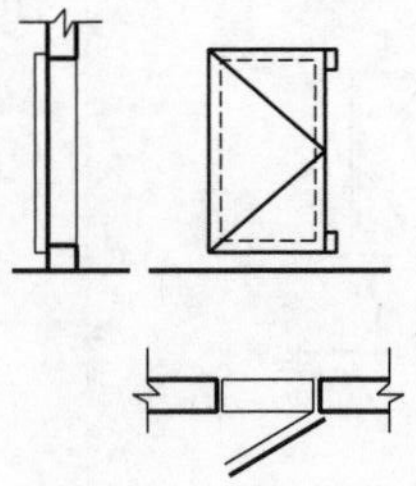	①门的名称代号按人防要求表示 ②立面形式应按实际情况绘制
	人防单扇密闭门	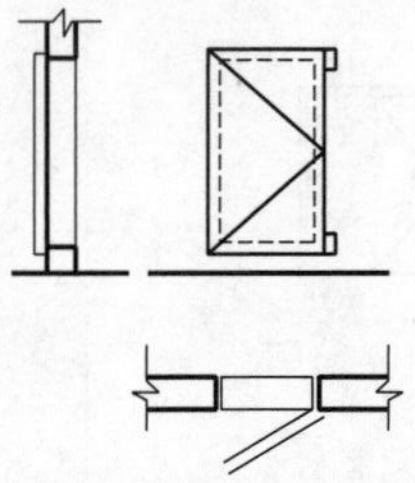	
36	人防双扇防护密闭门	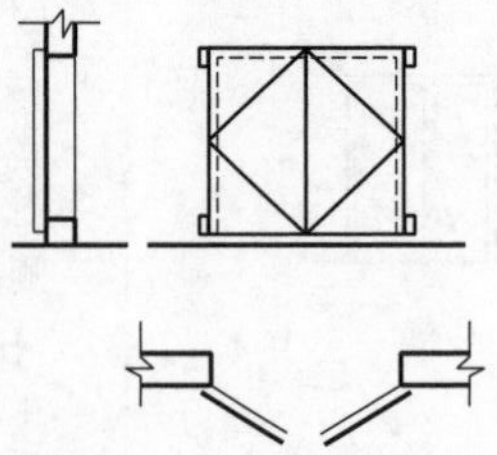	①门的名称代号按人防要求表示 ②立面形式应按实际情况绘制
	人防双扇密闭门	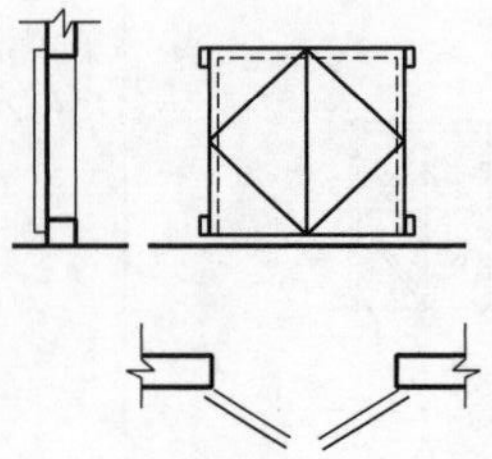	

续表

序 号	名 称	图 例	备 注
37	横向卷帘门	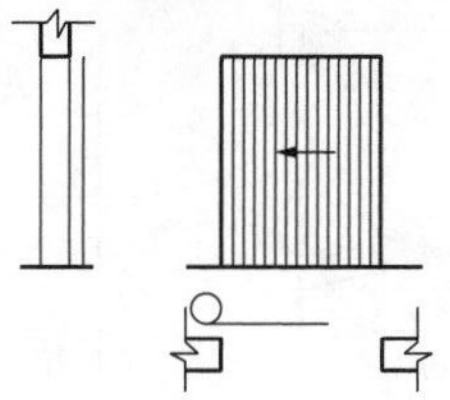	—
	竖向卷帘门	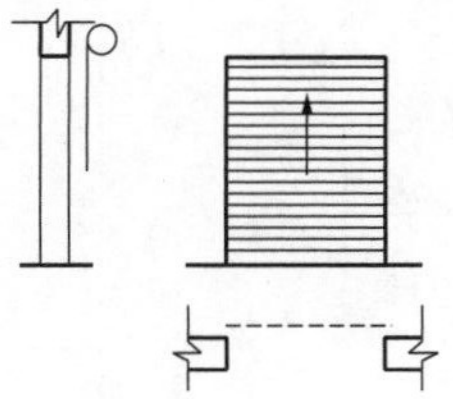	
	单侧双层卷帘门	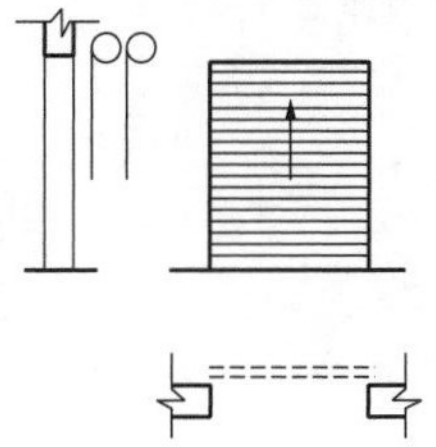	
	双侧单层卷帘门	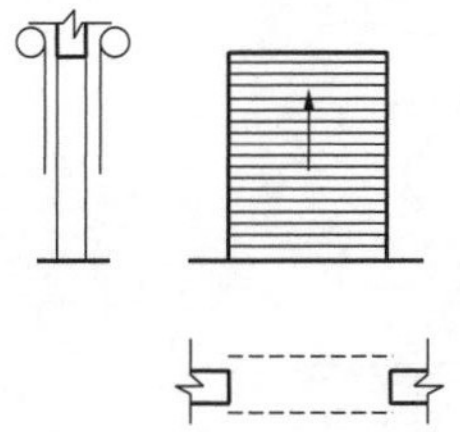	

续表

序 号	名 称	图 例	备 注
38	固定窗	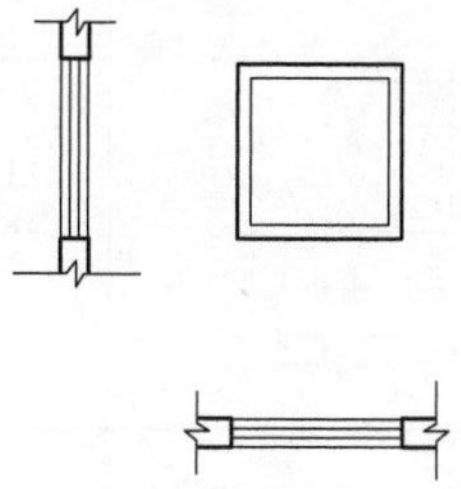	①窗的名称代号用 C 表示 ②平面图中,下为外,上为内 ③立面图中,开启线实线为外开,虚线为内开。开启线交角的一侧为安装合页一侧。开启线在建筑立面图中可不表示,在门窗立面大样图中需绘出 ④剖面图中,左为外,右为内。虚线仅表示开启方向,项目设计不表示 ⑤附加纱窗应以文字说明,在平、立、剖面图中均不表示 ⑥立面形式应按实际情况绘制
39	上悬窗	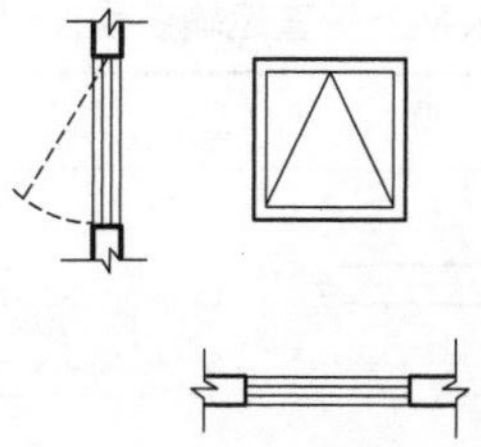	
	中悬窗	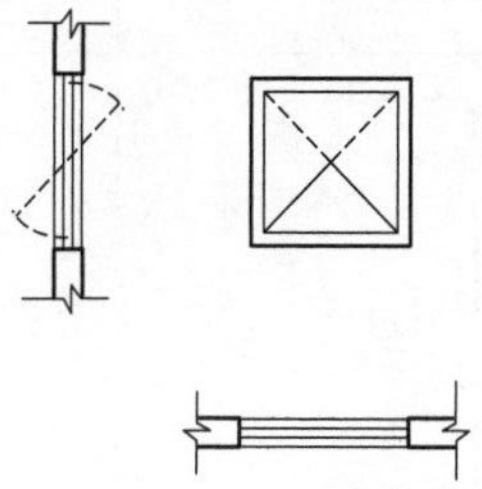	
40	下悬窗	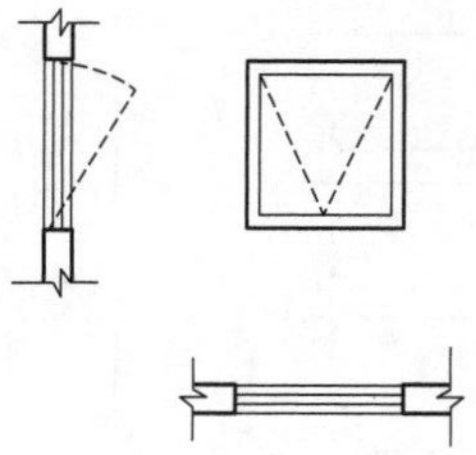	
41	百叶窗	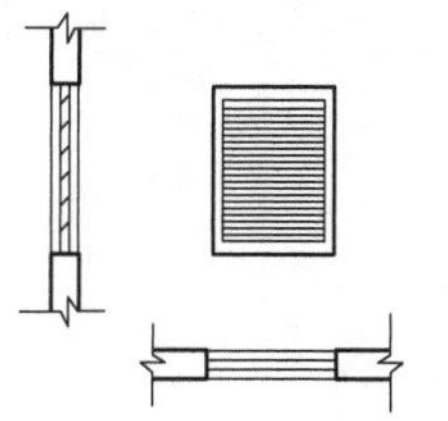	①窗的名称代号用 C 表示 ②立面形式应按实际情况绘制
42	高 窗	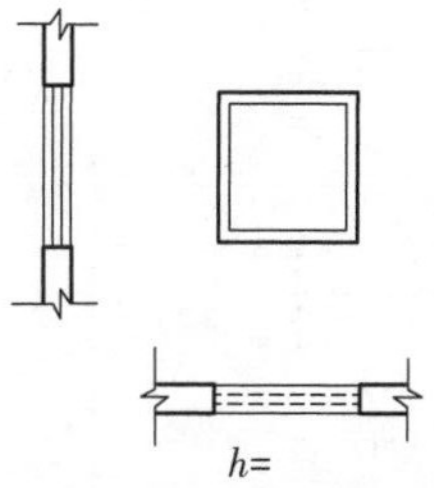 $h=$	①窗的名称代号用 C 表示 ②立面图中,开启线实线为外开,虚线为内开。开启线交角的一侧为安装合页一侧。开启线在建筑立面图中可不表示,在门窗立面大样图中需绘出 ③剖面图中,左为外,右为内 ④立面形式应按实际情况绘制 ⑤h 表示高窗底距本层地面高度 ⑥高窗开启方式参考其他窗型

续表

序号	名称	图例	备注
43	平推窗	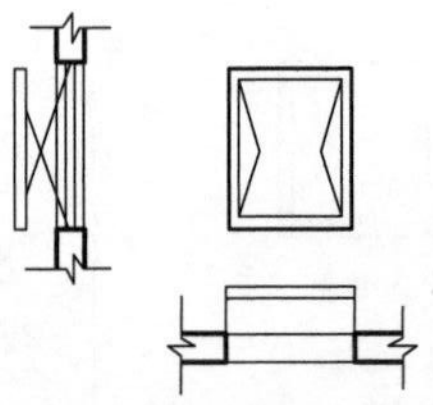	①窗的名称代号用C表示 ②立面形式应按实际情况绘制

附表3.2 水平及垂直运输装置图例

序号	名称	图例	备注
1	铁路		适用于标准轨及窄轨铁路，使用时应注明轨距
2	起重机轨道		—
3	手、电动葫芦	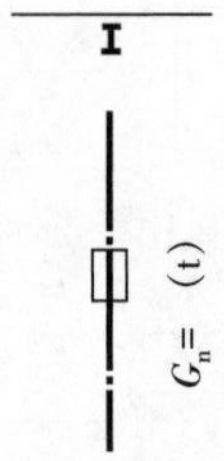 G_n= (t)	①上图表示立面（或剖切面），下图表示平面 ②手动或电动由设计注明 ③需要时，可注明起重机的名称、行驶的范围及工作级别 ④有无操纵室，应按实际情况绘制 ⑤本图例的符号说明： G_n——起重机起重量，以吨(t)计算 S——起重机的跨度或臂长，以米(m)计算
4	梁式悬挂起重机	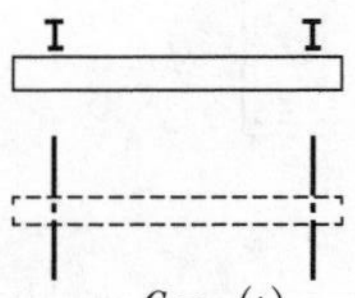 G_n= (t) S= (m)	
5	多支点悬挂起重机	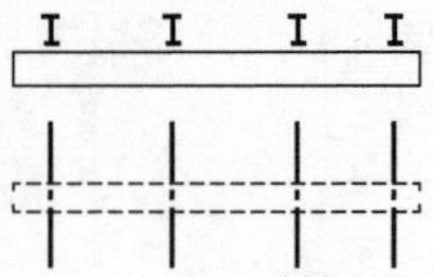 G_n= (t) S= (m)	
6	梁式起重机	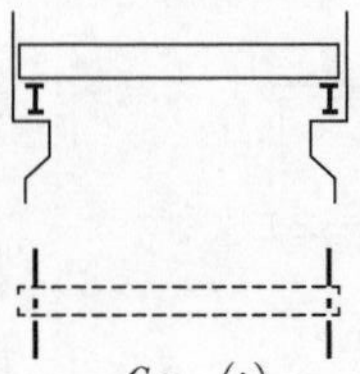 G_n= (t) S= (m)	

续表

序号	名称	图例	备注
7	桥式起重机	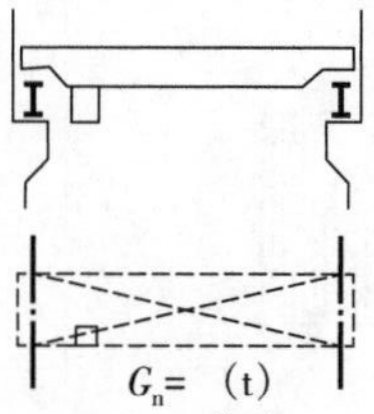 G_n= (t) S= (m)	①上图表示立面（或剖切面），下图表示平面 ②有无操纵室，应按实际情况绘制 ③需要时，可注明起重机的名称、行驶的范围及工作级别 ④本图例的符号说明： G_n——起重机起重量，以吨(t)计算 S——起重机的跨度或臂长，以米(m)计算
8	龙门式起重机	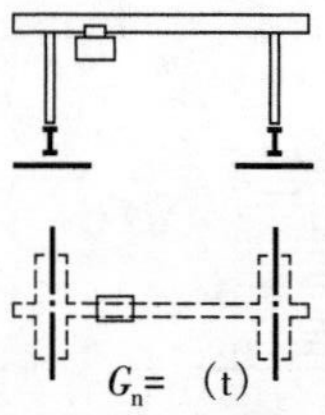 G_n= (t) S= (m)	
9	壁柱式起重机	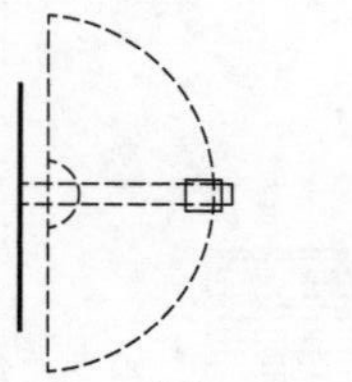 G_n= (t) S= (m)	①上图表示立面（或剖切面），下图表示平面 ②需要时，可注明起重机的名称、行驶的范围及工作级别 ③本图例的符号说明： G_n——起重机起重量，以吨(t)计算 S——起重机的跨度或臂长，以米(m)计算
10	壁行起重机	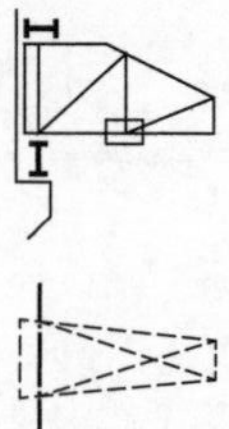 G_n= (t) S= (m)	
11	传送带	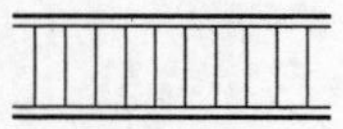	传送带的形式多种多样，项目设计图均按实际情况绘制，本图例仅为代表

续表

序 号	名 称	图 例	备 注
12	电 梯	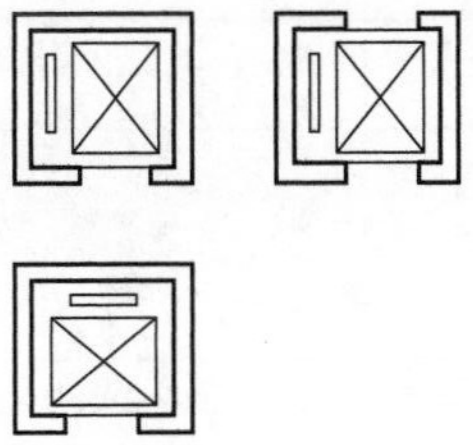	①电梯应注明类型，并按实际绘出门和平衡锤或导轨的位置 ②其他类型电梯应参照本图例按实际情况绘制
13	杂物梯、食梯	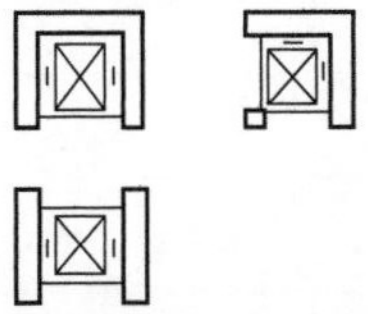	
14	自动扶梯	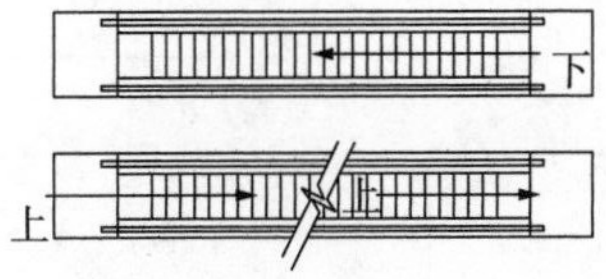 下 上	箭头方向为设计运行方向
15	自动人行道	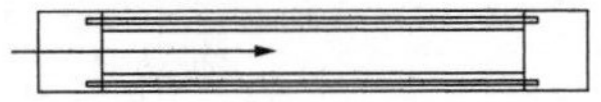	
16	自动人行坡道	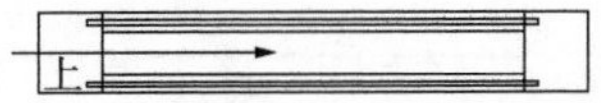 上	箭头方向为设计运行方向

附录4 结构专业常用图例与符号

以下图例选自《建筑结构制图标准》(GB/T 50105—2010)。

4.1 常用图例

附表4.1 普通钢筋

序 号	名 称	图 例	说 明
1	钢筋横断面		—
2	无弯钩的钢筋端部		下图表示长、短钢筋投影重叠时，短钢筋的端部用45°斜画线表示
3	带半圆形弯钩的钢筋端部		—
4	带直钩的钢筋端部		—
5	带丝扣的钢筋端部		—
6	无弯钩的钢筋搭接		—
7	带半圆弯钩的钢筋搭接		—
8	带直钩的钢筋搭接		—
9	花篮螺丝钢筋接头	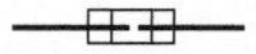	—
10	机械连接的钢筋接头		用文字说明机械连接的方式（如冷挤压或直螺纹等）

附表4.2 预应力钢筋

序 号	名 称	图 例
1	预应力钢筋或钢绞线	
2	后张法预应力钢筋断面 无黏结预应力钢筋断面	
3	预应力钢筋断面	
4	张拉端锚具	
5	固定端锚具	
6	锚具的端视图	
7	可动连接件	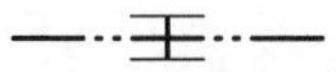
8	固定连接件	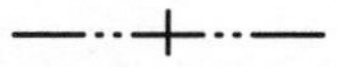

附表4.3 钢筋网片

序 号	名 称	图 例
1	一片钢筋网平面图	 W-1
2	一行相同的钢筋网平面图	 3W-1

注：用文字注明焊接网或绑扎网片。

附表4.4 钢筋的焊接接头

序 号	名 称	接头形式	标注方法
1	单面焊接的钢筋接头	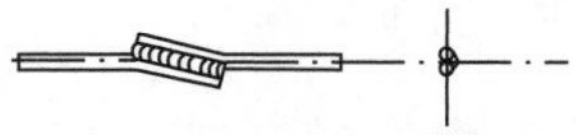	
2	双面焊接的钢筋接头	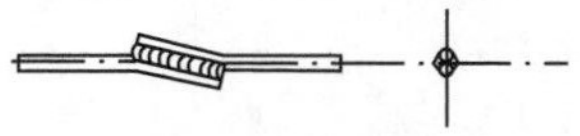	
3	用帮条单面 焊接的钢筋接头	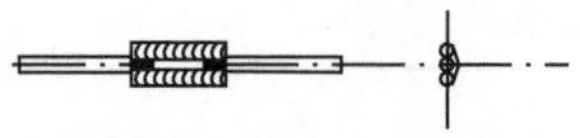	

续表

序 号	名 称	接头形式	标注方法
4	用帮条双面焊接的钢筋接头	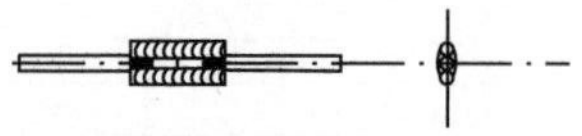	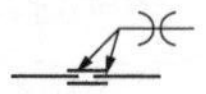
5	接触对焊的钢筋接头（闪光焊、压力焊）	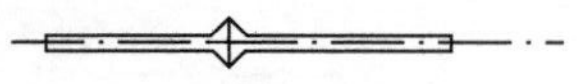	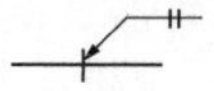
6	坡口平焊的钢筋接头	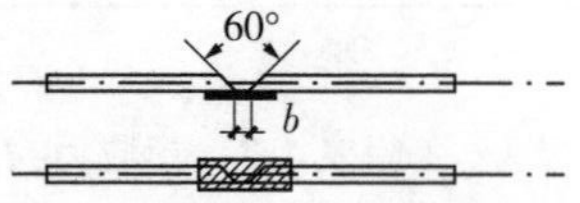 60° b	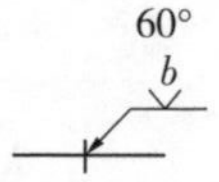 60° b
7	坡口立焊的钢筋接头	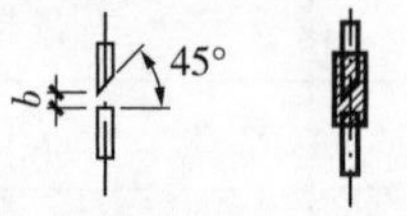 b 45°	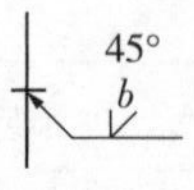 45° b
8	用角钢或扁钢做连接板焊接的钢筋接头	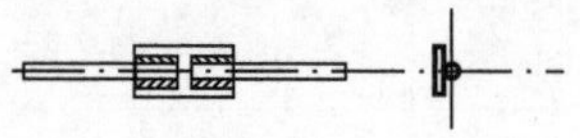	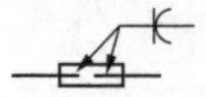
9	钢筋或螺(锚)栓与钢板穿孔塞焊的接头	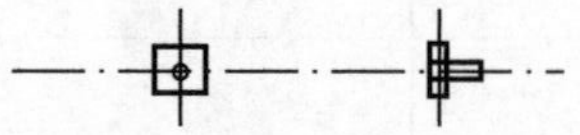	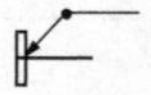

附表 4.5 钢筋画法

序 号	说 明	图 例
1	在结构楼板中配置双层钢筋时，底层钢筋的弯钩应向上或向左；顶层钢筋的弯钩则向下或向右	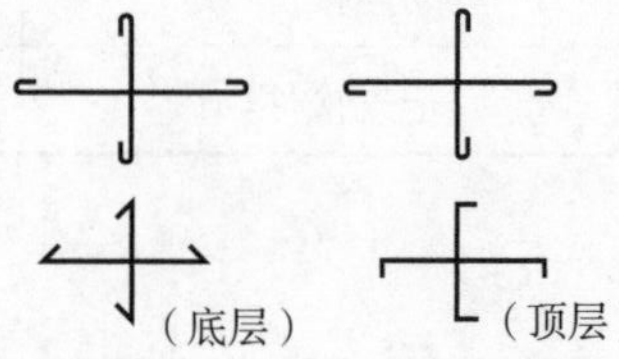 （底层） （顶层）
2	钢筋混凝土墙体配双层钢筋时，在配筋立面图中，远面钢筋的弯钩应向上或向左，而近面钢筋的弯钩向下或向右（JM 近面、YM 远面）	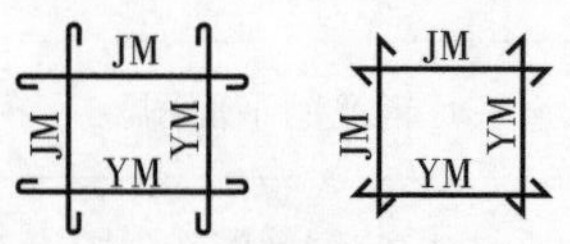 JM YM JM YM JM YM JM YM
3	若在断面图中不能表达清楚的钢筋布置，应在断面图外增加钢筋大样图（如钢筋混凝土墙、楼梯等）	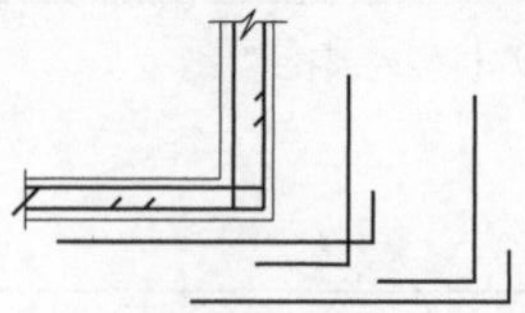
4	图中所表示的箍筋、环筋等若布置复杂时，可加画钢筋大样及说明	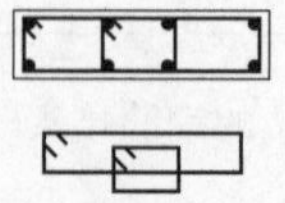
5	每组相同的钢筋、箍筋或环筋，可用一根粗实线表示；同时用一两端带斜短画线的横穿细线，表示其钢筋及起止范围	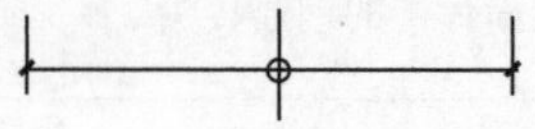

附表 4.6 常用型钢的标注方法

序 号	名 称	截 面	标 注	说 明
1	等边角钢	∟	∟ $b\times t$	b 为肢宽 t 为肢厚
2	不等边角钢	B ∟	∟ $B\times b\times t$	B 为长肢宽 b 为短肢宽 t 为肢厚
3	工字钢	I	I N Q I N	轻型工字钢加注 Q 字
4	槽 钢	[	[N Q [N	轻型槽钢加注 Q 字
5	方 钢	b	□ b	—
6	扁 钢	b	$-b\times t$	—
7	钢 板	——	$\frac{-b\times t}{L}$	宽×厚 板长
8	圆 钢	⊘	ϕd	—
9	钢 管	○	$\phi d\times t$	d 为外径 t 为壁厚
10	薄壁方钢管	□	B □ $b\times t$	薄壁型钢加注 B 字 t 为壁厚
11	薄壁等肢角钢	∟	B ∟ $b\times t$	
12	薄壁等肢卷边角钢	a	B ∟ $b\times a\times t$	
13	薄壁槽钢	h	B [$h\times b\times t$	
14	薄壁卷边槽钢	a	B [$h\times b\times a\times t$	
15	薄壁卷边 Z 型钢	h a b	B ⅂ $h\times b\times a\times t$	
16	T 型钢	T	TW ×× TM ×× TN ××	TW 为宽翼缘 T 型钢 TM 为中翼缘 T 型钢 TN 为窄翼缘 T 型钢
17	H 型钢	H	HW ×× HM ×× HN ××	HW 为宽翼缘 H 型钢 HM 为中翼缘 H 型钢 HN 为窄翼缘 H 型钢
18	起重机钢轨		⊥ QU××	详细说明产品规格型号
19	轻轨及钢轨		⊥ ××kg/m 钢轨	

附表 4.7 螺栓、孔、电焊铆钉的表示方法

序 号	名 称	图 例	说 明
1	永久螺栓	M / ϕ	①细“+”线表示定位线 ②M 表示螺栓型号 ③ϕ 表示螺栓孔直径 ④d 表示膨胀螺栓、电焊铆钉直径 ⑤采用引出线标注螺栓时，横线上标注螺栓规格，横线下标注螺栓孔直径
2	高强螺栓	M / ϕ	
3	安装螺栓	M / ϕ	
4	膨胀螺栓	d	
5	圆形螺栓孔	ϕ	
6	长圆形螺栓孔	ϕ, b	
7	电焊铆钉	d	

附表 4.8 常用木构件断面的表示方法

序 号	名 称	图 例	说 明
1	圆 木	ϕ或d	①木材的断面图均应画出横纹线或顺纹线 ②立面图一般不画木纹线，但木键的立面图均须绘出木纹线
2	半圆木	1/2ϕ或d	
3	方 木	$b\times h$	
4	木 板	$b\times h$或h	

附表 4.9 木构件连接的表示方法

序 号	名 称	图 例	说 明
1	钉连接正面画法 （看得见钉帽的）	$n\phi d\times L$	—
2	钉连接背面画法 （看不见钉帽的）	$n\phi d\times L$	
3	木螺钉连接正面画法 （看得见钉帽的）	$n\phi d\times L$	
4	木螺钉连接背面画法 （看不见钉帽的）	$n\phi d\times L$	
5	杆件连接		仅用于单线图中
6	螺栓连接	$n\phi d\times L$	①当采用双螺母时应加以注明 ②当采用钢夹板时，可不画垫板线
7	齿连接		—

4.2 常用构件代号

附表 4.10 常用构件代号

序号	名称	代号	序号	名称	代号	序号	名称	代号
1	板	B	19	圈梁	QL	37	承台	CT
2	屋面板	WB	20	过梁	GL	38	设备基础	SJ
3	空心板	KB	21	连系梁	LL	39	桩	ZH
4	槽形板	CB	22	基础梁	JL	40	挡土墙	DQ
5	折板	ZB	23	楼梯梁	TL	41	地沟	DG
6	密肋板	MB	24	框架梁	KL	42	柱间支撑	ZC
7	楼梯板	TB	25	框支梁	KZL	43	垂直支撑	CC
8	盖板或沟盖板	GB	26	屋面框架梁	WKL	44	水平支撑	SC
9	挡雨板或檐口板	YB	27	檩条	LT	45	梯	T
10	吊车安全走道板	DB	28	屋架	WJ	46	雨篷	YP
11	墙板	QB	29	托架	TJ	47	阳台	YT
12	天沟板	TGB	30	天窗架	CJ	48	梁垫	LD
13	梁	L	31	框架	KJ	49	预埋件	M-
14	屋面梁	WL	32	刚架	GJ	50	天窗端壁	TD
15	吊车梁	DL	33	支架	ZJ	51	钢筋网	W
16	单轨吊车梁	DDL	34	柱	Z	52	钢筋骨架	G
17	轨道连接	DGL	35	框架柱	KZ	53	基础	J
18	车挡	CD	36	构造柱	GZ	54	暗柱	AZ

注:①预制混凝土构件、现浇混凝土构件、钢构件和木构件,一般可以采用本附录中的构件代号。在绘图中,除混凝土构件可以不注明材料代号外,其他材料的构件可在构件代号前加注材料代号,并在图纸中加以说明。

②预应力混凝土构件的代号,应在构件代号前加注"Y",如 Y-DL 表示预应力混凝土吊车梁。

附录 5 水暖专业工程图常用图例

以下图例与符号选自《暖通空调制图标准》(GB/T 50114—2010)、《建筑给水排水制图标准》(GB/T 50106—2010)。

5.1 暖通专业常用图例

附表 5.1 水、汽管道阀门和附件图例

序号	名称	图例	备注
1	截止阀		—
2	闸阀		—
3	球阀		—
4	柱塞阀		—
5	快开阀		—

续表

序号	名称	图例	备注
6	蝶阀		
7	旋塞阀	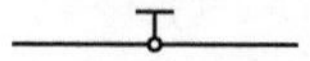	—
8	止回阀		
9	浮球阀		—
10	三通阀		—
11	平衡阀		—
12	定流量阀		—
13	定压差阀		—
14	自动排气阀		—
15	集气罐、放气阀		—
16	节流阀		—
17	调节止回关断阀		水泵出口用
18	膨胀阀		—
19	排入大气或室外		—
20	安全阀	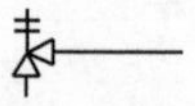	—
21	角阀	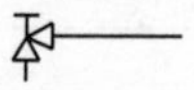	—
22	底阀		—
23	漏斗	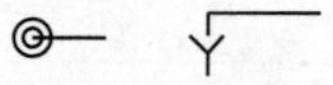	—
24	地漏	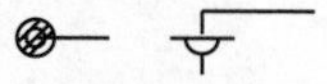	—
25	明沟排水	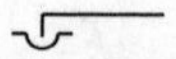	—
26	向上弯头		—
27	向下弯头		—
28	法兰封头或管封		—
29	上出三通		—
30	下出三通	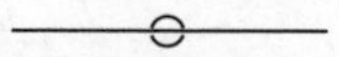	—
31	变径管	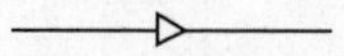	—
32	活接头或法兰连接	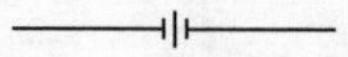	—
33	固定支架	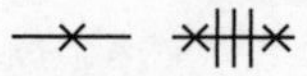	—
34	导向支架	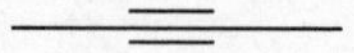	—
35	活动支架	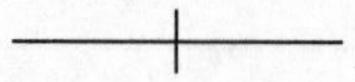	—

续表

序号	名称	图例	备注
36	金属软管		—
37	可屈挠橡胶软接头		—
38	Y形过滤器		—
39	疏水器		—
40	减压阀		左高右低
41	直通型(或反冲型)除污器		—
42	除垢仪	E	—
43	补偿器		—
44	矩形补偿器		—
45	套管补偿器		—
46	波纹管补偿器		—
47	弧形补偿器		—
48	球形补偿器		—
49	伴热管		—
50	保护套管		—
51	爆破膜		—
52	阻火器		—
53	节流孔板、减压孔板		—
54	快速接头		—
55	介质流向	或	在管道断开处时,流向符号宜标注在管道中心线上,其余可同管径标注位置
56	坡度及坡向	$i=0.003$ 或 $i=0.003$	坡度数值不宜与管道起、止点标高同时标注。标注位置同管径标注位置

附表 5.2　风道、阀门及附件图例

序号	名称	图例	备注
1	矩形风管	***×***	宽×高(mm^2)
2	圆形风管	ϕ***	ϕ 直径(mm)
3	风管向上		—

续表

序号	名称	图例	备注
4	风管向下		—
5	风管上升摇手弯		—
6	风管下降摇手弯		—
7	天圆地方		左接矩形风管,右接圆形风管
8	软风管		—
9	圆弧形弯头		—
10	带导流片的矩形弯头		—
11	消声器		
12	消声弯头		—
13	消声静压箱		—
14	风管软接头		—
15	对开多叶调节风阀		—
16	蝶　阀		—
17	插板阀		—
18	止回风阀		—
19	余压阀	DPV　DPV	—
20	三通调节阀		—
21	防烟、防火阀	***　***	*** 表示防烟、防火阀名称代号,代号说明另见附录A防烟、防火阀功能表
22	方形风口		—
23	条缝形风口		—
24	矩形风口		—

续表

序号	名称	图例	备注
25	圆形风口		—
26	侧面风口		—
27	防雨百叶		—
28	检修门	J J	—
29	气流方向		左为通用表示法，中表示送风，右表示回风
30	远程手控盒	B	防排烟用
31	防雨罩		—

附表 5.3　暖通空调设备图例

序号	名称	图例	备注
1	散热器及手动放气阀	15 15 15	左为平面图画法，中为剖面图画法，右为系统图（Y轴侧）画法
2	散热器及温控阀	15 15	—
3	轴流风机		—
4	轴（混）流式管道风机		—
5	离心式管道风机		—
6	吊顶式排气扇		—
7	水　泵		—
8	手摇泵		—
9	变风量末端		—
10	空调机组加热、冷却盘管		从左到右分别为加热、冷却及双功能盘管
11	空气过滤器		从左至右分别为粗效、中效及高效
12	挡水板		—
13	加湿器		—

续表

序号	名称	图例	备注
14	电加热器		—
15	板式换热器		—
16	立式明装风机盘管		—
17	立式暗装风机盘管		—
18	卧式明装风机盘管		—
19	卧式暗装风机盘管		—
20	窗式空调器		—
21	分体空调器	室内机　室外机	—
22	射流诱导风机		—
23	减振器		左为平面图画法，右为剖面图画法

附表 5.4　调控装置及仪表图例

序号	名称	图例
1	温度传感器	T
2	湿度传感器	H
3	压力传感器	P
4	压差传感器	ΔP
5	流量传感器	F
6	烟感器	S
7	流量开关	FS
8	控制器	C
9	吸顶式温度感应器	T
10	温度计	
11	压力表	

续表

序 号	名 称	图 例
12	流量计	F.M
13	能量计	E.M
14	弹簧执行机构	
15	重力执行机构	
16	记录仪	
17	电磁(双位)执行机构	
18	电动(双位)执行机构	
19	电动(调节)执行机构	
20	气动执行机构	
21	浮力执行机构	
22	数字输入量	DI
23	数字输出量	DO
24	模拟输入量	AI
25	模拟输出量	AO

注:各种执行机构可与风阀、水阀组合表示相应功能的控制阀门。

5.2 给水排水专业常用图例

附表 5.5 管 道

序 号	名 称	图 例	备 注
1	生活给水管	J	—
2	热水给水管	RJ	—
3	热水回水管	RH	—
4	中水给水管	ZJ	—
5	循环冷却给水管	XJ	—
6	循环冷却回水管	XH	—
7	热媒给水管	RM	—
8	热媒回水管	RMH	—
9	蒸汽管	Z	—
10	凝结水管	N	—
11	废水管	F	可与中水原水管合用

续表

序 号	名 称	图 例	备 注
12	压力废水管	YF	—
13	通气管	T	—
14	污水管	W	—
15	压力污水管	YW	—
16	雨水管	Y	—
17	压力雨水管	YY	—
18	虹吸雨水管	HY	—
19	膨胀管	PZ	—
20	保温管		也可用文字说明保温范围
21	伴热管		也可用文字说明保温范围
22	多孔管		—
23	地沟管		—
24	防护套管		—
25	管道立管	XL-1 平面 XL-1 系统	X 为管道类别 L 为立管 1 为编号
26	空调凝结水管	KN	—
27	排水明沟	坡向	—
28	排水暗沟	坡向	—

注:①分区管道用加注角标方式表示;

②原有管线可用比同类型的新设管线细一级的线型表示,并加斜线,拆除管线则加叉线。

附表 5.6 管道附件

序 号	名 称	图 例	备 注
1	管道伸缩器		—
2	方形伸缩器		—
3	刚性防水套管		—
4	柔性防水套管		—

续表

序 号	名 称	图 例	备 注
5	波纹管		—
6	可曲挠橡胶接头	单球 双球	—
7	管道固定支架		—
8	立管检查口		—
9	清扫口	平面 系统	—
10	通气帽	成品 蘑菇形	—
11	雨水斗	YD- YD- 平面 系统	—
12	排水漏斗	平面 系统	—
13	圆形地漏	平面 系统	通用。如无水封，地漏应加存水弯
14	方形地漏	平面 系统	—
15	自动冲洗水箱		—
16	挡 墩		—
17	减压孔板		—
18	Y 形除污器		—
19	毛发聚集器	平面 系统	—
20	倒流防止器		—
21	吸气阀		—

续表

序 号	名 称	图 例	备 注
22	真空破坏器		—
23	防虫网罩		—
24	金属软管		—

附表 5.7 管道连接

序 号	名 称	图 例	备 注
1	法兰连接		—
2	承插连接		—
3	活接头		—
4	管 堵		—
5	法兰堵盖		—
6	盲 板		—
7	弯折管	高 低 低 高	—
8	管道丁字上接	高 低	—
9	管道丁字下接	高 低	—
10	管道交叉	低 高	在下面和后面的管道应断开

附表 5.8 管 件

序 号	名 称	图 例
1	偏心异径管	
2	同心异径管	
3	乙字管	
4	喇叭口	
5	转动接头	

续表

序号	名称	图例
6	S形存水弯	
7	P形存水弯	
8	90°弯头	
9	正三通	
10	TY三通	
11	斜三通	
12	正四通	
13	斜四通	
14	浴盆排水管	

附表5.9 阀门

序号	名称	图例	备注
1	闸阀		—
2	角阀	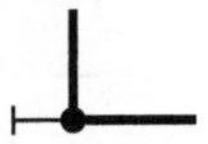	—
3	三通阀		—
4	四通阀	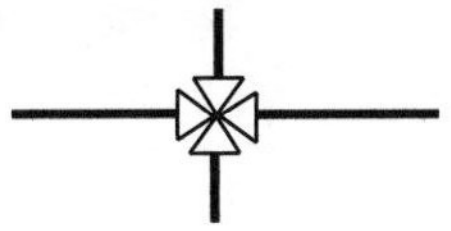	—
5	截止阀		—
6	蝶阀	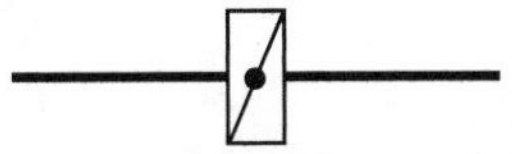	—
7	电动闸阀	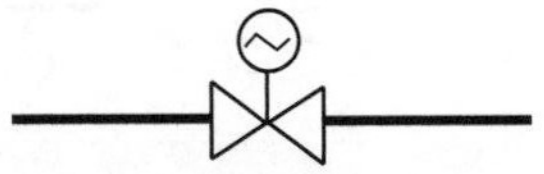	—
8	液动闸阀	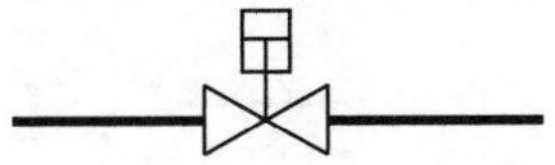	—
9	气动闸阀		—

续表

序号	名称	图例	备注
10	电动蝶阀		—
11	液动蝶阀	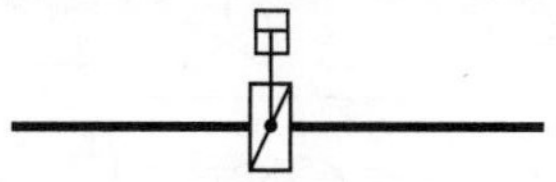	—
12	气动蝶阀	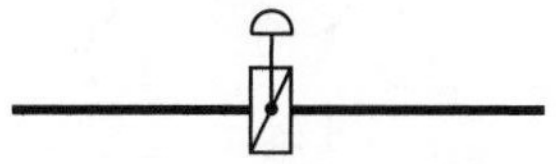	—
13	减压阀	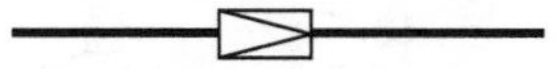	左侧为高压端
14	旋塞阀	 平面 系统	—
15	底阀	 平面 系统	—
16	球阀		—
17	隔膜阀		—
18	气开隔膜阀	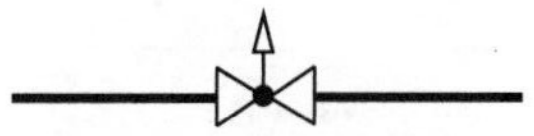	—
19	气闭隔膜阀		—
20	电动隔膜阀		—
21	温度调节阀	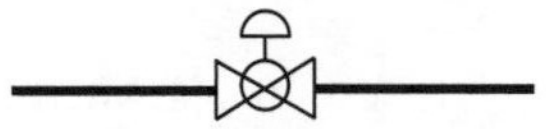	—
22	压力调节阀	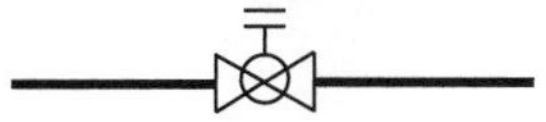	—
23	电磁阀	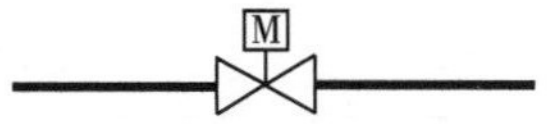 M	—
24	止回阀	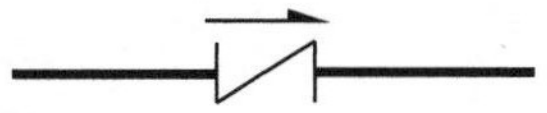	—
25	消声止回阀		—
26	持压阀	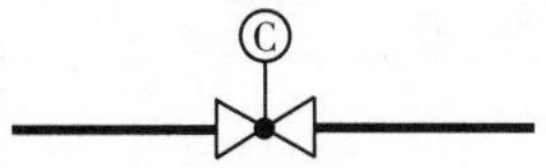 C	—
27	泄压阀	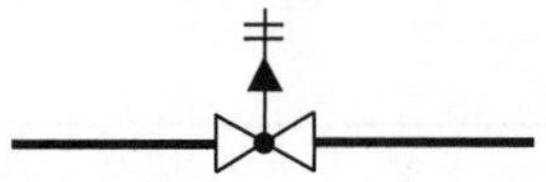	—

续表

序　号	名　称	图　例	备　注
28	弹簧安全阀		左侧为通用
29	平衡锤安全阀		—
30	自动排气阀	平面　系统	—
31	浮球阀	平面　系统	—
32	水力液位控制阀	平面　系统	—
33	延时自闭冲洗阀		—
34	感应式冲洗阀		—
35	吸水喇叭口	平面　系统	—
36	疏水器		—

附表 5.10　给水配件

序　号	名　称	图　例
1	水　嘴	平面　系统
2	皮带水嘴	平面　系统
3	洒水(栓)水嘴	
4	化验水嘴	
5	肘式水嘴	

续表

序　号	名　称	图　例
6	脚踏开关水嘴	
7	混合水嘴	
8	旋转水嘴	
9	浴盆带喷头混合水嘴	
10	蹲便器脚踏开关	

附表 5.11　消防设施

序　号	名　称	图　例	备　注
1	消火栓给水管	XH	—
2	自动喷水灭火给水管	ZP	—
3	雨淋灭火给水管	YL	—
4	水幕灭火给水管	SM	—
5	水炮灭火给水管	SP	—
6	室外消火栓		—
7	室内消火栓(单口)	平面　系统	白色为开启面
8	室内消火栓(双口)	平面　系统	—
9	水泵接合器		—
10	自动喷洒头(开式)	平面　系统	—
11	自动喷洒头(闭式)	平面　系统	下　喷
12	自动喷洒头(闭式)	平面　系统	上　喷

续表

序号	名称	图例	备注
13	自动喷洒头(闭式)	平面 系统	上下喷
14	侧墙式自动喷洒头	平面 系统	—
15	水喷雾喷头	平面 系统	—
16	直立型水幕喷头	平面 系统	—
17	下垂型水幕喷头	平面 系统	—
18	干式报警阀	平面 系统	—
19	湿式报警阀	平面 系统	—
20	预作用报警阀	平面 系统	—
21	雨淋阀	平面 系统	—
22	信号闸阀		—
23	信号蝶阀		—
24	消防炮	平面 系统	—
25	水流指示器		—

续表

序号	名称	图例	备注
26	水力警铃		—
27	末端试水装置	平面 系统	—
28	手提式灭火器		—
29	推车式灭火器		—

注:①分区管道用加注角标方式表示。

②建筑灭火器的设计图例可按现行国家标准《建筑灭火器配置设计规范》GB 50140 的规定确定。

附表 5.12　卫生设备及水池

序号	名称	图例	备注
1	立式洗脸盆		—
2	台式洗脸盆		—
3	挂式洗脸盆		—
4	浴盆		—
5	化验盆、洗涤盆		—
6	厨房洗涤盆		不锈钢制品
7	带沥水板洗涤盆		—
8	盥洗槽		—
9	污水池		—

续表

序号	名称	图例	备注
10	妇女净身盆		—
11	立式小便器		—
12	壁挂式小便器		—
13	蹲式大便器		—
14	坐式大便器		—
15	小便槽		—
16	沐浴喷头		—

注:卫生设备图例也可以建筑专业资料图为准。

附表 5.13 小型给水排水构筑物

序号	名称	图例	备注
1	矩形化粪池	HC	HC 为化粪池
2	隔油池	YC	YC 为隔油池代号
3	沉淀池	CC	CC 为沉淀池代号
4	降温池	JC	JC 为降温池代号
5	中和池	ZC	ZC 为中和池代号
6	雨水口(单箅)		—

续表

序号	名称	图例	备注
7	雨水口(双箅)		—
8	阀门井及检查井	J-×× W-×× Y-×× J-×× W-×× Y-××	以代号区别管道
9	水封井		—
10	跌水井		—
11	水表井		—

附表 5.14 给水排水设备

序号	名称	图例	备注
1	卧式水泵	或 平面 系统	—
2	立式水泵	平面 系统	—
3	潜水泵		—
4	定量泵		—
5	管道泵		—
6	卧式容积热交换器		—
7	立式容积热交换器		—
8	快速管式热交换器		—
9	板式热交换器		—

续表

序号	名称	图例	备注
10	开水器		—
11	喷射器		小三角为进水端
12	除垢器		—
13	水锤消除器		—
14	搅拌器	M	—
15	紫外线消毒器	ZWX	—

附表 5.15　仪　表

序号	名称	图例	备注
1	温度计		—
2	压力表		—
3	自动记录压力表		—
4	压力控制器		—
5	水　表		—
6	自动记录流量表		—
7	转子流量计	平面　系统	—
8	真空表		—
9	温度传感器	T	—

续表

序号	名称	图例	备注
10	压力传感器	P	—
11	pH 传感器	pH	—
12	酸传感器	H	—
13	碱传感器	Na	—
14	余氯传感器	Cl	—

附录 6　电气专业常用图例与符号

以下图例选自《建筑电气制图标准》(GB/T 50786—2012)。

附表 6.1　强电图样的常用图形符号

序号	常用图形符号		说明	应用类别
	形式 1	形式 2		
1		3	导线组(示出导线数,如示出 3 根导线)	电路图、接线图、平面图、总平面图、系统图
2			软连接	
3			端　子	
4			端子板	电路图
5			T 形连接	电路图、接线图、平面图、总平面图、系统图
6			导线的双 T 连接	
7			跨接连接(跨越连接)	
8			阴接触件(连接器的)、插座	电路图、接线图、系统图
9			阳接触件(连接器的)、插头	电路图、接线图、平面图、系统图
10			定向连接	
11			进入线束的点(本符号不适用于表示电气连接)	电路图、接线图、平面图、总平面图、系统图
12			电阻器,一般符号	
13			电容器,一般符号	

续表

序号	常用图形符号		说明	应用类别
	形式1	形式2		
14			动合(常开)触点,一般符号;开关,一般符号	电路图、接线图
15			动断(常闭)触点	
16			先断后合的转换触点	
17			中间断开的转换触点	
18		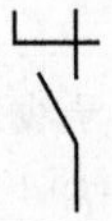	先合后断的双向转换触点	
19			延时闭合的动合触点(当带该触点的器件被吸合时,此触点延时闭合)	
20	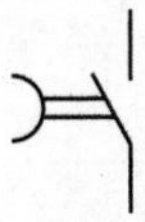		延时断开的动合触点(当带该触点的器件被释放时,此触点延时断开)	
21			延时断开的动合触点(当带该触点的器件被吸合时,此触点延时断开)	
22	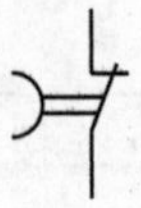		延时闭合的动断触点(当带该触点的器件被释放时,此触点延时闭合)	
23	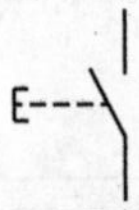		自动复位的手动按钮开关	
24			无自动复位的手动旋转开关	
25	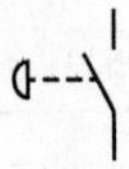		具有动合触点且自动复位的蘑菇头式的应急按钮开关	

续表

序号	常用图形符号		说明	应用类别
	形式1	形式2		
26	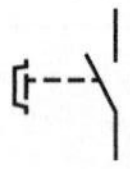		带有防止无意操作的手动控制的具有动合触点的按钮开关	电路图、接线图
27	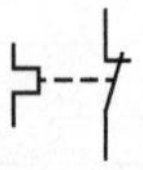		热继电器,动断触点	
28	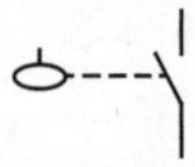		液位控制开关,动合触点	
29	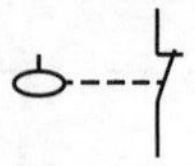		液位控制开关,动断触点	
30	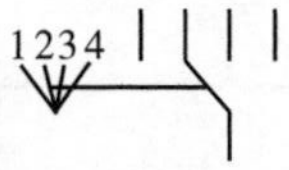 1234		带位置图示的多位开关,最多四位	电路图
31	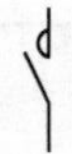		接触器;接触器的主动合触点(在非操作位置上触点断开)	电路图、接线图
32	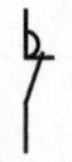		接触器;接触器的主动断触点(在非操作位置上触点闭合)	
33			隔离器	
34			隔离开关	
35	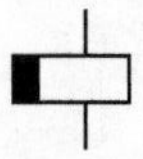		缓慢释放继电器线圈	
36	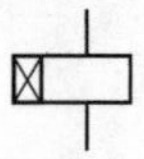		缓慢吸合继电器线圈	
37			避雷器	
38	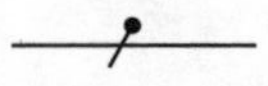		中性线	电路图、平面图、系统图
39	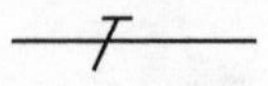		保护线	
40			保护线和中性线共用线	
41	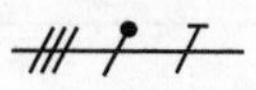		带中性线和保护线的三相线路	

续表

序 号	常用图形符号		说 明	应用类别
	形式 1	形式 2		
42			向上配线或布线	平面图
43			向下配线或布线	
44			垂直通过配线或布线	
45			由下引来配线或布线	
46			由上引来配线或布线	
47			电源插座、插孔，一般符号(用于不带保护极的电源插座)	
48			多个电源插座(符号表示 3 个插座)	
49			带保护极的电源插座	
50			单相二、三极电源插座	
51			带保护极和单极开关的电源插座	
52			带隔离变压器的电源插座(剃须插座)	
53			开关，一般符号(单联单控开关)	
54			双联单控开关	
55			三联单控开关	
56			灯，一般符号	
57	E		应急疏散指示标志灯	
58			风扇;风机	

附表 6.2 电气线路线型符号

序 号	线型符号		说明
	形式 1	形式 2	
1	S	——S——	信号线路
2	C	——C——	控制线路
3	EL	——EL——	应急照明线路
4	PE	——PE——	保护接地线
5	E	——E——	接地线
6	LP	——LP——	接闪线、接闪带、接闪网
7	TP	——TP——	电话线路
8	TD	——TD——	数据线路
9	TV	——TV——	有线电视线路
10	BC	——BC——	广播线路
11	V	——V——	视频线路
12	GCS	——GCS——	综合布线系统线路
13	F	——F——	消防电话线路
14	D	——D——	50V 以下的电源线路
15	DC	——DC——	直流电源线路
16			光缆，一般符号

附表 6.3 线缆敷设、灯具安装常用符号

序号	名 称	文字符号	序号	名 称	文字符号	序号	名 称	文字符号
1	穿低压流体输送用焊接钢管(钢导管)敷设	SC	9	金属槽盒敷设	MR	17	沿吊顶或顶板面敷设	CE
2	穿普通碳素钢电线套管敷设	MT	10	塑料槽盒敷设	PR	18	吊顶内敷设	SCE
3	穿可挠金属电线保护套管敷设	CP	11	钢索敷设	M	19	沿墙面敷设	WS
4	穿硬塑料导管敷设	PC	12	直埋敷设	DB	20	沿屋面敷设	RS
5	穿阻燃半硬塑料导管敷设	FPC	13	电缆沟敷设	TC	21	暗敷设在顶板内	CC
6	穿塑料波纹电线管敷设	KPC	14	电缆排管敷设	CE	22	暗敷设在梁内	BC
7	电缆托盘敷设	CT	15	沿或跨梁(屋架)敷设	AB	23	暗敷设在柱内	CLC
8	电缆梯架敷设	CL	16	沿或跨柱敷设	AC	24	暗敷设在墙内	WC

续表

序号	名称	文字符号	序号	名称	文字符号	序号	名称	文字符号
25	暗敷设在地板或地面下	FC	29	壁装式	W	33	墙壁内安装	WR
26	线吊式	SW	30	吸顶式	C	34	支架上安装	S
27	链吊式	CS	31	嵌入式	R	35	柱上安装	CL
28	管吊式	DS	32	吊顶内安装	CR	36	座装	HM